普通高等教育"十一五"国家级规划教材

全国机械行业职业教育优质规划教材（高职高专）

经全国机械职业教育教学指导委员会审定

机械制造技术基础

第 2 版

主　编　王靖东

副主编　赵建平　徐正武

参　编　盛永平　张宠元　张桂霞

主　审　王茂元

机械工业出版社

本教材是按照全国机械行业职业教育优质规划教材立项建设要求，根据部分高职院校教师的建议，针对数控技术专业而编写的。编者吸收了近年来高职教育教学改革的成功经验，把"工程材料与热成形工艺""金属切削原理与刀具""金属切削机床""机械制造工艺学""机床夹具设计"等课程的内容有机地结合在一起，编成一本书，形成一种新的教材体系。本教材在介绍机械制造技术基本知识的基础上，特别突出了知识的综合性与实用性，具有鲜明的职业教育特色。本书适用于机械类和近机械类高职高专有关专业教学使用，也可供一般技术人员参考。

　　本教材配有电子课件，凡使用本教材的教师可登录机械工业出版社教育服务网（http://www.cmpedu.com），注册后免费下载。咨询电话：010-88379375。

图书在版编目（CIP）数据

机械制造技术基础/王靖东主编. —2 版. —北京：机械工业出版社，2018.7（2025.1重印）

普通高等教育"十一五"国家级规划教材　全国机械行业职业教育优质规划教材（高职高专）　经全国机械职业教育教学指导委员会审定

ISBN 978-7-111-60494-5

Ⅰ.①机…　Ⅱ.①王…　Ⅲ.①机械制造工艺-高等职业教育-教材　Ⅳ.①TH16

中国版本图书馆 CIP 数据核字（2018）第 160150 号

机械工业出版社（北京市百万庄大街22号　邮政编码100037）
策划编辑：王英杰　责任编辑：王英杰　责任校对：王　延
责任印制：单爱军
北京虎彩文化传播有限公司印刷
2025 年 1 月第 2 版第 6 次印刷
184mm×260mm·20.25 印张·496 千字
标准书号：ISBN 978-7-111-60494-5
定价：54.80 元

电话服务　　　　　　　　　网络服务
客服电话：010-88361066　机　工　官　网：www.cmpbook.com
　　　　　010-88379833　机　工　官　博：weibo.com/cmp1952
　　　　　010-68326294　金　书　网：www.golden-book.com
封底无防伪标均为盗版　　机工教育服务网：www.cmpedu.com

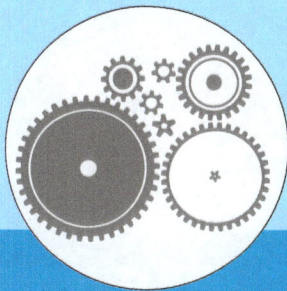

前　言

本教材第 1 版自 2007 年出版以来多次重印，教材内容与编写质量受到诸多高职院校师生肯定。本教材被评为普通高等教育"十一五"国家级规划教材，2009 年荣获内蒙古自治区高等教育教学成果二等奖。在第 2 版修订过程中，本教材申报了首批全国机械行业职业教育优质规划教材立项建设项目，并成功入选，可以说本教材为全国职业教育教学做出了一定的贡献。

本书为"互联网+"新形态教材，为提高读者对机械制造技术的认知和应用，提高教学效果，对于重要的教学内容均配备了视频、动画、微课和习题等资源，读者扫描二维码便可观看相应视频、动画和微课，并可对所学内容进行测验，方便快捷，直观高效。

本教材由王靖东担任主编，赵建平、徐正武担任副主编。编写人员及分工如下：盛永平（第一章）、王靖东（绪论、第二章、第四章）、赵建平（第三章）、徐正武（第五章、第八章）、张宠元（第六章）、张桂霞（第七章、第九章）。本教材由王茂元担任主审。

在教材编写过程中，参考了兄弟院校老师编写的有关教材及其他资料，也得到了机械工业出版社和有关职业院校同行的大力支持，在此表示衷心感谢！

由于水平有限，书中难免有欠妥之处，敬请兄弟院校师生和广大读者批评指正。

编　者
2017 年 12 月

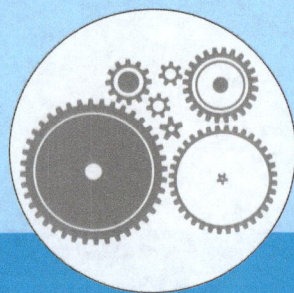

二维码索引

（续）

页码	名　称	图　形	页码	名　称	图　形
192	17. 端面斜楔与压板组合夹紧机构动画		193	18. 浮动螺旋压板夹紧机构动画	
195	19. 偏心夹紧机构动画		195	20. 互垂力联动夹紧机构动画	
196	21. 平行多件联动夹紧机构动画		215	22. 避免斜孔动画	
225	23. 工序余量-单边余量动画		226	24. 工序余量-内表面双边余量动画	
267	25. 角铁式车床夹具动画		267	26. 角铁式车床夹具微课	
270	27. 直线给进式铣床夹具微课		271	28. 铣床夹具典型实例动画	
275	29. 固定式钻模动画		277	30. 滑柱式钻模动画	
278	31. 可换钻套动画		279	32. 快换钻套动画	
280	33. 钻套及钻模板的应用微课				

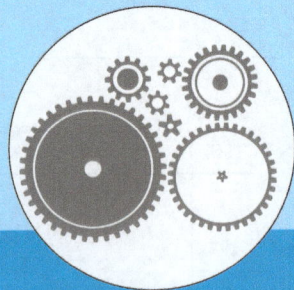

目　录

绪　论

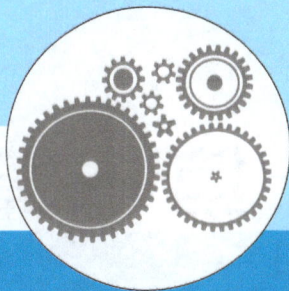

　　机械制造业是国民经济最重要的部门之一。它不仅能直接提供人民生活所需的消费品，而且为国民经济各部门提供技术装备，因此，是国民经济的重要基础产业和支柱产业。其发展规模和水平对国民经济的发展有很大的制约和直接影响，是一个国家经济实力和科学技术发展水平的重要标志，因而世界各国均把发展机械制造工业作为振兴和发展国民经济的战略重点之一。

　　机械制造业的发展与进步，又在很大程度上取决于机械制造技术的水平和发展。在科学技术高度发展的今天，现代工业对机械制造技术提出了越来越高的要求，推动机械制造技术不断向前发展。科学技术的发展为机械制造技术的发展提供了机遇与条件，特别是计算机技术的发展，使得常规机械制造技术与精密检测技术、数控技术、传感技术的有机结合更易于进行，给机械制造领域带来许多新技术、新概念，使产品质量和生产率大大提高。机械制造技术的发展又为其他高新技术的发展打下了坚实的基础、提供了可靠的保证，两者相互促进，共同提高，为社会和经济的快速发展做出了极大的贡献。

　　本课程是高职高专机械类专业的一门主干课程。它是通过对传统课程"工程材料与热成形工艺""金属切削原理与刀具""金属切削机床""机械制造工艺学"和"机床夹具设计"的内容进行有机整合，所形成的一门新课程。

　　本课程具有实践性强、综合性强的特点。学习时要重视在实践教学环节中学习，如各种实习、实验和现场教学，要注意理论与实践相结合。这不仅有助于理解和掌握知识，更重要的是有利于培养综合运用所学的知识解决生产实际问题的能力。机械制造中的生产实际问题往往因生产的产品不同、批量不同、具体生产条件不同而千差万别。学习时要特别注意灵活运用所学知识，根据具体情况处理问题。切记不要死记硬背、生搬硬套。

第 一 章

金属材料及其热成形

> 金属材料是机械制造工业中大量使用的材料，通过本章内容的学习，学生应了解常用金属材料的成分、结构、性能之间的关系以及改变金属材料性能需要采用的工艺手段等，并初步具备选择常用金属材料的能力，以及正确选择一般机械零件热处理方法的能力。

第一节 金属材料的力学性能

金属材料的性能包括使用性能和工艺性能。使用性能是指在使用过程中所表现出来的性能（如力学性能、物理性能、化学性能等）。工艺性能是指金属材料在各种加工过程中所表现出来的性能（如铸造性能、锻造性能、焊接性能、热处理性能、切削加工性能等）。

一般情况下，选用金属材料是以力学性能作为主要依据的。金属材料的力学性能是指金属材料在力作用下显示的与弹性和非弹性反应相关或包含应力-应变关系的性能，也就是金属材料在力作用下表现出来的抵抗能力，常用的力学性能有：强度、塑性、硬度、韧性、疲劳强度等。

一、强度和塑性

（一）强度

金属材料在力作用下抵抗变形和断裂的能力称为强度，通常是采用拉伸试验法来测定的。

试验前，将被测金属材料按标准 GB/T 228.1—2010 规定，制成一定形状和尺寸的拉伸试样。试验时，将标准试样装夹在拉伸试验机上，缓慢加载（静载荷）。试样的伸长量随着力的增加而增加，直至试样被拉断为止。试验机自动记录装置可将整个拉伸试验过程中的力大小与对应的伸长量之间的关系绘成力-伸长曲线图，图 1-1 所示为退火低碳钢的力-伸长曲线图。

由图 1-1 可知，当力 F 为零时，伸长量 ΔL 为零。当力由零逐渐增大到 a 点时，试样的伸长量与力成比例增加。此时卸除力，试样能完全恢复到原来的形状和尺寸，即试样处于弹性变形阶段。当力超过 a 点时，试样除产生弹性变形外，还出现了塑性变形（或称永久变

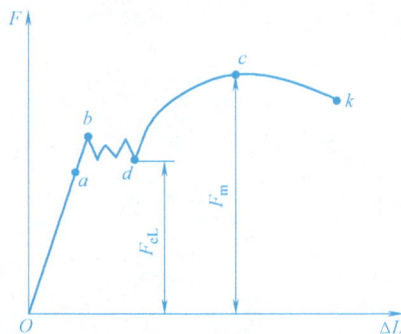

图 1-1 退火低碳钢的力-伸长曲线

形），即卸除力后，试样不能完全恢复到原来的形状和尺寸。当力加到 b 点后，在曲线上开始出现水平（或锯齿形）线段，这表示力不增加，试样却继续伸长，这种现象称为"屈服"。当力超过 d 点（对应的力为 F_{eL}）后，试样的伸长量又随力的增加而增大，此时试样已产生大量的塑性变形。当力继续增加到 c 点（对应的力为 F_m）时，试样出现局部直径变细的现象，通常称为"缩颈"现象。以后力逐渐降低到 K 点时，试样就在缩颈处被拉断。

1. 屈服强度

金属材料呈现屈服现象时的最小应力称为屈服强度，用符号 R_{eL}（MPa）表示，即

$$R_{eL} = \frac{F_{eL}}{S_0}$$

式中　F_{eL}——材料屈服时所承受的最小力（N）；

　　　S_0——试样的原始横截面面积（mm^2）。

有些金属材料（如高碳钢、铸铁等）在拉伸试验中没有明显的屈服现象，很难测出屈服强度。在这种情况下，工程上采用规定残余延伸强度 R_r 来反应材料抗屈服的性能，即试样卸除拉伸力后，残余延伸率等于规定的引伸计标距百分比时对应的应力。例如，规定残余延伸率为 0.2% 时的应力以 $R_{r0.2}$ 表示。

$$R_{r0.2} = \frac{F_{r0.2}}{S_0}$$

式中　$F_{r0.2}$——试样卸除拉伸力后，残余延伸率为 0.2% 时所承受的力（N）。

屈服强度是表示金属材料抵抗微量塑性变形的能力。当材料所受应力低于屈服强度时，仅有微量塑性变形产生；超过屈服强度时，将产生明显的塑性变形。

2. 抗拉强度

试样被拉断前所能承受的最大拉应力称为抗拉强度，用符号 R_m（MPa）表示。

$$R_m = \frac{F_m}{S_0}$$

式中　F_m——试样断裂前所承受的最大力（N）。

抗拉强度是表示金属材料抵抗最大均匀塑性变形或断裂的能力。有些塑性较差的材料在拉伸试验中往往没有明显的屈服现象，而抗拉强度比较容易测定，因此，抗拉强度也作为衡量材料强度的一个重要指标。

（二）塑性

金属材料在力的作用下产生断裂前所能承受的最大塑性变形的能力称为塑性。在断裂之前，材料的塑性变形越大，表示它的塑性越好。常用的塑性指标有断后伸长率和断面收缩率，它们也是通过对试样进行拉伸试验来测定的。

1. 断后伸长率

试样断后标距的残余伸长与原始标距的百分比称为断后伸长率，用符号 A 表示。

$$A = \frac{L_u - L_o}{L_o} \times 100\%$$

式中　L_u——试样断后标距（mm）；

　　　L_o——试样原始标距（mm）。

2. 断面收缩率

断裂后试样横截面面积的最大缩减量与试样原始横截面面积的百分比称为断面收缩率，用符号 Z 表示。

$$Z = \frac{S_o - S_u}{S_o} \times 100\%$$

式中　S_u——试样断后最小横截面积（mm^2）；

　　　S_o——试样的原始横截面积（mm^2）。

断后伸长率与断面收缩率都是材料的重要性能指标。它们的数值越大，材料的塑性愈好。

二、硬度

硬度是指金属材料抵抗变形，特别是压痕或划痕形成的永久变形的能力，即抵抗局部塑性变形和破坏的能力。一般来说，硬度越高，耐磨性越好，强度也较高。

在目前生产中，测定硬度的方法最常用的是压入法硬度试验。它是用一定几何形状的压头，在一定载荷下，压入被测试的金属材料表面，根据被压入后变形程度的大小来测定其硬度值。用同样的压头，在相同载荷作用下，压入金属材料表面时，若压入后变形程度越大，则材料的硬度越低；反之，硬度越高。生产中应用最广泛的有布氏硬度和洛氏硬度测试法。

（一）布氏硬度

布氏硬度的测定原理是用一定直径 D 的硬质合金球作压头，在规定试验力 F 的作用下，压入被测金属表面（见图1-2），保持规定的时间后卸除试验力，测量被测试金属表面上所形成的压痕直径 d，用试验力与压痕球形表面积的比值再乘以一个常数（0.102）作为布氏硬度值，用符号 HBW 表示。布氏硬度试验范围上限为 650HBW。

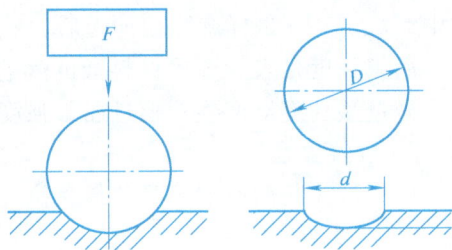

图 1-2　布氏硬度试验原理示意图

布氏硬度值由硬度数值、硬度符号和试验条件（球体直径、试验力大小和保持时间）表示。例如，350HBW5/750 表示用直径 5mm 的硬质合金球 在 7.35kN 试验力下保持 $10 \sim 15s$ 测定的布氏硬度值为 350。硬度值越大，表示被测材料硬度越高。

（二）洛氏硬度

洛氏硬度的测定原理是用顶角为 120° 的金刚石圆锥压头或直径为 1.5875mm 的淬火钢球压头，在初试验力与初、主试验力先后作用下，压入被测金属表面（见图1-3），保持规定的时间后卸除主试验力，根据残余压痕深度增量来确定金属材料的硬度。

在图 1-3 中，0-0 位置为圆锥压头的初始位置，即压头没有与被测金属表面接触时的位置；1-1 为在初试验力 98.07N（10kgf）作用下，压头压入深度 h_0 的位置；2-2 为加入主试验后，压头压入深度 h_1 的位置；卸除主试验力后，被测金属弹性变形恢复，使

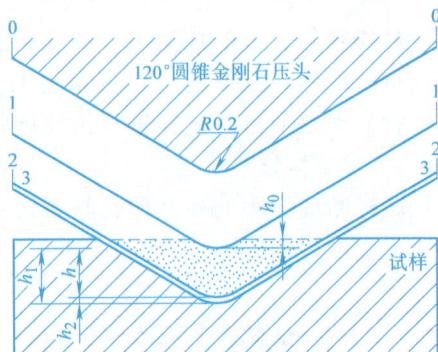

图 1-3　洛氏硬度试验原理示意图

得压头向上回升 h_2，压头处于3-3位置。因此，可以用压头受主试验力作用实际压入被测金属表面产生塑性变形的压痕深度值 h（残余压入深度）的大小来衡量被测金属的硬度。压痕深度值 h 越大，则被测金属的硬度越低；反之，则越高。为适应习惯上数值越大，硬度越高的概念，常用一常数 N 减去 $h/0.002$ 作为洛氏硬度值，用符号 HR 表示，洛氏硬度值可直接从硬度计表盘上读出。

$$HR = N - \frac{h}{0.002}$$

式中　N——常数。当用金刚石作压头时，$N=100$；当用淬火钢球作压头时，$N=130$。

洛氏硬度表示的方法是在符号前写出硬度值，如60HRC。常用洛氏硬度的试验条件及应用范围见表1-1。

表 1-1　常用洛氏硬度的试验条件及应用范围（摘自 GB/T 230.1—2009）

硬度符号	压头类型	适用范围	初试验力/N	主试验力/N	总试验力/N	应用举例
HRA	金刚石圆锥	20~88HRA	98.07	490.3	588.4	硬质合金、表面淬火层、渗碳层等
HRB	直径 1.5875mm 球	20~100 HRB	98.07	882.6	980.7	有色金属、退火钢、正火钢等
HRC	金刚石圆锥	20~70HRC	98.07	1373	1471	调质钢、淬火钢等

三、冲击韧性

强度、塑性、硬度都是在静载荷作用下测量的力学性能指标。实际上，许多机器零件和工具常常都是在冲击载荷作用下工作的。此时，除了需要满足静载荷作用下的强度、塑性和硬度外，还必须具有足够的抵抗冲击载荷的能力。

金属抵抗冲击载荷作用而不被破坏的能力称为冲击韧性，金属材料的冲击韧性可以通过冲击试验测定。

摆锤式一次冲击试验是目前工程技术上应用最普遍的一种方法，将被测金属材料制成标准冲击试样，在专门的摆锤试验机上进行测试。试验时，将试样放在试验机的支座上，将质量为 m 的摆锤提升到高度 h_1，使之获得一定的能量，然后让摆锤自由下落冲断试样，试样冲断后，摆锤继续向前回升到高度 h_2。在此过程中摆锤的势能差就是冲断试样所消耗的能量，即冲击吸收能量，用 K 表示，单位为 J（焦耳）。

冲击吸收能量越大，则材料的冲击韧性越好；反之，则冲击韧性越差，即脆性越大。

四、疲劳强度

许多机械零件如发动机曲轴、连杆、齿轮、弹簧等，经常会受到大小和方向作周期性变化的载荷作用，这种载荷称为交变载荷。在交变载荷的作用下，零件所承受的最大应力值虽然远小于其屈服强度，但经过多次循环后，零件在无显著的外观变形情况下却会发生断裂，这种断裂称为疲劳断裂。断裂往往是突然发生的，因此具有很大的危险性，常常会造成严重事故。

金属材料经受无数次交变载荷作用而不引起断裂的最大应力值称为材料的疲劳强度。实际试验时不可能进行无数次的应力循环，因此规定，对于钢材，当应力循环次数达到 10^7 次时，零件仍不断裂的最大应力作为它的疲劳强度；对于有色金属和某些超高强度钢，当应力循环次数为 10^8 次时零件仍不断裂的最大应力作为它的疲劳强度。

第二节　金属的晶体结构与结晶

金属材料的性能决定了它的应用场合，而金属材料的性能主要取决于其化学成分和内部组织结构。

一、金属的晶体结构

固态物质可分为晶体和非晶体两类，在自然界中，除了少数的一些物质（如普通玻璃、松香等）以外，绝大多数固体都是晶体。

晶体是指其内部原子按一定几何形状有规律排列的固态物质（见图1-4a），金刚石、石墨、固态金属及其合金都是晶体。非晶体是指其内部原子无规律排列的固态物质，如塑料、沥青等。晶体与非晶体的主要区别是晶体具有固定的熔点和各向异性的特征，而非晶体没有固定的熔点，且各向同性。

（一）基本概念

晶体结构是指晶体内部原子排列的方式及特征，晶体结构从本质上说明了金属材料性能的差异及变化的实质。

（1）晶格　将原子近似地看成一个点，并由假想的线（直线）将视为点的原子连接起来而构成的空间框格称为晶格，如图1-4b所示。

（2）晶胞　晶体中原子排列具有周期性，代表晶格特征的最小几何单元称为晶胞，如图1-4c所示。

（3）晶格常数　晶胞的大小和形状可用晶胞的三条棱边长度 a、b、c，单位为 Å（注：Å 为非法定计量单位，$1Å = 10^{-8}cm$）及三棱边夹角 α、β 和 γ 来描述，其中 a、b、c 称为晶格常数。当 $a = b = c$，且 $\alpha = \beta = \gamma = 90°$ 时，这种晶胞称为简单立方晶胞。

各种晶体物质，由于晶格类型与晶格常数不同，表现出不同的物理性能、化学性能和力学性能。

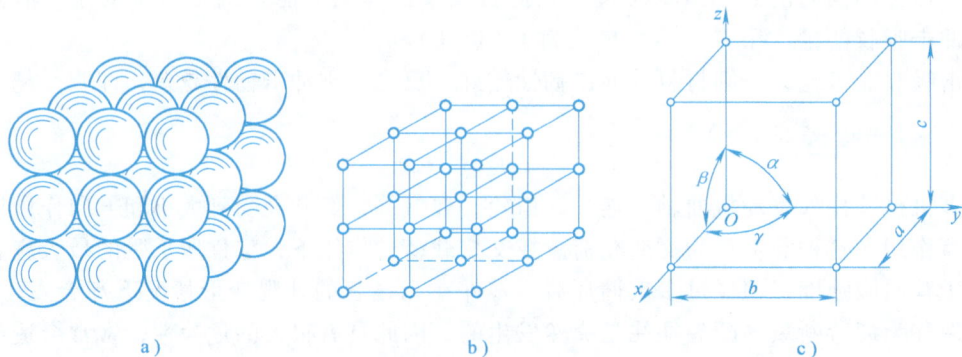

　　　　a）　　　　　　　　　　b）　　　　　　　　　　c）

图1-4　简单立方晶格与晶胞示意图

a）晶体中的原子排列　b）晶格　c）晶胞

（二）常见的金属晶格类型

1. 体心立方晶格

体心立方晶格的晶胞是一个立方体，在立方体的八个顶角和立方体的中心各占据一个原子，如图 1-5 所示。属于这种晶格结构的金属有：α-铁、铬（Cr）、钼（Mo）、钨（W）等。

图 1-5　体心立方晶胞示意图

2. 面心立方晶格

面心立方晶格的晶胞也是一个立方体，在立方体的八个顶角和六个面的中心各占据一个原子，如图 1-6 所示。属于这种晶格结构的金属有：γ-铁、铝（Al）、铜（Cu）、镍（Ni）等。

图 1-6　面心立方晶胞示意图

3. 密排六方晶格

密排六方晶格的晶胞是一个正六方柱体，在六方体的十二个顶角和上、下面的中心各占据一个原子，六方柱体的中间还有三个原子，如图 1-7 所示。属于这种晶格结构的金属有：石墨、镁（Mg）、锌（Zn）等。

图 1-7　密排六方晶胞示意图

晶格类型不同，原子排列的致密度（晶胞中原子所占体积与晶胞体积的比值）也不同。体心立方晶格的致密度为 68%，而面心立方晶格和密排六方晶格的致密度均为 74%。晶格结构发生变化，将引起金属体积和性能的变化。

二、实际金属的晶体结构

（一）纯金属的晶体结构

1. 多晶体结构

单晶体是指其晶体内部的晶格位向（原子排列方向）完全一致的晶体，在工业生产中，只有通过特殊的制作方法才能获得单晶体。实际使用的金属材料，晶体通常是由许多单晶体组成的多晶体。即使是体积很小的实际金属，其内部仍然包含许多小晶体（单晶体）。由于这些晶格位向一致的小晶体外形不规则，呈颗粒状，所以又称之为"晶粒"。

2. 晶体缺陷

实际金属材料的晶体结构不仅是多晶体，而且原子的排列也不像理想晶体那样规则和完整，这种金属晶体内部原子排列的不完整性称为晶体缺陷。这些缺陷对金属材料的物理性能、化学性能和力学性能有较大的影响。根据晶体缺陷的几何特征，可把它们分成以下三类：

（1）点缺陷 点缺陷是指在晶体所有方向上尺寸都很小的一种晶体缺陷，属于这类缺陷的有晶格空位和间隙原子。结晶时晶格上应被原子占据的结点未被占据，形成空位；也可能有的原子占据了原子之间的空隙，形成间隙原子。

（2）线缺陷 线缺陷是指在三维空间的两个方向上尺寸都很小的晶体缺陷。常见的线缺陷有各种类型的位错。所谓位错就是在晶体中某处有一列或若干列原子发生了某种有规律的错排现象。

（3）面缺陷 面缺陷是指在三维空间的一个方向上尺寸很小的晶体缺陷，面缺陷常见的形式为晶界和亚晶界。

（二）合金的相结构

纯金属虽有很多优点，但其提炼困难，且强度、硬度一般较低，所以在工业中使用的金属材料一般都是不同成分的合金，如碳钢、合金钢、黄铜、硬质合金等。

1. 基本概念

（1）合金 由两种或两种以上的金属元素（或金属与非金属元素）组成的具有金属特性的物质，如铁碳合金。

（2）组元 组成合金最基本的独立单元（物质）称为组元，如铁碳合金的组元是铁和碳。

（3）合金系 由相同组元按不同比例配制的不同成分的合金系列。

（4）相 在合金中具有相同的晶体结构、相同的化学成分、相同的物理和化学性能，并与其他部分由界面分开的独立均匀的部分。

（5）组织 泛指用金相观察方法看到的由形态、尺寸不同和分布方式不同的一种或多种相构成的总体。组织是决定合金性能的根本因素，不同的组织会表现出不同的性能。因此，在工业生产中，控制和改变合金的组织具有重要的意义。

2. 合金的相结构

由于组元之间相互作用的不同，合金的相结构主要分为固溶体和金属化合物两大类。

（1）固溶体 一种组元（溶质）均匀地溶解在另一组元（溶剂）中形成的晶体，其晶格结构与溶剂的晶格结构相同。例如，黄铜是铜和锌元素组成的二元合金，在固态下黄铜保持着铜的面心立方晶格。由于溶质原子的溶入都将导致溶剂晶格发生畸变，增加位错运动阻力，使合金的塑性变形抗力增加，强度、硬度提高。这种因形成固溶体而引起合金强度、硬度提高的现象称为固溶强化。

（2）金属化合物　合金组元相互作用而形成的具有金属特性的一种新相称为金属化合物。金属化合物的晶格结构不同于组成它的任一组元，它具有复杂的晶格结构。例如，铁碳合金中铁与碳组成的金属化合物 Fe_3C，晶格既不同于铁的体心立方晶格，也不同于石墨的六方晶格，而是一种具有复杂斜方结构的晶体晶格。金属化合物的熔点较高，性能硬而脆。当金属化合物呈细小颗粒状且均匀分布在固溶体上时，将使合金的强度、硬度明显提高，这一现象称为弥散强化。

（3）机械混合物　工业中有些合金是由固溶体与少量金属化合物组成的，称为机械混合物，因此机械混合物是由两相或多相按一定比例构成的组织。在机械混合物中，各组成相仍然保持原有的晶格和性能，从而可以获得良好的综合力学性能，以满足不同的需要。

三、纯金属的结晶

金属及合金从液体转变为固态的过程都是结晶过程。

（一）纯金属结晶的基本规律

纯金属的结晶是在一定温度下进行的，其结晶温度可用热分析等试验方法来测定。将纯金属加热熔化，然后让液态金属缓慢冷却，在冷却过程中，每隔一定的时间测一次温度，直至冷却到室温（结晶完毕）为止。从而得到一系列时间与温度相对应的数据，将这些数据绘制在以温度为纵坐标、时间为横坐标的坐标系中，即得温度与时间的关系曲线（见图1-8a），这种曲线称为冷却曲线。

由纯金属的冷却曲线可以看出，液态金属随冷却时间的增长，温度不断下降，但当冷却到某一温度时，温度却不随冷却时间的增长而下降，在冷却曲线上出现了一条水平线段，这是由于结晶过程中有大量潜热放出，补偿了散失在空气中的热量。这条水平线段所对应的温度就是纯金属的理论结晶温度 T_0，这说明纯金属的结晶是在恒定的温度下进行的。当结晶终了后，不再有潜热补偿向外散失的热量，所以温度继续下降。

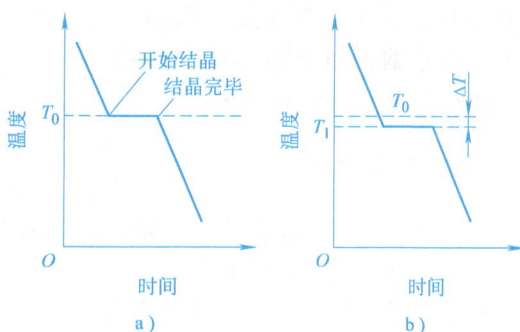

图 1-8　纯金属的冷却曲线

上述试验是在极其缓慢的冷却条件（即平衡条件）下进行的。在实际生产中，金属结晶的冷却速度是非常快的，所以液态金属的实际结晶温度 T_1 总是低于理论结晶温度 T_0，这种现象称为过冷现象，两者之差称为过冷度，用符号 ΔT 表示（见图1-8b），即

$$\Delta T = T_0 - T_1$$

试验研究表明，金属结晶时的过冷度并不是一个恒定值，与其冷却速度有关，冷却速度越大，金属的实际结晶温度就越低，过冷度就越大。在实际生产中，金属都是在过冷情况下结晶的，因此，过冷是金属结晶的必要条件。

金属结晶过程的实质是金属原子由不规则排列过渡到规则排列而形成晶体的过程，也是液态金属不断地形成晶核和晶核不断长大的过程。这是物质进行结晶的普遍规律。

金属结晶后的晶粒大小对金属材料的力学性能有很大的影响。晶粒大小通常用单位体积内晶粒的数目或晶粒的平均直径来表示，一般在常温下，金属材料的晶粒越细小，其综合的力学性能就越好。细化晶粒是提高金属材料力学性能的有效途径。

（二）纯铁的同素异构转变

有些金属在固态下随温度的变化，晶格会从一种结构转变为另一种结构，这种现象称为金属的同素异构转变。同素异构转变所得到的不同晶格类型的晶体，称为同素异构体。例如，纯铁在不同温度下，其晶格有不同的结构，如图1-9所示。

由图1-9看出，纯铁在1538℃结晶成固体后为体心立方晶格，称为δ-Fe；继续冷却至1394℃时，转变为面心立方晶格，称为γ-Fe；再继续冷却至912℃时，又转变为体心立方晶格，称为α-Fe；912℃以下再继续冷却，晶格的结构不再发生变化。

金属的同素异构转变过程与液态金属的结晶过程相似，晶格结构的转变会引起晶体体积的变化，从而会产生较大的内应力。

同素异构转变是钢铁材料的一个重要特性，是钢铁材料能采用热处理的方法来改变其性能的内因和依据，也是钢铁材料的性能多种多样、用途广泛的主要原因之一。

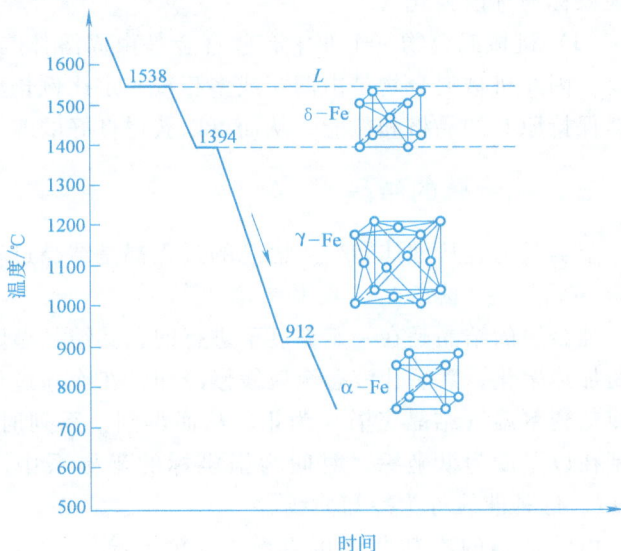

图1-9　纯铁的同素异构转变示意图

四、铁碳相图

钢铁材料是现代工业中应用最广泛的金属材料，主要由铁和碳两种元素组成，统称为铁碳合金。不同成分的铁碳合金，在不同温度下具有不同的组织，表现出的性能也不同。

铁碳相图是指在平衡（极其缓慢冷却）条件下，不同成分的铁碳合金，在不同温度所处的状态或组织的图形。该图反映了在平衡条件下，铁碳合金的成分、温度和组织三者之间的关系，它是合理选材，制订热处理工艺与冷、热加工工艺的主要理论基础。为了熟悉铁碳合金的结构及相图，我们首先应了解铁碳合金的基本组织。

（一）铁碳合金的组织

铁碳合金的基本组元是铁和碳，它们在液态时可以无限互溶，在固态下，碳能溶解于铁的晶格中形成间隙固溶体，当含碳量超过固态铁的溶解度时，多余的碳与铁形成金属化合物，如 Fe_3C。此外还可以形成由固溶体与金属化合物组成的机械混合物。

1. 铁素体

铁素体为碳溶于α-Fe中形成的固溶体，常用符号F表示。由于体心立方晶格的间隙很小，因此碳在 α-Fe 中的溶解度很小，在 727℃时，达到最大溶解度为 0.0218%，在室温时仅为 0.0008%。由于铁素体的溶解度很小（其显微组织与纯铁一样），所以它的性能几乎与工业纯铁接近，强度和硬度低，塑性和韧性好。

2. 奥氏体

奥氏体为碳溶于 γ-Fe 中形成的固溶体，常用符号 A 表示。由于面心立方晶格的间隙较大，因此它的溶碳能力比 α-Fe 大，在 727℃时其溶碳量为 0.77%，随着温度的升高溶碳量逐渐增大，到 1148℃时，其溶碳量最大，可达 2.11%。奥氏体具有一定的强度和硬度，塑性也很好，没有磁性，一般奥氏体的硬度为 170~220HBW，塑性较高，断后伸长率为 40%~50%，所以奥氏体是多种钢材在高温下进行压力加工时所要求的组织。

3. 渗碳体

渗碳体是碳与铁按一定比例形成的具有复杂晶格的金属化合物，常用符号 Fe_3C 表示。渗碳体中碳的质量分数为 6.69%，熔点约为 1227℃，在固态下，无同素异构转变。渗碳体的结构决定了它有极硬和极脆（塑性和韧性几乎为零）的性质，是铁碳合金中的主要强化相，它的形态、大小、数量和分布对铁碳合金的性能有很大的影响。

4. 珠光体

珠光体是由铁素体与渗碳体组成的机械混合物，常用符号 P 表示。珠光体中碳的质量分数为 0.77%，其强度高于铁素体和渗碳体（抗拉强度约为 750MPa），塑性和韧性介于铁素体与渗碳体之间（约为 20%~35%），硬度适中（约为 80~200HBW）。

5. 莱氏体

莱氏体是一种机械混合物。在 1148~727℃由奥氏体与渗碳体组成的机械混合物称为高温莱氏体，用符号 Ld 表示；在 727℃以下由珠光体与渗碳体组成的机械混合物称为低温莱氏体，用符号 Ld′表示。莱氏体的含碳量较高，因而其硬度高，塑性差，脆性大，是组成白口铸铁的基本组织。

综上所述，在铁碳合金相图中有五种固相组织，其中奥氏体、铁素体、渗碳体是单相组织，称为基本相，而珠光体、莱氏体则是由基本相混合组成的混合组织。

（二）铁碳相图

铁碳相图是指在极其缓慢冷却的条件下，铁碳合金的组织状态随温度变化的图解。由于碳的质量分数高于 6.69%的铁碳合金，其脆性极大，工艺性能不好，在工业中没有实用价值，而渗碳体（Fe_3C）是一种稳定的化合物，可以作为一个独立的组元，所以我们研究的铁碳相图实际上是 Fe-Fe_3C 相图，简化后的 Fe-Fe_3C 相图如图 1-10 所示。

1. 铁碳相图中的主要特性点、线、区

（1）主要特性点（见表 1-2）

（2）主要特性线

1）ACD 线为液相线。在此线以上铁碳合金处于液体状态（L），冷却到此线时，碳的质量分数小于 4.3%的铁碳合金在 AC 线下开始结晶出奥氏体（A）；碳的质量分数大于 4.3%的铁碳合金在 CD 线下开始结晶出渗碳体（Fe_3C），称为一次渗碳体，用 Fe_3C_I 表示。

2）AECF 线为固相线。在此线以下铁碳合金均呈固体状态。

3）ECF 线是一条水平线（对应的温度为 1148℃），称为共晶线。在此线上，液态合金将发生共晶转变，形成奥氏体和渗碳体组成的机械混合物，称为高温莱氏体。所谓共晶转变

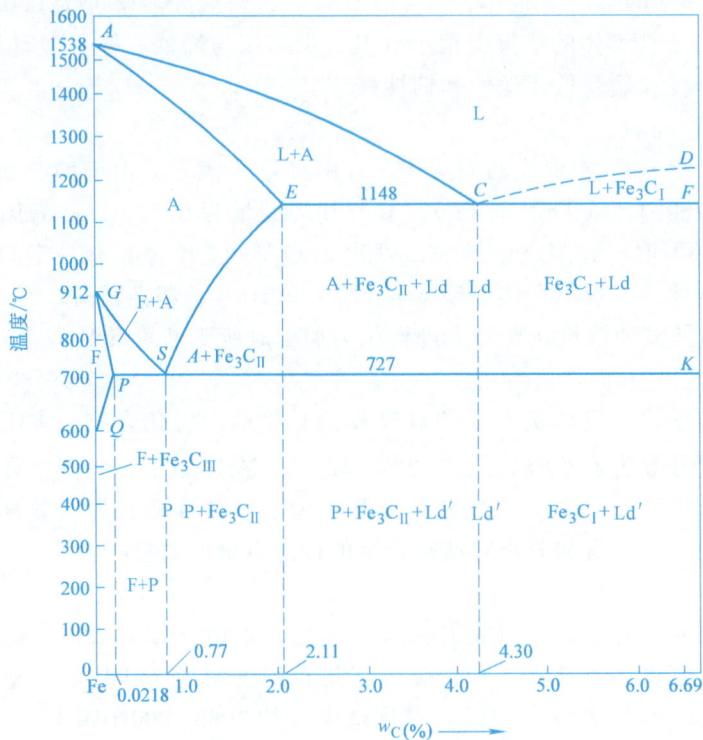

图 1-10 简化后的 Fe-Fe₃C 相图

表 1-2 铁碳相图中的主要特性点

特性点	温度/℃	w_C(%)	含义
A	1538	0	纯铁的熔点
C	1148	4.3	共晶点,有共晶转变发生
D	1227	6.69	渗碳体的熔点
E	1148	2.11	碳在 γ-Fe 中的最大溶解度,钢与铁的分界点
F	1148	6.69	共晶渗碳体的成分点
G	912	0	纯铁的同素异构转变点(α-Fe $\rightleftharpoons$ γ-Fe)
P	727	0.0218	碳在 α-Fe 中的最大溶解度
S	727	0.77	共析点,有共析转变发生
K	727	6.69	共析渗碳体的成分点
Q	600	0.006	碳在 α-Fe 中的溶解度

是指在恒温下,从液态合金中同时结晶出两种晶体的转变过程,碳的质量分数在 2.11% ~ 6.69%之间的铁碳合金均会发生共晶转变。

4)PSK 线是一条水平线(对应的温度为 727℃),称为共析转变线,也称 A_1 线。在此线上,固态奥氏体将发生共析转变,形成了铁素体和渗碳体组成的机械混合物,称为珠光体(P)。所谓共析转变是指在恒温下,从固相中同时析出两种不同成分晶体的转变过程,碳的质量分数大于 0.0218%的铁碳合金在 PSK 线上都会发生共析转变。

5)ES 线是固溶线,通常称为 A_{cm} 线。它是碳在奥氏体中的溶解度随温度变化的曲线。

随着温度的降低，奥氏体中碳的质量分数沿着此线逐渐减少。当温度从 1148℃ 降到 727℃ 时，凡碳的质量分数大于 0.77% 的铁碳合金均会由奥氏体中沿晶界析出渗碳体，这种渗碳体称为二次渗碳体，用 Fe_3C_{II} 表示，以区别于从液体中直接结晶出来的一次渗碳体 Fe_3C_I。

6) GS 线是奥氏体和铁素体相互转变线。在冷却过程中，表示奥氏体转变成铁素体的开始线；在加热过程中，表示铁素体转变成奥氏体的结束线，又称为 A_3 线。

7) GP 线是奥氏体和铁素体相互转变线。在冷却过程中，表示奥氏体转变成铁素体的结束线；在加热过程中，表示铁素体转变成奥氏体的开始线。

8) PQ 线是碳在铁素体中的溶解度随温度变化的曲线，它表示随着温度的降低，铁素体中的含碳量沿着此线逐渐减少，多余的碳以渗碳体的形式析出，称为三次渗碳体，用 Fe_3C_{III} 表示。由于其数量极少，在一般钢中影响不大，故 Fe_3C_{III} 忽略不计。

铁碳相图中的一次、二次、三次渗碳体的含碳量、晶体结构和本身的性质相同，没有本质的区别，只是其来源、分布和形态有所不同，对铁碳合金性能的影响有所不同。

(3) 主要相区 在铁碳相图中有四个基本相，对应着四个单相区，ACD 以上为液相区，AESG 为奥氏体区，GPQ 为铁素体区，DFK 为渗碳体区。

2. 铁碳合金的分类

铁碳合金中，除工业纯铁（$w_C < 0.0218\%$）外，按其含碳量和组织的不同可分成两大类，即：

铁碳合金 { 非合金钢（旧称碳素钢、碳钢）{ 亚共析钢（$0.0218\% \leqslant w_C < 0.77\%$）室温组织：铁素体和珠光体；共析钢（$w_C = 0.77\%$）室温组织：珠光体；过共析钢（$0.77\% < w_C \leqslant 2.11\%$）室温组织：珠光体和二次渗碳体 } 白口铸铁 { 亚共晶白口铸铁（$2.11\% < w_C < 4.3\%$）室温组织：珠光体、低温莱氏体和二次渗碳体；共晶白口铸铁（$w_C = 4.3\%$）室温组织：低温莱氏体；过共晶白口铸铁（$4.3\% < w_C < 6.69\%$）室温组织：一次渗碳体和低温莱氏体 } }

3. 含碳量对铁碳合金组织与性能的影响

(1) 含碳量对铁碳合金组织的影响 由铁碳相图可知，随着含碳量的增加，不仅铁碳合金组织中的渗碳体数量相应增加，而且渗碳体的形态和分布也随之发生变化。渗碳体开始以层片状分布在珠光体中，继而以网状分布在珠光体晶界上，最后形成莱氏体时，渗碳体又变成显微组织中的主要组成部分。这就说明不同成分的铁碳合金具有不同的组织，从而决定了不同成分的铁碳合金具有不同的性能。

(2) 含碳量对铁碳合金力学性能的影响 图 1-11 表示含碳量对非

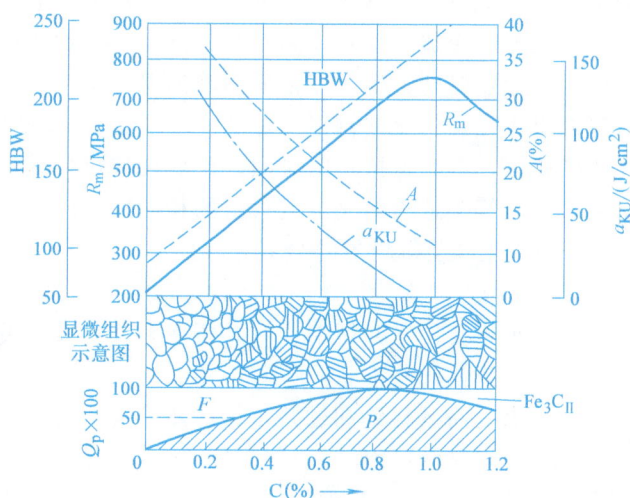

图 1-11 含碳量对非合金钢力学性能的影响

合金钢力学性能的影响。从图中看出，当 $w_C < 0.9\%$ 时，随着含碳量的增加，钢的强度和硬度不断上升，而塑性和韧性不断下降；当 $w_C > 0.9\%$ 时，由于网状渗碳体的存在，不仅塑性和韧性随着含碳量的增加进一步下降，而且钢的强度也明显下降。为了保证工业中使用的非合金钢具有一定的塑性和韧性，非合金钢中碳的质量分数一般不超过 1.3%。

第三节　钢的热处理

钢的热处理是采用适当的方式将钢在固态下进行加热、保温、冷却的工艺方法使其内部组织结构发生变化，从而获得所需性能的工艺。尽管钢的热处理种类很多，但最基本的热处理工艺曲线如图 1-12 所示。

一、钢的普通热处理

（一）退火

退火是将钢加热到适当温度，保温一定的时间，然后缓慢冷却（随炉冷却或埋入保温介质中）以获得接近平衡组织的一种热处理工艺。退火的目的是：①细化晶粒、改善组织。②消除内应力，提高力学性能。③降低硬度，提高切削性能。④为下一道工序做好准备。根据退火目的不同，退火的工艺有以下三种：

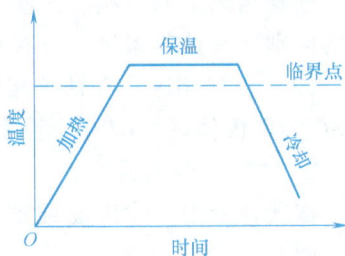

图 1-12　热处理工艺曲线示意图

1. 完全退火与等温退火

完全退火与等温退火主要用于亚共析钢的铸件、锻件、热轧型材及焊接件等，而不宜用于过共析钢。其目的是消除内应力、细化晶粒、改善组织，作为重要零件的预备热处理或不重要零件的最终热处理。

完全退火是将亚共析钢加热到 Ac_3 以上 $30 \sim 50℃$（完全奥氏体化），保温一定时间，然后随炉冷却（或埋在石灰等保温介质中），获得接近平衡组织的退火工艺。生产中为提高生产率，一般随炉冷却至 $500 \sim 600℃$ 时，将工件出炉空冷。完全退火的缺点是时间长，生产率低，所以为缩短时间，生产中常采用等温退火工艺。

等温退火是指将亚共析钢加热到 Ac_3 以上 $30 \sim 50℃$，保温一定时间，开炉门快速冷却至珠光体转变区，等温保持一定时间，使奥氏体全部转变为珠光体组织，然后将工件出炉空冷的退火工艺。等温退火与完全退火目的相同，但转变过程较容易控制，所用时间比完全退火约缩短 1/3，并可获得均匀的组织和性能。

2. 球化退火

球化退火主要用于共析钢或过共析钢。其主要目的是降低硬度，改善可加工性，同时获得球化组织，为淬火作准备。

球化退火是将共析钢和过共析钢加热到 Ac_1 以上 $10 \sim 20℃$，保温一定时间，随炉缓冷至 $600℃$ 以下再出炉空冷，最终获得球状珠光体（球状渗碳体分布在铁素体基体上）。在球化退火之前，若钢的组织中有明显的网状渗碳体（Fe_3C）时，应先正火处理，去除网状组织。

3. 去应力退火

去应力退火又称低温退火，它是指将钢随炉缓慢加热至 Ac_1 以下 $100 \sim 200℃$，保温一定时间，随炉缓冷至200~300℃出炉空冷的退火工艺。去应力退火主要用于消除铸件、锻件、焊接件及热轧件和冷拉件的残余内应力。去应力退火的特点是在退火过程中钢的组织不发生相变。

（二）正火

正火是将钢加热到Ac_3线（亚共析钢）或Ac_{cm}线（过共析钢）以上30~50℃，保温一定时间（奥氏体化）后，在空气中冷却获得以珠光体组织为主的热处理工艺。

正火与退火的目的类似，主要区别是正火的冷却速度稍快，得到的组织较细小，强度和硬度有所提高，操作简便，生产周期短，成本较低。

低碳钢和合金低碳钢经正火后，可提高硬度，改善切削加工性能；对于中碳结构钢制作的较重要工件，可作为预备热处理；对于过共析钢，可消除网状二次渗碳体，为球化退火作好组织准备；对于使用性能要求不高的工件，以及某些大型或形状复杂的零件，当淬火有开裂危险时，可采用正火作为最终热处理。

（三）钢的淬火

淬火是将钢加热到Ac_3（亚共析钢）或Ac_1（共析钢和过共析钢）以上30~50℃，保温一定时间（奥氏体化），然后以大于v_K（临界冷却速度）的速度冷却的热处理工艺。淬火的目的是提高钢的强度和硬度，淬火是钢铁材料的主要强化方式。

1. 淬火加热的时间

淬火加热时间包括升温和保温时间。通常以装炉后温度达到淬火加热温度所需时间为升温时间，并以此作为保温时间的开始；保温时间是指钢件烧透并完成奥氏体均匀化所需时间。

2. 淬火冷却介质

常用的淬火冷却介质有水、盐水、油、各种硝盐或碱浴以及各种有机或无机化合物的水溶液，但这些淬火冷却介质的冷却特性并不十分理想。因而在实际生产中，应根据淬火件的具体情况采用不同的淬火方法。

3. 常用的淬火方法

常用的淬火方法有：单液淬火法、双液淬火法、分级淬火法、等温淬火法等。

（1）单液淬火法　即将奥氏体化工件保温适当时间后，放入一种介质中连续冷却至室温。这种方法操作简单，易于实现机械化、自动化，是最常用的操作方法，如非合金钢在水中淬火、合金钢在油中淬火等均属于单液淬火法。

（2）双液淬火法　将奥氏体化工件先在冷却能力较强的介质（如水或盐水）中冷却到300~400℃，再把工件迅速放到冷却能力比较弱的介质（如矿物油）中继续冷却到室温。这种方法主要用于高碳工具钢制造的易开裂工件，如丝锥、板牙等。操作的关键是掌握好在水中的冷却时间。

（3）分级淬火法　将奥氏体化工件先放到温度稍高或稍低于Ms点的盐浴或碱浴中保持适当时间，使工件整体达到介质温度后，取出空冷，以获得特定组织。这种方法主要用于合金钢工件或尺寸较小、形状复杂的碳钢工件。

（4）等温淬火法　将奥氏体化工件快速冷却到转变温度区间（260~400℃）等温保持，使组织发生变化。主要用于形状复杂、要求具有较高硬度和强韧性的工具、模具等工件。

4. 钢的淬透性

钢的淬透性是指在规定条件下，决定钢材淬硬深度和硬度分布的特性。有效淬硬深度越深，表明钢的淬透性越好。

（四）钢的回火

回火是指淬火后的钢加热到 Ac_1 以下某一温度，保温后冷却至室温的一种热处理工艺。钢的回火和淬火是密不可分的，经过淬火的零件，一般都要进行回火。

回火的主要目的是降低钢的脆性、消除或减少内应力，稳定工件的组织和尺寸，调整硬度、提高韧性，获得工件所要求的力学性能。

回火时，钢的性能主要由回火温度决定。按回火温度的不同，回火方法分为：

（1）低温回火（150~250℃） 它保持了淬火的高硬度（58~64HRC）和耐磨性，内应力有所降低，韧性有所提高。低温回火主要用于刃具、量具、模具、滚动轴承以及其他要求高硬度和耐磨性的零件。

（2）中温回火（250~500℃） 它具有高的弹性极限、屈服强度和适当的韧性，硬度可达 40~50HRC。中温回火主要用于弹性零件及热锻模等。

（3）高温回火（500~650℃） 它具有良好的综合力学性能，硬度可达 25~40HRC。生产中，常把淬火加高温回火的热处理工艺称为调质处理。调质处理广泛地应用于各种重要结构零件，特别是在交变载荷下工作的连杆、螺栓、齿轮及轴类等。

调质处理的钢与正火钢相比，不仅强度高，而且塑性、韧性也远高于正火钢，因此重要的结构零件应进行调质处理。

二、钢的表面热处理

表面热处理主要包括表面淬火和表面化学热处理（渗碳、渗氮、碳氮共渗等）。

（一）钢的表面淬火

把工件表面迅速加热到淬火温度（心部温度仍保持在临界温度以下），快速冷却，使工件表面得到一定深度的淬硬层，而其心部组织仍保持未淬火状态的热处理工艺称为表面淬火。表面淬火的方法很多，目前广泛应用的有感应淬火和火焰淬火两种。

1. 感应淬火

感应加热表面淬火，是把工件放入空心铜管绕成的感应器内，感应器中通入一定频率的交流电，以产生交变磁场，于是工件就会产生频率相同、方向相反的感应电流（涡流），将工件表层迅速加热到淬火所需要的温度（在几秒钟内可使工件表面温度上升到 800~1000℃），而心部仍接近室温，随即快速冷却，从而达到了表面淬火的目的。

2. 火焰淬火

利用氧乙炔（或氧-煤气等可燃气体）焰对工件表面快速加热并快速冷却的淬火工艺，称为火焰淬火，其淬硬层深度一般为 2~6mm。

通常，表面淬火主要用于中碳钢（如 40、45 钢等）和中碳合金钢（如 40Cr、40MnB 等）。表面淬火前应先进行正火或调质处理，以保证零件心部有良好的综合力学性能，并为表面加热做好组织准备。表面淬火后，应进行低温回火，以降低淬火应力和脆性，保持高的硬度和耐磨性。

（二）钢的化学热处理

钢的化学热处理是将钢铁零件置于适当的活性介质中加热、保温、使一种或几种元素渗入其表层，以改变零件表层的化学成分、组织和性能的热处理工艺。

1. 渗碳

渗碳是向零件表层渗入碳原子的过程。它是将工件置于含碳的活性介质中加热、保温，使活性碳原子渗入钢的表层，以达到提高钢件表面含碳量的化学热处理工艺。常用的渗碳方法有固体渗碳、液体渗碳和气体渗碳三种，其中应用较广泛的是气体渗碳。

渗碳层厚度主要取决于加热温度和保温时间。加热温度越高，保温时间越长，则渗层越厚。但加热温度过高，会使晶粒粗大，钢变脆；保温时间过长，渗层厚度的增加速度也会逐渐减慢。渗层厚度增加的速度一般可按 0.2~0.25mm/h 估算。

为了使零件表面获得高硬度和高耐磨性，而心部仍保持较好的强度和韧性，工件渗碳后必须进行淬火和低温回火。通常渗碳零件的工艺路线为：锻造—正火—机械加工—渗碳—淬火+低温回火—精加工。

渗碳用钢为低碳钢和低碳合金钢，$w_C = 0.1\% \sim 0.25\%$。含碳量过高会降低工件心部的韧性。工件渗碳后其表层 $w_C = 0.85\% \sim 1.05\%$。渗碳缓慢冷却后的组织，由表层向心部依次为过共析钢组织、共析钢组织、亚共析钢组织，心部为原始组织。

2. 渗氮（氮化）

渗氮是向钢的表层渗入氮原子的过程。它是在一定温度下（一般在 Ac_1 以下），使活性氮原子渗入钢件表层的化学热处理工艺，其目的是为了提高钢表面的硬度、耐磨性、耐蚀性及疲劳强度。

渗氮主要用于耐磨性和精度要求很高的精密零件或承受交变载荷的重要零件，以及要求耐热、耐蚀、耐磨的零件，如精密机床的主轴、蜗杆、发动机曲轴、高速精密齿轮及成形刀具、模具等。

渗氮和渗碳相比有如下特点：①渗氮后的零件不用淬火就能得到高硬度和高耐磨性。且在 600~650℃ 时仍能保持高硬度（即热硬性好）。②渗氮温度低，故变形小。③渗氮零件具有很好的耐蚀性，可防止水、蒸汽、碱性溶液的腐蚀。④渗氮后，显著地提高了钢的疲劳强度。

但是渗氮工艺的生产周期长，成本高；渗氮层薄而脆不宜承受集中的载荷。

3. 碳氮共渗

碳氮共渗是指一定温度下在工件表层同时渗入碳和氮，并以渗碳为主的化学热处理工艺，其主要目的是提高工件表面的硬度和耐磨性。常用的是气体碳氮共渗。

碳氮共渗后要进行淬火和低温回火，渗层深度一般为 0.3~0.8mm。气体碳氮共渗用钢大多为低碳或中碳钢及低合金钢等。

第四节 常用的金属材料

一、非合金钢

非合金钢是指 $w_C < 2.11\%$，并含有少量 Si、Mn、S、P 等杂质元素的铁碳合金，在实施

新的钢分类标准以前称为碳素钢（简称碳钢），它是各个工业部门中普遍使用的材料。

（一）非合金钢的分类

非合金钢分类方法主要有以下三种：

（1）根据含碳量　分为低碳钢（$w_C<0.25\%$）、中碳钢（$0.25\%\leqslant w_C\leqslant0.60\%$）和高碳钢（$w_C>0.60\%$）。

（2）根据主要质量等级　分为普通质量非合金钢（$w_S\leqslant0.040\%$，$w_P\leqslant0.040\%$）、优质非合金钢、除普通质量非合金钢和特殊质量非合金钢以外的非合金钢和特殊质量非合金钢（$w_S\leqslant0.020\%$，$w_P\leqslant0.020\%$）。

（3）根据钢的用途　分为碳素结构钢、非合金工具钢和铸造碳钢。

此外，按冶炼时钢水的脱氧程度不同，又分为沸腾钢、镇静钢和特殊镇静钢。

（二）非合金钢的牌号、性能及主要用途

1. 碳素结构钢非合金机械结构钢

（1）普通碳素结构钢　普通碳素结构钢的牌号用"Q+数字+质量级别+脱氧方法符号"表示。其中"Q"为钢材屈服强度"屈"字的汉语拼音字首，"数字"表示其最小屈服强度，质量分别用A、B、C、D表示，其中A级质量等级最低，D级质量等级最高。脱氧方法符号分别用F、Z、TZ表示沸腾钢、镇静钢、特殊镇静钢，通常，镇静钢和特殊镇静钢的符号（Z和TZ）可以省略。例如牌号Q235AF表示屈服强度≥235MPa的A级沸腾钢。普通碳素结构钢的牌号、性能及主要用途见表1-3。

表1-3　普通碳素结构钢的牌号、主要性能及用途

新牌号	旧牌号	主要性能	用途举例
Q195	A1、B1	具有高的塑性、韧性和焊接性能，良好的压力加工性能，但强度低	用于制造地脚螺栓、犁铧、烟筒、屋面板、铆钉、低碳钢丝、薄板、焊管、拉杆、吊钩、支架、焊接结构
Q215	A2、C2		
Q235	A3 C3	具有良好的塑性、韧性和焊接性能、冷冲压性能，以及一定的强度、好的冷弯性能	广泛用于一般要求的零件和焊接结构，如受力不大的拉杆、销、轴、螺钉、螺母、套圈、支架、机座、建筑结构、桥梁等

（2）优质碳素结构钢　优质碳素结构钢的牌号一般用两位数字表示，这两位数字表示钢中平均碳的质量分数的万分之几。如35钢，表示其平均碳的质量分数为0.35%的优质碳素结构钢。若钢中锰的质量分数较高（$0.7\%\leqslant w_{Mn}\leqslant1.2\%$）时，则在牌号后面加上锰的化学元素符号（Mn），例如35Mn。优质碳素结构钢的牌号、性能及主要用途见表1-4。

表1-4　优质碳素结构钢的牌号、性能及主要用途

牌号	主要性能特点	用途举例
08	强度、硬度低，塑性极好。深冲压、深拉深性好，冷加工性、焊接性好。成分偏析倾向大，时效敏感性大，故冷加工时，可采用消除应力热处理或水韧处理，防止冷加工断裂	易轧成薄板、薄带、冷变形型材、冷拉钢丝，用作冲压件、拉深件，各类不承受载荷的覆盖件、渗碳、渗氮、制作各类套筒、靠模、支架等
20	强度、硬度稍高于15钢，塑性、焊接性都好，热轧或正火后韧性好	制作不太重要的中、小型渗碳、碳氮共渗件、锻压件，如杠杆轴、变速器变速叉、齿轮，重型机械拉杆、钩环等
30	强度、硬度较高，塑性好，焊接性良好，可在正火或调质后使用，适于热锻、热压。可加工性良好	用于受力不大，温度低于150℃的低载荷零件，如丝杠、拉杆、轴键、齿轮、轴套筒等，渗碳件表面耐磨性好，可作耐磨件

（续）

牌号	主要性能特点	用途举例
45	最常用中碳调质钢，综合力学性能良好，淬透性差，水淬时易产生裂纹。小型件宜采用调质处理、大型件宜采用正火处理	主要用于制造强度高的运动件，如透平机叶轮、压缩机活塞、轴、齿轮、齿条、蜗杆等。焊接件注意焊前预热，焊后去应力退火
65	热处理或冷作硬化后具有较高的强度与弹性。焊接性不好，易形成裂纹，可加工性差，冷变形塑性低，淬透性不好，一般采用油淬，特点是在相同组态下其疲劳强度可与合金弹簧钢相当	宜用于制造截面、形状简单、受力小的扁形或螺旋弹簧零件，如气门弹簧、弹簧环等；也宜用于制造高耐磨性零件，如轧辊、曲轴、凸轮及钢丝绳等
85	含碳量最高的结构钢，强度、硬度比其他高碳钢高，但弹性略低，其他性能与65钢相近。淬透性不好	铁道车辆、扁形板弹簧、圆形螺旋弹簧、钢丝、钢带等
40Mn	淬透性略高于40钢。热处理后，强度、硬度、韧性比40钢稍高，冷变形时塑性中等，可加工性好，焊接性低，具有过热敏感性和回火脆性，水淬易裂	耐疲劳件、曲轴、辊子、轴、连杆、高应力下工作的螺钉、螺母等
65Mn	强度、硬度、弹性和淬透性均比65钢高，具有过热敏感性和回火脆性倾向，水淬有形成裂纹倾向。退火态可加工性尚可，冷变形塑性低，焊接性差	中等载荷的板弹簧，直径7～20mm螺旋弹簧及弹簧垫圈、弹簧环。高耐磨性零件，如磨床主轴、弹簧夹头、精密机床丝杠、犁、切刀、螺旋辊子轴承上的套环、铁道钢轨等

2. 非合金工具钢

碳素工具钢中碳的质量分数在 0.65%～1.35% 之间，全都属于优质级或高级优质碳素钢。这类钢具有高硬度和高耐磨性，主要用于制造刀具、量具和模具，如制作手用锯条、锉刀等。

非合金工具钢的牌号用"T+数字"表示。其中"T"为"碳"字的汉语拼音字首，"数字"表示钢中平均碳的质量分数的千分之几。若为高级优质非合金工具钢，则在数字后面加符号"A"。例如 T8 表示平均碳的质量分数为 0.8% 的优质非合金工具钢，T8A 则表示平均碳的质量分数为 0.8% 的高级优质非合金工具钢。常用非合金工具钢的牌号、性能及主要用途见表 1-5。

表 1-5　常用非合金工具钢的牌号、性能及主要用途

牌号	主要性能	硬度		用途举例
		退火状态	试样淬火	
		HBW	淬火温度/℃ 冷却介质 / HRC	
T7 T7A	热处理后，具有较高的强度、韧性和相当的硬度，淬透性和热硬性差，淬火时变形	≤187	800～820 水 / ≥62	制造承受撞击、振动，要求韧性较好，硬度中等且切削能力不高的各种工具，如小尺寸风动工具，木工用的凿和锯，剪铁皮的剪子，手用大锤、钳工锤头及销轴等
T8 T8A	淬火回火后，硬度较高，耐磨性良好，强度、塑性不高，淬透性差，加热时易过热，易变形，热硬性低，承受冲击的能力低	≤187	780～800 水 / ≥62	制造切削刃口在工作中不变热、硬度和耐磨性较高的工具，如木材加工用的斧、凿、锯片，简单形状的模具和冲头、打眼工具，台虎钳口及弹簧片、销子等

（续）

牌号	主要性能	硬　度			用途举例
		退火状态	试样淬火		
		HBW	淬火温度/℃ 冷却介质	HRC	
T8Mn T8MnA	性能和T8、T8A相近,但锰使之淬透性比T8、T8A好,淬硬层较深	≤187	780~800 水	≥62	用途和T8、T8A相似
T10 T10A	韧性较好,强度较高,耐磨性比T8、T8A高,热硬性低,淬透性不好,淬火变形较大	≤197		≥62	制造切削条件较差,耐磨性较高,不受强烈振动,要求一定韧性和锋刃的工具,如铣刀、车刀、钻头、丝锥、机用细木工具、拉丝模、冲孔模等
T12 T12A	硬度和耐磨性高,韧性较低,热硬性差,淬透性不好,淬火变形大	≤207	760~780 水	≥62	制造冲击小,切削速度不高、高硬度的各种工具,如铣刀、车刀、钻头、丝锥、板牙、锯片,小尺寸的冷切边模及冲孔模,高硬度、冲击小的机械零件等
T13 T13A	碳钢中硬度和耐磨性最好的非合金工具钢,但韧性较差,不能承受冲击	≤217		≥62	制造要求极高硬度但不受冲击的工具,如刮刀、剃刀、拉丝工具、刻锉刀纹的工具、雕刻用工具,钻头、锉刀等

3. 铸造碳钢

铸造碳钢（简称"铸钢"）的牌号用"ZG＋两组数字"表示。其中"ZG"为"铸钢"两字的汉语拼音字首,第一组数字表示其最低屈服强度值,第二组数字表示其最低抗拉强度值。例如ZG230-450表示屈服强度不小于230MPa、抗拉强度不小于450MPa的铸造碳钢。

一般工程用铸造碳钢中碳的质量分数在0.15%~0.60%之间,铸造碳钢主要用于制作强度和韧性要求较高、形状复杂、难以用压力加工方法成形的铸钢件。铸钢的牌号、化学成分、力学性能及主要用途见表1-6。

表1-6　铸造碳钢的牌号、化学成分、力学性能及主要用途

牌号	主要化学成分质量分数(%)					室温力学性能					性能特点及用途举例
	C	Si	Mn	P	S	R_{eL} $(R_{r0.2})$ MPa	R_m MPa	$A_{11.3}$ (%)	Z (%)	K/J $[a_K/$ $(J/cm^2)]$	
	不大于					不小于					
ZG200-400	0.20		0.80			200	400	25	40	30(60)	有良好的塑性、韧性和焊接性。用于受力不大、要求韧性好的各种机械零件,如机座、变速器壳体等
ZG230-450	0.30	0.60	0.90	0.035		230	450	22	32	25(45)	有一定的强度和较好的塑性、韧性,焊接性良好。用于受力不大、要求韧性好的各种机械零件,如砧座、轴承盖、底板、阀体等

（续）

牌号	主要化学成分质量分数（%）					室温力学性能					性能特点及用途举例
	C	Si	Mn	P	S	R_{eL} ($R_{r0.2}$) MPa	R_m MPa	$A_{11.3}$ （%）	Z （%）	K/J [a_K/ (J/cm²)]	
	不大于					不小于					
ZG270-500	0.40					270	500	18	25	22（35）	有较高的强度和较好的硬度，铸造性良好，焊接性良好，可加工性好。用作轧钢机机架、轴承座、连杆、箱体、曲轴、缸体等
ZG310-570	0.50	0.60	0.90	0.035		310	570	15	21	15（30）	强度和可加工性良好，塑性、韧性较低。用于载荷较大的零件，如大齿轮、缸体、制动轮、辊子等
ZG340-640	0.60					340	640	10	18	10（20）	强度、硬度和耐磨性高，可加工性良好，焊接性差，流动性好，裂纹敏感性较大。用于齿轮、棘轮等

二、低合金钢和合金钢

在碳钢中有目的地加入一定量合金元素所得到的钢称为低合金钢和合金钢。在合金钢中，通常加入的合金元素有：锰（$w_{Mn} \geq 1\%$）、硅（$w_{Si} \geq 0.5\%$）、铬、钨、镍、钼、钒、铝、铜、钛、铌及稀土元素等。这些元素在合金钢中可以提高钢的力学性能及钢的淬透性，改善钢的工艺性能或得到某种特殊的物理、化学性能，因而可以大大扩展其应用范围。合金钢按用途可分为：合金结构钢、合金工具钢、特殊用途钢。

（一）低合金高强度结构钢

它是在低碳钢（$w_C < 0.2\%$）的基础上加入少量（≤5%）合金元素制成的钢，其牌号也用"Q+数字"表示。其含义与普通碳素结构钢相同，如 Q345 表示其最低屈服强度值为 345MPa 的低合金高强度结构钢。若牌号后面有字母 A、B、C、D、E，也表示质量等级，如 Q345B 表示其最低屈服强度为 345MPa 的 B 级低合金高强度结构钢。

低合金钢通常在热轧退火（或正火）状态下使用。它的强度比普通低碳钢要高 10%～20% 以上，所以称为低合金高强度钢。它具有较好塑性、韧性以及良好的焊接性和耐蚀性，目前广泛应用于桥梁、车辆、船舶、建筑、容器等方面，其主要目的是为了减轻结构的自身重量，保证使用的可靠性和耐久性。常用低合金高强度结构钢的牌号、化学成分、力学性能及用途见表 1-7。

（二）合金结构钢

合金结构钢主要包括合金渗碳钢、合金调质钢、合金弹簧钢、滚动轴承钢等。

表 1-7 常用低合金高强度结构钢的牌号、化学成分、力学性能及主要用途

牌号		化学成分(质量分数)(%)				钢材厚度/mm	力学性能			冷弯试验	用途举例
新标准	旧标准	C	Si	Mn	其他		R_m/MPa	R_{eL}/MPa	A(%)	a-试件厚度 d-心棒直径	
Q345	14MnNb	0.12~0.18	0.20~0.50	0.80~1.20	0.15~0.50Nb	≤16	500	360	20	180℃ (d=2a)	油罐、锅炉、桥梁等
	16Mn	0.12~0.20	0.20~0.50	1.2~1.60	—	≤16	520	350	21		桥梁、船舶、车辆、压力容器、建筑结构等
	16MnRE	0.12~0.20	0.20~0.50	1.2~1.50	0.2~0.35Cu	≤16	520	350	21		桥梁、船舶、车辆、压力容器、建筑结构等
Q390	15MnTi	0.12~0.18	0.20~0.50	1.25~1.50	0.12~0.20Ti	≤25	540	400	19	180℃ (d=3a)	船舶、压力容器、电站设备等
	15MnV	0.12~0.18	0.20~0.50	1.25~1.50	0.04~0.14V	≤25	540	400	18		船舶、压力容器、桥梁、车辆、起重机械等

1. 合金渗碳钢

合金渗碳钢是在低碳钢的基础上加入铬、锰、镍、钛、钒等合金元素制成的钢,其牌号用"两位数字+合金元素符号+数字"表示。前两位"数字"表示钢中平均碳的质量分数的万分之几,元素符号表示钢中所含的合金元素,元素符号后面的"数字"表示其平均含量的百分数,并规定合金元素的平均含量<1.5%时,则只标出元素符号,而不标出数字;当合金元素的平均质量分数在 1.5%~2.5%之间、2.5%~3.5%之间、…时,在元素后面相应标出 2、3、…。如 20Mn2 表示其平均碳的质量分数为 0.20%,平均锰的质量分数为 2%的合金渗碳钢。如果是高级优质合金结构钢,则在牌号的末尾加符号"A",例如 18Cr2Ni4WA。

合金渗碳钢通常经渗碳、淬火及低温回火后使用,主要用于表面要求高硬度、高强度、高耐磨性,心部具有较高的韧性,且能承受冲击载荷的零件(如变速齿轮、齿轮轴、活塞销等)。常用合金渗碳钢的牌号、成分、力学性能及用途可查阅 GB/T3077—2015(合金结构钢)。

2. 合金调质钢

合金调质钢通常是指经调质处理后使用的中碳合金钢,其碳的质量分数在 0.25%~0.50%之间,合金调质钢牌号的表示方法与合金渗碳钢相同,也用"两位数字+合金元素符号+数字"表示。

合金调质钢主要用于要求高硬度、良好塑性与韧性相配合的重要零件,如主轴、曲轴、连杆螺栓、重要齿轮等。如有些零件还要求工作表面有较高的硬度和耐磨性时,经调质处理后,可再进行表面感应加热淬火加低温回火。常用合金调质钢的牌号、成分、热处理及性能可查阅 GB/T3077—2015(合金结构钢)。其中应用较广泛的合金调质钢有 40Cr、40MnVB、30CrMnSi、20MnVB、12CrNi3 等。

3. 合金弹簧钢

用于制造各种弹簧或弹性零件的合金钢称为合金弹簧钢,其碳的质量分数一般在

0.45%~0.70%之间。合金弹簧钢牌号的表示方法与合金渗碳钢相同，也用"两位数字+元素符号+数字"表示。

常用合金弹簧钢的牌号、成分、热处理、性能及用途可查阅 GB/T1222—2007（弹簧钢）。其中应用最广泛的是硅锰类合金弹簧钢，如 60Si2Mn，广泛用于制造汽车、拖拉机、机车车辆的螺旋弹簧和板簧及其他高应力下工作的重要弹簧。

4. 滚动轴承钢

用于制造滚动轴承中的滚动体（滚珠、滚柱、滚针）和套圈的合金钢称为滚动轴承钢，其碳的质量分数一般在 0.95%~1.15%之间，以便淬火后得到高碳马氏体，保证滚动轴承钢具有高硬度和高强度。

滚动轴承钢牌号用"G+Cr+数字"表示。其中"G"是"滚"字汉语拼音首位字母，"Cr"是合金元素铬的元素符号，"数字"表示钢中平均铬的质量分数的千分之几。如 GCr15 表示平均铬的质量分数为 1.5%的滚动轴承钢。

滚动轴承钢中元素铬的质量分数一般在 0.40%~1.65%之间，其作用是提高钢的淬透性，并形成弥散分布的碳化物，从而提高钢的耐磨性和接触疲劳强度。对于大型轴承，还加入元素锰、硅等，以进一步提高钢的淬透性。

目前，我国应用最广泛的滚动轴承钢的牌号是 GCr15（主要用于制造中小型轴承）和 GCr15SiMn（主要用于制造较大型轴承）。滚动轴承钢还可用于制造高耐磨性和较高疲劳强度的零件，如磨床主轴、冷冲模、丝杠、精密量具等。常用滚动轴承钢的牌号、成分、热处理及性能可查阅 GB/T 18254—2016（高碳铬轴承钢）。

（三）合金工具钢

用于制造各种工具的合金钢称为合金工具钢。它是在非合金工具钢的基础上，加入适量合金元素的钢。这种钢比非合金工具钢具有更高的硬度、耐磨性和韧性，特别是具有更好的淬透性、淬硬性、热硬性和回火稳定性等。因此，可以制造截面大、形状复杂、性能要求高的工具。

合金工具钢按用途分为量具刃具用钢、耐冲击工具钢、热作模具钢、冷作模具钢、塑料模具钢等。其牌号的表示方法与合金结构钢相似，只是含碳量的表示方法不同。当 $w_C \geq 1\%$ 时，其含碳量不标出；当 $w_C < 1\%$ 时，则用一位数字表示钢中平均含碳量的千分之几。如 Cr12MoV，表示 $w_C \geq 1\%$，$w_{Cr} = 12\%$，w_{Mo}、$w_V < 1.5\%$ 的合金工具钢。又如 9SiCr，表示 $w_C = 0.9\%$，w_{Si}、$w_{Cr} < 1.5\%$ 的合金工具钢。合金工具钢都是高级优质钢，所以合金工具钢牌号后面不再标出符号"A"。

1. 冷作模具钢

指用于制造冷冲模、冷挤压模和冷拔模等冷态金属成形的模具用钢。它具有高硬度、高耐磨性以及足够的强度和韧性，并要求淬透性好，淬火变形小。这类钢经淬火、回火后使用。常用冷作模具钢的牌号、热处理、性能及用途见表 1-8。

表 1-8 常用冷作模具钢的牌号、热处理、性能及用途

牌号	交货状态硬度 HBW	淬火		硬度 HRC（不小于）	用途举例
		温度/℃	淬火冷却介质		
9Mn2V	≤229	780~810	油	62	冲模、冷压模
CrWMn	207~255	800~830	油	62	形状复杂、高精度的冲模

（续）

牌号	交货状态硬度 HBW	淬火		硬度 HRC（不小于）	用途举例
		温度/℃	淬火冷却介质		
Cr12	217~269	950~1000	油	60	冷冲模、冲头、拉丝模、粉末冶金模
Cr12MoV	207~255	950~1000	油	58	冲模、切边模、拉丝模

2. 热作模具钢

热作模具钢指用于制造热锻模、热挤压模和压铸模等使热态金属或合金在压力下成型的模具用钢。热作模具钢是在高温（400~600℃）下工作的，在工作过程中，除承受大的冲击载荷外，还受到很大的压应力、拉应力、弯曲应力以及炽热金属在模腔中流动所产生的强烈摩擦力。所以要求热作模具钢在高温下，能保持足够的硬度、强度、韧性和耐磨性。同时，这类钢在工作中，反复受到炽热金属的加热和冷却介质（水、油、空气）的交替作用，引起体积变化，极易产生热疲劳。

热作模具钢中碳的质量分数一般在0.3%~0.6%之间，属中碳合金钢。常用的热作模具钢的牌号有：5CrMnMo和5CrNiMo。后者淬透性比前者好，其他性能相似。5CrMnMo适于制造中小型热锻模，5CrNiMo适于制造大中型热锻模。常用的压铸模具钢的牌号有：3Cr2W8V等。

3. 塑料模具钢

塑料模具钢指用于制造在不超过200℃的低温加热状态下，将细粉或颗粒状塑料压制成型的模具用钢。按塑料制品的成型方法可将塑料成型模具分为压铸模具、挤塑模具、注射模具、成型模具、吹塑模具等。工作时，模具持续受热、受压，并受到一定程度的摩擦和有害气体的腐蚀。因此，要求塑料模具钢在200℃时具有足够的强度和韧性，较高的耐磨性和耐蚀性，良好的可加工性、抛光性、焊接性以及热处理工艺性能。目前常用的塑料模具钢有3Cr2Mo，3Cr2MnNiMo。

4. 量具刃具用钢

量具是机械工程中控制加工精度的测量工具，如千分尺、量块、塞规、卡规等。由于量具在使用过程中经常与被测零件接触，受到磨损和碰撞，因此要求量具工作部分具有高硬度（62~65HRC）、高耐磨性、高尺寸稳定性以及足够的韧性。

9SiCr等则常用于制作精度高、形状复杂的精密量具，如量块、塞规等。此外，合金渗碳钢或轴承钢（GCr15）经渗碳淬火处理后也可以制作精度要求不高、耐冲击的量具；有时也用冷作模具钢（CrWMn）制作要求精密的量具。

（四）特殊性能钢的牌号、性能及用途

特殊用途钢是指具有特殊物理、化学性能，并兼有一定力学性能的合金钢。它包括不锈钢、耐热钢和耐磨钢等。

1. 不锈钢

不锈钢是指能抵抗大气腐蚀、酸、碱腐蚀或其他介质腐蚀的合金钢。不锈钢以不锈、耐蚀性为主要特性，且铬的质量分数至少为10.5%，碳的质量分数最大不超过1.2%。

不锈钢按其金相显微组织的不同分为：铁素体型不锈钢、马氏体型不锈钢、奥氏体型不锈钢、奥氏体-铁素体型不锈钢、沉淀硬化型不锈钢。常用不锈钢的牌号、成分、热处理及

其性能可查阅 GB/T1220—2007（不锈钢棒）。其中应用最广泛的不锈钢类型与牌号有以下几种：

1）铁素体型不锈钢有三种类型：①Cr12 型、Cr13 型，如 06Cr13Al、022Cr12 等，常作耐热钢用，如汽车排气阀等。②Cr17 型，如 10Cr17、10Cr17Mo 等，主要用作化工设备中的容器、管道等。③Cr27～30 型，如 008Cr27Mo、008Cr30Mo2 等，是耐强酸腐蚀的钢。

2）马氏体型不锈钢主要牌号有 12Cr13、20Cr13（含碳量较低），主要用于力学性能要求较高，耐蚀性要求较低的工件，如汽轮机叶片及医疗器械等；30Cr13、40Cr13（含碳量较高）主要用于水压机阀及硬而耐磨的医用手术工具、量具、不锈钢轴承及弹簧等。

3）奥氏体型不锈钢有 06Cr19Ni10、12Cr18Ni9，主要用于制作抗蚀性要求高及冷变形成形后需要焊接的轻载零件，如化工设备中及管道等，也可在仪表、发电等工业中制作无磁性的耐蚀零件。这类钢主要是通过冷变形加工来提高其强度，而不能用热处理强化。

2. 耐热钢

耐热钢是指在高温下具有良好的化学稳定性或较高强度的特殊性能钢。常用耐热钢的牌号有：

10Cr17 可用于制作<900℃ 以下耐氧化用部件散热器、炉用部件、油喷嘴等。42Cr9Si2 和 40Cr10Si2Mo，常用来制造受高温废气腐蚀及承受冲击、磨损的排气阀等零件（故又称阀门钢）。06Cr19Ni10 和 45Cr14Ni14W2Mo，因其含有较多铬，镍元素，是一种广泛应用的热强钢，通常在锅炉、汽轮机、内燃机和热处理炉中的一些零件方面应用较多。

3. 耐磨钢

耐磨钢是指具有高耐磨性的钢种。如在强烈冲击载荷作用下才能发生硬化的高锰钢，其碳的质量分数一般为 1.0%～1.3%，锰的质量分数为 11%～14%。

高锰钢加热到 1000～1100℃，固溶处理后可获得单相奥氏体组织，此时的硬度并不高（约 180～220HBW）当它在很大压力作用下产生强烈摩擦或冲击时，工件表层的奥氏体将迅速产生塑性变形而引起形变强化，而且还发生马氏体转变，从而使表层硬度显著提高（约 550HBW 以上），耐磨性增强。当表面硬化层磨掉后，新露出的表面又将发生上述转变而具有耐磨性。

高锰钢的压力加工和切削加工都很困难，一般都是直接铸成零件，经固溶处理后使用。高锰钢主要用在严重摩擦和强烈撞击条件下进行工作的零件，如制作坦克及拖拉机的履带，挖掘机铲齿，推土机挡板，铁路道岔及破碎机上的颚板等。其牌号见 GB/T 5680—2010《奥氏体锰钢铸件》规定，如 ZG100Mn13 表示。

三、铸铁

铸铁是指由铁、碳、硅组成的合金系的总称，在这些合金中，碳和硅的含量较高，并含有较多的锰、硫、磷等杂质。在铸铁中，碳主要以石墨的形式存在，碳以石墨的形式析出的过程称为石墨化，常用符号 G 表示石墨。石墨化程度不同，所得的铸铁类型、组织、性能也不同。

铸铁的力学性能比钢差，但接近共晶成分的铸铁熔点低、流动性好，所以具有优良的铸造性能，有良好的减磨性、消振性和可加工性，并且生产工艺及设备简单，价格低廉，因此铸铁是普遍使用的金属材料之一。

（一）铸铁的分类

根据碳在铸铁中的存在形式不同，铸铁可分为以下三类：

1. 灰铸铁

碳全部或大部分以石墨的形式存在，没有莱氏体组织，其断口呈暗灰色，工业上使用的铸铁大部分都是这种铸铁。

2. 白口铸铁

这类铸铁的石墨化过程全部被抑制，碳除微量溶于铁素体以外，全部以 Fe_3C 的形式存在，其断口呈银白色，硬而脆，难以切削加工，所以工业中很少直接使用。目前，白口铸铁主要用作炼钢原料和生产可锻铸铁的毛坯。

3. 麻口铸铁

这类铸铁的石墨化过程只得到部分实现，碳一部分以石墨的形式存在，另一部分以 Fe_3C 的形式存在，其断口呈黑白相间麻点，也很硬脆，难以切削加工，所以工业中很少用。

灰铸铁是工业中常用的铸铁，它的性能不仅与其成分、基体组织有关，而且还与石墨的形状及其大小有关。根据铸铁中石墨形态的不同，铸铁又可分为以下四种：

（1）灰铸铁　其石墨呈片状，力学性能较差，但其生产工艺简单，价格低廉，铸造性能优良，在工业上应用广泛。

（2）可锻铸铁　其石墨呈团絮状，力学性能较灰铸铁高，但生产周期长，成本较高，一般用于制造一些重要的小型铸件。

（3）球墨铸铁　其石墨呈球状，力学性能最高，其强度接近于非合金钢。生产工艺比可锻铸铁简单，球墨铸铁可代替部分非合金钢和合金钢制造某些重要零件。

（4）蠕墨铸铁　其石墨呈蠕虫状，力学性能介于灰铸铁与球墨铸铁之间，它是一种发展历史较短的新型铸铁。

（二）灰铸铁

1. 灰铸铁的组织和性能

灰铸铁的显微组织特征是片状石墨分布在各种基体组织上。按基体组织的不同，分为：①铁素体灰铸铁（在铁素体的基体上分布片状石墨）。②铁素体+珠光体灰铸铁（在铁素体与珠光体的基体上分布片状石墨）。③珠光体灰铸铁（在珠光体的基体上分布片状石墨）。

灰铸铁组织相当于在钢的基体上分布着片状石墨，由于石墨的强度、塑性、韧性极低，在铸铁中相当于裂缝和孔洞，破坏了基体金属的连续性，同时片状石墨的尖端处造成应力集中。因此，灰铸铁的力学性能明显低于非合金钢，属于脆性材料，不宜锻造与冲压，焊接性也较差。但灰铸铁的抗压强度受石墨的影响较小，其抗压强度与钢接近，因此它宜于制作受压件，不宜制作受拉件。由于石墨的存在，使灰铸铁的铸造性、减摩性、减振性和可加工性都优于非合金钢，缺口的敏感性较低，因此在工业上应用广泛。

2. 灰铸铁的牌号及用途

灰铸铁的牌号由"HT+数字"组成。其中"HT"是"灰铁"二字汉语拼音字首，数字表示直径为 $\phi30mm$ 单铸试棒最低抗拉强度值（MPa）。常用灰铸铁的牌号、力学性能及用途见表1-9。

表 1-9 灰铸铁的牌号、力学性能及用途（摘自 GB/T 9439—2010）

铸铁类别	牌号	铸件壁厚 /mm	抗拉强度 R_m/MPa	硬度 HBW	显微组织 基体	显微组织 石墨	用途举例
铁素体灰铸铁	HT100	5~40	≥100	≤170	F+P（少）	粗片	低载荷和不重要的零件、如盖、外罩、手轮、支架、重锤等
铁素体-珠光体灰铸铁	HT150	5~300	≥150	125~205	F+P	较粗片	承受中等应力的零件，如支柱、底座、齿轮箱、工作台、刀架、端盖、阀体、管路附件及一般工作条件要求的零件
珠光体灰铸铁	HT200	5~300	≥200	150~230	P	中等片状	承受较大应力的较重要零件，如气缸体、齿轮、机座、飞轮、床身、缸套、活塞、制动轮、联轴器、齿轮箱、轴承座、液压缸等
珠光体灰铸铁	HT250	5~300	≥250	180~250	P	较细片状	
孕育铸铁	HT300	10~300	≥300	200~275	索氏体或屈氏体	细小片状	承受高弯曲应力及抗拉应力的重要零件，如齿轮、凸轮、车床卡盘、剪床和压力机的机身、床身、高压液压缸、滑阀壳体等
孕育铸铁	HT350	10~300	≥350	220~290			

3. 灰铸铁的孕育处理

孕育处理是指浇注时向铁液中加入少量孕育剂（如硅铁、硅钙合金等），改变铁液的结晶条件，以得到细小、均匀分布的片状石墨和细小珠光体组织的方法。

孕育处理使铸件各截面的组织与性能均匀一致，提高了铸铁的强度、塑性和韧性，同时也降低了灰铸铁的断面敏感性。经孕育处理后的铸铁称为孕育铸铁，表 1-9 中的 HT300、HT350 即属于孕育铸铁。

4. 灰铸铁的热处理

由于热处理仅能改变灰铸铁的基体组织，不能改变石墨的形状和分布，对提高灰铸铁的力学性能作用不大。因此，灰铸铁的热处理主要用于消除铸件的内应力，改善其可加工性能，提高铸件表面硬度及耐磨性能。常用的热处理方法有去应力退火（时效处理）、软化退火（石墨化退火）和表面淬火。

（三）球墨铸铁

球墨铸铁是在铁液出炉前加入球化剂和孕育剂，使铸铁中的石墨全部或大部分呈球状分布的一种铸铁。

1. 球墨铸铁的组织和性能

球墨铸铁随化学成分、冷却速度和热处理方法的不同，可得到不同的显微组织，主要有铁素体、铁素体+珠光体和珠光体等基体组织。铁素体球墨铸铁的塑性、韧性好，珠光体球墨铸铁的抗拉强度、硬度高（比铁素体球墨铸铁高 50% 以上），铁素体+珠光体基体的球墨铸铁性能介于二者之间。

对承受静载荷的零件用球墨铸铁取代非合金钢是安全可靠的，目前，球墨铸铁在工农业生产中的应用越来越广泛。

2. 球墨铸铁的牌号及用途

球墨铸铁的牌号由"QT+数字-数字"组成。其中"QT"是"球铁"二字汉语拼音字首，其后的第一组数字表示其抗拉强度值（MPa），第二组数字表示断后伸长率数值。常用球墨铸铁的牌号、力学性能及用途见表1-10。

表1-10　球墨铸铁的牌号、力学性能及用途（摘自 GB/T 1348—2009）

牌号	基本组织	力学性能				用途举例
		R_m/MPa	$R_{p0.2}$/MPa	$A(\%)$	硬度 HBW	
		不小于				
QT400-18	铁素体	400	250	18	120~175	承受冲击、振动的零件,如汽车、拖拉机的轮毂、驱动桥壳、差速器壳、拨叉,农机具零件,中低压阀门,上、下水及输气管道,压缩机上高低压气缸,电动机机壳,齿轮箱,飞轮壳等
QT400-15		400	250	15	120~180	
QT450-10		450	310	10	160~210	
QT500-7	铁素体+珠光体	500	320	7	170~230	机器座架、传动轴、飞轮,内燃机的机油泵齿轮、铁路机车车辆轴瓦等
QT600-3	珠光体+铁素体	600	370	3	190~270	载荷大、受力复杂的零件,如汽车、拖拉机的曲轴、连杆、凸轮轴、气缸套,部分磨床、铣床、车床的主轴,机床蜗杆、蜗轮,轧钢机轧辊、大齿轮,小型水轮机主轴,气缸体,桥式起重机大小滚轮等
QT700-2	珠光体	700	420	2	225~305	
QT800-2	珠光体或回火组织	800	480	2	245~335	
QT900-2	贝氏体或回火马氏体	900	600	2	280~360	高强度齿轮,如汽车后桥弧齿锥齿轮,大减速器齿轮,内燃机曲轴、凸轮轴等

3. 球墨铸铁的热处理

因球状石墨对基体的割裂作用小,所以球墨铸铁的力学性能主要取决于基体组织,因此,通过热处理改善基体组织可显著改善球墨铸铁的力学性能。其热处理的方法与钢基本相同,主要有退火、正火、调质处理和等温淬火。

(四)可锻铸铁

可锻铸铁是由白口铸铁经石墨化退火得到的具有团絮状石墨的铸铁。它的生产过程是先浇注成白口铸铁,然后通过高温石墨化退火(也叫可锻化退火),使渗碳体分解得到团絮状石墨。

1. 可锻铸铁的组织和性能

可锻铸铁根据退火后获得的基体组织不同,分为黑心可锻铸铁(又称为铁素体可锻铸铁)、珠光体可锻铸铁和白心可锻铸铁。

可锻铸铁中石墨为团絮状,与灰铸铁相比,可锻铸铁有较好的强度和塑性,特别是低温冲击性能较好;与球墨铸铁相比,具有成本低、质量稳定、铁液处理简便和利于组织生产的特点;可锻铸铁的耐磨性和减振性优于普通非合金钢,可加工性与灰铸铁接近,适于制作形状复杂的薄壁中小型零件和工作中受到振动而韧性要求又较高的零件。可锻铸铁因其较高的强度、塑性和冲击韧性而得名,但实际上并不能进行锻造。

2. 可锻铸铁的牌号及用途

常用的两种可锻铸铁的牌号由"KTH+数字-数字"、"KTZ+数字-数字"或"KTB+数字-数字"组成。"KT"是"可铁"二字汉语拼音字首,用"KTH"表示"黑心可锻铸铁",用"KTZ"表示"珠光体可锻铸铁",用"KTB"表示"白心可锻铸铁",符号后的第一组数字表示抗拉强度值（MPa），第二组数字表示断后伸长率数值。常用可锻铸铁的牌号、力学性能及用途见表 1-11。

表 1-11 可锻铸铁的牌号、力学性能及用途（摘自 GB/T 9440—2010）

种类	牌号	试样直径 /mm	力学性能				用途举例
			R_m/MPa	$R_{p0.2}$/MPa	A(%)	HBW	
			不小于				
黑心可锻铸铁	KTH300-06	12 或 15	300		6	≤150	弯头、三通管件、中低压阀门等
	KTH330-08		330		8		扳手、犁刀、犁柱、车轮壳等
	KTH350-10		350	200	10		汽车、拖拉机前后轮壳、差速器壳、转向节壳、制动器及铁道零件等
	KTH370-12		370		12		
珠光体可锻铸铁	KTZ450-06	12 或 15	450	270	6	150~200	载荷较高和耐磨损零件，如曲轴、凸轮轴、连杆、齿轮、活塞环、轴套、耙片、万向接头、棘轮、扳手、传动链等
	KTZ550-04		550	340	4	180~230	
	KTZ650-02		650	430	2	210~260	
	KTZ700-02		750	530	2	240~290	

（五）蠕墨铸铁

蠕墨铸铁是一定成分的铸铁液中加入适量的蠕化剂和孕育剂所获得的石墨形似蠕虫状的铸铁，其生产方法与程序和球墨铸铁基本相同。

1. 蠕墨铸铁的牌号、性能及用途

由于蠕墨铸铁中的石墨大部分呈蠕虫状，所以其组织和性能介于相同基体组织的球墨铸铁和灰铸铁之间。强度、韧性、疲劳强度、耐磨性及耐热疲劳性比灰铸铁高，断面敏感性也小，但塑性、韧性都比球墨铸铁低。蠕墨铸铁的铸造性、减振性、导热性及可加工性优于球墨铸铁，抗拉强度接近于球墨铸铁。

蠕墨铸铁的牌号由 "RuT+数字" 组成，其中 "RuT" 是蠕铁二字汉语拼音字首，数字表示其抗拉强度值（MPa）。蠕墨铸铁的牌号、力学性能及用途见表 1-12。

表 1-12 蠕墨铸铁的牌号、力学性能及用途（摘自 GB/T 26655—2011）

牌号	力学性能				用途举例
	R_m/MPa	$R_{p0.2}$/MPa	A(%)	HBW	
	不小于				
RuT300	300	210	2.0	140~210	排气管、变速箱体、气缸盖、液压件、纺织机零件、钢锭模等
RuT350	350	245	1.5	160~220	重型机床件。大型齿轮箱体、盖、座、飞轮、起重机卷筒等
RuT400	400	280	1.0	180~240	活塞环、气缸套、制动盘、钢珠研磨盘、吸淤泵体等
RuT450	450	315	1.0	200~250	

2. 蠕墨铸铁的热处理

蠕墨铸铁的热处理主要是为了调整其基体组织，以满足不同的力学性能要求。常用的热处理工艺有正火和退火，正火的目的是增加珠光体量，提高强度和耐磨性；退火是为了获得85%以上的铁素体基体或消除薄壁处的自由渗碳体。

（六）合金铸铁

合金铸铁就是在铸铁熔炼时有意加入一些合金元素，从而改善其物理、化学和力学性能或获得某些特殊性能的铸铁，如耐磨铸铁、耐热铸铁、耐蚀铸铁等。

1. 耐磨铸铁

耐磨铸铁按其工作条件大致可分为减摩铸铁和抗磨铸铁。

减摩铸铁在工作时，要求磨损少，摩擦因数小，导热性及加工工艺性好。常用的减摩铸铁有：珠光体基体的灰铸铁（有良好的减摩性）和高磷铸铁（有显著的耐磨性，常用作车床、铣床、镗床等的床身及工作台）。

抗磨铸铁用于在无润滑的干摩擦条件下工作的铸件，要求具有均匀高硬度的组织，常用抗磨铸铁有：冷硬铸铁（具有较高的强度和耐磨性，又能承受一定的冲击）、抗磨白口铸铁（广泛用来制造轧辊和车轮等耐磨件）和中锰球墨铸铁（广泛用于制造在冲击载荷和磨损条件下工作的零件，如犁铧、球磨机磨球及拖拉机履带板等）。

2. 耐热铸铁

铸铁的耐热性主要是指在高温下抗氧化和抗热生长的能力。所谓的"热生长"，即铸铁在高温下体积产生不可逆的胀大现象，严重时可胀大10%左右。主要原因是氧化性气体渗入铸铁内形成密度小而体积大的氧化物；渗碳体在高温下分解出密度小而体积大的石墨以及在加热和冷却过程中铸铁基体组织发生相变。热生长的最终结果会导致零件变形、翘曲、产生裂纹甚至破裂。

常用耐热铸铁的牌号、成分、使用温度及用途可查阅国标（GB/T 9437—2009）。

3. 耐蚀铸铁

耐蚀铸铁不仅具有一定的力学性能，而且还要求在腐蚀性介质中工作时有较高的耐腐蚀能力。

耐蚀铸铁广泛应用于石油化工、造船等工业中，用来制作经常在大气、海水及酸、碱、盐等介质中工作的管道、阀门、泵类、容器等零件。但各类耐蚀铸铁都有一定的适用范围，必须根据腐蚀介质、工况条件合理选用，常用耐蚀铸铁的成分及应用范围可查阅相关金属材料手册。

四、有色金属及其合金

有色金属是指除了钢、铸铁以外的其他金属的总称，又称为非铁金属。有色金属的种类很多，主要有铜（Cu）、铝（Al）、钛（Ti）、镁（Mg）、钨（W）、钼（Mo）等金属及其合金。有色金属冶炼较困难，成本较高，其产量和使用量远不如钢铁材料多。但有色金属具有钢铁材料所不具备的某些特殊的物理、化学性能，因此，有色金属已成为现代工业中不可缺少的材料。下面仅对工业生产中广泛使用的铝合金、铜合金作简要介绍。

（一）铝及其合金

1. 工业纯铝（简称纯铝）

纯铝是目前工业中用量最大的有色金属。工业上使用的纯铝纯度为 98.8%~99.7%，纯铝的密度较小，仅为 2.72g/cm³；导电性和导热性较高，仅次于银、铜、金，居于第四位；在大气中纯铝有良好的抗大气腐蚀性能，但不能耐酸、碱、盐的腐蚀；纯铝的强度低、塑性高、无铁磁性，能通过冷、热变形加工制成各种型材（如丝、线、棒管等），但不能用作受载的结构件。

2. 铝合金

在铝中加入适量的 Cu、Si、Mg、Zn、Mn 等合金元素，通过固溶强化等方法得到的合金称为铝合金。铝合金有较高强度，但仍保持纯铝密度较小、良好的导电性、导热性等特性，一些铝合金还可经冷变形强化或热处理，进一步提高强度，用于制造承受一定载荷的机械零件。

（1）铝合金分类 根据铝合金的成分及加工成形特点，常用的铝合金可分为变形铝合金和铸造铝合金两类：具有良好的塑性，适于压力加工的铝合金，称为变形铝合金；具有共晶组织，熔点低、流动性好、适于铸造的铝合金，称为铸造铝合金。

（2）铝合金的热处理 铝合金热处理的原理与钢不同，因为铝合金没有同素异构转变，不能像钢那样通过马氏体相变强化。铝合金加热后可获得单相固溶体组织，在固态下有固溶度的变化，因此可采用淬火+时效处理（称为固溶时效处理）的方法来强化铝合金。

铝合金淬火后强度并不高，必须在室温放置一段时间后，强度和硬度才显著提高，这种现象称时效强化。在室温下进行的时效称自然时效，在加热条件下（100~200℃）进行的时效称人工时效。淬火+时效处理不仅是铝合金强化的主要途径，也是其他有色金属的重要强化手段之一。

（二）铜及其合金

1. 工业纯铜

工业纯铜简称纯铜，纯铜的熔点为 1083℃，其导电性和导热性好（仅次于银），在大气中和淡水中的耐腐蚀性良好，并具有抗磁性。纯铜的强度、硬度不高，塑性、韧性、焊接性良好，可通过冷、热变形加工制成电气工业适用的各种型材（如电线、电缆、铜管等）、通信器材以及抗磁、防磁仪器等。

2. 铜合金

在铜中加入适量的硅、锌、铝等元素，经合金化处理后，得到强度和韧性都满足使用要求的合金称为铜合金。按化学成分的不同，铜合金分为黄铜、白铜和青铜。按生产方式的不同，铜合金分为加工铜合金和铸造铜合金。工业上应用最多的是黄铜和青铜。

（1）黄铜 黄铜是以锌（Zn）为主加元素的铜合金，因其呈金黄色而得名。黄铜按其成分不同，分为普通黄铜和特殊黄铜。

普通黄铜是铜与锌组成的二元合金。当 $w_{Zn}<32\%$ 时，随着锌的质量分数的增加，黄铜的强度、硬度提高，且有良好的塑性，常用于冷变形加工；当 $w_{Zn}=30\%~32\%$ 之间时，其塑性最高；当 $w_{Zn}=32\%~45\%$ 之间时，在强度继续升高的同时，塑性有所下降，此种黄铜适宜于热变形加工。当 $w_{Zn}>45\%$ 时，黄铜的强度和塑性都急剧下降，在生产中已无实用价值。

普通黄铜按生产方式的不同，分为加工黄铜和铸造黄铜。

特殊黄铜是在普通黄铜的基础上加入铅（Pb）、铝（Al）、锡（Sn）、硅（Si）等元素后形成的铜合金，并相应称之为铅黄铜、铝黄铜、锡黄铜、硅黄铜等。铅的加入可以改善切削加工性和耐磨性；铝的加入在提高强度、硬度、耐蚀性的同时，还可以减少黄铜的自裂倾向；硅的加入可以改善铸造性能，并有利于提高其强度和耐蚀性；锡可以提高耐蚀性，减少应力腐蚀破裂的倾向。

若特殊黄铜中加入的合金元素较少，塑性较高，则称为加工特殊黄铜；若加入的合金元素较多，强度和铸造性较好，则称为铸造特殊黄铜。

（2）青铜　青铜是除黄铜、白铜（铜—镍合金）以外的其他铜合金。按生产方式的不同，可分为加工青铜和铸造青铜；按成分不同，可分为普通青铜和特殊青铜。

第五节　铸　造　成　形

熔炼金属，制造铸型，并将液态金属浇注到铸型型腔中，待其冷却凝固后获得具有一定形状和性能铸件（毛坯或零件）的成形方法称为铸造。铸造在机械制造业中应用广泛，是生产毛坯或零件的主要方法之一。

铸造成形工艺具有如下特点：

1）适合制造形状复杂、特别是内腔形状复杂的毛坯或零件，如气缸、箱体、泵体、阀体、叶轮等。

2）铸件的大小几乎不受限制，如小到几克的电气仪表零件，大到数百吨的轧钢机机架，均可铸造成形。

3）铸造生产工艺简单，使用的材料价格低廉，应用范围广，对于某些塑性差的材料（如铸铁），铸造是其毛坯生产的唯一成形工艺。

铸造生产工序较多，影响铸件质量的因素复杂，容易产生浇不足、缩孔、缩松、气孔、砂眼、裂纹等铸造缺陷，废品率较高。

铸造成形按铸型材料、造型方法和浇注条件等分为砂型铸造和特种铸造两大类。砂型铸造是传统的铸造方法，其工艺灵活，成本低。特种铸造是指砂型铸造以外的其他铸造方法。

合金的铸造性能是合金在铸造成形过程中所表现出来的工艺性能，铸造性能的好坏直接影响铸件的内在和外在质量。合金的铸造性能主要包括：铸造合金的流动性、收缩性、氧化性、吸气性和偏析性倾向性等。

一、砂型铸造

以型砂为材料制备铸型的铸造方法称为砂型铸造，即将熔化的金属浇注到砂型型腔内，待其冷却凝固后获得铸件的方法。在铸造生产中，用来形成铸件外轮廓的部分称为铸型，用来形成铸件内腔或局部外形的部分称为型芯。制造铸型的材料称为型砂，制造型芯的材料称为芯砂，型砂和芯砂统称为造型材料。砂型铸造工艺过程如图1-13所示。

（一）造型

造型是用模样形成砂型的内腔，在浇注后形成铸件外部轮廓。它是砂型铸造的最基本工序，分为手工造型和机器造型两大类。手工造型主要用于单件或小批量生产，机器造型主要

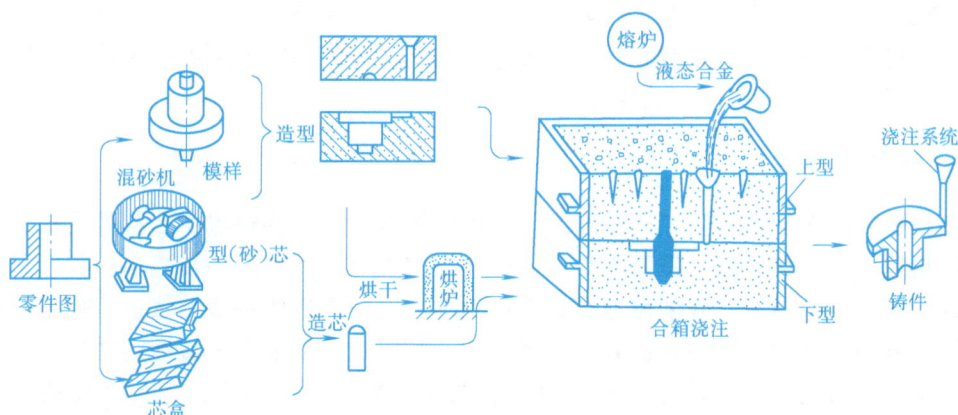

图 1-13　砂型铸造工艺过程

用于成批大量生产。

1. 手工造型

手工造型的方法很多，按砂箱特征分类，有两箱造型、三箱造型和地坑造型等；按模型特征分类，有整模造型、分模造型、挖砂造型、假箱造型、活块造型和刮板造型等。在铸造中，同一铸件可以采用不同的造型方法，具体采用什么方法要根据铸件的结构特点、尺寸、生产批量和生产条件等因素来选择。

2. 机器造型

机器造型就是将填入型砂（填砂）、型砂的紧实和起模等操作全部由造型机器来完成。机器造型劳动强度低，生产率高，铸件质量稳定，加工余量较小，但机器造型的型砂紧实不能穿过中箱，所以不能用于三箱造型。

（二）制芯

制芯是将芯砂填入芯盒，经舂砂紧实、修整等工序，制成型芯的过程。由于浇注时，型芯易受金属液的冲击并被高温金属液包围在铸型中间，所以要求型芯具有更高的强度、透气性、耐火度和退让性。为提高型芯的强度，在造芯时可在芯内加入芯骨，小芯骨常用铁丝、铁钉，大中型芯骨常用铸铁浇注成骨架。为提高型芯的透气性，可在造芯时，在芯子中间开挖通气道与铸型外部连通，对于较大的型芯可在芯子中间放置蜡线、焦炭、炉渣等。

（三）浇注

把液态金属注入铸型的工序称为浇注，浇注是保证铸件质量的重要环节之一。由于浇注原因而报废的铸件，占报废件总数的 20%～30%，因此在浇注时必须严格控制浇注温度和浇注速度。

（四）落砂和清理

1. 落砂

从砂型中取出铸件的工序称为落砂。落砂分手工落砂和机器落砂两种。前者用于单件小批生产，后者用于大批量生产。落砂的关键在于掌握好开箱时间，开箱过早，由于铸件未充分冷却，会造成变形、表面硬皮等缺陷，并且铸件会形成内应力、裂纹等缺陷；开箱过晚，将占用生产场地及工装，使生产力降低。落砂的时间与铸件的大小和形状、合金的种类有关。

2. 清理

落砂后切除浇冒口、清除型芯、去除飞边、毛刺、清除粘砂等工序称为清理，以使铸件外表面达到要求。

二、特种铸造

砂型铸造有许多优点，应用比较广泛，但砂型铸造也有一些缺点，如铸件的尺寸精度不高，表面粗糙，生产率较低，质量不稳定，劳动强度大等。为了进一步提高铸件质量和生产率，已经寻找到一些与普通砂型铸造有显著区别的、比较先进的铸造方法。我们把这种与普通砂型铸造有显著区别的一些铸造方法，统称为特种铸造。目前特种铸造的方法较多，如熔模铸造、金属型铸造、压力铸造、离心铸造、低压铸造、壳型铸造、陶瓷型铸造、连续铸造、真空铸造和磁型铸造等。这里介绍应用较广泛的熔模铸造、金属型铸造、压力铸造、离心铸造等。

（一）熔模铸造

熔模铸造是最常用的精密铸造方法，它是用易熔材料（如蜡料）制成模样（蜡模），在模样上包覆若干层耐火涂料，待其硬化干燥后，将模样熔化，排出型外，获得无分型面的铸型（型壳），再经高温焙烧、浇注即获得所需铸件的铸造方法。由于在熔模铸造中多采用蜡料制成蜡模，所以通常又称为失蜡铸造。

熔模铸造的特点及应用：

1）铸件质量好。熔模铸造可获得尺寸精度较高，表面粗糙度值较小的铸件。一般尺寸精度可达 IT11～IT14，表面粗糙度值可达 $Ra1.6～6.3\mu m$。因此，熔模铸造的零件可实现少切屑和无切屑加工。

2）可铸造各种合金铸件，尤其适用于如耐热合金、不锈钢、磁钢等高熔点难加工的高合金钢。

3）可铸造形状较复杂、轮廓清晰的薄壁铸件，铸出孔的最小直径可达 0.5mm，最小壁厚可达 0.3mm。

4）生产批量不受限制。熔模铸造既可生产几十件，也可以生产成千上万件。在大批量生产条件下，可实现机械化流水作业。

熔模铸造主要用来生产形状复杂、精度要求高、很难进行切削加工的小型零件，如发动机叶片，汽车、拖拉机、机床上的小型零件，并在电信、机械、仪表、刀具等制造行业中也得到了广泛的应用。

（二）金属型铸造

将液态金属浇入用金属制作的铸型中获得铸件的方法称为金属型铸造。因为金属铸型可以连续重复浇注几百次至几千次，所以又把金属型铸造称为永久型铸造。

金属型铸造的特点及应用：

1）可实现"一型多铸"，从而节省造型工时和造型材料，便于实现机械化和自动化，从而提高生产率。

2）铸件的晶粒细小，组织致密，力学性能较高。

3）铸件的尺寸精度高，表面质量好，尺寸精度可达 IT12～IT14，表面粗糙度值可达 $Ra6.3～12.5\mu m$。

金属型铸造主要适用于大批量生产中的壁厚较均匀的中、小型有色金属（如铝、镁、铜等）合金铸件，如汽车、拖拉机、内燃机的铝活塞、气缸体、气缸盖、电机壳体、出线盒盖、铜合金轴瓦和轴套等，也可生产形状简单的黑色金属铸件。

（三）压力铸造

压力铸造（简称压铸）是指在高压作用下将液态金属高速地压入金属铸型中，并在压力作用下凝固而获得铸件的方法。压铸是近代金属加工工艺中发展较快的一种少切屑、无切屑成形加工工艺。

压铸的特点及应用：

1）铸件质量好。压铸件的尺寸精度一般达 IT11～IT13，最高可达 IT8～IT9，表面粗糙度值可达 $Ra0.8～3.2\mu m$，因此有些压铸件不需机械加工即可装配使用。

2）铸件强度、表面硬度高。由于金属液在压力下快速结晶，铸件表层组织致密，内部晶粒细小，因而铸件的抗拉强度比砂型铸造的铸件高 25%～40%，但伸长率有所降低。

3）可直接铸出形状较复杂的薄壁件或带有小孔、螺纹的铸件，如铝合金压铸件壁厚可达 0.5mm，最小的铸出孔直径可达 0.7mm，可铸螺纹的最小螺距为 0.75mm。

4）可压铸出镶嵌其他材料的零件，以节省贵重材料和加工工时，提高零件的工作性能，其镶嵌技术可代替某些部件的装配过程。

5）生产率很高，生产过程易于实现机械化和自动化。

压铸在汽车、拖拉机、仪表、电子仪器、国防工业、医疗器械等制造业中都得到广泛的应用，如发动机气缸体、气缸盖、变速器箱体、发动机罩、仪表和照相机的壳体与支架、管接头、齿轮等。目前主要用于大批大量生产中的小型（10kg 以下）有色金属铸件，其中以锌合金、铝合金压铸件应用最为广泛。

（四）离心铸造

离心铸造是将液态金属浇入高速旋转的铸型中，使其在离心力作用下充满铸型并凝固的铸造方法。

离心铸造的特点及应用：

1）铸件质量好，铸件在离心力作用下凝固成型，铸件组织致密，内部不易产生缩孔、气孔、夹渣等缺陷。同时，金属型冷却快，铸件晶粒细小，因而力学性能较高。

2）制造空心筒状铸件时，不需要型芯，节省了工时和材料。也不用浇注系统，金属液的利用率较高。

3）金属液的充型能力好，可以铸造薄壁铸件和流动性较差的合金铸件。

4）能铸造性能不同的双金属铸件，如钢套铜衬轴瓦（又称镶铜轴瓦），制造方法是将预热好的钢套置于铸型中，浇注铜合金熔液，冷却凝固后，即可获得外钢内铜的双金属铸件。

离心铸造主要用于制造回转体的中空铸件，如缸套、轴套等。此外，还可以铸造各种要求组织致密、强度要求较高的成形铸件，如小叶轮、成形刃具等。离心铸造适用于各种金属材料，如可获得最大重量达几吨的铸件，也可获得最小孔径为 7mm 的铸件。

第六节　锻压成形

利用外力使固态金属材料产生塑性变形，以改变其尺寸、形状和力学性能，制成机械零件或毛坯的成形方法称为锻压成形，主要包括自由锻、模锻和板料冲压等几种加工方法。

锻压成形工艺有以下特点：

1. 改善金属的组织，提高金属的力学性能

锻压可以将坯料中的疏松处（如微小裂纹、气孔）压合，通过再结晶可以使粗大的晶粒细化，提高金属组织的致密度，从而提高零件的力学性能。

2. 节省金属材料和机械加工工时

锻压件的形状和尺寸接近于零件，与直接切削钢材的成形方法相比，不但节省金属材料，而且节约加工工时。

3. 具有较高生产率

如生产六角螺钉，用模锻成形的生产率是切削成形的 50 倍。

4. 适应性较强

锻件既可以单件小批生产（如自由锻），也可以大批大量生产（模锻），所以锻压生产被广泛应用于重要的毛坯件。

锻压成形的缺点是：常用的自由锻件的尺寸精度、形状精度和表面质量较低；胎模锻、锤上模锻的模具费用较高，且加工设备也比较昂贵等；与铸造相比，难以生产既有复杂外形又有复杂内腔的毛坯。

金属材料在外力作用下产生塑性变形获得优质毛坯或零件的难易程度代表金属的可锻性的好与坏。只有可锻性好的金属，才适宜采用塑性变形的方法成形。可锻性的好坏用金属的塑性和变形抗力来综合评定。塑性反映了金属塑性变形的能力；变形抗力则反映了金属塑性变形的难易程度。塑性高，则金属在变形中不易开裂；变形抗力小，则金属变形的能耗小。一种金属材料若既有较高的塑性，又有较小的变形抗力，那它就具有良好的可锻性。

一、自由锻造

自由锻造是利用通用设备和简单通用工具，使加热后的金属坯料在冲击力或压力作用下在上、下砧铁间产生塑性变形，从而获得所需形状、尺寸和性能的锻件的一种锻压成形方法。由于坯料在设备的上、下砧铁之间变形时，只有部分表面金属受限制，其余部分的金属可自由流动，所以称为自由锻造。锻件的形状和尺寸主要由锻工的操作来保证。表 1-13 是自由锻造基本工序的名称、定义及应用。

表 1-13　自由锻造基本工序的名称、定义及应用

工序名称		定　义	图　例	操作规程	应　用
镦粗	镦粗	坯料的高度减低、截面积增大的工序		1. 坯料原始高度与直径之比≤2.5，否则会镦弯 2. 镦粗部分加热要均匀 3. 镦粗面应垂直于轴线 4. 锻打时坯料要不断转动，使其变形均匀	1. 锻造高度小、截面积大的工件，如齿轮、圆盘、叶轮等 2. 作为冲孔前的准备工序 3. 增加以后拔长的锻造比
	局部镦粗	将坯料的一部分镦粗的工序	局部镦粗　带尾梢（局部）镦粗　展平（局部）镦粗		

（续）

工序名称		定　义	图　　例	操作规程	应　用
拔长	拔长	缩小坯料截面积、增加其长度的工序		1. 拔长面 $l=(0.4\sim 0.8)b$ 2. 拔长中要不断翻转坯料（每次转 $90°$）	1. 锻造截面积小而长的工件，如轴、拉杆、曲轴等 2. 锻造空心件，如炮筒、透平主轴、圆环和套筒等 3. 与镦粗交替进行，以获得更大的锻造比
	带芯棒拔长	减小空心坯料的壁厚和外径、增加其长度的工序			
冲孔	实心冲头冲孔	在坯料上冲出透孔或不透孔的工序		1. 需冲孔表面应先镦平 2. $\Delta h=(15\%\sim 20\%)h$，大的孔 $\Delta h\geqslant 100\sim 160mm$ 3. $d<450mm$ 的孔，用实心冲头冲孔，$d\geqslant 450mm$ 的孔，用空心冲头冲孔 4. $d<25mm$ 的孔，不冲出	1. 锻造空心件，如齿轮坯、圆环和套筒等 2. 锻件质量要求较高的大工件，如大型汽轮机的轴，可用空心冲头冲孔，以去除重量较轻的中心部分
	空心冲头冲孔				
	板料冲孔				
扩孔	在心轴上扩孔	以心轴代替下砧，减小空心坯料的壁厚、增加其内径和外径的工序		在心轴上扩孔时，心轴的直径 $d'\geqslant 0.35L$（L 为孔的长度），且心轴要光滑	大圆环

　　自由锻所用的工具简单，通用性强，生产准备周期短，灵活性大，所以应用较为广泛，特别适用于单件、小批生产的锻件。对于在工作中承受较大载荷、力学性能要求较高的大型工件（如大型连杆、水轮机主轴、多拐曲轴等），其毛坯都是用自由锻造的方法获得的，因此自由锻造在重型机械制造中占有重要地位。但自由锻造对操作工人的技术要求较高，生产率较低、工人劳动强度较大，且锻件形状简单、精度较低，后续机械加工余量大。

自由锻主要有手工自由锻和机器自由锻两种方式，目前生产中主要采用机器自由锻。根据锻造设备对坯料产生的作用力性质的不同，机器自由锻又分为锤上自由锻和压力机上自由锻。锤上自由锻是利用冲击力使金属产生塑性变形，用于中小锻件；压力机上自由锻是利用压力使金属产生塑性变形，用于大型锻件。

二、模型锻造

模型锻造（简称模锻）是利用锻模迫使经加热后的金属坯料在锻模的模膛内受压，产生塑性变形并充满模膛，从而获得与模膛形状、尺寸一致的锻件的锻造方法。图 1-14 所示为弯曲连杆模锻过程。

模锻与自由锻相比有以下优点：

1）能锻造形状比较复杂的锻件，锻件的金属流线分布较均匀且连续，从而能提高零件的力学性能和使用寿命。

2）模锻件的形状和尺寸较精确（更接近零件的形状和尺寸），表面粗糙度值较小，加工余量较小，可以节省金属材料和切削加工工时。

3）模锻操作较简单，生产率较高，对操作工人的技术要求较低，工人劳动强度也较低，且易于实现机械化和自动化。

模型锻造与自由锻造相比其主要缺点是：锻模结构比较复杂，制造周期长、成本高；模锻使用的设备吨位大、费用高；锻件不能太大，质量一般在 150kg 以下，且工艺灵活性不如自由锻造（一副模具只能加工一种锻件），所以模锻适用于中、小型锻件的成批和大量生产。模锻广泛应用在国防工业和机械制造业中，如飞机、坦克、汽车、拖拉机、轴承等领域。随着制造业的发展，模锻件在锻件中所占的比例越来越大。

图 1-14　弯曲连杆模锻过程

模锻按使用设备的不同，主要分为锤上模锻和压力机上模锻。锤上模锻利用的是冲击力，压力机上模锻利用的是静压力，其实质都是通过塑性变形迫使坯料在锻模的模膛内成形。

三、胎模锻

在自由锻设备上使用可移动模具生产模锻件的一种锻造方法，称为胎模锻。它是一种介于自由锻和模锻之间的锻造方法。胎模锻一般用自由锻的方法制坯，在胎模中最后成形。胎模不固定在锤头或砧座上，需要时放在下砧铁上进行锻造。

胎模锻与自由锻相比，具有生产率高、锻件尺寸精度高、表面粗糙度值小、余块少、节

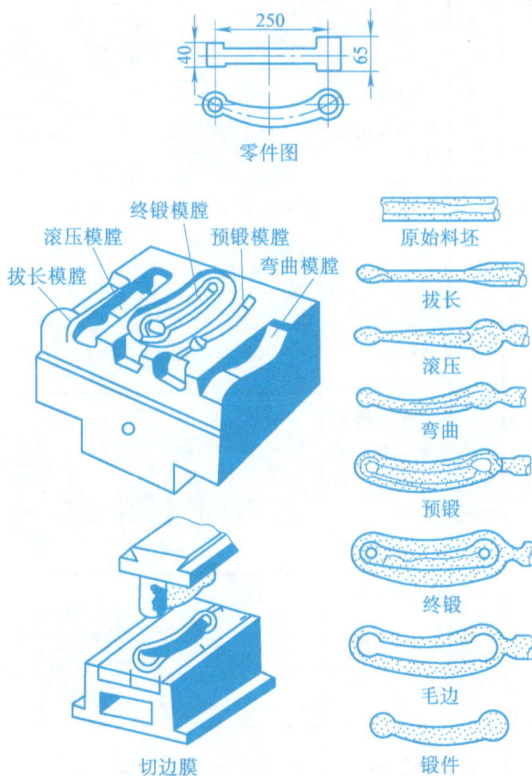

约金属、降低成本等优点。与模锻相比，具有胎模制造简单、不需贵重的模锻设备、成本低、使用方便等优点，但胎模锻件的尺寸精度和生产率不如锤上模锻高，工人劳动强度大，胎模寿命短。因此，胎模锻适于中、小批生产，在缺少模锻设备的中、小型工厂中应用较广。

四、板料冲压

板料冲压是一种利用冲模使板料产生分离或变形，从而获得所需零件或毛坯的成形工艺。板料冲压通常以比较薄的金属板料做毛坯，在常温下进行，所以又称为冷冲压。

板料冲压与铸造、锻造、切削加工等方法相比，具有以下特点：

1）可加工的范围广。可加工低碳钢、高塑性合金钢、铜及铜合金、铝及铝合金、镁及镁合金等金属材料，也可加工石棉板、硬橡胶、绝缘纸板、纤维板等非金属材料。

2）操作简单，生产率高，易于实现自动化。压力机的一次行程就能得到一个制件。大型冲压件（汽车壳体）的生产率可达每分钟几件，高速冲压的小件每分钟可达上千件。

3）产品重量轻，强度高，刚性好。

4）材料的利用率较高，一般可达 70%~85%。冲压件一般不需要再加工，因此节省能源消耗，在大批量生产中可降低制造成本。

5）产品质量稳定，精度高，表面粗糙度值减小，互换性好。

板料冲压的主要缺点是：不能加工低塑性金属，模具制造复杂、成本高。因而，板料冲压在成批，大量生产中广泛应用，是机械制造重要的加工方法之一。在航空、汽车、拖拉机、电机、电器、仪表以及日常用品工业中，冲压件都占有相当大的比例。

板料冲压常用的设备有剪床和压力机。剪床用来把板料剪切成一定宽度的板条料，以供冲压使用。压力机是冲压加工的主要设备。

板料冲压常用的原材料有低碳钢、塑性好的低合金钢和有色金属（铜、铝、镁）及其合金。

随着科学技术的发展，近年来在压力加工生产中出现了许多新技术、新工艺，如零件的挤压、轧制、精密锻造、旋转锻造、粉末锻造等，使锻压件的形状更加接近零件形状，不仅实现无切屑和少切屑的目的，而且提高了零件的力学性能和使用性能。

第七节 焊 接 成 形

焊接是指通过加热、加压或两者并用，并且用或不用填充材料，使焊件达到原子结合的一种加工方法。

金属的焊接种类很多，根据焊接时的物理冶金特征分为熔焊、压焊、钎焊三大类，目前，熔焊的应用最广泛。

一、熔焊

利用局部加热的方法，将焊件结合处加热到熔化状态，不加压力完成焊接的方法称为熔焊。熔焊按所用热源种类的不同分为：电弧焊（焊接电弧为热源）、等离子弧焊（等离子弧为热源）、电渣焊（熔渣的电阻热为热源）、电子束焊（电子束为热源）、激光焊（激光为热源）、气焊（火焰为热源）等，其中又以电弧焊应用最广泛。

1. 电弧焊

电弧焊是以电弧作为热源的熔化焊接方法，常见的电弧焊有焊条电弧焊、埋弧焊、气体保护焊等。

（1）焊条电弧焊　焊条电弧焊是各种电弧焊方法中发展最早、目前仍广泛应用的一种焊接方法。它是以焊条作为电极和填充金属，以焊条的末端和工件之间产生的电弧作为热源进行焊接的。焊接时，电弧将焊条端部和工件局部加热到熔化状态，焊条端部熔化后形成的熔滴和熔化的母材融合一起形成熔池。随着电弧向前移动，熔池液态金属逐步冷却结晶形成焊缝，图1-15所示为焊条电弧焊焊接过程示意图。

焊条电弧焊使用的设备简单，方法简便灵活，适应性强，可在各种条件下进行各种位置的焊接，接头形式、焊缝形状及长度等不受限制，但对焊工操作技术要求高，焊接质量在一定程度上取决于焊工的操作技术。此外，焊条电弧焊劳动条件差，生产率低，主要适用于单件或小批量生产，适宜焊接厚度为3～20mm的焊件。活泼金属（如钛、铌等）和难熔金属（如钽、钼等）不能采用焊条电弧焊。

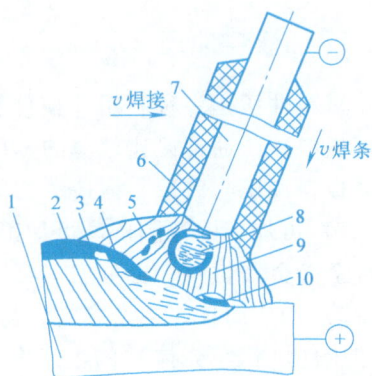

图1-15　焊条电弧焊焊接
过程示意图

1—母材金属　2—渣壳　3—焊缝　4—液态熔渣　5—保护气体层　6—焊条药皮　7—焊芯　8—熔滴　9—电弧　10—熔池

（2）埋弧焊　埋弧焊是指电弧在焊剂层下燃烧进行焊接的电弧焊方法。焊接时，电弧的引燃、焊丝的送进和电弧沿焊缝的移动是由设备自动完成的。

埋弧焊焊缝形成过程如图1-16所示。焊接时，焊丝末端与工件接触，然后打开焊剂漏斗，在工件被焊处撒上一层30～50mm厚的焊剂。通电后，焊丝向上回抽引燃电弧。焊剂层下燃烧的电弧产生热量使电弧附近的母材和颗粒状焊剂熔化形成熔渣，所产生的高温气体将熔渣排开形成一个封闭的熔渣泡。具有表面张力的熔渣泡有效阻止了空气侵入熔池，并有效防止了熔滴向外飞溅。未熔化的焊剂将电弧与外界空气隔离，减少了电弧热能的散失。随着电弧向前移动，不断熔化送进的焊丝及前方的母材金属和焊剂，而熔池后方的液态金属从边缘开始逐渐冷却凝固形成焊缝，液态熔渣也凝固形成渣壳覆盖在焊缝表面。焊缝处金属受到焊剂层和熔渣泡的双重保护，热量损失小、熔深大。

与焊条电弧焊相比，埋弧焊具有焊接速度快、生产效率高，焊接质量高且稳定，焊缝外形美观，劳动条件好等优点。但缺点是设备费用高，工艺装备复杂，不适宜焊接结构复杂的、有倾斜焊缝的焊件。因此，埋弧焊主要用于生产批量大，厚度较大（6～60mm）且长直的平焊焊缝或较大直径的环形焊缝的焊接，适用的材料为低碳钢、低合金钢、不锈钢等金属板材。

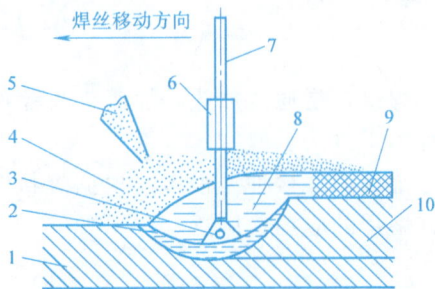

图1-16　埋弧焊焊缝纵向截面图

1—工件（母材）　2—熔池　3—熔滴　4—焊剂　5—焊剂漏斗　6—导电嘴　7—焊丝　8—熔渣　9—渣壳　10—焊缝

（3）气体保护焊　气体保护焊是指利用外加气体作为保护介质的一种电弧焊方法。它在特种材料焊接和焊接过程自动化方面，起着越来越重要的作用。与埋弧焊相比，其优点是电弧和熔池可见性好，操作方便，没有熔渣，在多层焊时节省大量焊后清渣工时，可实现全位置焊接。但在室外作业时，要采取专门的防风措施。

根据焊接过程中所用的保护气体不同，常见的有氩弧焊和 CO_2 气体保护焊等。氩弧焊是以氩气作为保护介质的气体保护焊，按其所用电极的不同又分为不熔化极氩弧焊和熔化极氩弧焊。

图 1-17 所示为 CO_2 气体保护焊示意图。CO_2 气体保护焊是利用 CO_2 气体（有时采用 CO_2+O_2 的混合气体）作保护介质的熔化极气体保护焊。这种焊接方法是用连续送进的焊丝作为电极，靠焊丝和焊件之间的电弧熔化工件金属和焊丝，形成熔池，凝固后成为焊缝。

CO_2 气体保护焊焊接速度快，焊后没有焊渣，节省清渣时间，所以生产率高；保护气体价格比氩气低；电能消耗少，所以成本较低；由于电弧热量集中，所以熔池小，焊接速度快，焊接热影响区较小，变形和产生裂纹的倾向性小，因而焊缝成形良好。对低碳钢和低合金钢焊接，这是一种高效率、低成本和高质量的焊接方法。其缺点是不宜焊接容易氧化的有色金属等材料，焊缝成形不够光滑美观，弧光强烈，熔滴飞溅较严重，烟雾多，需采取防风措施。

CO_2 气体保护焊主要用于焊接低碳钢和强度级别不高的普通低合金结构钢焊件，焊件最大厚度可达 50mm（对接形式），广泛用于造船、汽车、起重机、各种罐体、农用机械等工业部门。

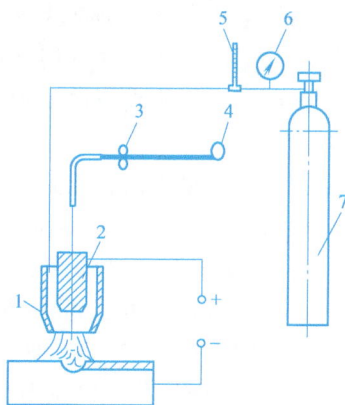

图 1-17　二氧化碳气体保护焊示意图

1—焊枪喷嘴　2—导电嘴　3—送丝机构
4—焊丝盘　5—流量计　6—减压器
7—CO_2 气瓶

2. 等离子弧焊

等离子弧焊是利用等离子弧作为热源进行的一种熔焊方法。焊接时在等离子弧周围通保护气体（氩气），以保护熔池和焊缝不受空气的有害作用。

等离子弧焊按焊接电流的大小可分为微束等离子弧焊和大电流等离子弧焊两类。微束等离子弧焊，焊接电流一般为 0.1~30A，可焊接厚度为 0.025~2.5mm 的金属箔材和薄板；大电流等离子弧焊，焊接电流一般为 100~300A，可焊接厚度为 2.5~12mm 的金属。

等离子弧焊的特点是：等离子弧能量密度大，弧柱温度高，穿透能力强，厚度在 12mm 以下的工件可不开坡口一次焊透。当电流小到 0.1A 时，等离子弧仍很稳定，保证了良好的方向性和电弧挺直度，故可以焊接厚度为 0.01~1mm 的箔材和薄板，且焊接速度快、生产率高、焊缝质量好、焊接热影响区小，焊件变形小。等离子弧焊的焊接设备比较复杂，气体消耗大，不适于室外焊接，灵活性不如氩弧焊。

等离子弧焊适用于各种难熔、易氧化以及热敏性强的金属材料的焊接，如钨、镍、钛、铜、钼、铝及其合金以及不锈钢、高强度钢等，目前主要应用于化工、核能、电子、精密仪器仪表、火箭、航空和空间技术中。

3. 电渣焊

电渣焊是利用电流通过液态熔渣时产生的电阻热作为热源，将工件局部和填充金属熔化、冷却凝固形成焊缝的熔化焊工艺。电渣焊和其他熔化焊相比，具有如下特点：

1）可一次焊接很厚的焊件，只需留有一定的间隙而不用开坡口，故焊接生产率高。焊剂、焊丝和电能的消耗量均比埋弧焊低。

2）金属熔池的凝固速度慢，熔池保持液态的时间长，熔池中的气体和杂质较易浮出，故焊缝不易出现气孔、夹渣。但易形成粗大组织，使冲击韧性下降，故焊后应进行正火或退火处理。

3）焊件一般不需预热，焊接易淬火钢时，不易出现淬火裂纹。

电渣焊除焊接碳钢、合金钢以及铸铁外，也可用来焊接铝、镁、钛及铜合金。焊接厚度一般大于30mm，目前广泛用于锅炉、重型机械和石油化工等行业，如锻-焊和铸-焊结构件。

4. 电子束焊

电子束焊是利用加速和聚焦的电子束轰击焊件表面时所产生的热量使金属焊件局部熔化、冷却凝固形成焊缝的熔化焊工艺。焊件可以置于真空中，也可以在非真空中。在真空中进行的电子束焊称真空电子束焊，在大气压力的工作环境中进行的电子束焊称非真空电子束焊。

真空电子束焊的特点是：

1）焊接质量好。特别适于焊接化学活泼性强、纯度高、易被大气污染的金属。

2）能量密度高（约为电弧焊的5000~10000倍）、穿透力强、焊接速度快。可焊厚截面工件，如钢板厚度可达200~300mm，铝合金厚度可超过300mm。

3）焊接热影响区小，焊接变形很小，可焊接已经加工好的组合零件。

4）电子束参数可以调节，焊接过程控制灵活，适应性强，但焊接设备复杂，造价高，且焊件外观尺寸受真空室的限制。

5）真空电子束焊解决了一般气体保护焊所不能解决的问题，如稀有金属的焊接等。

目前真空电子束焊已在航天航空、核能、汽车、化工、电子电力、机械制造等部门得到了广泛应用。

非真空电子束焊是将高真空条件下产生的电子束，引入到大气压力的工作环境中，对工件进行施焊，所以又称为大气压电子束焊接。其主要优点是：不需真空室，生产率高，成本较低，可焊接尺寸大的工件，扩大了电子束焊接技术的应用范围。非真空电子束焊在能源工业（如各种压缩机转子、叶轮组件、核反应堆壳体等）、航空工业（如发动机机座、转子部件等）、汽车制造业（如齿轮组合体、后桥、变速器等）以及仪表、化工和金属结构制造等行业中都得到了广泛应用。

5. 激光焊

激光焊是20世纪70年代发展起来的焊接新技术，是利用聚焦后的激光作为热源进行焊接的熔焊工艺。可实现金属箔材（厚度小于0.5mm）、薄膜（几微米到几十微米）、金属线材（直径小于0.6mm）等材料的焊接。

激光焊的特点是：焊接速度快、焊接热影响区小，焊件变形小，被焊材料不易氧化等特点。与电子束比，激光焊不产生X射线，不需要真空室，观察方便，适合结构形状复杂和精密零部件的焊接。激光能反射、透射，甚至可用光导纤维传输，所以可进行远距离焊接，还可对已密封的电子管内部导线接头实现异种金属的焊接。目前，激光焊主要用于半导体、电信器材、无线电工程、精密仪器、仪表部门小型或微型件的焊接。

6. 气焊

气焊是利用气体燃烧时放出的热量进行焊接的熔焊工艺。可燃气体可以是乙炔、氢气、天然气、丙烷等。气焊常用的火焰是从焊炬喷嘴喷出并由乙炔和氧气按一定比例混合的气体点燃后形成的，也称氧-乙炔焰。根据可燃气体乙炔和助燃气体氧的体积比的不同，火焰分为三种：碳化焰、中性焰、氧化焰。

碳化焰中有游离态的碳，可以补充焊接过程中碳的烧损，并有较强的还原作用和一定的渗碳作用。碳化焰主要用于焊接含碳量较高的高碳钢、高速钢、硬质合金等材料，也可用于铸铁的补焊。

中性焰是氧和乙炔充分燃烧（没有过剩的氧和乙炔），用途最广，主要用于焊接低碳钢、低合金钢、不锈钢、纯铜等材料。

氧化焰中氧过剩，焊接时对金属有氧化作用。因为氧化焰可在熔化金属的表面生成一层硅的氧化膜（焊丝中含硅），保护低熔点的锌、锡不被蒸发，所以这种火焰主要用于焊接黄铜、青铜等材料。

焊接碳钢时，可直接用焊丝焊接，而焊接不锈钢、铜合金、铝合金时，必须采用气焊焊剂，以防止金属氧化，并消除已经形成的氧化物。

气焊的特点是：气焊火焰的温度比电弧焊低，加热和冷却速度缓慢，加热区域宽，焊接变形大，但无须用电，设备简单，通用性强。气焊适合于薄壁件的焊接，主要焊接板厚在 2mm 左右的焊件。

二、压焊

压焊是通过加热及加压使金属达到塑性状态，产生塑性变形和再结晶，最后使两个分离表面的原子接近到晶格距离，从而获得不可拆卸接头的焊接工艺，主要有电阻焊和摩擦焊。

1. 电阻焊

电阻焊是利用电流通过接头的接触面产生的电阻热作为热源的压焊，电阻焊按电极形式和接头形式的不同分为点焊、缝焊和对焊三种。

（1）点焊　点焊是将焊件装配成搭接接头，并压紧在两柱状电极之间，利用电阻热局部熔化母材金属形成焊点的电阻焊。点焊接头强度取决于焊点直径的大小，一般焊点直径为 $d = 2t + 3mm$（t 为板厚）。焊点质量取决于焊接电流、通电时间、电极压力和工件表面清理质量等。

点焊主要用于薄板冲压件和钢筋的焊接，如汽车、飞机薄板外壳的拼接及装配，电子仪器、仪表等工业品的生产。点焊适用的厚度范围是 0.05~6mm，适用的材料为不锈钢、铜合金、钛合金和铝镁合金等。

（2）缝焊　缝焊是连续的点焊过程，它用连续转动的盘状电极代替了柱状电极，进行间隔时间很短的点焊，焊后获得焊点首尾相互重叠的连续焊缝。

缝焊由于焊缝中的焊点相互重叠约 50% 以上，因此密封性好。但缝焊分流现象严重，焊接相同厚度的工件时，所需焊接电流约为点焊时的 1.5~2 倍，因此缝焊只适用于厚度在 3mm 以下的有密封性要求的薄壁结构，如油箱、小型容器和管道等。

（3）对焊　对焊是将焊件装配成对接接头进行的电阻焊方法。对焊要求焊件接触处的端面形状尺寸相同或相近，以保证焊接件的质量。对焊主要用于制造封闭形零件、轧材的接长、制造异种材料的零件等，如自行车车圈、钢轨、刀具等。

2. 摩擦焊

摩擦焊是利用焊件表面相互摩擦产生的热量，使端面达到热塑性状态，然后迅速顶锻，完成焊接的压焊工艺。

摩擦焊的特点是：

1）在摩擦过程中，焊件接触表面的氧化膜与杂质被清除，接头不易产生气孔、夹渣等缺陷，组织致密，接头质量好。

2）可焊的材料范围较广，适用于异种材料的对接，如非金合钢与不锈钢，铝与铜，铝与陶瓷等。

3）设备简单，耗电少，操作方便，不需焊接材料，易实现自动化，生产率高。

三、钎焊

钎焊是利用熔点低于焊件的钎料做填充金属，加热使钎料熔化，利用液态钎料润湿母材，通过填充接头间隙并与母材相互扩散来实现永久性连接的焊接方法。根据所用钎料的熔点不同，钎焊可分为硬钎焊和软钎焊两大类。

钎焊的特点是：

1）钎焊加热温度较低，接头光滑平整，焊件尺寸精确。

2）可以焊接异种金属和焊件厚度相差较大的焊件。

3）对焊件整体加热时，可同时钎焊由多条接头组成的、形状复杂的构件，生产率高。

4）钎焊设备简单，生产投资费用少。但钎焊的接头强度较低，耐热性差，允许的工作温度不高，焊前清理要求严格，钎料价格较高。因此，钎焊主要用来焊接精密仪表、电气零部件、异种金属构件以及某些复杂薄板构件（如夹层构件和汽车散热器等），也常用来焊接各类导线及硬质合金刀具。

习题与思考题

1-1 下列硬度标注方法是否正确，如何改正？

1）HBW210~240 2）450~480HBW 3）180~210HRC 4）HRC20~25

1-2 A 与 Z 哪个指标表征材料的塑性更准确，为什么？

1-3 说明下列符号的含义及其所表示的力学性能指标的物理意义：R_{eL}，R_m，A，Z，HRC，HBW。

1-4 说明 HBW 和 HRC 两种硬度指标在测试方法、适用硬度范围以及应用范围上的区别。

1-5 试比较下列名词：金属与合金，晶粒与晶胞，单晶体与多晶体。

1-6 固溶体、金属化合物、机械混合物的性能如何？

1-7 默画简化的 $Fe-Fe_3C$ 状态图，指出图中各特性点、线的意义，并指出各相区的组织。

1-8 什么是热处理？热处理的目的是什么，热处理有哪些基本类型？

1-9 正火与退火的主要区别是什么？生产中如何选择正火与退火？

1-10 淬火的目的是什么？

1-11 回火的目的是什么，常用的回火类型有哪些？

1-12 什么是合金元素？合金钢中经常加入的合金元素有哪些？

1-13 用 9SiCr 钢制成圆板牙，其工艺流程为：锻造→球化退火→机械加工→淬火→低温回火→磨平面→开槽加工。试分析：球化退火、淬火及低温回火的目的。

1-14　模具钢分几类，各采用何种最终热处理工艺？为什么？

1-15　根据碳在铸铁中存在形态的不同，铸铁可分为哪几类？

1-16　什么是金属的铸造性能？它包含哪些内容？

1-17　压力铸造、离心铸造与普通砂型铸造相比，有何优缺点？

1-18　为什么熔模铸造特别适用于难以机械加工的、形状复杂的铸件？

1-19　何谓金属的锻造性能？

1-20　试比较自由锻造、锤上模锻和胎模锻的工艺特点及应用。

1-21　与焊条电弧焊相比埋弧焊具有哪些特点？

第二章

金属切削的基本知识

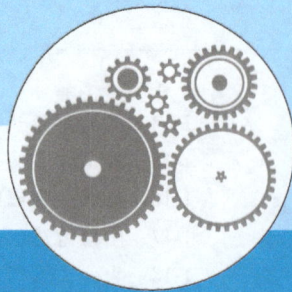

　　本章介绍金属切削的基础知识，内容包括：基本定义、刀具材料、切削变形、刀具磨损及使用寿命、工件材料的切削加工性、切削液、刀具合理几何参数的选择，及切削用量的选择。学习本章，应重点掌握刀具几何角度的标注，积屑瘤的成因、作用及其控制措施，初步具备根据生产条件和具体工艺要求，合理选择刀具切削部分的材料、刀具几何参数、切削用量及切削液的能力。

第一节　刀具的几何角度及切削要素

一、切削运动

　　在机床上为了切除工件上多余的金属，以获得尺寸精度、几何精度和表面质量都符合要求的工件，刀具与工件之间必须做相对运动，即切削运动。根据切削运动在切削加工过程中所起作用，可将切削运动分为主运动和进给运动，如图 2-1 所示。

1. 主运动

　　主运动是切除工件上多余金属层，形成工件新表面所必需的运动，它是由机床提供的主要运动。主运动的特点是速度最高，消耗功率最多。切削加工中只有一个主运动，它可由工件完成，也可由刀具完成，如车削时工件的旋转运动、铣削和钻削时铣刀和钻头的旋转运动等都是主运动。

2. 进给运动

　　进给运动是把被切削金属层间歇或连续投入切削的一种运动，与主运动相配合即可不断地切除金属层，获得所需的工件表面。进给运动的特点是速度低，消耗功率少。切削加工中进给运动可以是一个、两个或多个，可以是连续的运动，如车削外圆时，车刀平行于工件轴线的纵向运动，也可以是间歇的运动，如刨削时工件或刀具的横向运动。

3. 合成切削运动

　　如图 2-1 所示，合成切削运动是由主运动与进给运动合成的运动。刀具切削刃上选定点相对于工件的瞬时合成运动方向，称为合成切削运动方向，其速度称为合成切削速度。

二、工件的表面

　　在切削加工过程中，工件上的金属层不断地被刀具切除而变为切屑，同时在工件上形成

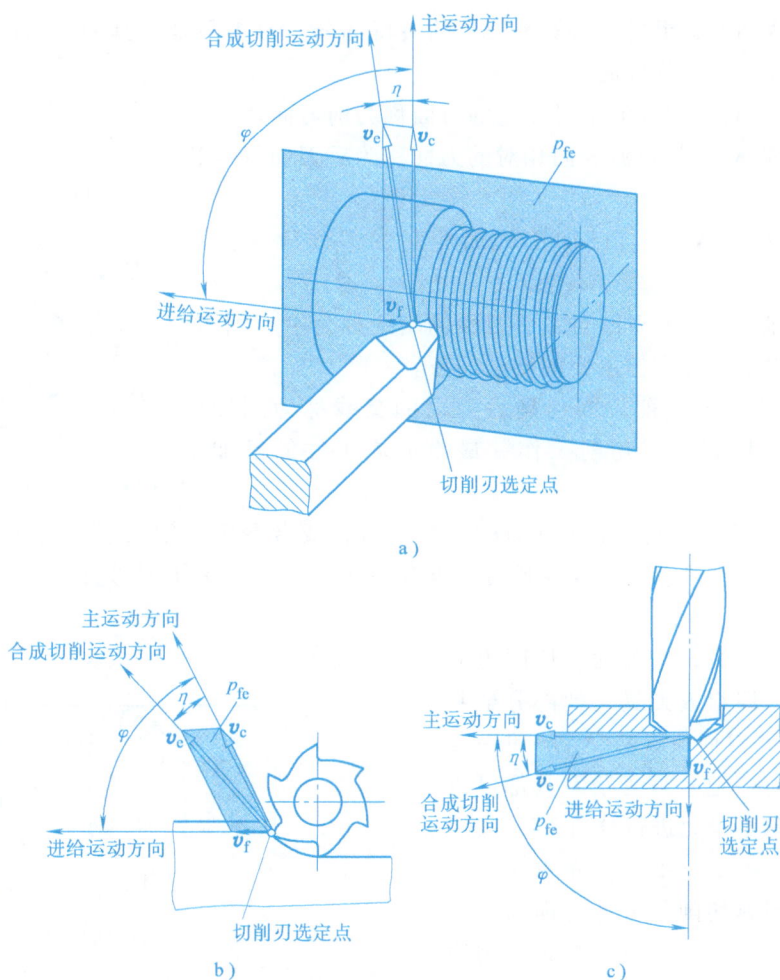

图 2-1 切削运动

a) 车削 b) 铣削 c) 钻削

新的表面。在新表面形成过程中，工件上有三个不断变化着的表面，如图 2-2 所示。

（1）待加工表面 工件上有待切除的表面称为待加工表面。

（2）已加工表面 工件上经刀具切削后形成的表面称为已加工表面。

（3）过渡表面（加工表面） 切削刃正在切削的表面称为过渡表面，它是待加工表面与已加工表面的连接表面。

三、刀具切削部分的几何角度

金属切削刀具种类繁多、形状各异，但刀具切削部分的组成都有共同点，外圆车刀的切削部分可看作是各种刀具切削部分最基本的形态。描述车刀切削部分的一般术语，亦可用于其他金属切削刀具。

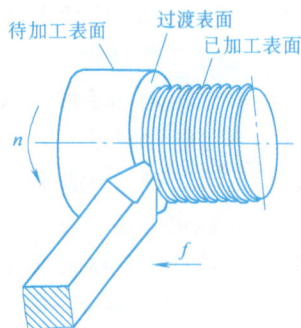

图 2-2 工件的表面

（一）车刀的组成

车刀由刀柄和刀头组成，刀柄是刀具的夹持部分，刀头则是刀具的切削部分。如图 2-3 所示，刀头由以下几部分构成：

（1）前刀面 A_γ　切屑流出时经过的刀面称为前刀面。

（2）后刀面 A_α　与过渡表面相对的刀面称为后刀面（也称主后刀面）。

（3）副后刀面 A'_α　与已加工表面相对的刀面称为副后刀面。

（4）主切削刃 S　前刀面与主后刀面的交线称为主切削刃。在切削加工过程中，它承担主要的切削任务。

（5）副切削刃 S′　前刀面与副后刀面的交线称为副切削刃。它配合主切削刃完成切削工作并最终形成工件的已加工表面。

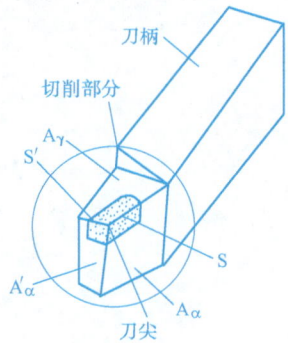

图 2-3　车刀切削部分的构成

（6）刀尖　刀尖是主、副切削刃的连接部位，或者是主、副切削刃的交点。大多数刀具在刀尖处磨出一小段直线刃或圆弧刃，也有一些刀具主、副切削刃直接相交形成尖刀尖，如图 2-4 所示。

不同类型的刀具，其刀面、切削刃的数量可能不同，但组成刀具切削部分最基本的单元是两个刀面（A_γ、A_α）和一条主切削刃。任何一把多刃复杂刀具都可以分解为一个个基本单元进行分析。

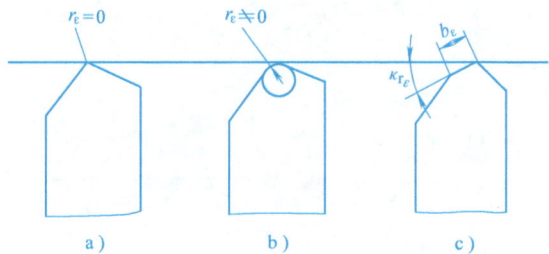

图 2-4　刀尖的结构

a）尖刀尖　b）修圆刀尖　c）倒角刀尖

（二）刀具的正交平面静止参考系

为了分析刀具切削部分各刀面与刀刃在空间的位置，以便于设计、制造、刃磨和测量刀具，必须建立一个空间坐标平面参考系，称为刀具静止角度参考系。为了方便分析刀具几何角度在切削过程中所起的作用，刀具静止角度参考系中坐标平面的建立应以切削运动为依据。首先给出假定工作条件，假定工作条件包含假定运动条件和假定安装条件，然后建立参考系。在该参考系中确定的刀具几何角度，称为刀具的静止角度，即标注角度。

1. 假定工作条件

（1）假定运动条件　以切削刃选定点（位于工件回转中心平面时）相对于工件的瞬时主运动方向作为假定主运动方向；以切削刃选定点相对于工件的瞬时进给运动方向，作为假定进给运动方向，一般不考虑进给运动大小的影响，即假设进给量 $f=0$。

（2）假定安装条件　假定车刀安装绝对正确，即安装车刀时应使刀尖与工件回转中心等高，车刀刀杆对称面垂直于工件回转轴线。

2. 刀具静止参考系的坐标平面

（1）基面 p_r　通过切削刃选定点垂直于假定主运动方向的平面称为基面。对于车刀，基面平行于车刀刀柄底面。

（2）切削平面 p_s　通过切削刃选定点，与主切削刃相切并垂直于基面的平面称为切削平面。

（3）正交平面 p_o　通过切削刃选定点，同时垂直于基面与切削平面的平面。

下面介绍常用的正交平面静止参考系及角度的标注。

1. 参考系的建立

正交平面参考系由基面 p_r、切削平面 p_s 和正交平面 p_o 三个相互垂直的坐标平面组成，如图 2-5 所示。

2. 角度的标注

在该参考系中可标注出以下几个角度，如图 2-6 所示。

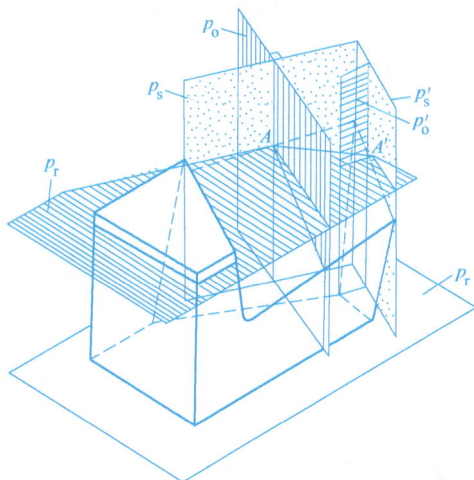

图 2-5　正交平面静止参考系坐标平面　　　　图 2-6　正交平面静止参考系标注的角度

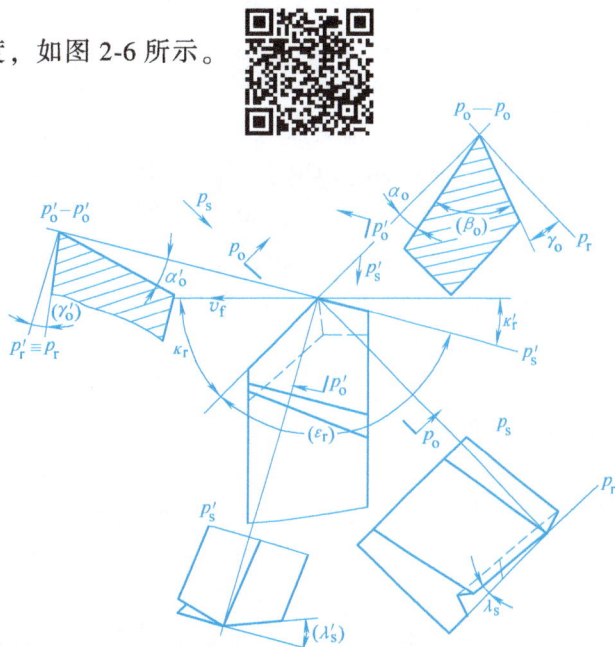

（1）主偏角 κ_r　基面中测量的主切削刃与假定进给运动方向之间的夹角称为主偏角。

（2）刃倾角 λ_s　切削平面中测量的主切削刃与过刀尖的基面之间的夹角称为刃倾角。

（3）前角 γ_o　正交平面中测量的前刀面与基面之间的夹角称为前角。

（4）后角 α_o　正交平面中测量的后刀面与切削平面之间的夹角称为后角。

用上述四个角度就可以确定车刀前、后刀面及主切削刃的方位。其中 γ_o 与 λ_s 确定了前刀面的方位，κ_r 与 α_o 确定了后刀面的方位，κ_r 与 λ_s 确定了主切削刃的方位。

同理，通过副切削刃选定点也可建立副基面 p_r'、副切削平面 p_s' 和副正交平面 p_o'，用副偏角 κ_r'、副刃倾角 λ_s'、副前角 γ_o'、副后角 α_o' 确定其相应的前刀面、副后刀面的方位。由于副切削刃和主切削刃共同处于同一前刀面中，当 γ_o 与 λ_s 两角确定后，前刀面的方位已经确定，γ_o' 与 λ_s' 两个角度也同时被确定，因此通过副切削刃通常只需确定副偏角 κ_r' 和副后角 α_o'，以便确定副后刀面的方位。

（5）副偏角 κ_r'　基面中测量的副切削刃与假定进给运动方向之间的夹角称为副偏角。

（6）副后角 α_o'　副正交平面中测量的副后刀面与副切削平面之间的夹角称为副后角。

因此，图 2-6 所示的外圆车刀有三个刀面，两条切削刃，所需标注的独立角度只有六个：γ_o、α_o、κ_r、κ_r'、λ_s、α_o'，其中 κ_r、κ_r' 在基面中标注，γ_o、α_o 在正交平面中标注，λ_s

在切削平面中标注，α_o'在副正交平面中标注。

分析刀具时常用到以下两个派生角度（图 2-6 中用括号括起来的两个角度）：

（7）楔角 β_o。 正交平面中测量的前、后刀面之间的夹角称为楔角。

$$\beta_o = 90° - (\gamma_o + \alpha_o)$$

（8）刀尖角 ε_r。 基面中测量的主、副切削刃之间的夹角称为刀尖角。

$$\varepsilon_r = 180° - (\kappa_r + \kappa_r')$$

3. 角度正负的规定

如图 2-7a 所示，前刀面与基面平行时前角为零；前刀面与切削平面间夹角小于 90° 时，前角为正；大于 90° 时，前角为负。后刀面与基面间夹角小于 90° 时，后角为正；大于 90° 时，后角为负。

如图 2-7b 所示，刀尖处于切削刃最高点时刃倾角为正，刀尖处于切削刃最低点时刃倾角为负，切削刃与基面相重合时刃倾角为零。

主偏角与副偏角的大小介于 0°～90° 之间。

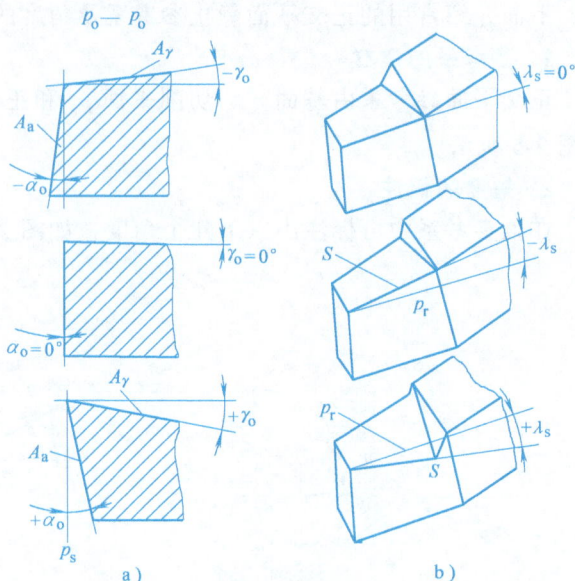

图 2-7　车刀角度正负的规定方法
a）前、后角　b）刃倾角

四、切削要素

切削要素分为两大类——切削用量要素和切削层要素。

（一）切削用量要素

在切削过程中，要根据不同的工件材料、刀具材料和其他技术经济因素来选择合适的切削用量要素。切削速度、进给量和背吃刀量称为切削用量三要素，也称为工艺切削要素（见图 2-8）。切削用量要素用于正确调整机床，以保证加工质量、较高生产率和低加工成本。

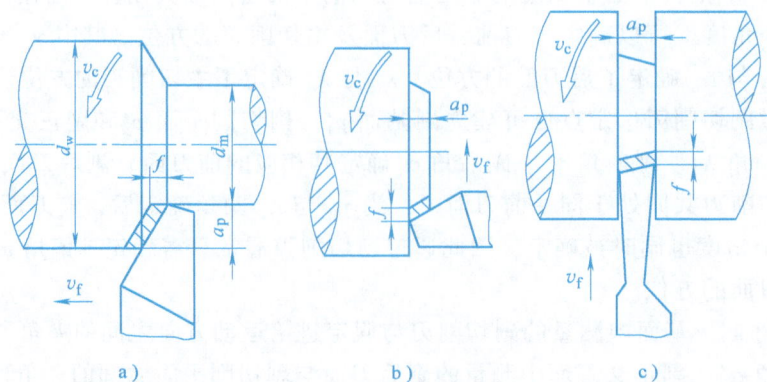

图 2-8　切削用量
a）车外圆　b）车端面　c）切槽

1. 切削速度 v_c

切削速度是刀具切削刃上的某一点相对于待加工表面在主运动方向上的瞬时速度。车外圆时，计算公式如下：

$$v_c = \pi d_w n / 1000 \tag{2-1}$$

式中　v_c——切削速度，单位为 m/min 或 m/s；

d_w——工件待加工表面直径，单位为 mm；

n——工件转速，单位为 r/min 或 r/s。

切削刃上各点的切削速度是不同的，在计算时，应以最大的切削速度为准，如车外圆时以待加工表面直径的数值进行计算，因为此处速度最高，刀具磨损最快。

2. 进给量 f

进给量是刀具在进给运动方向上相对于工件的位移量，可用刀具或工件每转或每行程的位移量来表示。当主运动是旋转运动时，f 的单位为 mm/r。对于铣刀、铰刀等多齿刀具，还规定每齿进给量 f_z，即多齿刀具每转过一齿相对于工件在进给运动方向上的相对位移，单位为 mm/z。进给量也常用进给速度 v_f 表示，即切削刃选定点相对工件进给运动方向上的瞬时速度，单位为 mm/min。

$$v_f = fn \tag{2-2}$$

即

$$v_f = f_z z n \tag{2-3}$$

式中　z——齿数。

3. 背吃刀量 a_p

背吃刀量一般指工件上待加工表面与已加工表面间的垂直距离。车外圆时：

$$a_p = (d_w - d_m)/2 \tag{2-4}$$

式中　d_w——待加工表面直径（mm）；

d_m——已加工表面直径（mm）。

（二）切削层公称横截面要素

刀具切削刃在一次进给中，从工件待加工表面上切下来的金属层称为切削层。车削外圆时，工件转一转，车刀从位置 I 移到位置 II，前进了一个进给量，图 2-9 中的阴影部分即为切削层。其截面尺寸的大小即为切削层参数，它决定了刀具所承受负荷的大小及切削层尺寸，还影响切削力、刀具磨损、工件表面质量和生产率。

切削层尺寸可用以下三个参数表示：

（1）切削层公称厚度 h_D　切削层公称厚度是指切削刃两瞬时位置过渡表面间的距离。

（2）切削层公称宽度 b_D　切削层

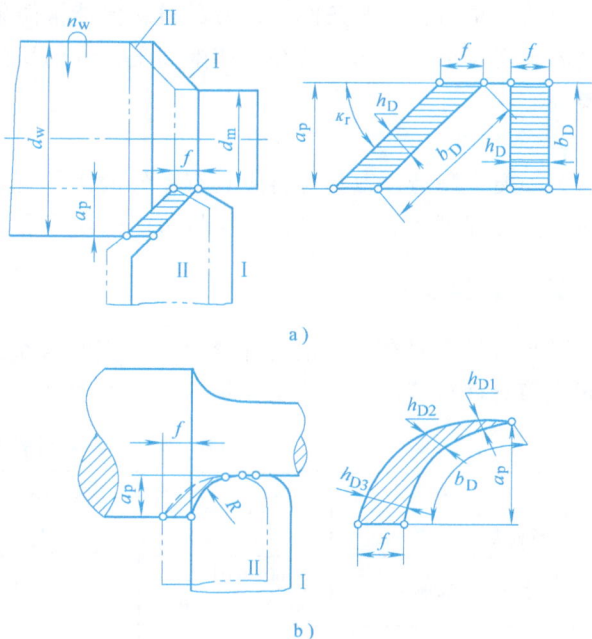

a)

b)

图 2-9　车外圆时切削层参数

a）直线刃时　b）曲线刃时

公称宽度是指沿过渡表面测量的切削层尺寸。

（3）切削层公称横截面面积 A_D 切削层公称横截面面积是指切削层横截面的面积。

第二节 刀 具 材 料

刀具材料主要是指刀具切削部分的材料，它的性能优劣是影响加工质量、切削效率、刀具寿命的重要因素。合理应用新型刀具材料不但能有效地提高生产率、加工质量和经济效益，而且往往是加工某些难加工材料的关键工艺。

一、刀具材料应具备的性能

1. 高硬度

刀具要从工件上切除金属层，因此，刀具材料硬度必须大于工件材料的硬度。一般刀具材料的常温硬度应高于 60HRC。

2. 高耐磨性

刀具材料应具有较高的耐磨性，以抵抗工件和切屑对刀具的磨损。这一性能一方面取决于刀具材料的硬度，另一方面还与其化学成分、显微组织有关。刀具材料硬度越高，耐磨性就越好；刀具材料中含有耐磨的合金碳化物越多，晶粒越细，分布越均匀，耐磨性也越好。

3. 足够的强度与韧性

切削过程中，刀具承受着各种应力、冲击和振动，为了防止崩刃和碎裂，要求刀具材料必须具备足够的强度和韧性。

4. 高耐热性

耐热性是指在高温条件下，刀具材料保持常温硬度、强度和韧性的能力，也可用热硬性或高温硬度表示。耐热性越好，切削加工允许的切削速度就越高，它是衡量刀具材料性能的主要标志。

5. 良好的工艺性

为了便于制造，刀具材料应具有良好的工艺性能，如切削加工性、磨削加工性、锻造、焊接、热处理等性能。同时，还应尽可能采用资源丰富和价格低廉的刀具材料。

二、刀具材料的种类

刀具材料主要有工具钢（非合金工具钢和合金工具钢）、高速钢、硬质合金、陶瓷材料和超硬刀具材料等，它们的主要物理力学性能见表 2-1。

表 2-1 各类刀具材料的物理力学性能

材料性能 材料种类	硬 度	抗弯强度 /GPa	冲击韧度 /(kJ/m²)	热导率 /[W/(m·K¹)]	耐热性 /℃
非合金工具钢	60~65HRC 81.2~83.9HRA	2.45~2.74		67.2	200~250
高速工具钢	63~70HRC 83~86.6HRA	1.96~5.88	98~588	1.67~25	600~700
合金工具钢	63~66HRC	2.4		41.8	300~400

（续）

材料性能 材料种类		硬　度	抗弯强度 /GPa	冲击韧度 /（kJ/m）	热导率 /[W/（m·K¹）]	耐热性 /℃
硬质 合金	YG6	89.5HRA	1.45	30	79.6	900
	YT14	90.5HRA	1.2	7	33.5	900
陶瓷	Al_2O_3 AM	>91HRA	0.45~0.55	5	19.2	1200
	$Al_2O_3+T_1C$ T8	93~94HRA	0.55~0.65			
	Si_3N_4 SM	91~93HRA	0.75~0.85	4	38.2	1300
金刚石	天然金刚石	10000HV	0.21~0.49		146.5	700~800
	聚晶金刚石 复合刀片	6500~8000HV	2.8		100~108.7	700~800
立方 氮化硼	烧结体	6000~8000HV	1.0		41.8	1000~1200
	立方氮化硼 复合刀片FD	≥5000HV	1.5			>1000

（一）高速工具钢

高速工具钢的全称为高速合金工具钢，也称白钢或锋钢。

高速工具钢是在合金工具钢中加入了较多的W、Mo、Cr、V等合金元素的高合金工具钢，其合金元素与碳化合形成高硬度的碳化物，使高速工具钢具有很好的耐磨性。钨原子和碳原子结合力很强，增加了钢的高温硬度。钼的作用与钨基本相同，并能细化碳化物的晶粒，减少钢中碳化物的不均匀性，提高钢的韧性。

高速工具钢是综合性能较好、应用范围最广泛的一种刀具材料。其抗弯强度较高，韧性较好，热处理后硬度为63~66HRC，易磨出较锋利的切削刃，故生产中常称为"锋钢"。其耐热性为600~660℃，切削碳钢材料时切削速度可达30m/min左右。它具有较好的工艺性能，可用来制造刃形复杂的刀具，如钻头、丝锥、成形刀具、拉刀和齿轮刀具等，并适合加工碳钢、合金钢、有色金属和铸铁等多种材料。

高速工具钢按切削性能可分为普通高速工具钢和高性能高速工具钢。

1. 普通高速工具钢

普通高速工具钢可分为钨系高速工具钢和钨钼系高速工具钢两类。

钨系高速工具钢中早期常见的牌号是W18Cr4V，它具有较好的综合性能和可磨削性，可制造各种复杂刀具和精加工刀具，但是由于钨是一种重要的战略资源，而该牌号中钨含量所占比重较大，因此现在这个牌号应用较少，在一些发达国家已经逐步被淘汰。

钨钼系高速工具钢中现在较常见的牌号是W6Mo5Cr4V2，它具有较好的综合性能。由于钼的作用，其碳化物呈细小颗粒且分布均匀，故其抗弯强度和冲击韧度都高于钨系高速工具钢，并且有较好的热塑性，适于制作热轧工具。但这种材料有脱碳敏感性大，淬火温度范围窄，较难掌握热处理工艺等缺点。

W9Mo3Cr4V是我国自行研制的一种高速工具钢，其硬度、强度、热塑性略高于

W6Mo5Cr4V2，具有较好的硬度和韧性，并且易轧、易锻、热处理温度范围宽、脱碳敏感性小，成本也更低。

2. 高性能高速工具钢

高性能高速工具钢是在普通高速工具钢的基础上，通过调整化学成分和添加其他合金元素，使其性能比普通高速工具钢提高一步的新型高速工具钢。这类高速工具钢刀具主要用于高温合金、钛合金、高强度钢和不锈钢等难加工材料的切削加工。

高性能高速工具钢有以下几种：

（1）高碳高速工具钢　碳的质量分数提高到 0.9%～1.05%，使钢中的合金元素全部形成碳化物，从而提高钢的硬度、耐磨性和耐热性，但其强度和韧性略有下降，典型牌号为 95W18Cr4V。

（2）高钒高速工具钢　钒的质量分数提高到 3%～5%，其典型牌号为 W6Mo5Cr4V3。由于碳化钒含量的增加，提高了高速工具钢的耐磨性，一般用于切削高强度钢。但这种高速工具钢的刃磨比普通高速工具钢困难。

（3）钴高速工具钢　在高速工具钢中加入钴，从而提高了高速工具钢的高温硬度和抗氧化能力，其典型牌号为 W2Mo9Cr4VCo8，它有良好的综合性能，加工高温合金、不锈钢等难加工材料的效果很好。

（4）铝高速工具钢　铝高速工具钢是我国独创的新型高速工具钢，它是在普通高速钢中加入少量的铝，从而提高了高速工具钢的耐热性和耐磨性，有良好的综合性能。其典型牌号为 W6Mo5Cr4V2Al，它达到了钴高速工具钢的切削性能，可加工性好，价格低廉，与普通高速工具钢的价格接近。但刃磨性差，热处理工艺要求较严格。

由于高精度复杂刀具的使用越来越多，其加工费用占刀具成本的比例很大，材料费所占比例则较小（15%～30%），因此，合理地采用高性能刀具材料在经济上是合理的。对于加工中心这类换刀费用很高的机床，更应采用高性能刀具材料。

上述各种高速工具钢牌号及主要力学性能见表 2-2。

表 2-2　高速钢的牌号及主要力学性能

牌　　号	常温硬度 HRC	抗弯强度 σ_w /GPa	冲击韧度 a_K /(MJ/m)	高温硬度 HRC	
				500℃	600℃
W18Cr4V	63～66	3～3.4	0.18～0.32	56	48.5
W6Mo5Cr4V2	63～66	3.5～4	0.3～0.4	55～56	47～48
95W18Cr4V	66～68	3～3.4	0.17～0.22	57	51
W6Mo5Cr4V3	65～67	3.2	0.25	—	51.7
W6Mo5Cr4V2Co8	66～68	3.0	0.3	—	54
W2Mo9Cr4VCo8	67～69	2.7～3.8	0.23～0.3	～60	～55
W6Mo5Cr4V2Al	67～69	2.9～3.9	0.23～0.3	60	55
W10Mo4Cr4V3Al	67～69	3.1～3.5	0.2～0.28	59.5	54

（二）硬质合金

硬质合金是以碳化钨（WC）、碳化钛（TiC）粉末为主要成分，并以钴（Co）、钼（Mo）、镍（Ni）为黏结剂在真空炉或氢气还原炉中烧结而成的粉末冶金制品。

硬质合金的硬度高达 89~94HRA，相当于 71~76HRC，耐磨性很好。耐热性可达 800~1000℃，切削中碳钢时切削速度可达 100m/min 以上。但其抗弯强度、韧性比高速钢低，工艺性比高速钢稍差。

目前，硬质合金已成为切削加工中主要的刀具材料，广泛用于切削速度较高的各种刀具，甚至复杂刀具中，如硬质合金面铣刀、立铣刀、镗刀、钻头、铰刀等。

硬质合金的性能主要取决于金属碳化物的种类、含量、颗粒粗细和黏结剂的种类、含量。在硬质合金中，碳化物所占比例大，则硬度高、耐磨性好；若黏结剂多，则抗弯强度高。一般细晶粒硬质合金的强度低于相同成分的粗晶粒硬质合金，而硬度则高于粗晶粒的硬质合金。

GB/T 18376.1—2008 将切削工具用硬质合金按被加工材料分为 K、P、M、H、S、N 六类。为满足不同使用要求，根据其耐磨性和韧性的不同分成若干个组，用 01、10、20、30、40 等两位数字表示组号。表 2-3 列出了前三类的分类和分组及作业条件推荐。H 类（H01~H30）主要用于加工硬切削材料；S 类（S01~S30）主要用于加工耐热和优质合金材料；N 类（N01~N30）主要用于加工有色金属和非金属材料。

表 2-3　切削加工用硬质合金分类、分组及作业条件推荐

组别	作业条件		性能提高方向	
	被加工材料	适应的加工条件	切削性能	合金性能
K01	铸铁、冷硬铸铁、短切屑的可锻铸铁	车削、精车、铣削、镗削、刮削		
K10	布氏硬度高于 220 的铸铁、短切屑的可锻铸铁	车削、铣削、镗削、刮削、拉削		
K20	布氏硬度低于 220 的灰铸铁、短切屑的可锻铸铁	用于中等切削速度下，轻载荷粗加工、半精加工的车削、铣削、镗削等		
K30	铸铁、短切屑的可锻铸铁	用于在不利条件下，可能采用大切削角的车削、铣削、刨削、切槽加工，对刀片的韧性有一定的要求		
K40	铸铁、短切屑的可锻铸铁	用于在不利条件下粗加工，采用较低的切削速度，大的进给量	↑切削速度↓　↑进给量↓	↑耐磨性↓　↑韧性↓
P01	钢、铸钢	高切削速度、小切屑截面，无振动条件下精车、精镗		
P10	钢、铸钢	高切削速度，中、小切屑截面条件下的车削、仿形车削、车螺纹和铣削		
P20	钢、铸钢、长切屑的可锻铸铁	中等切削速度，中等切屑截面条件下的车削、仿形车削和铣削，小切屑截面的刨削		
P30	钢、铸钢、长切屑的可锻铸铁	中或低等切削速度，中等或大切屑截面条件下的车削、铣削、刨削和不利条件下的加工		
P40	钢、含砂眼和气孔的铸钢件	低切削速度、大切削角、大切屑截面以及不利条件下的车削、刨削、切槽和自动机床上加工		

（续）

组别	作业条件		性能提高方向	
	被加工材料	适应的加工条件	切削性能	合金性能
M01	不锈钢、铁素体钢、铸钢	高切削速度、小载荷,无振动条件下精车、精镗	切削速度↑ 进给量↓	耐磨性↑ 韧性↓
M10	不锈钢、铸钢、锰钢、合金钢、合金铸铁、可锻铸铁	中或高等切削速度,中、小切屑截面条件下的车削		
M20	不锈钢、铸钢、锰钢、合金钢、合金铸铁、可锻铸铁	中等切削速度,中等切屑截面条件下的车削、铣削		
M30	不锈钢、铸钢、锰钢、合金钢、合金铸铁、可锻铸铁	中或高等切削速度,中等或大切屑截面条件下的车削、铣削、刨削		
M40	不锈钢、铸钢、锰钢、合金钢、合金铸铁、可锻铸铁	车削、切断、强力铣削加工		

下面介绍几种切削加工常用的硬质合金:

1. K 类硬质合金

它是以 WC 为基,以 Co 作黏结剂,或添加少量 TaC、NbC 的合金。主要用于短切屑材料的加工,如铸铁、冷硬铸铁、短切屑的可锻铸铁、灰铸铁等。常用牌号 K01、K10、K20、K30、K40 等。随着组号 10、20、30、40 增大,其含钴量越多,强度越高,而硬度、耐热性和耐磨性越低,适宜粗加工;反之,含碳化钨越多,硬度越高,耐热性和耐磨性越好,而强度越低,适宜精加工。

2. P 类硬质合金

它是以 TiC、WC 为基,以 Co（Ni+Mo、Ni+Co）作黏结剂的合金。由于含 TiC,提高了与钢的黏结温度及防扩散能力。主要用于长切屑材料的加工,如钢、铸钢、长切屑可锻铸铁等。

常用牌号有 P01、P10、P20、P30、P40 等,其含钴量依次增多,其强度越高,而硬度、耐热性和耐磨性越低,适宜粗加工。反之,含 TiC 越多,硬度、耐热性和耐磨性越高,而强度越低,适宜精加工。

3. M 类硬质合金

它是以 WC 为基,以 Co 作黏结剂,添加少量 TiC（TaC、NbC）的合金。由于加入一定数量的稀有金属 TaC（NbC）,所以提高了抗弯强度、抗疲劳强度和冲击韧性,也提高了高温硬度、强度、抗氧化能力和耐磨性。

常用牌号 M01、M10、M20、M30、M40 等。M 类硬质合金为通用合金,可用于不锈钢、铸钢、锰钢、可锻铸铁、合金钢、合金铸铁等加工。

（三）其他刀具材料

1. 陶瓷

陶瓷刀具材料以人造的化合物为原料,在高压下成形和高温下烧结而形成,硬度为 91~95HRA,耐热高达 1200℃,化学稳定性好,与金属的亲和能力小,与硬质合金相比可提高切削速度 3~5 倍。但其最大的缺点是抗弯强度低,冲击韧性差。它主要用于对钢、铸铁、高硬度材料（如淬火钢）进行连续切削时的半精加工和精加工。

2. 金刚石

金刚石分为天然和人造两种，都是碳的同素异形体。天然金刚石由于价格昂贵而用得很少。人造金刚石是在高温、高压条件下由石墨转化而成的，硬度为 10000HV。金刚石刀具能精密切削有色金属及合金、陶瓷等高硬度、高耐磨材料。但它对铁的化学稳定性较差，不适合加工铁族材料。它的热稳定性也较差，当温度达到 800℃ 时，在空气中金刚石刀具即发生碳化，会产生急剧磨损。

3. 立方氮化硼

立方氮化硼是利用人工方法在高温、高压条件下加入催化剂转变合成的，其硬度为 8000~9000HV，耐热性为 1400℃。主要用于对高温合金、淬硬钢、冷硬铸铁材料进行半精加工和精加工。

三、刀具材料的表面涂层

刀具材料的韧性和硬度一般不能兼顾，故一般刀具材料的寿命主要是受磨损的影响，近年来采用了表面涂层处理的方法，妥善解决了这一问题。

刀具材料的表面涂层是在高速钢和韧性较好的硬质合金等材料制成的刀具上，通过化学气相沉积和真空溅射等方法，在刀具表面上沉积极薄（$5~12\mu m$）的一层高硬度、高耐磨性和难熔的金属化合物碳化钛（TiC）或氮化钛（TiN），形成金黄色的表面涂层。

由于涂层的硬度高，摩擦因数小，使刀具的耐磨性提高，涂层还具有抗氧化和抗黏结的特点，延迟了刀具的磨损。因此，切削速度可提高 30%~50%，刀具寿命可提高数倍。

第三节 金属切削过程

金属切削过程是指通过切削运动，刀具从工件上切下多余金属层，形成切屑和已加工表面的过程。在这个过程中产生一系列的现象，如形成切屑，产生切削力、切削热与切削温度，刀具发生磨损等。

一、变形系数、切屑与积屑瘤

（一）变形系数和切屑的类型

1. 变形系数

切削层金属经过切削加工形成切屑，它与切削层金属相比较长度缩短、厚度增加，说明切削层金属发生了变形，如图 2-10 所示。其变形程度的大小，可近似地用变形系数 ξ 来衡量。变形系数等于切屑的厚度与切削层金属的厚度之比，也等于切削层金属的长度与切屑的长度之比。

$$\xi = l/l_c = h_{ch}/h_D > 1 \tag{2-5}$$

可以看出，变形系数值越大，说明切削变形越严重。

2. 切屑的类型

根据切屑的形状不同，通常将切屑分为以下四种类型：

（1）带状切屑　外形呈带状，底面光滑，背面无明显裂纹，呈微小锯齿形。加工塑性金属，如非合金钢、合金钢、铜、铝等材料时，常形成此类切屑。

（2）节状切屑　切屑底面较光滑，背面局部裂开成节状。切削黄铜或低速切削钢时，容易得到此类切屑。

（3）粒状切屑　切屑沿厚度方向断裂为均匀的颗粒状。切削铅或很低的速度下切削钢时，可得到此类切屑。

（4）崩碎切屑　切削脆性金属如铸铁、青铜时，切削层几乎不经过塑性变形就产生脆性崩裂，从而使切屑呈不规则的细粒状。

图 2-10　切削变形

表 2-4 是影响切屑形态的因素及其对切削力的影响。

表 2-4　影响切屑形态的因素及其对切削力的影响

切屑形态分类		粒状切屑	节状切屑	带状切屑
切屑形态简图				
影响切屑形态的因素及其形态的相互转化	1. 刀具前角	小←→大		
	2. 进给量（切削厚度）	大（厚）←→小（薄）		
	3. 切削速度	低←→高		
切屑形态对切削加工的影响	1. 切削力波动	大←→小		
	2. 切削过程平稳性	差←→好		
	3. 加工表面粗糙度数值	大←→小		
	4. 断屑效果	好←→差		

（二）积屑瘤

1. 积屑瘤的概念

在一定切削速度范围内，加工钢材、有色金属等塑性材料时，在切削刃附近的前刀面上会出现一块高硬度的金属，它包围着切削刃，且覆盖着部分前刀面，可代替切削刃对工件进行切削加工，这块硬度很高（约为工件材料硬度的 2~3 倍）的金属称为积屑瘤，如图 2-11 所示。

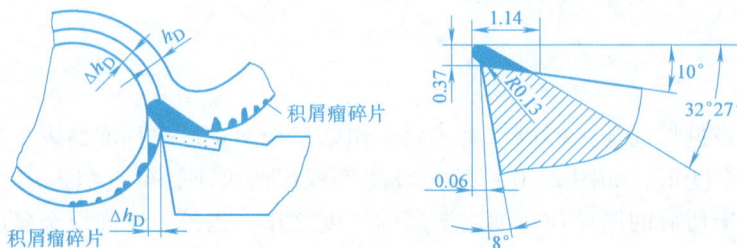

图 2-11　积屑瘤

2. 积屑瘤的产生与成长

关于积屑瘤的形成有许多解释，通常认为是由于切屑在前刀面上黏结造成的。在一定的加工条件下，随着切屑与前刀面间温度和压力的增加，摩擦力也增大，使靠近前刀面处切屑中变形层流速减慢，产生"滞流"现象。越接近前刀面处的金属层，流动速度越低。当温

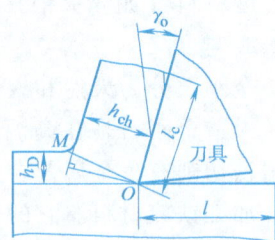

度和压力增加到一定程度，滞流层中底层金属与前刀面产生了黏结，当切屑底层金属中剪应力超过金属的剪切屈服强度极限时，底层金属流动速度为零而被剪断，并黏结在前刀面上。该黏结层经过剧烈的塑性变形使硬度提高，在继续切削时，硬的黏结层又剪断软的金属层，这样层层堆积，高度逐渐增加，形成了积屑瘤。由此可见，形成黏结和加工硬化是积屑瘤成长的必要条件。

3. 积屑瘤的脱落与消失

长高了的积屑瘤受外力或振动的作用，可能发生局部断裂或脱落。当温度和压力适合，积屑瘤又开始形成和长大。积屑瘤的产生、长大和脱落是周期性的动态过程。

实验表明，形成积屑瘤的决定性因素是切削温度。在切削温度很低和很高时，不易产生积屑瘤。在中温区，例如切削中碳钢切削温度在 $300 \sim 380$℃时，黏结严重，产生的积屑瘤达到很大高度值。此外，刀具与切屑接触面间的压力、刀具前刀面粗糙度值的大小、黏结强度等因素都会影响积屑瘤的大小。

4. 积屑瘤的利与弊

积屑瘤对切削加工的好处是，由于积屑瘤覆盖了部分前刀面和切削刃，并代替切削刃工作，故能起到保护切削刃刃口作用，也能增大刀具实际工作前角。坏处是由于积屑瘤增大了刀具的横向尺寸而造成过切，积屑瘤脱落时可能带走前刀面上的金属颗粒，加剧了前刀面的磨损。积屑瘤的形成过程会造成切削力波动，影响工件的加工精度和表面粗糙度，据此可以认为，积屑瘤对粗加工是有利的，对于精加工是不利的。

5. 减小或避免积屑瘤的措施

1）避免采用产生积屑瘤的速度进行切削（见图2-12），即宜采用低速或高速切削，但低速加工效率低，故多用高速切削。

2）采用大前角刀具切削，以减少刀具与切屑间的接触压力。

3）降低工件材料的塑性，提高工件的硬度，减少加工硬化倾向。

4）其他措施，诸如减小进给量，减小前刀面的表面粗糙度值，合理使用切削液等。

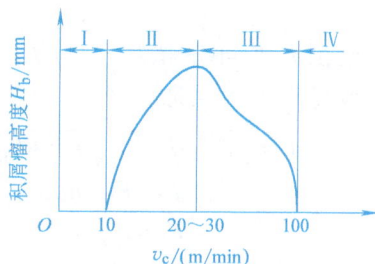

图 2-12 积屑瘤高度与切削
速度的关系

二、切削力

切削过程中刀具与工件的相互作用力称为切削力，切削力所做的功就是切削功。

1. 切削力的来源

切削力来源有两个方面，即切削层金属变形产生的变形抗力和切屑、工件与刀具间摩擦产生的摩擦抗力。

2. 切削力的分解

切削力大小和方向都不易直接测定。为了适应设计和工艺分析的需要，一般把切削力分解，研究它在一定方向上的分力才有意义。

如图2-13和图2-14所示，切削力 F 可分解为三个互相垂直的分力 F_c、F_p、F_f。

（1）主切削力 F_c 切削力在主运动方向上的分力。

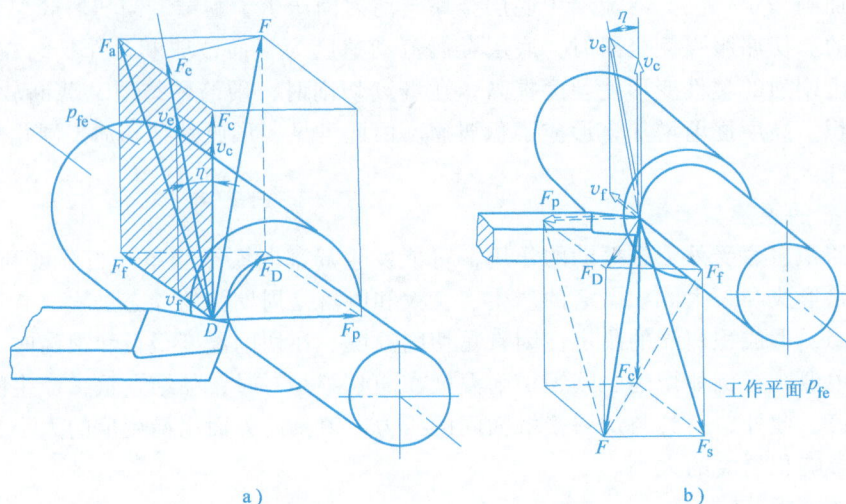

图 2-13 外圆车削时力的分解

a) 刀具对工件的力的分解 b) 工件对刀具的力的分解

（2）背向力 F_p　切削力在垂直于假定工作平面方向上的分力。通过切削刃选定点并垂直于基面，且平行于假定进给运动方向的平面即为假定工作平面。

（3）进给力 F_f　切削力在进给运动方向上的分力。

切削力 F 可分解为 F_c 与 F_D，F_D 分解为 F_p 与 F_f。它们的关系是：

$$F = \sqrt{F_c{}^2 + F_D{}^2} = \sqrt{F_c{}^2 + F_p{}^2 + F_f{}^2} \quad (2\text{-}6)$$

$$F_f = F_D \sin\kappa_r \quad (2\text{-}7)$$

$$F_p = F_D \cos\kappa_r \quad (2\text{-}8)$$

车削时各分力的实际意义如下：

主切削力是最大的一个分力，它消耗切削总

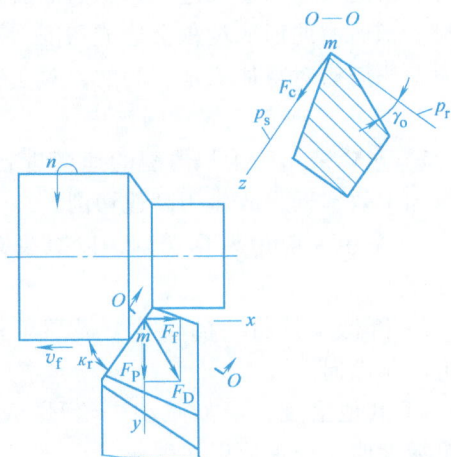

图 2-14 车削力在平面图上的表示

功率的95%左右，作用于主运动方向，是计算机床主运动机构强度与刀杆、刀片强度以及设计机床夹具，选择切削用量等的主要依据。

背向力在车外圆时不消耗功率，它作用在工件与机床刚性最差的方向上，易使工件在水平面内变形，影响加工精度，并易引起振动。它是校验机床刚度的主要依据。

进给力作用在机床的进给运动机构上，消耗总功率的5%左右，是验算机床进给机构强度的主要依据。

3. 切削力的计算

实际生产中，常用指数公式来计算切削力，具体计算公式可查阅有关参考资料。

4. 影响切削力的因素

工件材料的强度、硬度愈高，切削力愈大。背吃刀量增大一倍时，切削力增大约一倍；

进给量增大一倍时，切削力增大 70%~80%。前角增大，切削力减小；主偏角 κ_r 对三个分力 F_c、F_p、F_f 都有影响，但对 F_p 与 F_f 影响较大，根据式（2-7）、式（2-8）可知：增大主偏角，背向力减小，进给力增大。κ_r 对 F_c 的影响分为两种情况，当 κ_r 在 30°~60°范围内变化时，随着 κ_r 的增大 F_c 减小；当 κ_r 在 75°~90°范围内变化时，随着 κ_r 的增大 F_c 增大。

5. 切削功率

切削功率是指切削加工时在切削区内消耗的功率。它是主切削力 F_c 与进给力 F_f 消耗功率之和。由于进给力 F_f 消耗功率所占比例很小，故通常略去不计。于是，当 F_c 与 v_c 已知时，切削功率 P_c 为

$$P_c = (F_c v_c \times 10^{-3})/60 \tag{2-9}$$

式中　P_c——切削功率，单位为 kW；

　　　F_c——主切削力，单位为 N；

　　　v_c——切削速度，单位为 m/min。

机床电动机所需功率 P_E 应为

$$P_E = P_c/\eta \tag{2-10}$$

式中　η——机床传动效率，一般取 $\eta = 0.75 \sim 0.85$。

式（2-10）为校验与选取机床电动机的主要依据。

三、切削热与切削温度

在切削过程中产生的另一个重要物理现象是切削热与切削温度。由于切削热引起切削温度升高，使工件和机床产生热变形，影响工件的加工精度和表面质量；切削温度是影响刀具寿命的主要因素。因此，研究切削热与切削温度具有重要的实际意义。

1. 切削热

切削层金属在刀具的作用下产生弹性变形和塑性变形所做的功，切屑与前刀面、工件加工表面与后刀面之间的摩擦所做的功，都转变为切削热。切削热由切屑、工件、刀具和周围介质传导出去。车削时，切削热约有 50%~86% 由切屑带走，10%~40% 传入工件，3%~9% 传入刀具，1% 传入周围介质；钻削时，约有 28% 的切削热由切屑带走，15% 传入钻头，52% 传入工件，5% 传入周围介质。

提高切削速度可使切屑带走的热量所占比例增多，传入工件中热量减少，而传入刀具中的热量更少。因此，在高速切削时，切削区域的切削温度虽然很高，但刀具仍能进行正常工作。

2. 切削温度

切削温度一般指切屑与刀具前刀面接触区域的平均温度，切削温度的高低取决于该处产生热量的多少和传散热量的快慢。通过推算和测定可知，在切屑中平均温度最高。前刀面的最高温度不在刀尖和切削刃上，而在距离切削刃有一小段距离的地方。

3. 影响切削温度的因素

切削速度对切削温度影响最大，切削速度增大，切削温度随之升高；进给量影响较小；背吃刀量影响更小。前角增大，切削温度下降，但前角不宜太大，前角太大，切削温度反而升高；主偏角增大，切削温度升高。

四、刀具磨损与刀具使用寿命

切削过程中，刀具是在高温高压下工作的。因此，刀具一方面切下切屑，一方面也被磨

损。当刀具磨损达到一定程度时，工件的表面粗糙度值增大，切屑的形状和颜色发生变化，切削过程中发出沉重的声音，并伴有振动。此时，必须对刀具进行修磨或更换新刀。

（一）刀具磨损

1. 刀具磨损的形式

刀具磨损是指刀具与工件或切屑的接触面上，刀具材料的微粒被切屑或工件带走的现象，这种磨损现象称为正常磨损。若由于冲击、振动、热效应等原因致使刀具崩刃、碎裂而损坏，称为非正常磨损。刀具的正常磨损形式有以下几种：

（1）前刀面磨损 切削塑性材料时，若切削厚度较大，在刀具前刀面刃口后方会出现月牙洼形的磨损现象（见图 2-15a），月牙洼处是切削温度最高的地方。随着磨损的加剧，月牙洼逐渐加深加宽，当接近刃口时，会使刃口突然崩去。前刀面磨损量的大小，用月牙洼的宽度 KB 和深度 KT 表示。

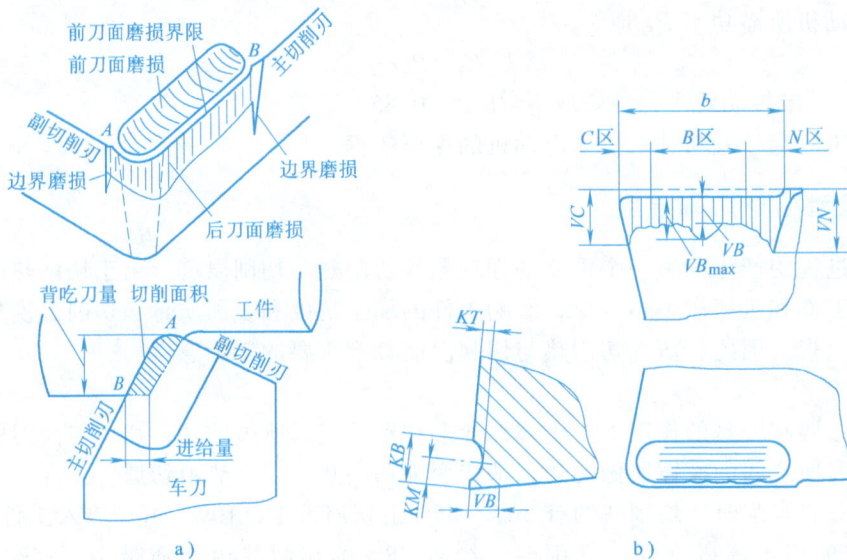

图 2-15 刀具磨损

a）前、后刀面磨损 b）磨损量的表示

（2）后刀面磨损 指磨损的部位主要发生在后刀面。后刀面磨损后，形成后角等于零度的小棱面。当切削塑性金属时，若切削厚度较小，或切削脆性金属时，由于前刀面上摩擦较小，温度较低，因此磨损主要发生在后刀面。后刀面磨损的大小是不均匀的。如图 2-15b 所示，在刀尖部分（C 区），其散热条件和强度较差，磨损较大，该磨损量用 VC 表示；在切削刃靠近工件表面处（N 区），由于毛坯的硬皮或加工硬化等原因，磨损也较大，该磨损量用 VN 表示；只有在切削刃中间（B 区）磨损较均匀，此处的磨损量用 VB 表示，其最大磨损量用 VB_{max} 表示。

（3）前、后刀面同时磨损 当切削塑性金属时，如果切削厚度适中，则经常会发生前刀面与后刀面同时磨损的磨损形式。

刀具发生磨损主要是由于刀具在高温和高压下，受到机械摩擦和热化学作用。一般切削温度越高，刀具磨损越快。

2. 刀具磨损过程

正常磨损情况下，刀具的磨损量随切削时间的增加而逐渐扩大。以后刀面磨损为例，其典型磨损过程大致分为图 2-16 所示三个阶段。

（1）初期磨损阶段（图示 *AB* 阶段）　在刀具开始切削的短时间内磨损较快。这是因为刀具在刃磨后，刀面的表面粗糙度值大，表层组织不耐磨所致。

（2）正常磨损阶段（图示 *BC* 阶段）　随着切削时间的增加，磨损量以较均匀的速度加大。这是由于刀具表面高低不平及不耐磨的表层已被磨去，形成一个稳定区域，因而磨损速度较以前缓慢，但磨损量随切削时间而逐渐增加。这一阶段也是刀具工作的有效阶段。

（3）急剧磨损阶段（图示 *CD* 阶段）　当刀具磨损量达到某一数值后，磨损急剧加速，继而刀具损坏。这是由于切削时间过长，刀具与工件接触情况恶化，摩擦过大，切削温度剧增，刀具强度、硬度降低所致。生产中为合理使用刀具并保证加工质量，应在这阶段到来之前就及时重磨切削刃或更换新刀。

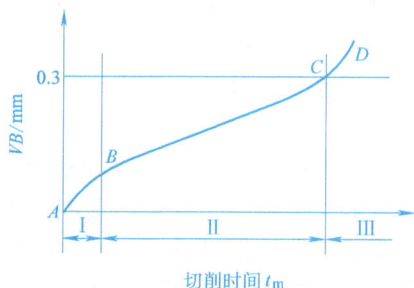

图 2-16　刀具后刀面磨损过程

3. 刀具磨钝标准（磨损限度）

刀具磨钝标准是指刀具磨损值达到了规定的标准应该重磨或更换切削刃（可转位刀片），否则会影响加工质量，增加重磨时刀具和砂轮的磨耗量，降低刀具的利用率，并增加磨刀时间。在国家标准 GB/T 16461—2016 中规定高速工具钢刀具、硬质合金刀具和陶瓷刀具的磨钝标准为：

1）当后刀面 *B* 区磨损带是正常磨损形式时，后刀面磨损带的平均宽度 $VB = 0.3\mathrm{mm}$。

2）当后刀面 *B* 区磨损带不是正常磨损形式时，如划伤、崩刃等，后刀面磨损带的最大宽度 $VB_{max} = 0.6\mathrm{mm}$。

3）月牙洼深度 $KT = 0.06 + 0.3f$。

此外，精加工时常采用刀具磨损量是否影响表面粗糙度和尺寸精度作为磨钝标准。

（二）刀具寿命

1. 刀具寿命的概念

刀具寿命 *T* 定义为：一把新刃磨的刀具从开始切削至达到刀具磨损限度所经过的总切削时间，用 *T* 表示，单位为 min。

2. 影响刀具寿命的因素

（1）切削速度对刀具寿命的影响　提高切削速度 v_c，会使切削温度增高，刀具磨损加剧，从而使刀具寿命 *T* 降低。在切削用量三要素中，v_c 对 *T* 的影响最大。

（2）进给量与背吃刀量的影响　*f* 和 a_p 增大，均使刀具寿命 *T* 降低，但 *f* 增大后，使切削温度升高较多，故对 *T* 影响较大；而 a_p 增大，使切削温度升高较少，故对 *T* 影响较小。

（3）刀具几何参数　合理选择刀具几何参数能延长刀具寿命。生产中常用刀具寿命的高低作为衡量刀具几何参数是否合理的标志。

增大前角 γ_o，切削温度降低，刀具寿命提高，但前角太大，刀具强度较低、散热变差，刀具寿命反而会降低，因此，刀具前角有一个最佳值，该值可通过切削实验求得。减小主偏

角 κ_r，副偏角 κ_r' 和增大刀尖圆弧半径 r_ε，可提高刀具传热能力和降低切削温度，均能提高刀具寿命。

（4）工件材料 工件材料的强度、硬度和韧性越高，延伸率越小，均能使切削时切削温度升高，刀具寿命降低。

（5）刀具材料 刀具材料是影响刀具寿命的重要因素，合理选用刀具材料、采用涂层刀具材料和使用新型刀具材料，是延长刀具寿命的有效途径。

第四节　提高切削效益的途径

改善工件材料切削加工性、合理选用切削液、合理选择刀具几何参数和切削用量是提高加工质量、加工效率和降低加工成本的重要措施。

一、改善工件材料的切削加工性

工件材料的切削加工性是指在一定切削条件下，工件材料被切削加工的难易程度。研究切削加工性的目的，是为了寻求改善材料切削加工性的途径。

（一）衡量工件材料切削加工性的指标

工件材料的切削加工性，与材料的化学成分、热处理状态、金相组织、物理力学性能以及切削条件等有关。切削加工性可以用刀具寿命、切削力、切削温度以及已加工表面粗糙度值大小等指标衡量。在切削普通金属材料时，取刀具寿命为 60min 时允许的切削速度 v_{60} 值的大小，来评定材料切削加工性的好坏；在切削难加工材料时，则用 v_{20} 值的大小，来评定材料切削加工性的好坏。

某一种材料的切削加工性的好坏，是相对另一种材料而言的，因此，切削加工性具有相对性。在讨论钢材的切削加工性时，一般以 45 钢（170～229HBW，$\sigma_b = 637\text{MPa}$）的 v_{60} 为基准，记作 v_{060}，其他材料 v_{60} 与 v_{060} 之比 K_r 称为相对加工性，即

$$K_r = v_{60}/v_{060} \qquad\qquad (2-11)$$

当 $K_r > 1$ 时，该材料比 45 钢容易切削，切削加工性好；当 $K_r < 1$ 时，该材料比 45 钢难切削，切削加工性差，表 2-5 是相对切削加工性及其分级。

表 2-5　相对切削加工性及其分级

加工性等级	工件材料分类		相对切削加工性 K_r	代表性材料
1	很容易切削的材料	一般有色金属	>3.0	铝镁合金、ZnCuAl10Fe3
2	容易切削的材料	易切钢	2.5～3.0	退火 15Cr、自动机钢
3		较易切钢	1.6～2.5	正火 30 钢
4	普通材料	一般钢、铸铁	1.0～1.6	45 钢、灰铸铁、结构钢
5		稍难切削的材料	0.65～1.0	调质 2Cr13、85 钢
6	难切削的材料	较难切削的材料	0.5～0.65	调质 45Cr、调质 65Mn
7		难切削的材料	0.15～0.5	1Cr18Ni9Ti、调质 50CrV、某些钛合金
8		很难切削的材料	<0.15	铸造镍基高温合金、某些钛合金

（二）改善工件材料切削加工性的措施

1. 选择易切钢

易切钢是含有易切添加剂且不降低力学性能的易切材料。切削该种材料时，刀具使用寿命长，切削力小，易断屑，加工表面质量好。

2. 进行适当的热处理

可以将硬度较高的高碳钢、工具钢等材料进行退火处理，以降低硬度，从而改善材料的切削加工性。低碳钢可以通过正火与冷拔等工艺方法降低材料的塑性，以提高其硬度，使工件的切削变得容易。中碳钢也可以通过正火等热处理方法使其金相组织与材料硬度得以均匀，达到改善工件材料切削加工性的目的。

3. 合理选择刀具材料

根据加工材料的性能和要求，选择与之相匹配的刀具材料。

4. 加工方法的选择

根据加工材料的性能和要求，选择与之相适应的加工方法。随着切削加工技术的发展，也出现了一些新的加工方法，例如，加热切削、低温切削、振动切削等，其中有些加工方法可有效地对一些难加工材料进行切削加工。

二、切削液的合理选择

合理地使用切削液，可以改善切削条件，减少刀具磨损，提高已加工表面质量，这也是提高金属切削效益的有效途径之一。

（一）切削液的作用

1. 冷却作用

切削液浇注到切削区域后，通过切削液的传导、对流和气化，一方面使切屑、刀具与工件间摩擦减小，产生热量减少；另一方面将产生的热量带走，使切削温度降低，起到冷却作用。

2. 润滑作用

切削液的润滑作用是通过切削液渗透到刀具与切屑、工件表面之间，形成润滑性能较好的油膜而实现的。

3. 清洗与防锈作用

切削液的清洗作用是清除黏附在机床、刀具和夹具上的细碎切屑和磨粒细粉，以防止划伤已加工表面和机床的导轨并减小刀具磨损。清洗作用的效果取决于切削液的油性、流动性和使用压力。在切削液中加入防锈添加剂后，能在金属表面形成保护膜，使机床、刀具和工件不受周围介质的腐蚀，起到防锈作用。

（二）切削液的种类

1. 水溶性切削液

水溶性切削液主要有水溶液、乳化液和化学合成液三种。

（1）水溶液 水溶液是以水为主要成分并加入防锈添加剂的切削液。由于水的导热系数、比热容和汽化热较大，因此，水溶液主要起冷却作用。由于其润滑性能较差，所以主要用于粗加工和普通磨削加工中。

（2）乳化液 乳化液是乳化油加95%~98%（体积分数）水稀释而成的一种切削液，乳化油由矿物油、乳化剂配制而成。乳化剂可使矿物油与水乳化形成稳定的切削液。

（3）化学合成液　化学合成液是由水、各种表面活性剂和化学添加剂组成，具有良好的冷却、润滑、清洗和防锈性能。合成液中不含油，可节省能源。

2. 油溶性切削液

油溶性切削液主要有切削油和极压切削油两种。

（1）切削油　切削油是以矿物油为主要成分并加入一定的添加剂而构成的切削液。用于切削油的矿物油主要包括全损耗系统用油、轻柴油和煤油等，切削油主要起润滑作用。

（2）极压切削油　切削油中加入了硫、氯、磷等极压添加剂后，能显著提高润滑效果和冷却作用，尤以硫化油应用较广泛。

3. 固体润滑剂

常用的固体润滑剂是二硫化钼，形成的润滑膜有极小的摩擦因数，耐高温，耐高压，切削时可涂抹在刀面上，也可添加在切削液中。

（三）切削液的合理选用和使用方法

1. 切削液的合理选用

切削液应根据工件材料、刀具材料、加工方法和技术要求等具体情况进行合理选用。

高速工具钢刀具耐热性差，需采用切削液。通常粗加工时，主要以冷却为主，同时也希望能减少切削力和降低功率消耗，可采用3%~5%的乳化液；精加工时，主要目的是改善加工表面质量，降低刀具磨损，减少积屑瘤，可以采用15%~20%（体积分数）的乳化液。

硬质合金刀具耐热性高，一般不用切削液。若要使用切削液，则必须连续、充分地供应，否则，因骤冷骤热产生的内应力将导致刀片产生裂纹。

切削铸铁因形成崩碎状切屑，一般不用切削液。

切削铜合金和有色金属时，一般不用含硫的切削液，以免腐蚀工件表面。切削铝合金时一般不用切削液，但在铰孔和攻螺纹时，常加5∶1（体积比）的煤油与机油的混合液或轻柴油，要求不高时，也可用乳化液。

2. 切削液的使用方法

切削液的合理使用非常重要，其浇注部位、充足的程度与浇注方法的差异，将直接影响切削液的使用效果。

切削变形区是发热的核心区，切削液应尽量浇注在该区。

切削液的种类和选用见表2-6。

表 2-6　切削液种类和选用

序号	名称	组　成	主要用途
1	水溶液	以硝酸钠、碳酸钠等溶于水的溶液，用100~200倍的水稀释而成	磨削
2	乳化液	（1）矿物油很少，主要为表面活性剂的乳化油，用40~80倍的水稀释而成，冷却和清洗性能好	车削、钻孔
		（2）以矿物油为主，少量表面活性剂的乳化油，用10~20倍的水稀释而成，冷却和润滑性能好	车削、攻螺纹
		（3）在乳化液中加入添加剂	高速车削，钻削

（续）

序号	名称	组　成	主要用途
3	切削油	（1）矿物油（L-AN15 或 L-AN32 全损耗系统用油）单独使用	滚齿、插齿
		（2）矿物油加植物油或动物油形成混合油,润滑性能好	精密螺纹车削
		（3）矿物油或混合油中加入添加剂形成极压油	高速滚齿、插齿、车螺纹等
4	其他	液态的 CO_2	主要用于冷却
		二硫化钼＋硬脂酸＋石蜡做成蜡笔,涂于刀具表面	攻螺纹

三、刀具几何参数的合理选择

刀具是直接进行切削加工的工具，其结构与几何参数的合理程度对切削加工质量和效率起着非常重要的作用，刀具几何参数选得合理，才能充分发挥其切削性能。中国有句古话"工欲善其事，必先利其器"，讲的就是这个道理。

所谓刀具合理几何参数，是指在保证加工质量的前提下，能够满足生产率高、加工成本低的刀具几何参数。

刀具几何参数的基本内容包括：①刃形，如直线刃、折线刃、圆弧刃、波形刃等，它将直接影响切削层的形状。选择合理的切削刃形状，对于提高刀具寿命、改善工件加工表面质量、提高刀具的抗振性和改变切屑的形态都有直接作用。②切削刃区的剖面形式，如锋刃、负倒棱、消振棱、倒圆刃、刃带等，这些形式的合理选择对于提高切削生产率、表面质量和经济性有重要意义。③刀面形式，如卷屑槽、断屑台、后刀面的双重刃磨等，对切削力、切削温度、刀具磨损及刀具使用寿命、切屑的控制等有直接的影响。④刀具角度，包括前角、后角、主偏角、刃倾角、副后角、副偏角等。

刀具几何参数是一个有机的整体，各参数之间既有联系又有制约，各个参数在切削过程中对切削性能的影响，既存在有利的一面，又有不利的一面。因此，在选择刀具几何参数时，应从具体的生产条件出发，抓住主要矛盾，即影响切削性能的主要参数，综合地考虑和分析各个参数之间的相互关系，充分发挥各参数的有利作用，限制和克服不利的影响。

（一）前角及前刀面的选择

1. 前角的功用

增大前角能减小切削变形和摩擦，降低切削力、切削温度，减少刀具磨损，改善加工质量，抑制积屑瘤等。但前角过大会削弱切削刃强度和散热能力，容易造成崩刃。因而前角不能太小，也不能太大，应有一个合理数值，如图 2-17、图 2-18 所示。

2. 前角的选择原则

（1）根据工件材料的性质选择前角　由图 2-17 可知，加工材料的塑性愈大，前角的数值应选得愈大。因为增大前角可以减小切削变形，降低切削温度。加工脆性材料，一般得到崩碎切屑，切削变形很小，切屑与前刀面的接触面积小，前角愈大，切削刃强度较差，为避免崩刃，应选择较小的前角。工件材料的强度、硬度愈高时，为使切削刃具有足够的强度和散热面积，防止崩刃和刀具磨损过快，前角应小些。

（2）根据刀具材料的性质选择前角　由图 2-18 可知，使用强度和韧性较好的刀具材料

（如高速工具钢），可采用较大的前角；使用强度和韧性差的刀具材料（如硬质合金），应采用较小的前角。

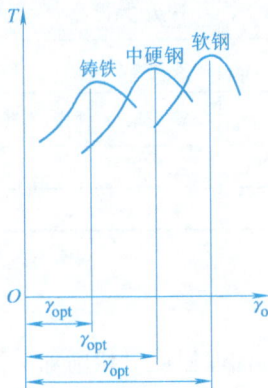

图 2-17　工件材料不同时前角的合理数值　　　　图 2-18　刀具材料不同时前角的合理数值

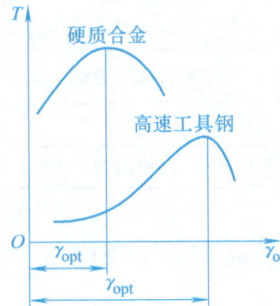

（3）根据加工性质选择前角　粗加工时，选择的背吃刀量和进给量比较大，为了减小切削变形，提高刀具使用寿命，本应选择较大的前角，但由于毛坯不规则和表皮很硬等情况，为增强切削刃的强度，应选择较小的前角；精加工时，选择的背吃刀量和进给量较小，切削力较小，为了使刃口锋利，保证加工质量，可选取较大的前角。

表 2-7 是硬质合金车刀合理前角的参考值。

表 2-7　硬质合金车刀合理前角参考值

工件材料	合理前角		工件材料	合理前角	
	粗 车	精 车		粗 车	精 车
低碳钢	20°~25°	25°~30°	灰铸铁	10°~15°	5°~10°
中碳钢	10°~15°	15°~20°	铜及铜合金	10°~15°	5°~10°
合金钢	10°~15°	15°~20°	铝及铝合金	30°~35°	35°~40°
淬火钢	−15°~−5°		钛合金 $R_m \leqslant 1.177\mathrm{GPa}$	5°~10°	
不锈钢(奥氏体)	15°~20°	20°~25°			

3. 前刀面形式

（1）正前角平面型　如图 2-19a 所示，正前角平面形式的特点为：制造简单，能获得较锋利的刃口，但强度低，传热能力差。一般用于精加工刀具、成形刀具、铣刀和加工脆性材料的刀具。

（2）正前角平面带倒棱型　如图 2-19b 所示，倒棱是在主切削刃刃口处磨出一条很窄的棱边形成的。倒棱可以提高切削刃强度、增强散热能力，从而提高刀具使用寿命。倒棱的宽度很窄，在切削塑性材料时，可按 $b_{r1} = (0.5 \sim 1.0)f$，$\gamma_{o1} = -5° \sim -15°$选取。此时，切屑仍沿前刀面而不沿倒棱流出。倒棱形式一般用于粗切铸锻件或断续表面的加工。

（3）正前角曲面带倒棱型　如图 2-19c 所示，这种形式是在正前角平面带倒棱的基础上，为了卷屑和增大前角，在前刀面上磨出一定的曲面而形成的。卷屑槽的参数约为：$l_{Bn} = (6 \sim 8)f$，$r_{Bn} = (0.7 \sim 0.8)l_{Bn}$。常用于粗加工或精加工塑性材料的刀具。

（4）负前角单面型　当磨损主要发生在后刀面时，可制成图 2-19d 所示的负前角单面型。此时刀片承受压应力,具有好的切削刃强度。因此,常用于切削高硬度(强度)材料和淬火钢材料,但负前角会增大切削力。

(5)负前角双面型 如图 2-19e 所示,当磨损同时发生在前、后两个刀面时,制成负前角双面型,可使刀片的重磨次数增多。此时负前角的棱面应有足够的宽度,以保证切屑沿该棱面流出。

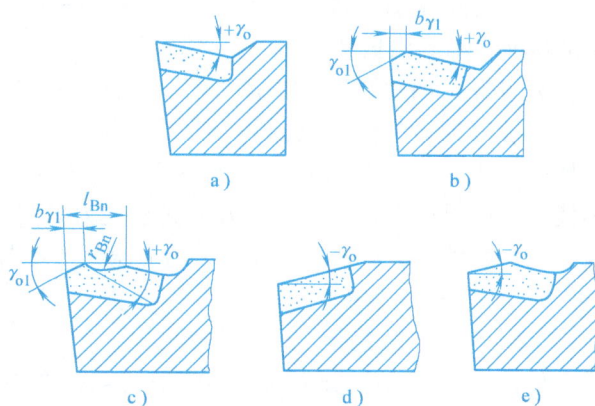

图 2-19 前刀面形式

a)正前角平面型 b)正前角平面带倒棱型
c)正前角曲面带倒棱型 d)负前角单面型
e)负前角双面型

(二)后角、副后角及后刀面的选择

1. 后角的功用

增大后角能减小后刀面与工件过渡表面间的摩擦,减少刀具磨损,还可以减小切削刃钝圆半径,使刀刃锋利,易于切下切屑,并可减小表面粗糙度值。但后角过大会降低切削刃强度和散热能力。

2. 后角的选择原则

后角主要根据切削厚度选择。粗加工时,进给量较大、切削厚度较大,后角应取小值;精加工时,进给量较小、切削厚度较小,后角应取大值。工件材料强度、硬度较高时,为提高刃口强度,后角应取小值。工艺系统刚性差,容易产生振动时,应适当减小后角。定尺寸刀具(如圆孔拉刀、铰刀等)应选较小的后角,以增加重磨次数,延长刀具寿命。表 2-8 是硬质合金车刀合理后角的参考值。

表 2-8 硬质合金车刀合理后角参考值

工件材料	合理后角		工件材料	合理后角	
	粗 车	精 车		粗 车	精 车
低碳钢	8°~10°	10°~12°	灰铸铁	4°~6°	6°~8°
中碳钢	5°~7°	6°~8°	铜及铜合金(脆)	6°~8°	6°~8°
合金钢	5°~7°	6°~8°	铝及铝合金	8°~10°	10°~12°
淬火钢	8°~10°		钛合金 $R_m \leqslant 1.177\text{GPa}$	10°~15°	
不锈钢(奥氏体)	6°~8°	8°~10°			

3. 副后角的选择

副后角的大小通常等于后角的大小。但一些特殊刀具,如切断刀,为了保证刀具强度,可选 $\alpha_o' = 1° \sim 2°$。

4. 后刀面形式

(1)双重后角 如图 2-20a 所示,为了保证刃口强度,减小刃磨后刀面的工作量,常在车刀后刀面上磨出双重后角。

(2)消振棱 如图 2-20b 所示,为了增加后刀面与工件过渡表面之间的接触面积,增加阻尼作用，消除振动，可在后刀面上刃磨出一条有负后角的棱面，称为消振棱。

（3）刃带　如图2-20a所示，对一些定尺寸刀具，如拉刀、铰刀等，为便于控制外径尺寸，避免重磨后尺寸精度迅速变化，常在后刀面上刃磨出后角为零度的小棱边，称为刃带。刀具上的刃带起着使刀具稳定、导向和消振的作用。刃带不宜太宽，否则会增大摩擦。

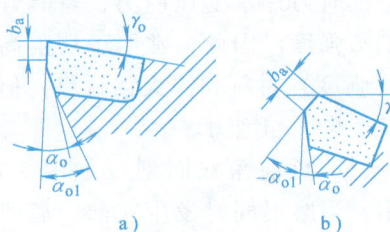

图 2-20　后刀面形式
a）刃带、双重后角　b）消振棱

（三）主、副偏角的选择

1. 主、副偏角的功用

主偏角 κ_r 影响切削分力的大小，增大 κ_r，会使 F_f 力增加，F_p 力减小；主偏角影响加工表面粗糙度值的大小，增大主偏角，加工表面粗糙度值增大；主偏角影响刀具寿命，当主偏角增大时，刀具寿命下降；主偏角也影响工件表面形状，车削阶梯轴时，选用 $\kappa_r = 90°$，车削细长轴时，选用 $\kappa_r = 75° \sim 90°$，为增加通用性，车外圆、端面和倒角时，可选用 $\kappa_r = 45°$。

减小副偏角 κ_r'，会增加副切削刃与已加工表面的接触长度，能减小表面粗糙度数值，并能提高刀具寿命，但过小的副偏角会引起振动。

2. 主、副偏角的选择

主偏角的选择原则是，在工艺系统刚度允许的情况下，选择较小的主偏角，这样有利于提高刀具寿命。在生产中，主要按工艺系统刚性选取，见表2-9。

表 2-9　主偏角的参考值

工 作 条 件	主偏角 κ_r
系统刚性大、背吃刀量较小、进给量较大、工件材料硬度高	10° ~ 30°
系统刚性大 $\left(\dfrac{l}{d} < 6 \right)$、加工盘类零件	30° ~ 45°
系统刚性较小 $\left(\dfrac{l}{d} = 6 \sim 12 \right)$、背吃力量较大或有冲击时	60° ~ 75°
系统刚性小 $\left(\dfrac{l}{d} > 12 \right)$、车台阶轴、车槽及切断	90° ~ 95°

副偏角 κ_r' 主要是根据加工性质选取，一般情况下选取 $\kappa_r' = 10° \sim 15°$，精加工时取小值。特殊情况，如切断刀，为了保证刀头强度，可选 $\kappa_r' = 1° \sim 2°$。

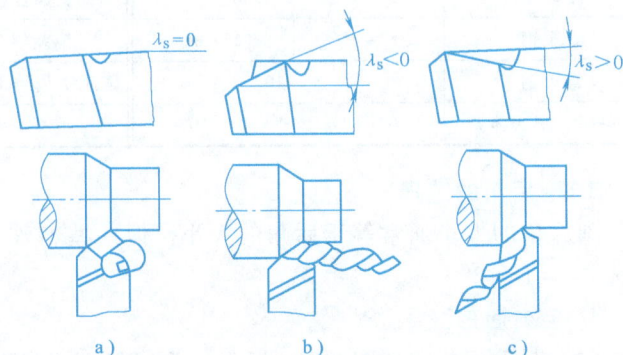

图 2-21　刃倾角对切屑流向的影响
a）$\lambda_s = 0$　b）$\lambda_s < 0$　c）$\lambda_s > 0$

（四）刃倾角的选择

1. 刃倾角的功用

（1）控制切屑的流向　如图2-21所示，当 $\lambda_s = 0°$ 时，切屑垂直于切削刃流出；λ_s 为负值时，切屑流向已加工表面；λ_s 为正值时，切屑流向待加工表面。

（2）控制切削刃切入时首先与工件接触的位置 如图 2-22 所示，在切削有断续表面的工件时，若刃倾角为负值，刀尖为切削刃上最低点，首先与工件接触的是切削刃上的点或前刀面上的点，而不是刀尖，这样刀具能承受一定的冲击载荷，起到保护刀尖的作用；刃倾角为正值时，首先与工件接触的是刀尖，可能引起崩刃或打刀。

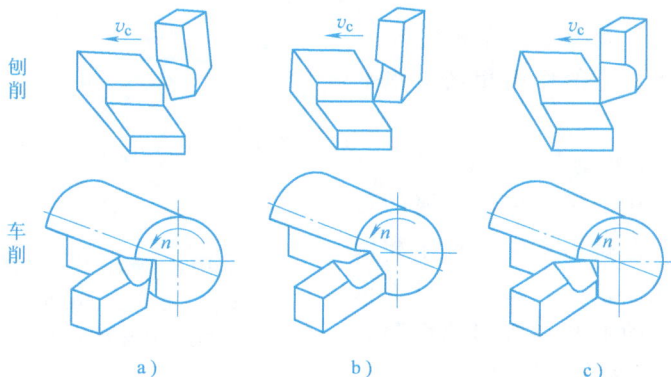

图 2-22 刃倾角对切削刃接触工件的影响

a) $\lambda_s < 0$ b) $\lambda_s > 0$ c) $\lambda_s = 0$

（3）控制切削刃在切入与切出工件时的平稳性 如图 2-22 所示，断续切削时，当刃倾角为零，切削刃与工件同时接触，同时切离，会引起较大振动；若刃倾角不等于零，则切削刃上各点逐渐切入工件和逐渐切离工件，故切削过程较平稳。

（4）控制背向力与进给力的比值 刃倾角为正值，背向力减小，进给力增大；刃倾角为负值，背向力增大，进给力减小。

2. 刃倾角的选择

选择刃倾角时，应按照刀具的具体工作条件进行具体分析，一般情况可按加工性质选取。精车 $\lambda_s = 0° \sim 5°$，粗车 $\lambda_s = 0° \sim -5°$，断续车削 $\lambda_s = -30° \sim -45°$，大刃倾角精刨刀 $\lambda_s = 75° \sim 80°$。

（五）刀尖形式的选择（过渡刃的选择）

在切削加工过程中，刀尖处的工作条件十分恶劣，存在强度低、散热条件差、容易磨损等问题。因此，提高刀尖的强度、增加刀尖部分的传热面积是提高整个刀具使用寿命的关键。

1. 直线过渡刃

如图 2-23a 所示，过渡刃的偏角 $\kappa_{r\varepsilon} \approx \kappa_r / 2$、长度 $b_\varepsilon \approx (1/4 \sim 1/5) \alpha_p$，这种过渡刃多用于粗加工或强力切削的车刀上。

2. 圆弧过渡刃

如图 2-23b 所示，过渡刃也可磨成圆弧形，它的参数就是刀尖圆弧半径 r_ε。刀尖圆弧半径增大时，使刀尖处的平均主偏角减小，可以减小表面粗糙度数值，且能提高刀具寿命，但会增大背向力和容易产生振动，所以刀尖圆弧半径不能过大。通常高速工具钢车刀 $r_\varepsilon = 0.5 \sim 5mm$，硬质合金车刀 $r_\varepsilon = 0.5 \sim 2mm$。

3. 水平修光刃

如图 2-23c 所示，修光刃是在副切削刃靠近刀尖处磨出一小段 $\kappa_r' = 0°$ 的平行刃。其长度 $b_\varepsilon' \approx (1.2 \sim 1.5)f$，即 b_ε' 应略大于进给量 f。但 b_ε' 过大易引起振动。

4. 大圆弧刃

如图 2-23d 所示，大圆弧刃是把过渡刃磨成非常大的圆弧形，它的作用相当于水平修光刃。

（六）卷屑槽形状及切屑的控制

在金属切削加工中，研究控制切屑的形状和排屑方向，对于保持正常生产秩序和操作者人身安全有着重要意义，尤其在自动机床和自动生产线上，断屑和卷屑问题更应引起重视，否则会影响正常的生产秩序。

图 2-23　倒角刀尖与刀尖圆弧半径
a）直线刃　b）圆弧刃（刀尖圆弧半径）
c）平行刃（水平修光刃）　d）大圆弧刃

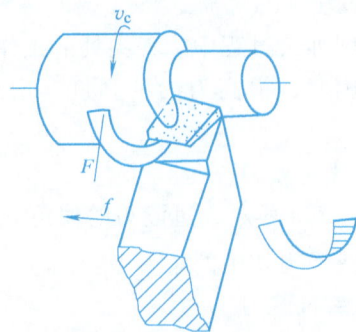

1. 切屑的卷曲与流向

（1）切屑的卷曲　切屑的卷曲是由于切屑内部变形，或碰到刀具前刀面上磨出的断屑槽、凸台、附加挡块以及碰到其他障碍物后造成的。

（2）切屑的流向　切屑的流向主要受刃倾角的影响，详见前述刃倾角的选择。

2. 断屑的原因和屑形

1）切屑在流出过程中遇到障碍物，受到一个弯曲力矩而折断。如图 2-24a 所示，切屑与卷屑阶台相碰后，受到 F 力作用，形成一个弯曲力矩，产生较大的弯曲应力而折断在卷屑槽内。如图 2-24b 所示，若弯曲应力未达到折断切屑的极限应力时，则切屑在发生弯曲变形后，改变了方向继续运动。

图 2-25 所示为切屑在卷曲运动过程中与工件待加工表面相碰，受到反力形成的弯曲应力作用，切屑折断成"C"形屑；图 2-26 为切屑与工件过渡表面相碰后形成圆卷形切屑；图 2-27 为切屑与车刀后刀面相碰后折断形成"C"形或"6"形切屑。

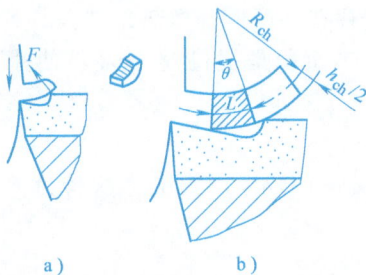

图 2-24　切屑在卷屑槽内折断及其弯曲应力
a）切屑受 F 力折断　b）弯曲应力

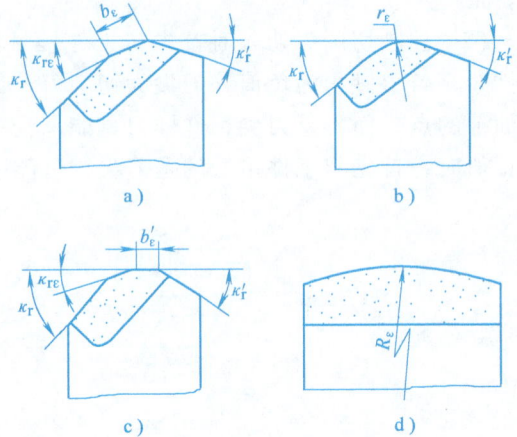

图 2-25　切屑与工件待加工表面相碰

2）切屑在流动过程中靠自重甩断。若切屑从前刀面流出过程中未与刀具或工件相碰，则有可能形成较长的带状切屑，或经卷屑槽形成螺旋形切屑后，靠自重甩断，如图 2-28、图 2-29 所示。

在上述切屑类型中，通常认为"C"形屑、"6"形屑和短螺旋形屑较为理想。其中碰到车刀后刀面折断的"C"形屑，断屑稳定可靠，且定向下落，不会与高速旋转的工件相碰，不会产生切屑飞溅现象。但切削力有微小的波动，不利于减小工件表面粗糙度值。靠自身重量甩断的短螺旋形切屑，其特点是切削力比较稳定，有利于减小工件表面粗糙度值。但不希望太长（约为 60~40mm），否则将妨碍操作和切屑清理。在自动机床和自动生产线上，尤其要控制螺旋形切屑的长度，否则切屑缠绕到工件或刀具上，将影响正常生产。重型机床加工时，由于背吃刀量和进给量均很大，形成"C"形屑容易伤人，故希望生成发条状切屑。切削加工时产生的各种切屑形状如图 2-30 所示。

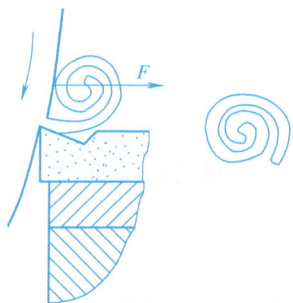

图 2-26　切屑与工件过渡表面相碰

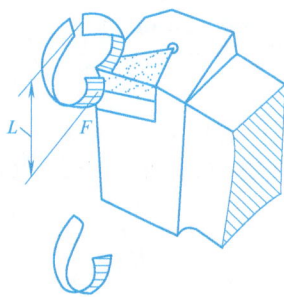

图 2-27　切屑与车刀后刀面相碰后折断

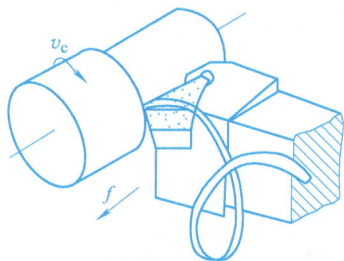

图 2-28　切屑未遇阻碍形成长的带状切屑

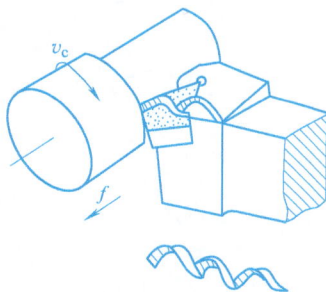

图 2-29　切屑在卷屑槽内形成螺旋形切屑

3. 影响断屑的因素

（1）卷屑槽（断屑槽）　卷屑槽断面形状常用的有折线形、直线圆弧形和全圆弧形三种，如图 2-31a、b、c 所示。卷屑槽宽度 l_{Bn} 愈小，切屑卷曲半径愈小，弯曲应力愈大，切屑容易在卷屑槽内折断或碰到工件后折断。但也不宜选的太小，因为卷屑槽容屑空间减小，切削力增大，容易产生阻屑、崩刃和切屑飞溅等不良现象。为此，卷屑槽宽度应根据具体加工条件而定，如工件材料、切削用量等。通常是进给量、背吃刀量和主偏角愈大，工件材料的塑性、韧性愈小，卷屑槽宽度选得愈大，反之则愈小。

除槽宽尺寸外，反屑角 δ_B 也是影响断屑的主要因素。反屑角增大，切屑容易断裂，但会使切屑卷曲半径 R_{ch} 减小，增大卷曲变形和弯曲应力，如图 2-31d 所示。若反屑角太大，则容易造成

图 2-30　切削加工时产生的切屑形状

堵屑，使切削力、切削温度升高。此外，卷屑槽圆弧半径 r_{Bn} 的大小也会影响断屑效果。

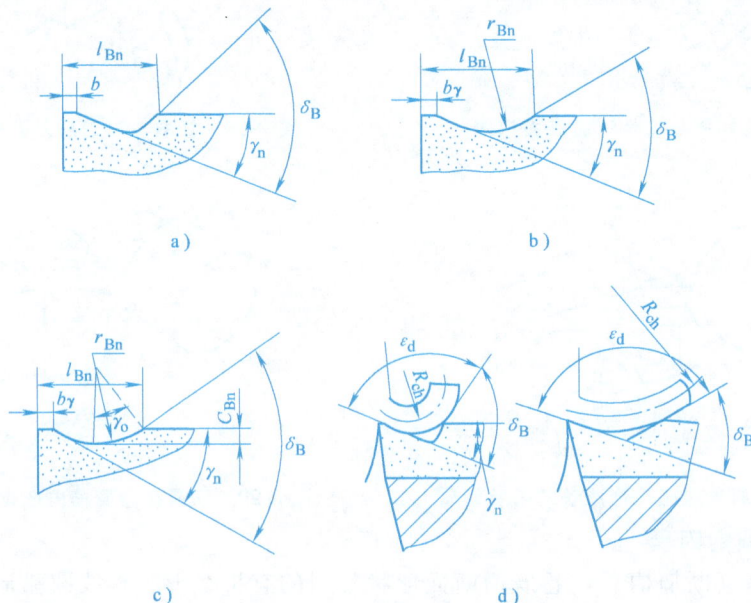

图 2-31　卷屑槽的断面形状

a）折线形　b）直线圆弧形　c）全圆弧形　d）反屑角 δ_B 对 R_{ch} 的影响

　　卷屑槽斜角 $\rho_{B\gamma}$ 是卷屑槽的侧边与主切削刃之间的夹角，它对切屑的流向和屑形都有影响。常见的卷屑槽斜角有外斜式、平行式和内斜式三种，如图 2-32 所示。外斜式的主要特点是卷屑槽宽度方向前宽后窄，卷屑槽深度方向前深后浅。槽的 A 点处切削速度高、槽宽窄，切削时切屑先卷曲且半径小，在槽的 B 点处切屑卷曲慢。由于槽底具有负刃倾角的作用，使切屑流向已加工表面，相碰后形成"C"形或"6"形切屑。外斜式断屑范围较宽，断屑稳定可靠；内斜式卷屑槽在 B 点处槽窄，A 点处槽宽，B 点处的切屑先于 A 点处以小的卷曲半径卷曲，槽底具有正刃倾角的作用，使切屑背离工件流出，这种卷屑槽易形成卷得很紧的螺旋形切屑，达到一定长度后靠自重甩断。它主要适用于切削用量较小的精车、半精车场合，但断屑范围不大。平行式卷屑槽断屑范围和效果与外斜式相近，当背吃刀量变动范围较大时，宜采用这种形式。

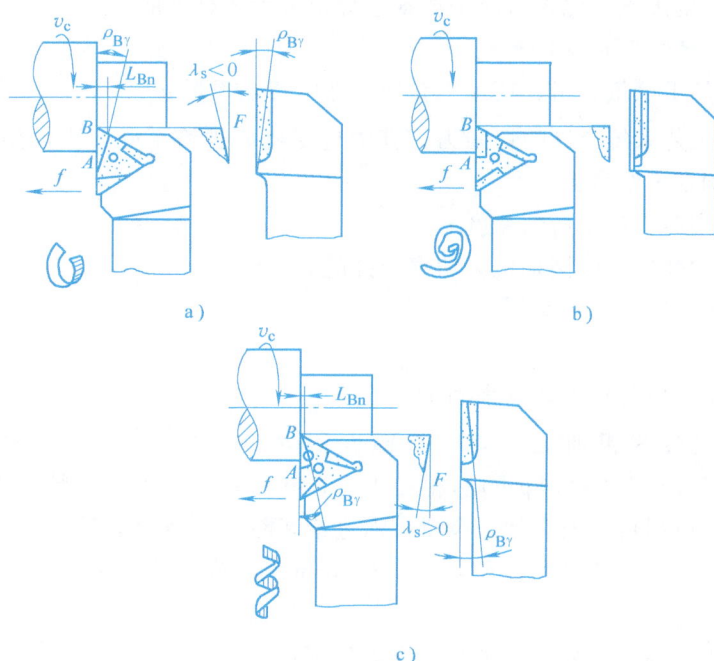

图 2-32 卷屑槽斜角
a) 外斜式 b) 平行式 c) 内斜式

（2）刀具几何角度 在刀具几何角度中，以主偏角和刃倾角对断屑和切屑的流向影响较大。主偏角愈大，切削厚度愈大，故切屑在卷曲时弯曲力愈大，所以愈易断屑。因此，生产中若要取得较好的断屑效果，可选择较大的主偏角，如 $\kappa_r = 75° \sim 90°$。

如前所述，刃倾角 λ_s 是控制切屑流向的重要参数。当刃倾角为负值时，切屑流向已加工表面或过渡表面，与工件相碰后折断成"C"形或"6"形切屑；当刃倾角为正值时，切屑流向待加工表面或离开工件后与刀具后刀面相碰，形成"C"形切屑，也可能形成螺旋形切屑后甩断。

（3）切削用量 进给量增加，切削厚度按比例增加，切屑卷曲半径减小，弯曲应力增加，切屑容易折断。所以，增大进给量是断屑的一个比较有效的措施。

（4）工件材料 工件材料的塑性、韧性愈大，强度愈高，愈不容易断屑。

切屑控制是控制切屑流向、卷曲、断屑、屑形等综合性的问题，生产中应综合地分清主次关系，考虑各因素对切屑控制的影响。一般规律是，根据工件材料和已选定的刀具角度与切削用量，确定断屑槽的尺寸参数，只有当不受其他条件限制时，才辅以改变主偏角、刃倾角和进给量等参数，通过试切才能获得较理想的控制切屑的效果。

四、切削用量的合理选择

所谓"合理"切削用量，是指能充分发挥刀具和机床的效能，在保证加工质量的前提下，获得高的生产率和低的加工成本的切削用量三要素的最佳组合。

切削用量三要素 v_c、f、a_p 虽然对加工质量、刀具寿命和生产率均有直接影响，但影响程度却不相同，且它们之间又是互相联系、互相制约的，不可能都选择得很大。因此，就存在着一个从不同角度出发，优先将哪个要素选择得最大才合理的问题。

（一）切削用量选择的基本原则

1）根据工件加工余量和粗、精加工要求，选定背吃刀量 a_p。

2）根据加工工艺系统允许的切削力，其中包括机床进给系统、工件刚度及精加工时表面粗糙度要求，确定进给量 f。

3）根据刀具寿命，确定切削速度 v_c。

4）所选定的切削用量应该是机床功率允许的。

（二）合理切削用量的选择方法

1. 确定背吃刀量

一般根据加工性质与加工余量来确定 a_p。

切削加工一般分为粗加工（表面粗糙度值 $Ra50 \sim 12.5\mu m$）、半精加工（$Ra6.3 \sim 3.2\mu m$）和精加工（$Ra1.6 \sim 0.8\mu m$）。粗加工时，在保留半精加工与精加工余量的前提下，若机床刚性允许，应尽可能把粗加工余量一次进给切除，以减少走刀次数。在中等功率机床上采用硬质合金刀具车外圆时，粗车取 $a_p = 2 \sim 6mm$，半精车时取 $a_p = 0.3 \sim 2mm$，精车时取 $a_p = 0.1 \sim 0.3mm$。

在下列情况下，粗车要分多次进给，原因如下：

1）工艺系统刚度低，如加工细长轴和薄壁零件，或加工余量极不均匀，会引起很大振动时。

2）加工余量太大，一次进给切掉会使切削力过大，以致机床功率不足或刀具强度不够。

3）断续切削，刀具会受到很大冲击而造成打刀时。

即使是在上述情况下，也应当把第一次或头几次进给的背吃刀量 a_p 取得大些，若为两次进给，则第一次进给一般取加工余量的 $2/3 \sim 3/4$。

2. 确定进给量

1）粗加工时，对加工表面质量要求不高，进给量 f 的选择主要受切削力的限制。在刀杆、工件刚度及刀片和机床进给机构强度允许的情况下，选取大的进给量。

2）半精加工和精加工时，因背吃刀量较小，产生的切削力不大，进给量的选择主要受加工表面粗糙度值要求的限制。当刀具有合理的过渡刃、修光刃且采用较高的切削速度时，进给量 f 可适当选大些，以提高生产率。但应注意 f 不可选得太小，否则不但生产率低，而且会因切削厚度太小而切不下切屑，影响加工质量。

在生产中，进给量常常根据经验或通过查表来选取。

3. 确定切削速度

当刀具寿命 T、背吃刀量 a_p 与进给量 f 选定后，可按有关公式计算切削速度。生产中常按经验或查有关切削用量手册确定。

切削速度确定之后，即可算出机床转速 n：

$$n = 1000v_c / (\pi d_w) \tag{2-12}$$

式中　d_w——毛坯直径（mm）；

　　　v_c——切削速度（m/min）；

　　　n——主轴转速（r/min）。

所选的转速应根据机床说明书最后确定（取较低而相近的机床转速 n），然后应根据选定的转速来计算出实际切削速度。

在选择切削速度时，还应注意考虑以下几点：

1）精加工时，应尽量避免积屑瘤和鳞刺的产生区域。

2）断续加工时，宜适当降低切削速度，以减小冲击和热应力。

3）加工大型、细长、薄壁工件时，应选用较低的切削速度，端面车削应比外圆车削的速度高一些，以获得较高的平均切削速度，提高生产率。

4）在易发生振动的情况下，切削速度应避开自激振动的临界速度。

实际生产中，切削用量主要根据工艺文件手册的规定和操作者的实际经验来选取。

习题与思考题

2-1　在图 2-33 中标注出刨削、车内孔、铣端面、钻削加工方式的主运动方向、进给运动方向和合成运动方向；标注过渡表面、待加工表面、已加工表面；标注背吃刀量。

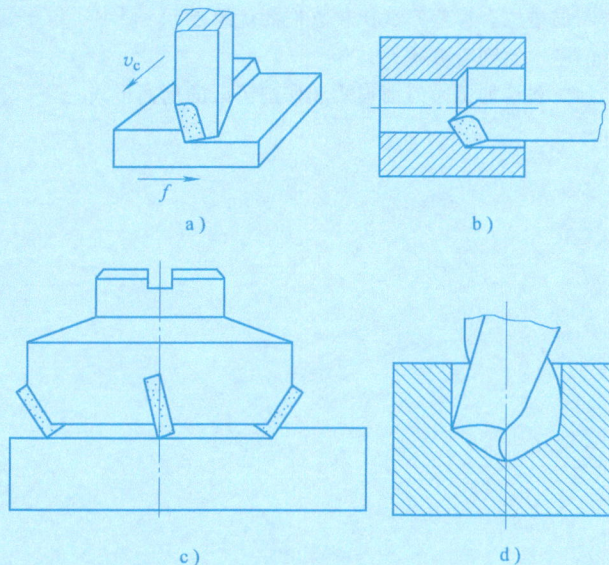

图 2-33　切削方式

a）刨削　b）车内孔　c）铣端面　d）钻削

2-2　切削层参数包括哪几项内容？画图标注外圆车削时的切削层参数。

2-3　如图 2-34 所示，画出 $\kappa_r = 90°$ 外圆车刀、$\kappa_r = 45°$ 弯头车刀的正交平面静止角度参考系及其相应几何角度，并指出刀具的前刀面、后刀面、副后刀面、主切削刃、副切削刃及刀尖位置：

1）$\kappa_r = 90°$ 外圆车刀的几何角度：$\kappa_r = 90°$，$\gamma_o = 15°$，$\alpha_o = \alpha_o' = 8°$，$\lambda_s = 5°$，$\kappa_r' = 15°$。

2）$\kappa_r = 45°$弯头车刀的几何角度：$\kappa_r = \kappa_r{}' = 45°$，$\gamma_o = -5°$，$\alpha_o = \alpha_o{}' = 6°$，$\lambda_s = -3°$。

2-4　刀具材料应具备哪些性能，它们对刀具的切削性能有何影响？

2-5　试比较普通高速工具钢和高性能高速钢的性能、用途、主要化学成分，并举出几种常用牌号。

2-6　试比较 K 类与 M 类硬质合金的性能、用途、主要化学成分，并举出几种常用牌号。

2-7　根据切屑外形，通常可把切屑分为几种类型，各类切屑对切削加工有何影响？

2-8　试述积屑瘤的成因，它对切削加工的影响及减小或避免时应采取的主要措施。

2-9　刀具磨损过程可划分为哪几个阶段？各阶段的磨损特点是什么？

2-10　什么是刀具的使用寿命，影响刀具使用寿命的主要因素是什么？

2-11　什么是工件材料的切削加工性，改善工件材料切削加工性的主要措施是什么？

2-12　切削液的作用是什么？常用切削液有哪几种？其适用场合如何？

2-13　刀具的前角、主偏角有何功用？应如何选择？

2-14　刀具的后角、刃倾角有何功用？应如何选择？

2-15　常见的卷屑与断屑措施有哪些？试比较它们的优缺点。

2-16　切削用量选择的基本原则有哪些？

2-17　试分析一般粗加工和精加工时刀面形式和切削刃区的剖面形式。

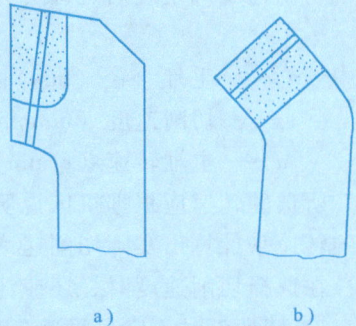

a)　　　　　　b)

图 2-34　车刀

a）$\kappa_r = 90°$外圆车刀

b）$\kappa_r = 45°$弯头车刀

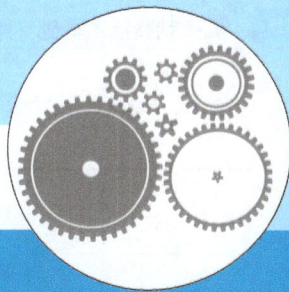

第三章

金属切削加工方法与设备

本章介绍了机床型号的编制方法以及车削加工、铣削加工、钻削和镗削加工、磨削加工、圆柱齿轮加工以及刨削和拉削加工等加工方法。每种加工方法中，都介绍了加工特点、所用机床、刀具及该种机床上的典型加工方法。

通过本章内容的学习，应全面掌握各种机床的应用范围，能正确选用机床、刀具及加工方法。

本章内容与生产实际有着较紧密的联系，学习时，应注意理论与实际相联系，有关内容可安排现场教学。

第一节　金属切削机床的分类和型号

金属切削机床是利用切削加工、特种加工等方法将金属毛坯加工成机器零件的机器。由于它是制造机器的机器，所以又称为"工作母机"或者"工具机"，习惯上简称为"机床"。

金属切削机床是加工机器零件的主要设备，在各类机械制造部门所拥有的装备中，机床占 50%~70%，所负担的工作量约占机械加工总量的 40%~60%。由此可见，机床技术水平的高低直接影响机械产品的质量和零件制造的经济性，机床制造工业的发展和机床技术水平的提高对国民经济的发展起着重要作用。

金属切削加工的种类很多，可以分为钳工和机械加工两大部分。其中钳工一般是由工人手持工具对工件进行切削加工，而机械加工则是由工人操作机床对工件进行切削加工。本书主要讲述机械加工部分的内容，机械加工按其所用切削工具类型的不同可分为刀具切削加工和磨料切削加工。刀具切削加工主要有车削、钻削、镗削、铣削、刨削、拉削以及齿轮加工等方式；磨料切削加工主要有磨削、珩磨、研磨、超精加工等方式。

金属切削机床的品种和规格繁多，为了便于区别、使用和管理，需对机床加以分类和编制型号。

一、机床的分类

机床的分类方法，主要是按其工作原理进行分类，包括车床、铣床、钻床、镗床、磨床、齿轮加工机床、螺纹加工机床、刨插床、拉床、锯床以及其他机床共 11 类。其中磨床的品种较多，故又细分为三个分类，见表 3-1。

在上述基本分类方法的基础上，还可以根据机床的其他特征进一步分类。

表 3-1 机床的分类和代号

类别	车床	钻床	镗床	磨床			齿轮加工机床	螺纹加工机床	铣床	刨插床	拉床	锯床	其他机床
代号	C	Z	T	M	2M	3M	Y	S	X	B	L	G	Q
读音	车	钻	镗	磨	二磨	三磨	牙	丝	铣	刨	拉	割	其

（1）按照机床工艺范围的宽窄（通用性程度）　机床可分为通用机床、专门化机床和专用机床。通用机床是可加工多种工件、完成多种表面加工、通用性好、使用范围较广的机床，例如卧式车床、万能升降台铣床、摇臂钻床、卧式镗床等都属于通用机床。通用机床结构复杂，生产率较低，主要适用于单件小批量生产。专门化机床的工艺范围较窄，是用于加工形状相似而尺寸不同的工件的特定工序的机床，例如曲轴车床、凸轮轴车床、精密丝杠车床、花键轴铣床等都属于专门化机床。专用机床的工艺范围最窄，是用于加工特定工件的特定工序的机床，例如加工机床主轴箱的专用镗床、加工车床床身导轨的专用磨床以及汽车、拖拉机制造企业中大量使用的各种组合机床，都属于专用机床。专用机床生产率较高，适用于大批大量生产。

（2）按照机床自动化程度的不同　机床可分为手动、机动、半自动和自动机床。

（3）按照机床重量和尺寸的不同　机床可分为仪表机床、中型机床（一般机床）、大型机床（重量大于 10t）、重型机床（重量大于 30t）和超重型机床（重量大于 100t）。

（4）按照机床加工精度的不同　机床可分为普通精度级机床、精密级机床和高精度级机床。

（5）按照机床主要工作部件的多少　机床可分为单轴、多轴机床或单刀、多刀机床等。

通常机床按照工作原理进行分类，再根据其某些特点进一步描述，例如多刀半自动车床、多轴自动车床、高精度外圆磨床等。

二、机床型号

机床型号是机床产品的代号，用以简明地表示机床的类型、通用特性和结构特性以及技术参数等，我国自 1957 年起就有了统一的机床型号编制方法。我国现行的机床型号是按2008 年颁布的标准"GB/T15375—2008 金属切削机床型号编制方法"编制的。此标准规定，机床型号由汉语拼音字母和数字按一定的规律组合而成，它适用于新设计的各类通用及专用金属切削机床、自动线，不包括特种加工机床、组合机床的型号编制。关于特种加工机床的型号，专门制定了相关标准，本书不予以介绍。

通用机床型号的表示方法：

通用机床的型号由基本部分和辅助部分组成，中间用"/"隔开，读作"之"。基本部分需统一管理，辅助部分是否纳入型号由企业自定。

1. 机床类、组、系的划分及其代号

机床的类代号，用大写汉语拼音字母表示。必要时，每类可分为若干分类。分类代号用阿拉伯数字表示，位于类代号之前，作为型号的首位。机床的分类和代号及其读音见表 3-1。

(△) ○ (○) △ △ △ (×△) (○)/(⬩)

- 其他特性代号
- 重大改进顺序号
- 主轴数或第二主参数
- 主参数或设计顺序号
- 系代号
- 组代号
- 通用特性、结构特性代号
- 类代号
- 分类代号

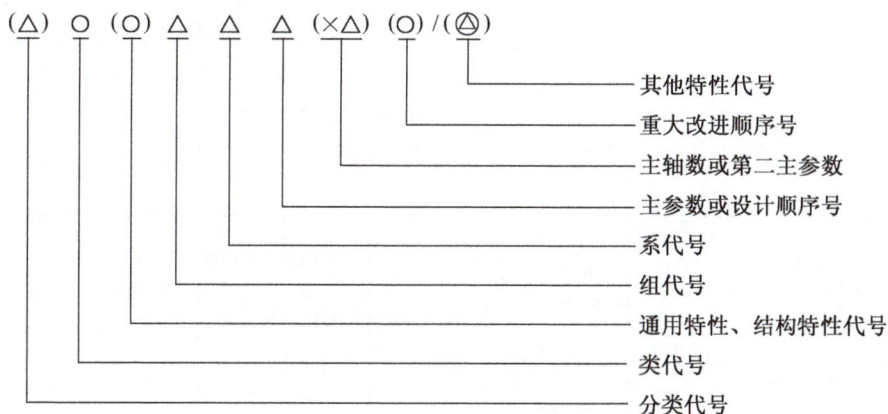

注：1. 有"（　）"符号的，为代号和数字，当无内容时，则不表示，若有内容则不带括号。

　　2. 有"○"符号的，为大写的汉语拼音字母。

　　3. 有"△"符号的，为阿拉伯数字。

　　4. 有"⬩"符号的，为大写的汉语拼音字母，或阿拉伯数字，或二者兼有之。

　　每类机床又按照工艺特点、布局形式和结构特性的不同，划分为 10 个组，每个组又划分为 10 个系（系列）。组的划分原则是：在一类机床中，主要布局或使用范围基本相同的机床，即为同一组。系的划分原则是：在同一组机床中，主参数相同，刀具和工件的相对运动特点基本相同，主要结构和布局形式相同的机床，即为同一系。机床的组，用一位阿拉伯数字表示，位于类代号或通用特性代号、结构特性代号之后。机床的系，用一位阿拉伯数字表示，位于组代号之后。金属切削机床的类、组划分及其代号详见表 3-2。

表 3-2　金属切削机床的类、组划分

类别＼组别	0	1	2	3	4	5	6	7	8	9
车床 C	仪表车床	单轴自动车床	多轴自动、半自动车床	回轮、转塔车床	曲轴及凸轮轴车床	立式车床	落地及卧式车床	仿形及多刀车床	轮、轴、辊、锭及铲齿车床	其他车床
钻床 Z		坐标镗钻床	深孔钻床	摇臂钻床	台式钻床	立式钻床	卧式钻床	铣钻床	中心孔钻床	其他钻床
镗床 T			深孔镗床		坐标镗床	立式镗床	卧式铣镗床	精镗床	汽车、拖拉机修理用镗床	其他镗床

（续）

类别	组别	0	1	2	3	4	5	6	7	8	9
磨床	M	仪表磨床	外圆磨床	内圆磨床	砂轮机	坐标磨床	导轨磨床	刀具刃磨床	平面及端面磨床	曲轴、凸轮轴、花键轴及轧辊磨床	工具磨床
	2M		超精机	内圆珩磨机	外圆及其他珩磨机	抛光机	砂带抛光及磨削机床	刀具刃磨及研磨机床	可转位刀片磨削机床	研磨机	其他磨床
	3M		球轴承套圈沟磨床	滚子轴承套圈滚道磨床	轴承套圈超精机		叶片磨削机床	滚子加工机床	钢球加工机床	气门、活塞及活塞环磨削机床	汽车、拖拉机修磨机床
齿轮加工机床 Y		仪表齿轮加工机		锥齿轮加工机	滚齿及铣齿机	剃齿及珩齿机	插齿机	花键轴铣床	齿轮磨齿机	其他齿轮加工机	齿轮倒角及检查机
螺纹加工机床 S					套丝机	攻丝机		螺纹铣床	螺纹磨床	螺纹车床	
铣床 X		仪表铣床	悬臂及滑枕铣床	龙门铣床	平面铣床	仿形铣床	立式升降台铣床	卧式升降台铣床	床身铣床	工具铣床	其他铣床
刨插床 B			悬臂刨床	龙门刨床			插床	牛头刨床		边缘及模具刨床	其他刨床
拉床 L				侧拉床	卧式外拉床	连续拉床	立式内拉床	卧式内拉床	立式外拉床	键槽、轴瓦及螺纹拉床	其他拉床
锯床 G				砂轮片锯床		卧式带锯床	立式带锯床	圆锯床	弓锯床	锉锯床	
其他机床 Q		其他仪表机床	管子加工机床	木螺钉加工机		刻线机	切断机	多功能机床			

2. 机床的通用特性代号和结构特性代号

机床的通用特性代号和结构特性代号用大写的汉语拼音字母表示，位于类代号之后。

（1）通用特性代号　当某类型机床，除有普通形式的机床外，还具有某种通用特性时，则在类代号后加上相应的通用特性代号予以区别。通用特性代号在各类机床中所表示的含义相同。机床的通用特性代号见表 3-3。

表 3-3 通用特性代号

通用特性	高精度	精密	自动	半自动	数控	加工中心（自动换刀）	仿形	轻型	加重型	柔性加工单元	数显	高速
代号	G	M	Z	B	K	H	F	Q	C	R	X	S
读音	高	密	自	半	控	换	仿	轻	重	柔	显	速

（2）结构特性代号 对于主参数值相同而结构、性能不同的机床，在型号中加结构特性代号予以区分。当机床型号中同时具有通用特性代号和结构特性代号时，结构特性代号应位于通用特性代号之后。结构特性代号在型号中没有统一的含义，用汉语拼音字母表示（通用特性代号中已用的字母和"I、O"两个字母不能用），当单个字母不够用时，还可将两个字母组合起来使用，如 AD、AE、EA 等。

3. 机床主参数和设计顺序号

机床型号中的主参数代表机床规格的大小，用折算值（主参数乘以折算系数）表示，位于系代号之后。常用机床组、系代号及主参数的表示方法见表 3-4。

表 3-4 常用机床组、系代号及主参数

类	组	系	机 床 名 称	主参数的折算系数	主 参 数
车床	1	1	单轴纵切自动车床	1	最大棒料直径
	1	2	单轴横切自动车床	1	最大棒料直径
	1	3	单轴转塔自动车床	1	最大棒料直径
	2	1	多轴棒料自动车床	1	最大棒料直径
	2	2	多轴卡盘自动车床	1/10	卡盘直径
	2	6	立式多轴半自动车床	1/10	最大车削直径
	3	0	回轮车床	1	最大棒料直径
	3	1	滑鞍转塔车床	1/10	卡盘直径
	3	3	滑枕转塔车床	1/10	卡盘直径
	4	1	曲轴车床	1/10	最大工件回转直径
	4	6	凸轮轴车床	1/10	最大工件回转直径
	5	1	单柱立式车床	1/100	最大车削直径
	5	2	双柱立式车床	1/100	最大车削直径
	6	0	落地车床	1/100	最大工件回转直径
	6	1	卧式车床	1/10	床身上最大回转直径
	6	2	马鞍车床	1/10	床身上最大回转直径
	6	4	卡盘车床	1/10	床身上最大回转直径
	6	5	球面车床	1/10	刀架上最大回转直径
	7	1	仿形车床	1/10	刀架上最大车削直径

（续）

类	组	系	机 床 名 称	主参数的折算系数	主 参 数
车床	7	5	多刀车床	1/10	刀架上最大车削直径
	7	6	卡盘多刀车床	1/10	刀架上最大车削直径
	8	4	轧辊车床	1/10	最大工件直径
	8	9	铲齿车床	1/10	最大工件直径
钻床	1	3	立式坐标镗钻床	1/10	工作台面宽度
	2	1	深孔钻床	1/10	最大钻孔直径
	3	0	摇臂钻床	1	最大钻孔直径
	3	1	万向摇臂钻床	1	最大钻孔直径
	4	0	台式钻床	1	最大钻孔直径
	5	0	圆柱立式钻床	1	最大钻孔直径
	5	1	方柱立式钻床	1	最大钻孔直径
	5	2	可调多轴立式钻床	1	最大钻孔直径
	8	1	中心孔钻床	1/10	最大工件直径
	8	2	平端面中心孔钻床	1/10	最大工件直径
镗床	4	1	立式单柱坐标镗床	1/10	工作台面宽度
	4	2	立式双柱坐标镗床	1/10	工作台面宽度
	4	6	卧式坐标镗床	1/10	工作台面宽度
	6	1	卧式镗床	1/10	镗轴直径
	6	2	落地镗床	1/10	镗轴直径
	6	9	落地铣镗床	1/10	镗轴直径
	7	0	单面卧式精镗床	1/10	工作台面宽度
	7	1	双面卧式精镗床	1/10	工作台面宽度
	7	2	立式精镗床	1/10	最大镗孔直径
磨床（M）	0	4	抛光机		—
	0	6	刀具磨床		—
	1	0	无心外圆磨床	1	最大磨削直径
	1	3	外圆磨床	1/10	最大磨削直径
	1	4	万能外圆磨床	1/10	最大磨削直径
	1	5	宽砂轮外圆磨床	1/10	最大磨削直径
	1	6	端面外圆磨床	1/10	最大回转直径
	2	1	内圆磨床	1/10	最大磨削直径
	2	5	立式行星内圆磨床	1/10	最大磨削直径
	3	0	落地砂轮机	1/10	最大砂轮直径
	5	0	落地导轨磨床	1/100	最大磨削宽度
	5	2	龙门导轨磨床	1/100	最大磨削宽度

（续）

类	组	系	机 床 名 称	主参数的折算系数	主 参 数
磨床（M）	6	0	万能工具磨床	1/10	最大回转直径
	6	3	钻头刃磨床	1	最大刃磨钻头直径
	7	1	卧轴矩台平面磨床	1/10	工作台面宽度
	7	3	卧轴圆台平面磨床	1/10	工作台面直径
	7	4	立轴圆台平面磨床	1/10	工作台面直径
	8	2	曲轴磨床	1/10	最大回转直径
	8	3	凸轮轴磨床	1/10	最大回转直径
	8	6	花键轴磨床	1/10	最大磨削直径
	9	0	曲线磨床	1/10	最大磨削长度
齿轮加工机床	2	0	弧齿锥齿轮磨齿机	1/10	最大工件直径
	2	2	弧齿锥齿轮铣齿机	1/10	最大工件直径
	2	3	直齿锥齿轮刨齿机	1/10	最大工件直径
	3	1	滚齿机	1/10	最大工件直径
	3	6	卧式滚齿机	1/10	最大工件直径
	4	2	剃齿机	1/10	最大工件直径
	4	6	珩齿机	1/10	最大工件直径
	5	1	插齿机	1/10	最大工件直径
	6	0	花键轴铣床	1/10	最大铣削直径
	7	0	碟形砂轮磨齿机	1/10	最大工件直径
	7	1	锥形砂轮磨齿机	1/10	最大工件直径
	7	2	蜗杆砂轮磨齿机	1/10	最大工件直径
	8	0	车齿机	1/10	最大工件直径
	9	3	齿轮倒角机	1/10	最大工件直径
	9	9	齿轮噪声检查机	1/10	最大工件直径
螺纹加工机床	3	0	套丝机	1	最大套螺纹直径
	4	8	卧式攻丝机	1/10	最大攻螺纹直径
	6	0	丝杠铣床	1/10	最大铣削直径
	6	2	短螺纹铣床	1/10	最大铣削直径
	7	4	丝杠磨床	1/10	最大工件直径
	7	5	万能螺纹磨床	1/10	最大工件直径
	8	6	丝杠车床	1/100	最大工件长度
	8	9	多头螺纹车床	1/10	最大车削直径
铣床	2	0	龙门铣床	1/100	工作台面宽度
	3	0	圆台铣床	1/100	工作台面直径
	4	3	平面仿形铣床	1/10	最大铣削宽度

（续）

类	组	系	机 床 名 称	主参数的折算系数	主 参 数
铣床	4	4	立体仿形铣床	1/10	最大铣削宽度
	5	0	立式升降台铣床	1/10	工作台面宽度
	6	0	卧式升降台铣床	1/10	工作台面宽度
	6	1	万能升降台铣床	1/10	工作台面宽度
	7	1	床身铣床	1/100	工作台面宽度
	8	1	万能工具铣床	1/10	工作台面宽度
	9	2	键槽铣床	1	最大键槽宽度
刨插床	1	0	悬臂刨床	1/100	最大刨削宽度
	2	0	龙门刨床	1/100	最大刨削宽度
	2	2	龙门铣磨刨床	1/100	最大刨削宽度
	5	0	插床	1/10	最大插削长度
	6	0	牛头刨床	1/10	最大刨削长度
	8	8	模具刨床	1/10	最大刨削长度
拉床	3	1	卧式外拉床	1/10	额定拉力
	4	3	连续拉床	1/10	额定压力
	5	1	立式内拉床	1/10	额定拉力
	6	1	卧式内拉床	1/10	额定拉力
	7	1	立式外拉床	1/10	额定拉力
	9	1	气缸体平面拉床	1/10	额定拉力
锯床	5	1	立式带锯床	1/10	最大锯削厚度
	6	0	卧式圆锯床	1/100	最大圆锯片直径
	7	1	夹板卧式弓锯床	1/10	最大锯削直径
其他机床	1	6	管接头螺纹车床	1/10	最大加工直径
	2	1	木螺钉螺纹加工机	1	最大工件直径
	4	0	圆刻线机	1/100	最大加工长度
	4	1	长刻线机	1/100	最大加工长度

　　某些通用机床，当无法用一个主参数表示时，则在型号中用设计顺序号表示。设计顺序号由 1 开始，当设计顺序号小于 10 时，则在设计顺序号之前加"0"，即从 01 开始编号。

4. 主轴数和第二主参数的表示方法

　　对于多轴车床、多轴钻床、排式钻床等机床，其主轴数应以实际数值列入型号，置于主参数之后，用"×"分开，读作"乘"。

　　第二主参数（多轴机床的主轴数除外）一般不予以表示。如有特殊情况需要在型号中表示的，应按一定手续审批。

5. 机床的重大改进顺序号

　　当对机床的结构、性能有重大改进和提高，并按新产品重新设计、试制和鉴定时，在原机床型号基本部分的尾部，加上重大改进顺序号，以区别于原机床型号。重大改进顺序号按改进的先后顺序选用 A、B、C 等汉语拼音字母（但"I、O"两个字母不得选用）表示。

6. 其他特性代号及其表示方法

其他特性代号主要用以反映各类机床的特性，例如对于数控机床可以用来反映不同的控制系统等；对于加工中心，可以用来反映控制系统、自动交换工作台等；对于柔性加工单元，可以用来反映自动交换主轴箱等。其他特性代号置于型号辅助部分之首，其中同一型号机床的变型代号，一般应放在其他特性代号之首。

其他特性代号，可以用汉语拼音字母（但"I、O"两个字母除外）表示。当单个字母不够用时，可将两个字母合起来使用，如：AB、AC 等，或 BA、CA 等。其他特性代号也可用阿拉伯数字表示，还可用阿拉伯数字和汉语拼音字母组合表示。

机床型号表示如以下几种示例：

例 3-1　最大棒料直径为 50mm 的六轴棒料自动车床，其型号为：C2150×6。

例 3-2　最大回转直径为 400mm 的半自动曲轴磨床的第一种变型的型号为：MB8240/1。

例 3-3　床身上工件最大回转直径为 400mm 的卧式车床的型号为：CA6140。

例 3-4　工作台面宽度为 630mm 的立式单柱坐标镗床，其型号为：T4163。

例 3-5　工作台面宽度为 500mm 的卧轴矩台平面磨床，其型号为：M7150。

第二节　车削加工

在车床上利用工件的旋转运动和刀具的移动进行切削加工的方法，称为车削加工。其中工件的旋转运动是主运动，刀具在机床上的运动是进给运动。车削加工是金属切削加工中最基本的方法，在机械制造业中应用十分广泛。

一、车削加工的特点

1. 工艺范围广

车削加工主要用于加工各种回转表面以及回转体的端面，还可进行切断、切槽、车螺纹、钻孔、铰孔、扩孔等，如图 3-1 所示。如果在车床上装上附件或使用车床专用夹具可加工形状更为复杂的零件；如果对车床进行适当改装，还可实现镗削、磨削、研磨、抛光等加工。

2. 生产率高

车削加工时，工件的旋转运动一般来说不受惯性力的限制，加工过程中工件与车刀始终相接触，基本上无冲击现象，因此可以采用很高的切削速度。另外，车刀刀柄伸出刀架的长度可以很短，刀柄尺寸可以较大，可选很大的背吃刀量和进给量，故生产率高。

3. 加工成本低

车刀结构简单，刃磨和安装都很方便。另外，许多车床夹具已经作为车床附件生产，可以满足一般零件的装夹需要，生产准备时间短，故车削加工的加工成本较低。

4. 加工精度范围大

根据零件的使用要求，车削加工可以获得低精度、中等精度和相当高的加工精度。

（1）荒车　毛坯为自由锻件或大型铸件时，其加工余量很大且不均匀，利用荒车可去除大部分余量，减少几何误差，荒车的尺寸公差等级一般为 IT18～IT15，表面粗糙

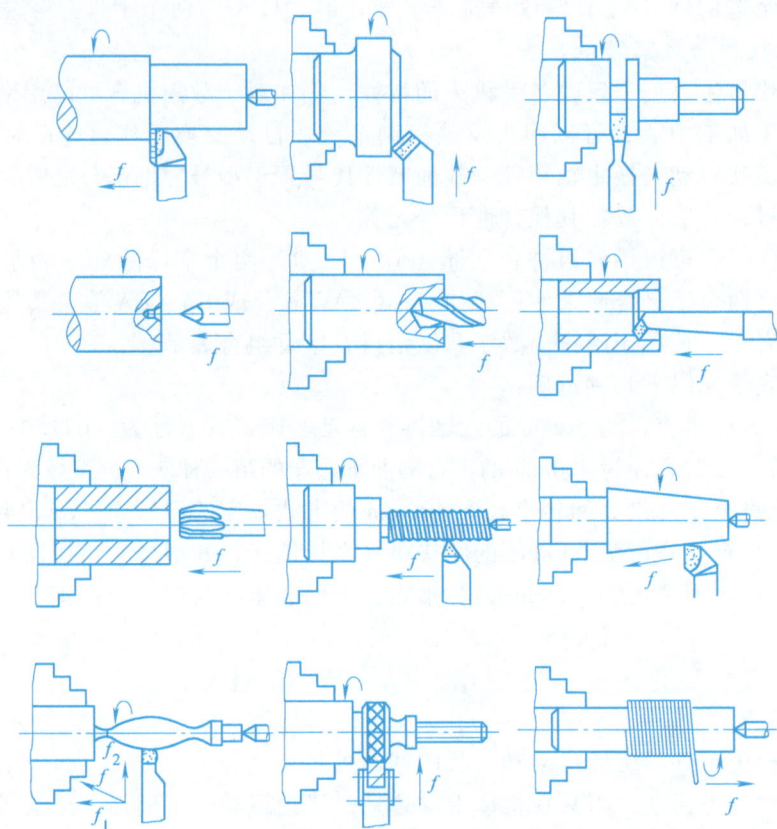

图 3-1　车削加工的工艺范围

度 $Ra>80\mu m$。

（2）粗车　中小型锻件和铸件可直接进行粗车，粗车后的公差等级为 IT13~IT11，表面粗糙度值为 $Ra30~12.5\mu m$。

（3）半精车　尺寸精度要求不高的工件或精加工工序之前可安排半精车，半精车后的公差等级为 IT10~IT8，表面粗糙度值为 $Ra6.3~3.2\mu m$。

（4）精车　一般作为最终工序或光整加工的预加工工序，精车后工件公差等级可达 IT8~IT7，表面粗糙度值为 $Ra1.6~0.8\mu m$。

5. 高速精细车是加工有色金属高精度回转表面的主要方法

高速精细车就是用硬质合金、立方氮化硼或金刚石刀具，采用高切削速度、小背吃刀量和进给量，对工件进行精细加工的方法。

对于有色金属，如果采用磨削加工，磨屑容易黏在砂轮表面，使磨削加工无法正常进行。而在高精度车床上，采用金刚石刀具高速切削可以获得很好的效果，尺寸公差等级一般可达 IT6~IT5，表面粗糙度值为 $Ra1.0~0.1\mu m$。

另外，数控车床可加工出几何精度要求很高的零件。在卧式车床上，台阶的同轴度、端面对轴线的垂直度等都容易保证，但是对一些台阶比较多，定位尺寸要求严格或形状精度要求较高的零件，如球面、特形面等，在卧式车床上就不易保证了。这时可采用数控车床加工。数控车床能够完成通用车床难以加工或根本不能加工的复杂形面，可以获得很高的加工精度，而且产品质量稳定，生产率高。

二、车床的种类

在普通的机械制造厂，车床在金属切削机床中所占的比重最大，约占金属切削机床总台数的 20%~35%，且种类很多。按车床的用途和结构不同可分为仪表车床、自动车床、半自动车床、转塔车床、立式车床、落地车床、卧式车床、仿形车床、曲轴及凸轮轴车床、铲齿车床等，其中以卧式车床的应用最为广泛。

1. 卧式车床

下面以 CA6140 型卧式车床（见图 3-2）为例说明卧式车床的组成部件及其功用。

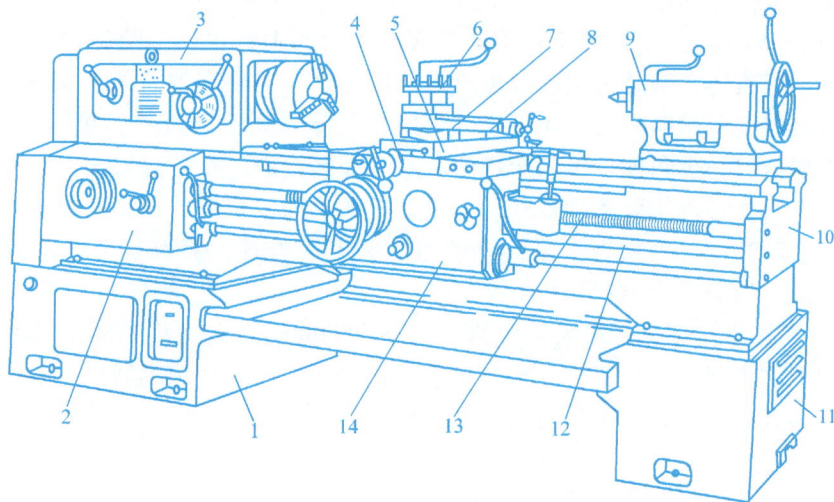

图 3-2　CA6140 型卧式车床的外形

1、11—床腿　2—进给箱　3—主轴箱　4—床鞍　5—中溜板　6—刀架　7—回转盘
8—小溜板　9—尾座　10—床身　12—光杠　13—丝杠　14—溜板箱

（1）主轴箱　主轴箱 3 固定在床身 10 的左端，其内部装有主轴和传动轴，以及变速、变向、润滑等机构，由电动机经变速机构带动主轴旋转，实现主运动，并获得需要的转速及转向。主轴前端可安装三爪自定心卡盘、四爪单动卡盘等夹具，用以装夹工件。

（2）进给箱　进给箱 2 固定在床身 10 的左前侧面，用以改变被加工螺纹的导程或机动进给的进给量。

（3）溜板箱　溜板箱 14 固定在床鞍 4 的底部，其功用是将进给箱通过光杠或丝杠传来的运动传递给刀架，使刀架进行纵向进给、横向进给或车螺纹运动。另外，通过纵、横向的操纵手柄和上面的电气按钮，可起动装在溜板箱中的快速电动机，实现刀架的纵、横向快速移动。在溜板箱上装有多种手柄及按钮，可以方便地操纵机床。

（4）床鞍　床鞍 4 位于床身 10 的上部，并可沿床身上的导轨做纵向移动，其上装有中溜板 5、回转盘 7、小溜板 8 和刀架 6，可使刀具做纵、横或斜向进给运动。

（5）尾座　尾座 9 安装于床身 10 的尾部导轨上，可沿导轨做纵向调整移动，然后固定在需要的位置，以适应不同长度的工件。尾座上的套筒可安装顶尖，以及各种孔加工刀具，用来支承工件或对工件进行孔加工。摇动手轮使套筒移动，可实现刀具的纵向进给。

（6）床身　床身 10 固定在左床腿 1 和右床腿 11 上。床身是车床的基本支承件，车床的各主要部件均安装于床身上，它保持各部件间具有准确的相对位置，并且承受切削力和各部件的重量。

2. 立式车床

立式车床主要用于加工径向尺寸大而轴向尺寸相对较小，且形状比较复杂的大型或重型零件，是汽轮机、重型电机、矿山冶金等重型机械制造厂不可缺少的加工设备，在一般机械厂使用也较普遍。立式车床结构的主要特点是主轴垂直布置，并有一圆形工作台供装夹工件用（见图 3-3），由于工作台面水平布置，故对笨重零件进行装夹很方便。

立式车床有单柱立式车床和双柱立式车床两种。图 3-3a 为单柱式，它加工的工件直径较小，一般小于 1600mm。工作台 2 由安装在底座 1 内的垂直主轴带动旋转，工件装夹在工作台上并随其一起旋转，这是主运动。进给运动由垂直刀架 4 和侧刀架 7 实现，垂直刀架 4 可在横梁导轨上移动做横向进给，还可沿刀架滑座的导轨做垂向进给，可车削外圆、端面、内孔等，把刀架扳转一个角度，可斜向进给车削内外圆锥面。在垂直刀架上有一五角形转塔刀架，除安装车刀外还可安装各种孔加工刀具，扩大了加工范围。横梁 5 平时夹紧在立柱 3 上，为适应工件的高度，可松开夹紧装置调整横梁上下位置。侧刀架 7 可做横向和垂向进给，以车削外圆、端面、沟槽和倒角。

图 3-3b 为双柱立式车床，最大加工直径可达 2500mm 以上。其结构及运动基本上与单柱立式车床相似，不同之处是双柱立式车床有两根立柱，在立柱顶端联接一顶梁，构成封闭框架结构，有很高的刚度，适于较重型零件的加工。

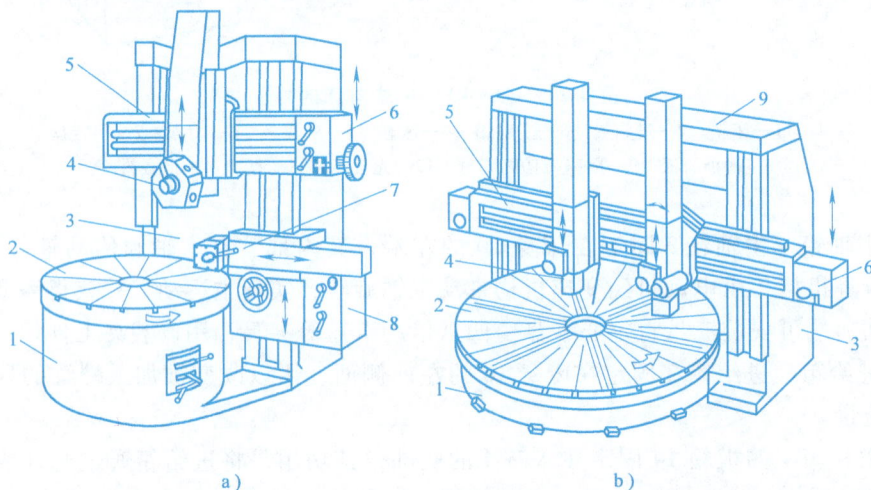

a) 　　　　　　　　　　　　　b)

图 3-3　立式车床外形

a) 单柱立式车床　　b) 双柱立式车床

1—底座　2—工作台　3—立柱　4—垂直刀架　5—横梁　6—垂直刀架进给箱

7—侧刀架　8—侧刀架进给箱　9—顶梁

3. 马鞍车床

马鞍车床是卧式车床基本型品种的一种变形车床，如图 3-4 所示。它和卧式车床的主要区别是在靠近主轴箱一端装有一段形似马鞍的可卸导轨，卸去马鞍导轨可使加工工件的最大直径增大，从而扩大了加工范围。但由于马鞍导轨经常装卸，其刚度和工作精度都有所降低，所以，这种机床主要用于设备较少、单件小批生产的小工厂及修理车间。

4. 转塔式车床

卧式车床虽然灵活性较大、加工范围广，但四方刀架只能装四把刀，尾座只能装一把孔加工刀具，靠人工移动、紧固尾座到需要的位置，而且装在尾座上的刀具还不能机动进给。当加工复杂零件，特别是有内孔和内螺纹的工件，需要频繁换刀、对刀、移动尾座、试切、测量等，从而使辅助时间延长，生产率降低，劳动强度加大，特别在批量生产中，这种不足尤为突出。转塔式车床就是针对卧式

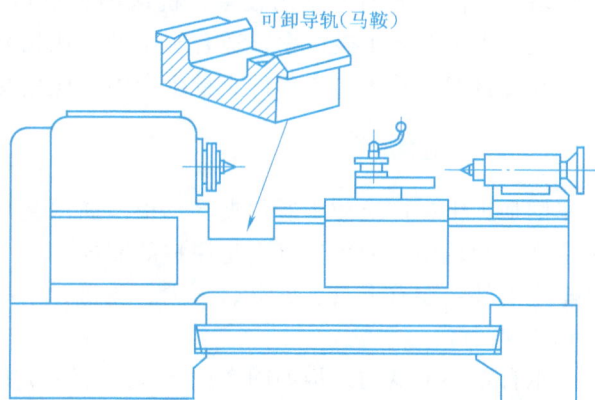

图 3-4 马鞍车床外形

车床上述缺陷，而在卧式车床的基础上发展出来的一种机床。这类车床与卧式车床的主要区别是去掉了尾座和丝杠，并在床身尾座部位装有多工位转塔刀架。

这类车床常见的有回轮车床、滑鞍式转塔车床、滑枕式转塔车床。现以滑鞍式转塔车床为例，介绍这类车床的特点和应用。如图 3-5 所示，滑鞍式转塔车床除了前刀架 3 外，在床身尾部还有一可绕垂直轴线回转的转塔刀架 4，它可沿床身导轨做纵向快进、快退和工作进给。转塔刀架为六角形，在每一个面上通过辅具可安装车刀或孔加工刀具，主要用来加工内外圆柱面。这种车床没有丝杠，不能车削螺纹，但转塔刀架可装上丝锥、板牙，进行攻、套较短的内外螺纹；前刀架可作纵、横向进给，进行大圆柱面、端面、沟槽、切断等的车削加工。

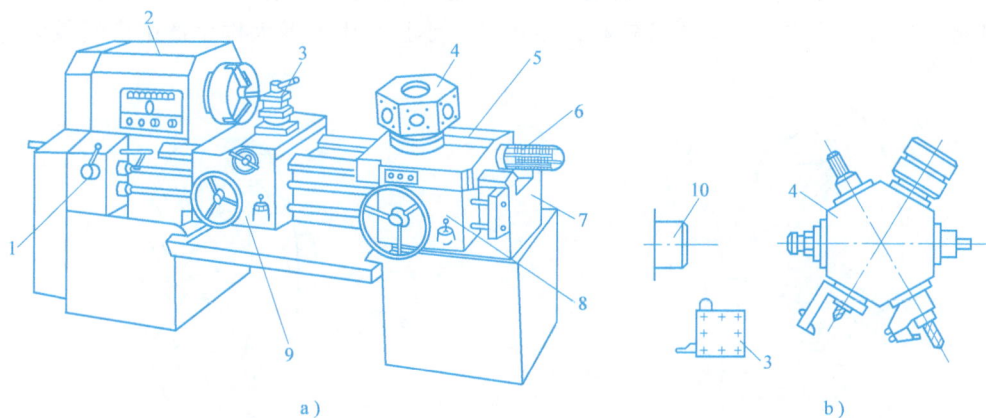

a)

b)

图 3-5 滑鞍转塔车床

1—进给箱　2—主轴箱　3—前刀架　4—转塔刀架　5—纵向溜板　6—定程装置
7—床身　8—转塔刀架溜板箱　9—前刀架溜板箱　10—主轴

转塔车床在加工之前，需根据工件加工工艺规程，预先调整好刀具的位置，以及调整好机床上纵向、横向挡块位置。加工时，每完成一个工步，刀架转位一次，然后进行下一工步，直到完成。

转塔车床由于装的刀具比较多，机床调整好以后，依次加工，不需经常装卸刀具、对刀、测量，大大提高了生产率，适合于小型、比较复杂的回转工件的成批加工，但加工前调整挡块和刀具费时较多，在单件小批生产中的应用受到限制。

三、车床附件

车削加工中，广泛使用通用夹具，很多通用夹具已成为车床附件，由专门的机床附件厂统一生产，制成不同的规格以满足用户的需要。

车床附件主要有卡盘、拨盘、顶尖、花盘、中心架、跟刀架等。

1. 三爪自定心卡盘

三爪自定心卡盘的结构如图 3-6 所示，可通过法兰盘安装在主轴上。卡盘体 6 中有一个大锥齿轮 3，它与三个均布且带有扳手孔 5 的小锥齿轮啮合。用扳手插入扳手孔 5 中使小锥齿轮转动，可带动大锥齿轮旋转，大锥齿轮背面的平面螺纹 2 与三个卡爪 1 背面的平面螺纹相啮合。卡爪 1 随着大锥齿轮的转动可以做向心或离心径向移动，从而使工件被夹紧或松开。

三爪自定心卡盘装夹工件可自动定心，不需找正，特别适合夹持横截面为圆形、正三角形、正六边形等的工件。但是，三爪自定心卡盘夹持力小，传递转矩不大，只适于装夹中小型工件。

2. 四爪单动卡盘

四爪单动卡盘的结构如图 3-7 所示，其四个卡爪互不相关，每个卡爪的背面有半瓣内螺纹与螺杆啮合，可以独立进行调整，因此，四爪单动卡盘不但能够夹持横截面为圆形的工件，还能够夹持横截面为方形、长方形、椭圆形及其他不规则形状的工件。

四爪单动卡盘对工件的夹紧力较大，因其不能自动定心，装夹工件时必须进行仔细找正。因此，对工人的技术水平要求较高，在单件、小批量生产及大件生产中应用较多。

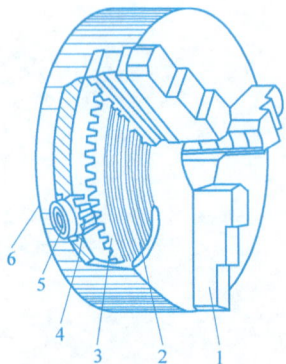

图 3-6   三爪自定心卡盘

1—卡爪   2—平面螺纹   3—大锥齿轮
4—小锥齿轮   5—扳手孔   6—卡盘体

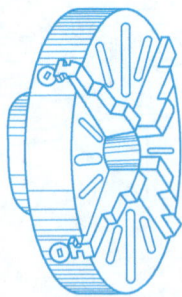

图 3-7   四爪单动卡盘

3. 花盘、弯板

花盘是安装在主轴上的一个大圆盘，其端面平整且与主轴轴线垂直。如果端面不平整，也不与主轴轴线垂直，可在使用的车床上精车一下。花盘端面上有许多长槽，用以穿放螺栓以压紧工件。

花盘主要用于加工平面对基准面 A 有平行度要求、回转轴线对基面 A 有垂直度要求的形状不对称的复杂工件，如图 3-8 所示。可预先加工出基准面 A，以 A 面靠在花盘上，按划线找正孔的位置夹紧后，即可车削孔以及与 A 面平行的平面。图 3-9 所示为连杆在花盘上的装夹示意图。连杆两端面要求平行，大头孔轴线与端面要求垂直，因而应以连杆的一个端面为基准与花盘平面接触，加工孔及另一端面，装夹时应选择适当部位安放压板，以防止工件变形。若工件偏于一边，则应安放平衡块。

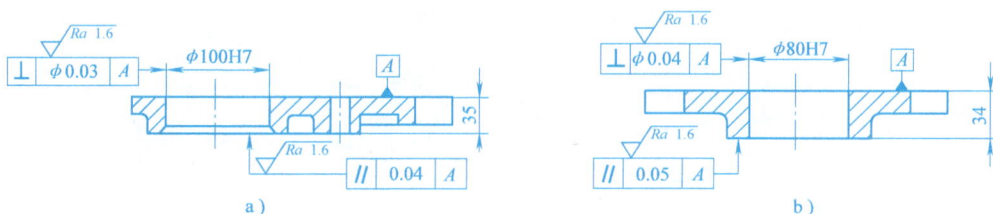

图 3-8 适合在花盘上加工的工件举例

当工件上需加工的平面相对基准面 A 有垂直度要求，或加工的孔或外圆的轴线相对基准面 A 有平行度要求时（见图 3-10），可以采用在花盘-弯板上装夹，如图 3-11 所示。

4. 顶尖、卡箍、拨盘

车削轴类工件时，一般常用顶尖、卡箍（其中有一种也称作鸡心夹头）、拨盘装夹工件，如图 3-12 所示。

顶尖是加工轴类工件经常采用的附件，如图 3-13 所示。工件用装在主轴内的顶尖和装在尾座中的顶尖支承，由拨盘、卡箍带动旋转。前顶尖随主轴一起转动，后顶尖随工件一起转动，称为活顶尖，不随工件一起转动的称为固定顶尖。

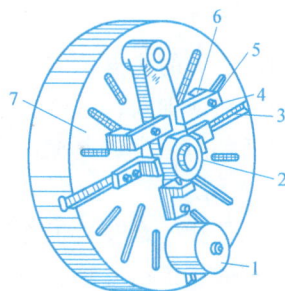

图 3-9 连杆在花盘上的装夹

1—平衡块 2—工件 3—螺钉槽 4—螺钉 5—压板 6—垫铁 7—花盘

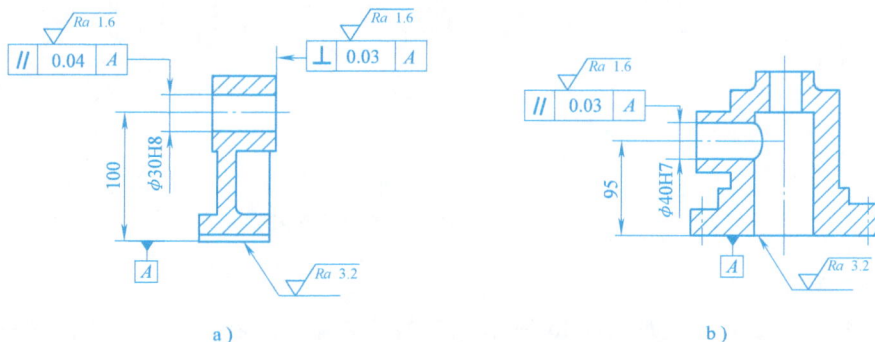

图 3-10 适合在花盘-弯板上装夹的工件举例

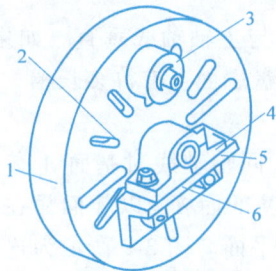

图 3-11　在花盘-弯板上装夹工件
1—花盘　2—螺钉槽　3—平衡块　4—工件
5—定位基面　6—弯板

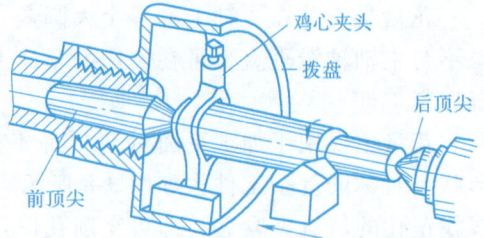

图 3-12　顶尖装夹工件

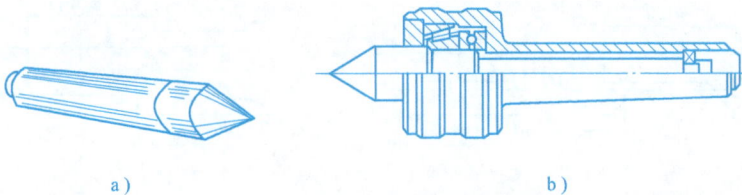

a)　　　　　　　　　　　b)

图 3-13　顶尖
a) 固定顶尖　b) 活顶尖

固定顶尖的优点是定心较准确，刚性好，装夹工件比较稳固，但发热多，转速高时可能烧坏顶尖和顶尖孔，适合切削速度较低、精度要求高的加工。活顶尖适于高速切削，但加工精度较低。用顶尖装夹工件，必须先在工件的端面上钻出顶尖孔。

5. 心轴

加工带孔的盘套类工件的外圆和端面时，常把工件装在心轴上进行加工。心轴的种类很多，常用的有锥度心轴、圆柱心轴和可胀心轴，如图 3-14 所示。

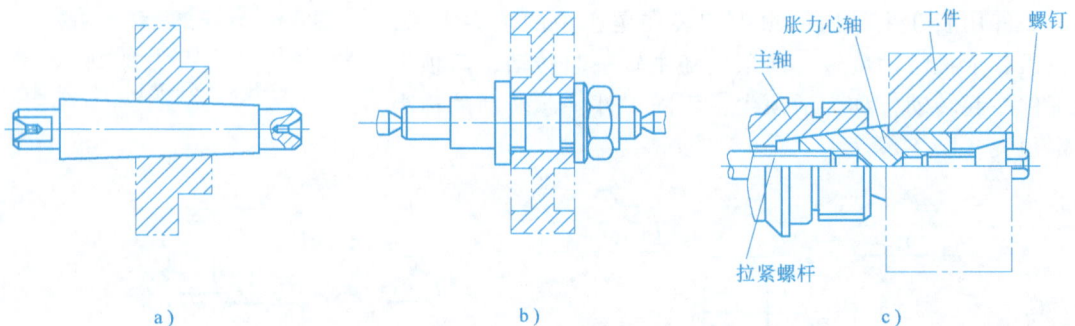

a)　　　　　　　　　　b)　　　　　　　　　　c)

图 3-14　心轴
a) 锥度心轴　b) 圆柱心轴　c) 可胀心轴

6. 中心架和跟刀架

中心架和跟刀架的结构如图 3-15 所示。车削细长轴时，由于工件的刚性差，在自重、离心力、切削力作用下会产生弯曲和振动，使加工很难进行，故需采用辅助夹紧机构中心架、跟刀架等。

图 3-15 中心架与跟刀架

a）应用中心架车长轴　b）应用跟刀架车长轴

中心架的底部用螺钉、压板固定在床身上，其上三个可单独调整的支承爪支承工件，支承爪常用铸铁、铜等材料制成。当工件表面粗糙时，应先在安装支承爪处车出一段光滑轴颈。使用中心架可有效地提高细长轴的支承刚度，从而提高加工精度。中心架还可用于加工长轴、长套类工件的端面，以及镗孔、切断等。

跟刀架固定在车床的床鞍上，同刀具一起移动，这是抵抗径向切削力，防止工件弯曲变形的有效措施。使用跟刀架粗车时，应先在工件右端车出一段外圆，根据外圆调整跟刀架支承爪的松紧，车刀位于支承爪的左侧，并尽量靠近支承爪，然后就可车削。当精车光轴时，车刀应放在支承爪的右侧，也应尽量靠近支承爪，以防止支承爪擦伤精车后的表面。

使用中心架、跟刀架时，主轴转速不宜过高，并需在支承爪处加注机油润滑。

四、车刀

车刀是金属切削加工中应用最广的一种刀具，它可用于车床上加工外圆、端面、内孔、倒角、车槽与切断、车螺纹以及成形表面等。

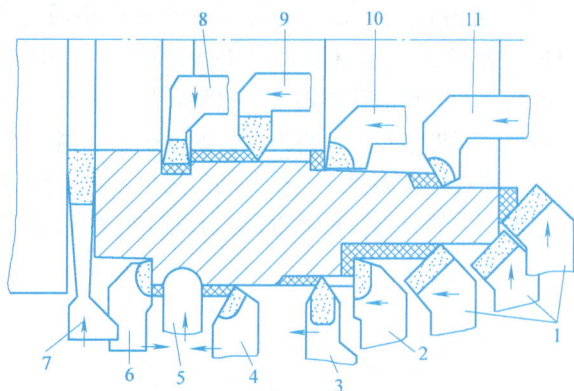

图 3-16 车刀的类型与用途

1—45°弯头车刀　2—90°外圆车刀（90°右偏刀）

3—外螺纹车刀　4—75°外圆车刀　5—成形车刀

6—90°外圆车刀（90°左偏刀）　7—车槽刀　8—内孔车槽刀　9—内螺纹车刀　10—不通孔车刀　11—通孔车刀

车刀的种类很多，按用途不同可分为外圆车刀、内孔车刀等多种，如图 3-16 所示。按结构不同又可分为整体式车刀、焊接式车刀、机夹式车刀、可转位式车刀和成形车刀等，如

图 3-17 所示。

1. 硬质合金焊接式车刀

焊接式车刀是将硬质合金刀片焊接在结构钢刀柄上而形成的，其优点是结构简单，制造方便，刀具刚性好，使用比较灵活，故目前在我国应用仍较为广泛。

2. 硬质合金机夹式车刀

机夹式车刀刀片不经焊接，而是用机械夹固的方式将刀片夹持在刀柄上，如图3-18 所示。硬质合金机夹式车刀分为机夹重磨式和可转位式两种。

（1）机夹重磨式车刀　此车刀的主要优点是由于刀片不经高温焊接，可避免因此而产生的硬度下降、裂纹、崩刃等缺陷，提高了刀具寿命。切削刃用钝后，只需卸下刀片刃磨，安装后即可继续使用。刀柄可多次重复使用，刀片可集中刃磨，能保证刃磨质量，有利于加工质量和效率的提高，也降低了成本。机夹式车刀的结构形式很多。

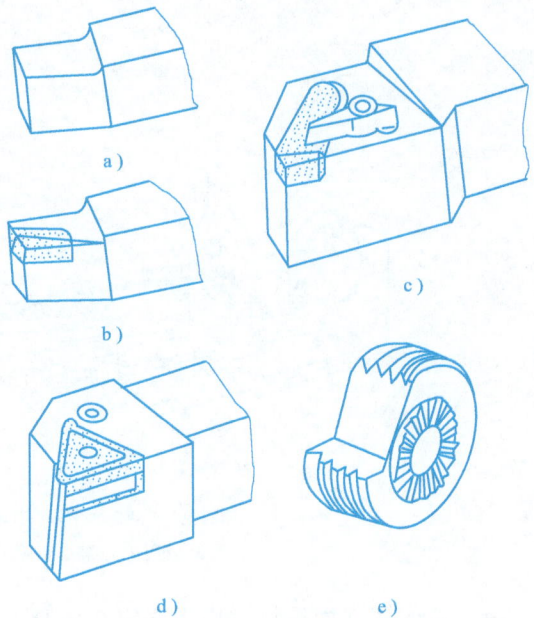

图 3-17　车刀

a）整体式车刀　b）焊接式车刀　c）机夹式车刀
d）可转位式车刀　e）成形车刀

（2）可转位式车刀　可转位车刀是把硬质合金（陶瓷）可转位刀片，用机械方法夹固在刀柄上而形成的车刀。如图3-19 所示，所用的硬质合金（陶瓷）等可转位刀片由专门的生产厂家制造，刀片的种类很多，每种刀片均具有三条以上供转位切削用的切削刃。当一条切削刃用钝后，松开夹紧装置，将刀片转换一个新切削刃，夹紧后即可继续使用，直到所有的切削刃都用钝后，才需更换新刀片。换下的刀片也不再重新刃磨，这样刀片的参数不受磨刀水平影响，是当前重点推广的刀具，可参看国标 GB/T2076—2007 规定的可转位刀片型号。

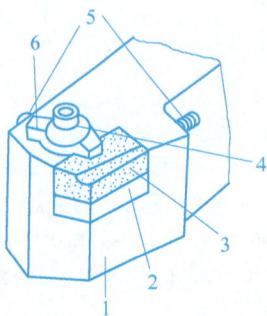

图 3-18　机夹重磨式车刀

1—刀柄　2—刀垫　3—刀片　4—压紧螺钉
5—调节螺钉　6—压板

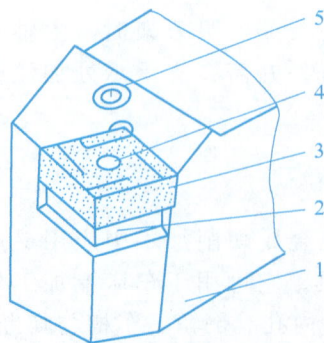

图 3-19　可转位车刀

1—刀柄　2—刀垫　3—刀片　4、5—夹紧元件

五、典型表面的车削加工

（一）外圆车削

外圆车削是车削工作中最基本的一种加工。

1. 车外圆常用的车刀

90°偏刀、45°弯头车刀、75°直头车刀是车削外圆的三种基本车削刀具。

车削加工时，车刀必须安装正确才能保证合理的几何角度，发挥出刀具的效能。首先，刀具从四方刀架伸出的长度应尽量短一些，以提高刀具的刚度；其次，刀具的刀尖必须与机床主轴的中心等高，这样才能保证工作时刀具的前角、后角不发生变化，与刃磨的角度相等。如果将刀具装得高于机床主轴中心会使前角增大，后角减少。在粗车时有时为了提高效率而使前角增大些，可稍高于机床主轴中心。如果刀具装得低于中心，会使前角变小，后角增大。如果将刀具装偏也会使主偏角及副偏角发生变化。

2. 工件装夹方式的选择

车外圆时工件的装夹有几种不同的方式，每种装夹方式都具有各自的特点，各有利弊，应根据工件的尺寸、形状、加工要求、生产批量等情况综合考虑选择装夹方式。选择装夹方式时主要应当注意以下几点：

1）形状不规则、尺寸较大的单件或小批量毛坯工件，应当采用四爪单动卡盘装夹，当在四爪单动卡盘上不便装夹时，可考虑在花盘或花盘弯板上装夹；中批以上生产中，应考虑采用专用夹具进行装夹。

2）对于车外圆后，尚需铣、磨等加工的较长轴类或丝杠类工件，应当采用双顶尖装夹，并用拨盘、鸡心夹头配合装夹。

3）对于较重的长轴类工件，粗车外圆时应采用一端用卡盘夹紧，另一端用顶尖支承的装夹方式。

4）对于已加工有内孔，且内孔与外圆有同轴度要求、长度较短的工件，可采用心轴进行装夹。

5）对于车削长径比较大、切削量较大的阶梯细长轴，或需调头加工的长轴，可采用中心架装夹。

6）对于精车切削余量较小且不允许调头加工的细长光轴，可采用跟刀架装夹。

3. 外圆车削的步骤

1）外圆车削可分粗车、半精车、精车，车削开始前应首先确定粗车、半精车、精车余量。

2）粗车时应充分发挥刀具和机床的性能，背吃刀量尽可能取得大些，尽可能在一次工作行程中完成粗加工余量的车削。对于锻、铸件外圆，因表皮较硬或有型砂，为避免刀具磨损，应先在工件上倒角，然后选较大背吃刀量车削。

3）在精车时，用试切法控制尺寸。车削时，仅靠刻度盘上的刻度确定切削时的背吃刀量，难以保证精度。在单件小批生产中，试切法是获得尺寸精度的常用方法。

精车时，可采用硬质合金刀具高速精车，或者用高速工具钢宽刃刀具低速精车。

4）粗车后需经调质或正火的工件，应考虑热处理变形对工件的影响，需留出 1.5 ~ 2.5mm 余量。

5）需磨削加工的工件，可不必精车，半精车时留出磨削余量即可。单件小批生产中对只需精车的工件，如果表面粗糙度达不到要求，可适当地用砂布或锉刀抛光。

6）车外圆开始前，应先车端面，以便加工时确定长度方向尺寸。

7）车台阶轴时，应先加工较大直径外圆后再加工小直径外圆，以保证工件的刚度。

（二）圆锥面车削

圆锥面的车削加工是一项较难的工作，它除了对尺寸精度、几何精度和表面粗糙度有要求外，还有角度或锥度精度要求。对于要求较高的圆锥面，要用圆锥量规进行涂色法检验，以接触面大小和尺寸评定其精度。

在车床上加工圆锥面常用以下三种方法。

1. 小滑板转位法

如图 3-20 所示，当内外锥面的圆锥角度为 α 时，将小刀架转位 $\alpha/2$ 就可加工。此法操作简单，可加工任意锥角的内外圆锥面。但它只能手动进给，加工长度较短。

由于小滑板转动角度不可能那么准确，因此车锥面是在边车边测量，边调小滑板角度情况下进行的。车外锥时可用环规、万能角度尺检测，车内锥时用塞规、涂色法检测。

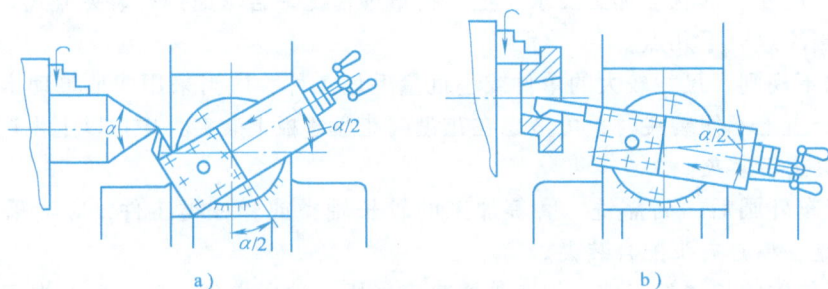

图 3-20 小滑板转位法车内、外锥面

a）车外锥面 b）车内锥面

2. 尾座偏移法

尾座偏移法如图 3-21 所示，只能加工轴类工件或者安装在心轴上的盘套类工件的外锥面。将工件或心轴装夹在前、后顶尖之间，把后顶尖向前或向后偏移一定距离 S，使工件回转轴线与车床主轴轴线的夹角等于圆锥半角 $\alpha/2$，即可自动进给车削。这种方法只适宜加工长度较长、锥度较小、精度要求不高的工件。

3. 靠模法

靠模法是利用靠模装置车削圆锥面的一种方法，靠模法车锥面的优点是既方便又准确，中心孔接触良好，质量较高。可机动进给车削外圆锥面，斜角一般在 12° 以下，适合于成批生产。由于数控车床广泛的运用，用靠模法车削圆锥面的方式已很少运用。

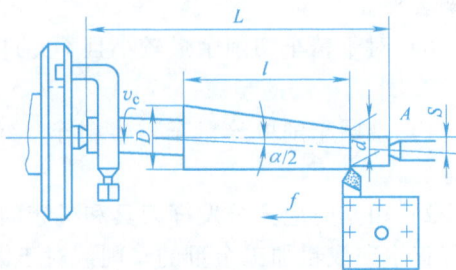

图 3-21 偏移尾座车锥面

（三）螺纹车削加工

车削螺纹是常用的螺纹加工方法。虽然螺纹种类很多，但加工原理都是相同的。

1. 刀具的刃磨

（1）三角形螺纹车刀的刃磨　普通螺纹车刀的刀尖角应为 60°，英制三角形螺纹车刀的刀尖角为 55°，刀具背向前角 γ_p 应等于零度，车刀的后角受螺纹升角的影响，两侧的后角应磨得不同，但螺距不大时可以相同。

用高速工具钢刀具低速车螺纹时，前角小很难把螺纹表面车削得较光滑。当采用背向前角 $\gamma_p = 5° \sim 15°$ 时，加工很顺利，可是由于切削刃不通过工件轴线，车出螺纹牙型不是直线而是曲线，这种误差对要求不高的螺纹可以不予考虑，但是较大的前角对刀尖角影响较大。当 $\gamma_p = 10° \sim 15°$ 时，车刀的刀尖角应减少 $40' \sim 1°40'$。当螺纹精度较高时，高速工具钢车刀背向前角 γ_p 取 $0° \sim 5°$，硬质合金车刀 γ_p 取 0°。硬质合金车刀适用于高速切削螺纹，车削过程中会使工件的牙型角扩大，因此，刀尖角应减少 30'。在车削硬度较高的螺纹时，在两个切削刃上磨出宽 $0.2 \sim 0.4$mm 的负倒棱，其 $\gamma_{o1} = -5°$，磨刀是否正确可用样板检查。

（2）矩形、梯形螺纹刀具的刃磨　车螺纹时，因受进给运动的影响，切削平面和基面的位置发生变化，使工作时刀具的前角和后角与刃磨出的刀具的前角和后角不同，变化的程度取决于螺纹升角的大小。矩形螺纹、梯形螺纹、多头螺纹往往导程大，螺旋升角较大，因此，在刃磨时要注意这一问题。

1）车刀两侧后角的变化。车刀两侧工作后角一般取 $3° \sim 5°$，如图 3-22 所示。当车削右旋螺纹时，由于切削平面的倾斜，会使左侧工作后角减少螺纹升角 ϕ，使车刀不能正常工作。因此，左侧刃磨后角 α_{oL} 应等于工作后角加上螺纹升角 ϕ。为了保证车刀强度，车刀右侧刃磨后角 α_{oR} 应等于工作后角减去螺纹升角 ϕ。车削左旋螺纹时，情况相反。

$$\alpha_{oL} = (3° \sim 5°) + \phi$$
$$\alpha_{oR} = (3° \sim 5°) - \phi$$

2）车刀两侧前角的变化。由于基面位置发生了变化，车刀两侧的工作前角变得与刃磨前角不相等（见图 3-23）。若车右旋螺纹，刀具两侧的刃磨前角为 0°，则右侧工作前角 γ_{oeR} 成为负值，切削困难。为了改善切削状态，将刀具的前刀面垂直于螺旋线装夹，即法向安装，则刀具的左右工作前角相等，$\gamma_{oeL} = \gamma_{oeR} = 0°$；也可水平安装刀具，在前刀面两侧刃处磨出大的卷屑槽以增大前角，使加工顺利。

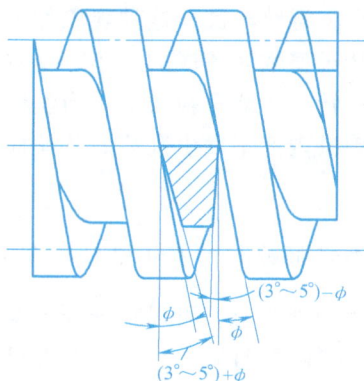

图 3-22　螺纹升角对车刀两侧后角的影响

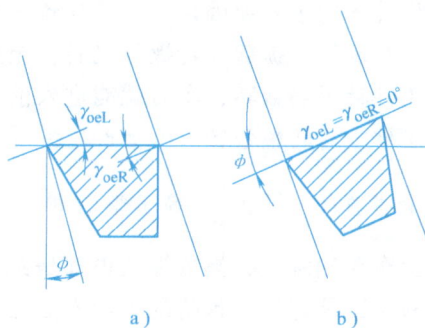

图 3-23　螺纹升角对车刀两侧前角的影响
a）刀具水平安装　b）刀具法向安装

2. 刀具的安装

螺纹车刀安装时，刀尖必须与工件螺纹轴线等高，刀尖角的平分线必须与工件的轴线垂直，这样才能保证螺纹牙型的正确。螺纹车刀常用样板找正刀具位置，进行安装，如图3-24所示。

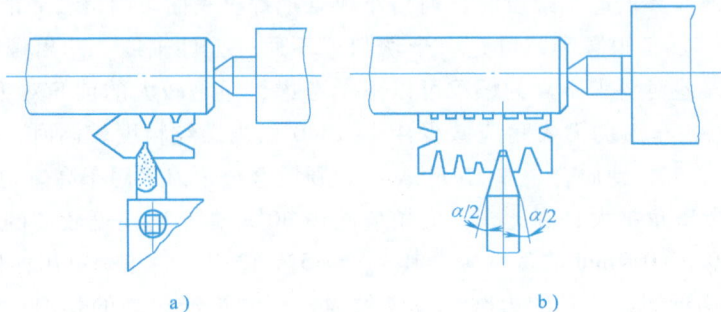

a)   b)

图 3-24   车外螺纹的对刀方法
a）车三角形螺纹   b）车梯形螺纹

3. 车螺纹的进刀方法

（1）直进法   车削时，在每次往复行程后，车刀沿横向进刀，通过多次往复和横向进刀把螺纹车好。此法车削时两侧刃同时切削，容易产生扎刀现象，故常用于切削小螺距的三角形螺纹。

（2）左右切削法   车削过程中，除横向进刀外，还利用小滑板把车刀向左或向右微量进给，这样重复几次把螺纹车好，这种方法是使车刀单刃进行切削，受力得到改善，可获得表面粗糙度值较小的表面。粗车时，为操作方便，小滑板可向一个方向移动，而精车时必须使小滑板一次向左一次向右地移动，以修光两侧面，精车最后一两刀可采用直进法，以保证牙型正确。

4. 乱牙的原因及预防乱牙的方法

一般螺纹加工需要经过反复多次走刀来完成，如果下一次走刀时车刀刀尖不能正对着前一次走刀车出的螺纹槽，而存在着偏左或偏右现象时，会将螺纹车乱，这种现象称为乱牙。

产生乱牙的主要原因是，当丝杠转一转时，工件没转过整数转造成的。车螺纹时，工件和丝杠都在旋转，提起开合螺母之后，至少要等丝杠转一转，才能重新按下。当丝杠转过一转时，工件转了整数转，车刀就能进入前一刀车出的螺旋槽内而不发生乱牙。若丝杠转一转之后，工件没有转整数转，就会产生乱牙。

据上述道理，即当 $\dfrac{P_{丝}}{P_{工}}$ 等于整数时不会发生乱牙，不是整数时会发生乱牙。在 CA6140 型车床上车英制螺纹、模数螺纹也都是乱牙的。车不乱牙的螺纹时，可以打开开合螺母进行退刀。对于乱牙螺纹，预防乱牙的方法是在加工过程中不要随意打开、合上开合螺母，而是采用开正反车的方法，即在第一次行程结束时，继续保持开合螺母闭合状态，把车刀沿径向退出后，将主轴反转，使车刀沿纵向退回，再进行下一次切削。这样在往复过程中，因主轴、丝杠和刀架之间的传动始终没有分离过，就不会产生乱牙。

5. 对刀方法

在车削过程中换刀或磨刀后，均应重新对刀（见图3-25），先闭合开合螺母，使车刀处于位置1，开机后将刀架向前移一段距离，使车刀处于位置2，以消除丝杠与螺母之间的间隙，再摇小滑板和中滑板使车刀落入原来的螺纹槽中，车刀处于位置3，横向退刀后，再将车刀移至工件右端面外相距数毫米处，以便继续车削。

6. 普通螺纹的高速切削

普通螺纹采用高速工具钢刀具加工，只能用比较低的切削速度，而且往复工作行程的次数多，如车削螺距为2mm的螺纹，一般至少需12次往复工作行程。而用硬质合金车刀，可采用很高的切削速度，较少的往复工作行程次数，故生产率大大提高，加工质量也好，其具体方法如下：

用硬质合金车刀采用切削速度50~

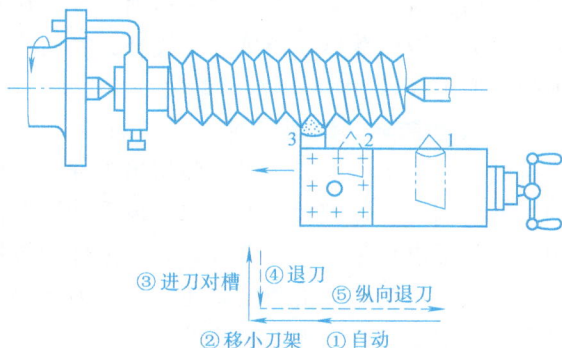

图 3-25 右旋螺纹车削及对刀方法

100m/min，用直进法进刀，切屑垂直轴线排出或呈球状较为理想。切削加工时不能用左右进刀法，这样切屑会把另一侧螺纹表面拉毛。

当高速切削外螺纹时，受车刀的挤压会使螺纹的径向尺寸胀大。因此，车螺纹前的外圆直径应比螺纹大径小。材料为中碳钢，车米制螺纹，螺距为1.5~3.5mm时，外径可小0.2~0.4mm。

当高速切削内螺纹时，车内螺纹前的孔径应比内螺纹小径大一些，可按下列公式近似计算：

塑性金属　$D_孔 \approx D-P$

脆性金属　$D_孔 \approx D-1.05P$

式中　D——螺纹大径（mm）；

P——螺纹螺距（mm）。

为确保加工出合格的零件，需按牙型高度公式 $h_1 = 0.5413P$，算出牙型高度，分配每次的背吃刀量。开始粗车时值取大一些，一般为0.2~0.3mm左右，精车时取0.1~0.15mm。加工螺距1.5mm的螺纹，只需3~5次往复工作行程，就可加工完毕。螺距大时取进刀次数多些，最后一次精车背吃刀量不能小于0.1mm，加工完后可用量具进行检验。

第三节　铣 削 加 工

铣削加工是在铣床上使用旋转多刃刀具，对工件进行切削加工的方法，它是加工平面、沟槽的最基本方法。铣削加工时，铣刀的旋转是主运动，铣刀或工件沿坐标方向的直线运动或回转运动是进给运动。

铣刀是多刃刀具，它的每一个刀齿相当于一把车刀，铣削加工时同时有多个刀齿参加切削，就其中一个刀齿而言，其切削加工特点与车削基本相同，但就整体刀具的切削过程而言又有其特殊之处。

一、铣削概述

(一) 铣削加工的特点

1. 铣削加工生产率高

铣削加工时由于多个刀齿参与切削，金属切除率大，每个刀齿的切削过程不连续，刀体体积又较大，因此散热、传热情况较好，铣削速度可以较高，其他切削用量也可以较大，故铣削生产率很高。

2. 铣削加工属于断续切削

铣削时，每个刀齿依次切入和切出工件，形成断续切削，而且每个刀齿的切削厚度是变化的，使切削力变化较大，工件和刀齿受到周期性冲击和振动。铣削处于振动和不平稳状态之中，这就要求机床和夹具具有较高的刚性和抗振性。

铣削热、铣削的冲击和振动还会降低刀具寿命和影响加工表面质量，一般说来，铣削主要是属于粗加工和半精加工的范畴。

3. 容屑和排屑的问题

由于铣刀是多刃刀具，刀齿和容屑空间为半封闭式，相邻两刀齿之间的空间有限，因此要求每个刀齿切下的切屑必须有足够的空间容纳并能够顺利排出，否则会造成刀具损坏。

4. 同一种被加工表面可以选用不同的铣削方式和刀具

同样形状的被加工表面在铣削时可以选用不同的铣刀、不同的铣削方式进行加工。如铣平面，可以选用圆柱铣刀、立铣刀、面铣刀等，可采用逆铣或顺铣方式。这样可以适应不同的工件材料和其他切削条件的要求，以提高切削效率和刀具使用寿命。

(二) 铣削工艺范围

铣削加工范围很广，如图 3-26 所示。用不同类型的铣刀，可进行平面、台阶面、沟槽和成形表面等加工。此外，在铣床上还可以安装孔加工刀具，如钻头、铰刀、镗刀来加工工件上的孔。

铣削可对工件进行粗加工、半精加工或精加工。铣削加工的尺寸公差等级一般为 IT7 ~ IT13，表面粗糙度 Ra 值为 12.5 ~ 1.6μm。

铣削不仅适用于单件小批量生产，也适用于大批量生产。

(三) 铣削用量

铣削时，铣刀上相邻两个刀齿在工件上先后形成的两个过渡表面之间的一层金属层称为切削层。铣削时切削用量决定着切削层的形状和尺寸，切削层的形状和尺寸对铣削过程有很大影响。

根据切削刃在铣刀上分布位置不同，铣削可分为圆周铣削和端面铣削。用分布于铣刀圆柱面上的刀齿进行铣削称为周铣，用分布于铣刀端平面上的刀齿进行铣削称为端铣，如图 3-27 所示。其铣削用量含以下几种铣削要素。

1. 铣削速度 v_c

铣削速度为铣刀旋转的线速度，即铣刀切削刃选定点相对工件在主运动方向的瞬时速度，可按下式计算：

$$v_c = \pi dn / 1000$$

图 3-26 铣削加工的应用

a)、b)、c) 铣平面 d)、e) 铣沟槽 f) 铣台阶 g) 铣 T 形槽 h) 铣狭缝 i)、j) 铣角
k)、l) 铣键槽 m) 铣齿形 n) 铣螺旋槽 o) 铣曲面 p) 铣立体曲面

式中 v_c——铣削速度（m/min 或 m/s）；

d——铣刀直径（mm）；

n——铣刀转速（r/min 或 r/s）。

2. 进给量

铣削时工件与铣刀在进给运动方向上的相对位移量称为进给量，有三种表示方法：

（1）每齿进给量 f_z 指铣刀每转过一个刀齿时，铣刀相对工件在进给运动方向上的相对位移量，单位为 mm/z。

（2）每转进给量 f 指铣刀每转过一转时，铣刀相对工件在进给运动方向上的相对位移量，单位为 mm/r。每齿进给量与每转进给量的关系为：

$$f_z = \frac{f}{z}$$

式中　z——铣刀齿数。

（3）进给速度 v_f　单位时间内工件与铣刀在进给运动方向上的相对位移，单位为 mm/min。三者之间的关系为：

$$v_f = fn = f_z zn$$

式中　n——铣刀转速（r/min）。

3. 背吃刀量 a_p

指平行于铣刀轴线测量的切削层尺

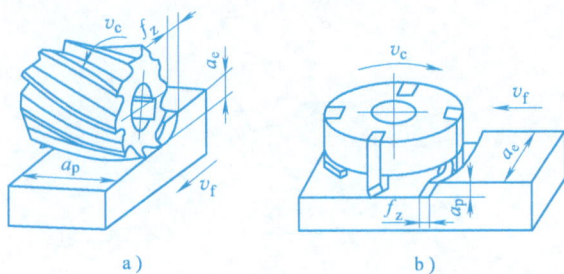

图 3-27　铣削用量要素

a）圆周铣削　b）端面铣削

寸。端铣时，a_p 为切削层深度；圆周铣削时，a_p 为被加工表面的宽度。

4. 侧吃刀量 a_e

指垂直于铣刀轴线测量的切削层尺寸。端铣时，a_e 为被加工表面宽度；圆周铣削时，a_e 为切削层深度。

二、铣床

铣床的种类和形式很多，其中升降台铣床、无升降台铣床和龙门铣床为基本类型，为适应不同加工对象和不同生产类型还派生出许多变形品种铣床，如摇臂及滑枕铣床、工具铣床、仿形铣床等。除此之外还有各种专门化铣床，如钻头铣床、曲轴铣床等。

下面就常用铣床类型作简单介绍。

（一）升降台铣床

这类机床的特点是，具有能沿床身垂直导轨上下移动的升降台，工作台可实现在相互垂直的三个方向上调整位置和完成进给运动。这类机床应用较广，主要用于单件、小批生产中加工中小型工件。常见的升降台铣床有以下几种：

1. 卧式升降台铣床

卧式升降台铣床的主轴呈水平布置，其外形及部件如图 3-28 所示，床身 1 固定在底座 8 上，内装主运动的变速、操纵等机构和主轴 3。升降台 7 沿床身垂直导轨升降，床鞍 6 在升降台 7 上做横向运动，工作台 5 可在床鞍上做纵向进给运动。升降台、工作台和床鞍都可进行快速移动。

2. 卧式万能升降台铣床

卧式万能升降台铣床与卧式升降台铣床的差别，仅在于床鞍上有回转盘，工作台在回转盘上的导轨中纵向移动，回转盘可绕垂直轴线在±45°范围内转动，从而扩大了铣床的工艺范围。X6132 型铣床是一种常用的卧式万能升降台铣床，其外形如图 3-29 所示。此机床结构比较完善，变速范围大，刚性较好，操作方便，有纵向进给间隙自动调节装置。

3. 万能回转头铣床

万能回转头铣床与卧式升降台铣床的结构相似，如图 3-30 所示，实质上也是卧式铣床，只是在它的滑座 2 两端分别装上了电动机 1 和万能立铣头 3，其铣头可任意方向偏转角度进行铣削加工。

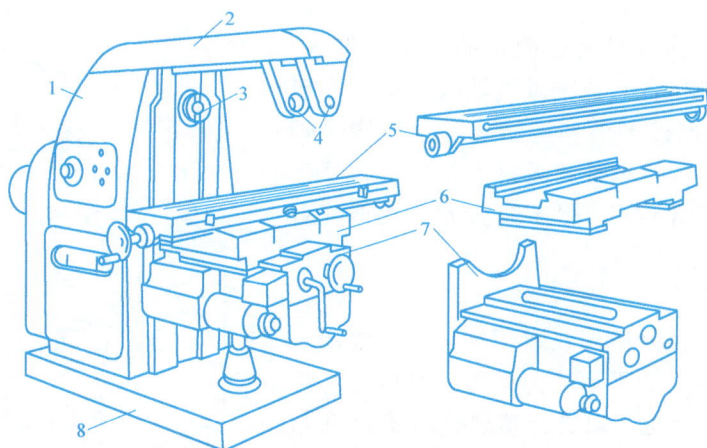

图 3-28　卧式升降台铣床

1—床身　2—悬梁　3—主轴　4—刀杆支架　5—工作台　6—床鞍

7—升降台　8—底座

4. 立式升降台铣床

立式升降台铣床与卧式升降台铣床的最大区别为主轴是垂直布置的，如图 3-31 所示。立式升降台铣床的立铣头在垂直平面内可以向右或向左在±45°范围内回转角度，以扩大铣床的工艺范围。

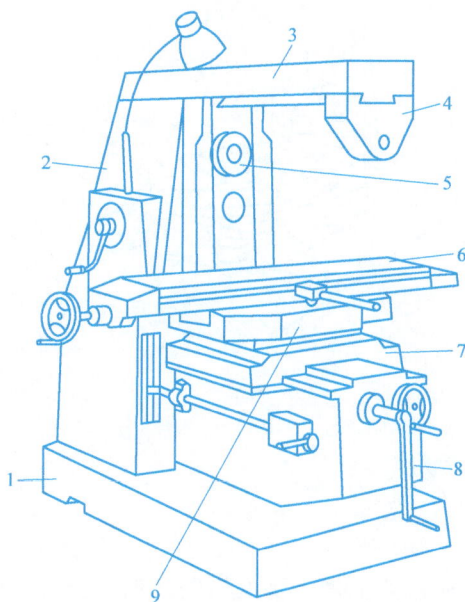

图 3-29　X6132 型卧式万能升降台铣床

1—底座　2—床身　3—悬梁　4—刀杆支架

5—主轴　6—工作台　7—床鞍　8—升降台

9—回转盘

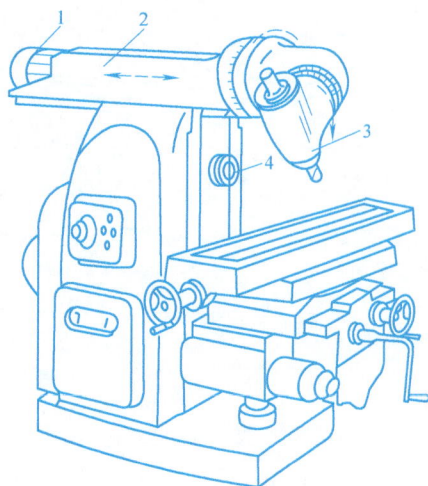

图 3-30　万能回转头铣床

1—电动机　2—滑座　3—万能立铣头

4—水平主轴

（二）无升降台铣床

这种铣床的工作台只能在固定的台座上做纵、横向移动（矩形工作台）或绕垂直轴线转动（圆形工作台），垂直方向的调整和进给运动由机床主轴箱完成。它的刚性和抗振性比升降台铣床好，适于采用较大的切削用量加工。图 3-32 所示为无升降台铣床的外形。

（三）龙门铣床

龙门铣床是一种大型高效通用铣床，主要用于加工各类大型工件上的平面、沟槽等，可以对工件进行粗铣、半精铣，也可以进行精铣。图 3-33 所示是龙门铣床的外形。机床呈框架式结构，横梁 5 可以在立柱 4 上升降，以适应工件的高度。横梁上装两个立式铣削主轴箱（立铣头）3 和 6。两根立柱上分别装两个卧铣头 2 和 8，每个铣头都是一个独立的部件，内装主运动变速机构、主轴和操纵机构。法兰式主电动机固定在铣削主轴箱的端部。工

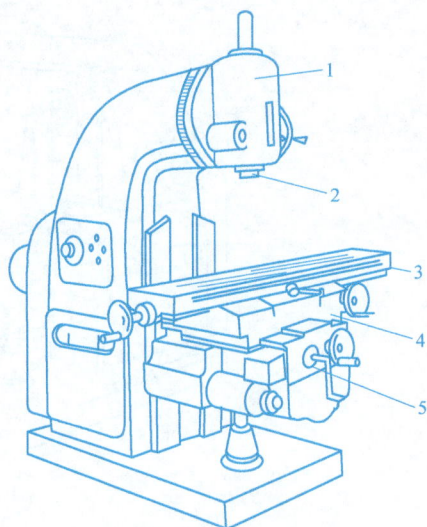

图 3-31　立式升降台铣床
1—铣头　2—主轴　3—工作台
4—床鞍　5—升降台

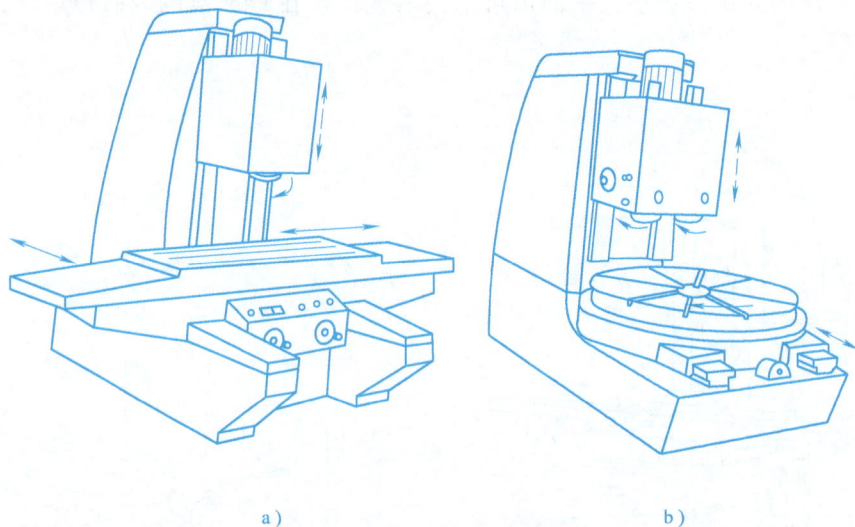

a)　　　　　　　　b)

图 3-32　无升降台铣床
a）工作台移动　b）工作台转动

作台可在床身 1 上做水平的纵向运动。立铣头可以在横梁上做水平的横向运动，卧铣头可在立柱上升降。这些运动都可以是进给运动，也都可以是调整铣头与工件间相互位置的快速调位运动。主轴装在主轴套筒内，可以手动伸缩，以调整背吃刀量。7 为悬挂式按钮站。

龙门铣床可用多个铣头同时加工一个工件的几个面或同时加工几个工件，所以生产率很高，在成批和大量生产中得到广泛的应用。

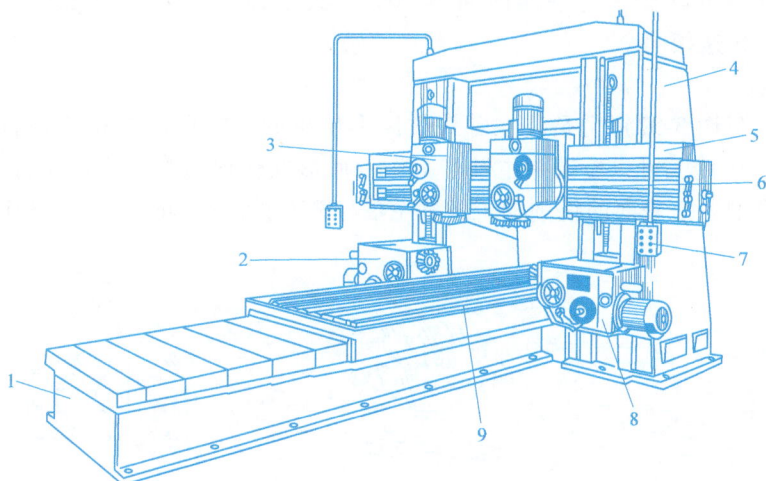

图 3-33 龙门铣床

1—床身 2、8—卧铣头 3、6—立铣头 4—立柱 5—横梁

7—按钮站 9—工作台

三、常用铣床附件

1. 万能分度头

万能分度头是铣床的重要附件（见图 3-34），用来扩大铣床的工艺范围。在铣床上加工某些工件（如齿轮、花键轴、带螺旋槽的工件等）时，都要使用万能分度头，使用时将万能分度头的基座固定在铣床工作台上。基座上有回转体，回转体侧面有分度盘，分度盘两面都有若干圈数目不同的等分小孔。转动手柄，通过万能分度头内部的传动机构带动主轴转动。主轴可随回转体在 $-6° \sim 90°$ 之间回转成任意角度，这样就可以将工件相对于工作台面倾斜成所需要的角度。主轴前端有标准锥孔，可插入顶尖，外部有螺纹可以装卡盘、拨盘和鸡心夹头，用来夹持不同的工件。手柄在万能分度盘的孔圈上应转过的圈数和孔数，可以根据工件加工的需要，

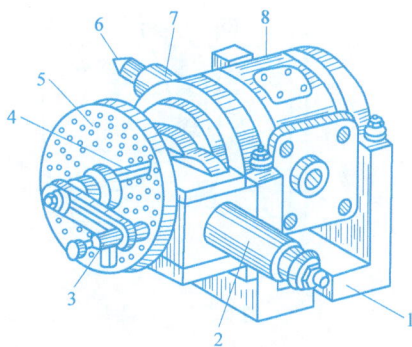

图 3-34 万能分度头

1—基座 2—侧轴 3—手柄
4—分度尺 5—分度盘 6—顶尖
7—主轴 8—回转体

进行计算确定，使工件完成等分或不等分的分度。工件支承在分度头主轴上的顶尖和工作台上加装的尾座上的顶尖之间，或者用卡盘装夹进行加工，如图 3-35 所示。

此外，在万能分度头侧轴与工作台进给丝杠之间配上一组交换齿轮，使工作台进给丝杠按一定的传动比带动万能分度头主轴转动，就使工作台纵向进给运动与万能分度头主轴的旋转运动得到合成，形成螺旋运动，以加工螺旋槽。

2. 立铣头

立铣头（见图 3-36）装在卧式铣床上，可以使卧式铣床起到立式铣床的作用，扩大其

加工范围。立铣头可以在垂直平面内回转 360°，其主轴与铣床主轴之间的传动比一般为 1∶1，故两者的转速相同。

3. 万能铣头

万能铣头（见图 3-37）也是装在卧式铣床上使用的，它可以在相互垂直的两个平面内分别回转 360°。因此，可以使铣头主轴与工作台面形成任何角度，实现工件在一次装夹中，完成有角度要求的各个表面的铣削加工，其主轴与铣床主轴之间的传动比也是1∶1。

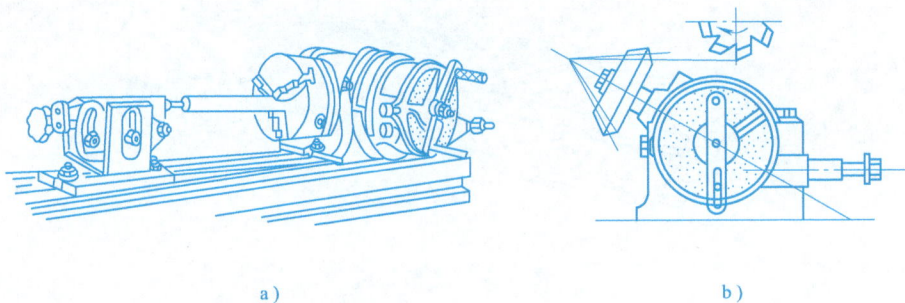

a)   b)

图 3-35　万能分度头的应用

a）长轴的装夹方法　b）锥齿轮的装夹方法

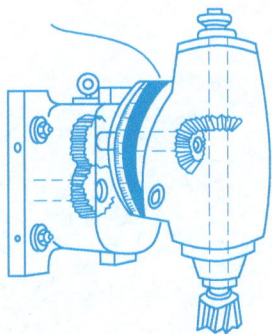

图 3-36　立铣头

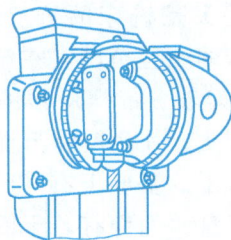

图 3-37　万能铣头

四、铣刀

（一）铣刀的种类

铣刀是一种多齿刀具，种类繁多，按照用途铣刀可做如下分类。

1. 加工平面用的铣刀

（1）圆柱铣刀　可用于在卧式铣床上加工较窄平面。圆柱铣刀可用高速工具钢整体制造（见图 3-38a），也可镶焊硬质合金（见图 3-38b）制造。为提高铣削时的平稳性，以螺旋形的刀齿居多。该铣刀有两种类型：粗齿圆柱铣刀具有齿数少、刀齿强度高、容屑空间大、重磨次数多等特点，适用于粗加工；细齿圆柱铣刀齿数多、工作平稳，适用于精加工。

选择铣刀直径时，应保证铣刀心轴具有足够的刚度和强度，通常根据铣削用量和铣刀心轴来选择铣刀直径。

（2）面铣刀　小直径面铣刀用高速工具钢做成整体式（见图 3-39a），大直径的面铣刀是在刀体上装配焊接式硬质合金刀头（见图 3-39b），或采用机械夹固式可转位硬质合金刀片（见图 3-39c）。硬质合金面铣刀适用于高速铣削平面，由于它刚性好，效率高，加工质量好，故得到广泛应用。

2. 加工沟槽用的铣刀

（1）三面刃铣刀　三面刃铣刀除圆周表面具有主切削刃外，两侧面还具有副切削刃，从而改善了切削性能，提高了切削效率和降低了工件的表面粗糙度数值，主要用于加工凹槽和

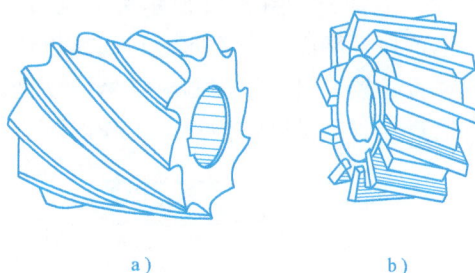

图 3-38　圆柱铣刀
a）整体式　b）镶齿式

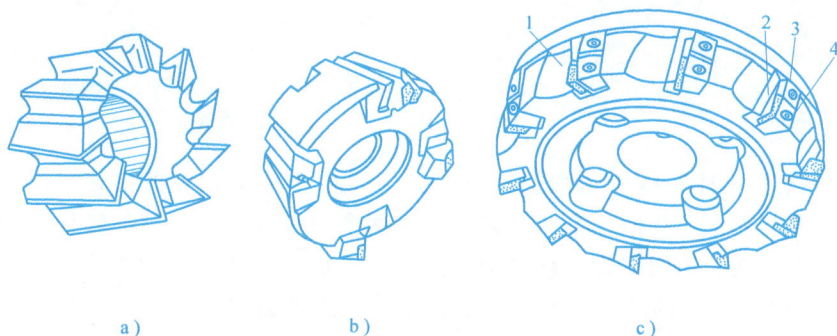

图 3-39　面铣刀
a）整体式刀片　b）焊接式硬质合金刀片　c）机械夹固式可转位硬质合金刀片
1—刀体　2—定位座　3—定位座夹板　4—刀片夹板

台阶面。三面刃铣刀可分为直齿三面刃铣刀、错齿三面刃铣刀和镶齿三面刃铣刀，如图 3-40 所示。

（2）锯片铣刀　图 3-41 所示为锯片铣刀，主要用于切断工件或在工件上铣窄槽。为避免在铣削过程中夹刀，刀片厚度由刀缘向中心递减。

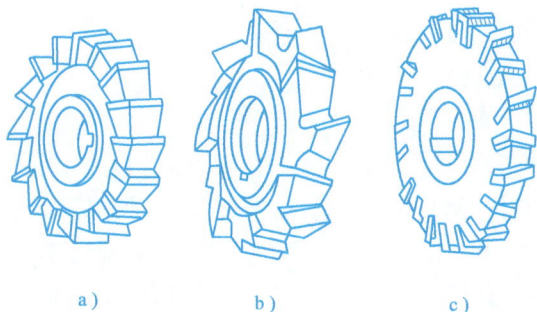

图 3-40　三面刃铣刀
a）直齿三面刃铣刀　b）错齿三面刃铣刀
c）镶齿三面刃铣刀

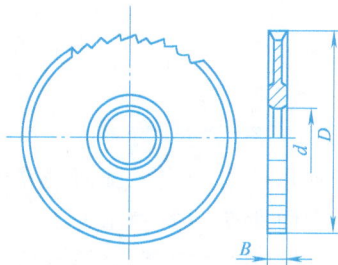

图 3-41　锯片铣刀

（3）立铣刀　图 3-42 所示为立铣刀，类似于带柄的小直径圆柱铣刀，既可用于加工凹槽，也可加工平面、台阶面，利用靠模还可加工成形表面。立铣刀的直径较小时，柄部制成直柄；直径较大时，柄部制成锥柄。立铣刀圆柱面上的切削刃是主切削刃，端面上的切削刃没有通过中心，是副切削刃。工作时不宜作轴向进给运动。

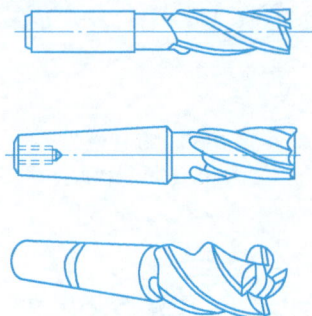

图 3-42　立铣刀

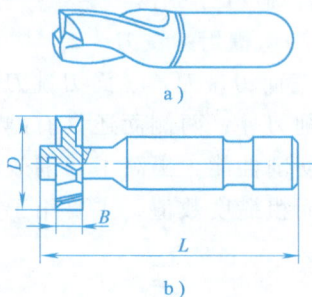

图 3-43　键槽铣刀

a）键槽铣刀　b）半圆键铣刀

（4）键槽铣刀　图 3-43 所示为键槽铣刀，主要用于加工轴上的键槽。图 3-43a 所示的键槽铣刀的外形与立铣刀相似，不同的是它只有两个刀齿，端面切削刃延伸至中心，端面切削刃为主切削刃，圆周切削刃为副切削刃。因此，在加工两端不通的键槽时，能沿轴向做适量的进给。图 3-43b 所示的键槽铣刀专用于加工轴上的半圆键槽。

（5）角度铣刀　图 3-44 所示为角度铣刀，主要用于加工带角度的沟槽和斜面。图 3-44a 所示为单角度铣刀，圆锥切削刃为主切削刃，端面切削刃为副切削刃。图 3-44b 所示为双角度铣刀，两圆锥面上的切削刃均为主切削刃。它有对称双角度铣刀和不对称双角度铣刀。

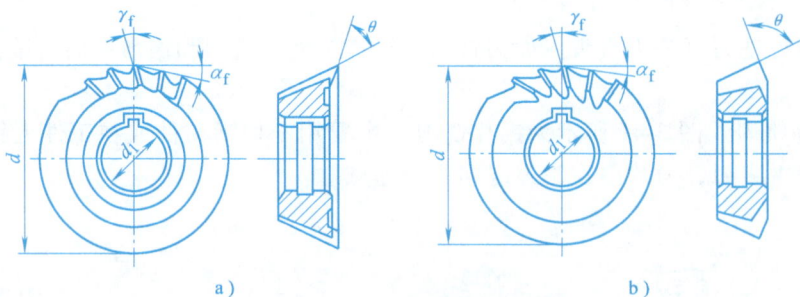

图 3-44　角度铣刀

a）单角度铣刀　b）双角度铣刀

3. 加工成形面的铣刀

（1）成形铣刀　成形铣刀是在铣床上加工成形表面所使用的专用刀具，其切削刃形状是根据工件加工表面的轮廓形状设计的。它具有较高的生产率，并能保证工件形状和尺寸的互换性，因此得到广泛使用。图 3-45 所示为几种成形铣刀。

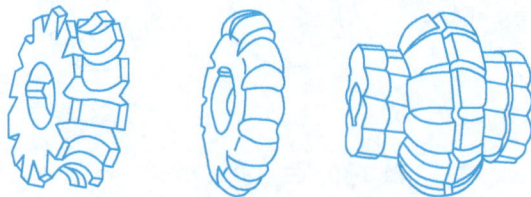

图 3-45　成形铣刀

（2）模具铣刀　图 3-46 所示为模具铣刀，用于加工模具型腔或凸模成形表面，在模具制造中广泛应用。它由立铣刀演变而成，主要分为圆锥形立铣刀，圆柱形球头立铣刀和圆锥形球头立铣刀。模具铣刀类型和尺寸按工件形状和尺寸来选择。

硬质合金模具铣刀可取代金刚石锉刀和磨头来加工淬火后硬度小于 65HRC 的各种模具，它的切削效率较高。

（二）铣刀的安装

铣刀按刀体结构的不同，其在主轴上的安装方法也不同。

1. 带孔铣刀的安装

（1）刀杆　带孔类铣刀一般都是利用刀杆装在铣床主轴上的，刀杆由刀轴、垫圈、止动键、衬套和螺母五部分组成，如图 3-47a 所示。刀轴直径尺寸是根据常用铣刀的内孔而设计制造的，一般有 $\phi16mm$、$\phi22mm$、$\phi27mm$、$\phi32mm$、$\phi40mm$ 和 $\phi50mm$ 六种。图 3-47b 是一种不带衬套的刀轴，使用这种刀轴时，刀轴的轴颈直接支承在刀杆支架上，而前一种刀杆是通过衬套支承在刀杆支架上。

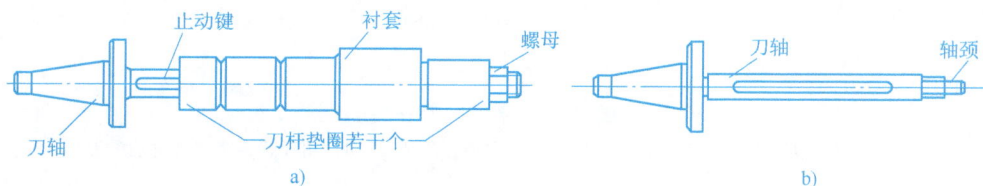
图 3-46　模具铣刀
a）圆锥形立铣刀　b）圆柱形球头立铣刀
c）圆锥形球头立铣刀

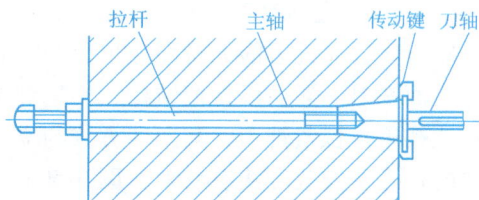
图 3-47　两种刀杆

（2）拉杆　刀杆装在主轴上之后，必须用拉杆拉紧后方能使用，拉杆的形状和使用如图 3-48 所示。

（3）铣刀安装　先将刀轴装入主轴孔中，并用拉杆拉紧。刀轴里端装入几个适当长度的垫圈以确定铣刀位置。套入铣刀时，在铣刀和刀轴之间放入止动键，再在铣刀外侧装上适当长度的垫圈、衬套，拉出悬梁至适当位置，刀杆支架装在悬梁上并和刀杆衬套配合（用图 3-47b 所示的刀杆时，刀杆的轴颈直接插入刀杆支架的支承孔内），旋紧悬梁、刀杆支架紧固螺母及刀杆螺母。

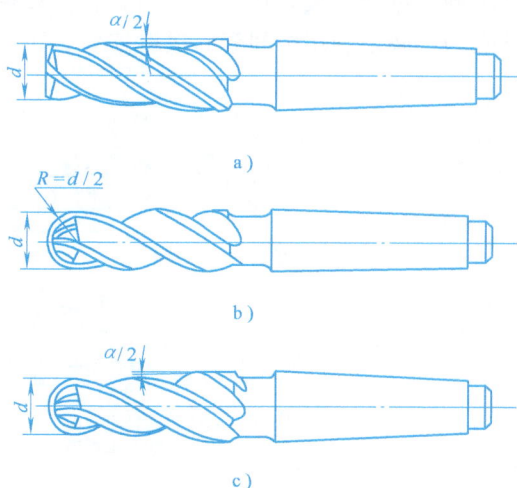
图 3-48　拉杆

2. 带柄铣刀的安装

（1）锥柄铣刀安装　锥柄铣刀的锥度一般都是莫氏锥度，若铣刀柄部锥度和主轴锥孔锥度相同，可以直接装在主轴孔内，若铣刀柄部锥度和主轴锥孔锥度不同，则不能直接装在主轴孔内，必须利用中间套筒过渡安装，再用拉杆拉紧，其装卸过程如图3-49a、b所示。

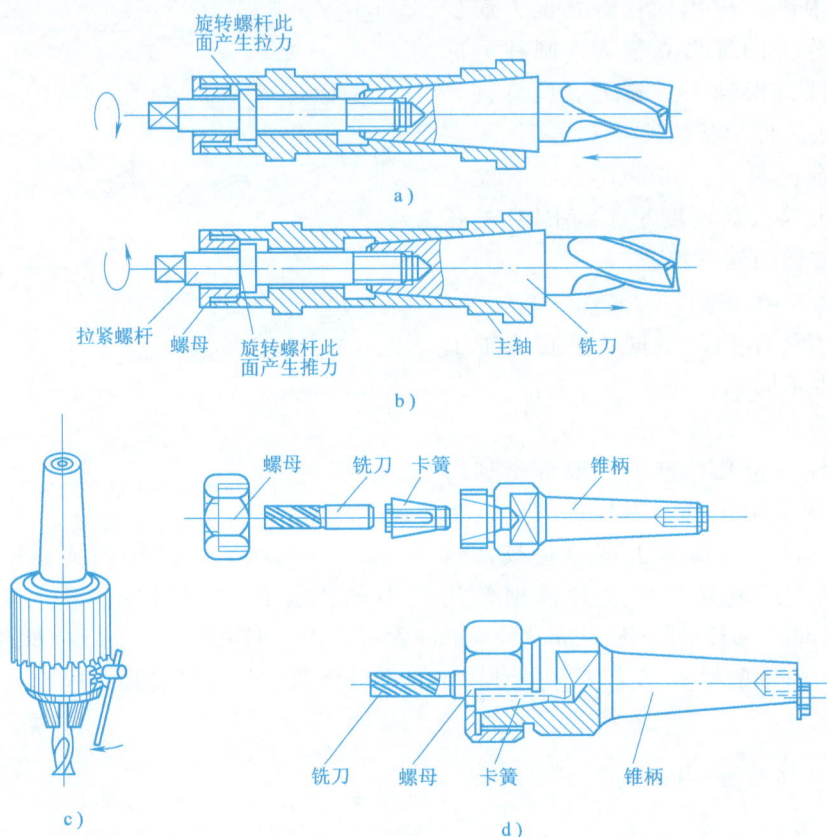

图 3-49　带柄铣刀安装

a）拉紧铣刀　b）拆卸铣刀　c）用钻夹头安装直柄铣刀　d）用弹簧夹头安装直柄铣刀

（2）直柄铣刀的安装　当铣刀为直柄时，则要利用钻夹头或弹簧夹头安装，如图3-49c、d所示。

3. 硬质合金面铣刀的安装

硬质合金面铣刀的夹持部分可分为两种形式：一种是带柄结构，另一种是套管式结构。小直径面铣刀一般做成带柄结构，锥柄和主轴锥孔相配合，用作定位和传递转矩。柄部末端的螺纹孔用来拉紧铣刀，其安装方式与立铣刀类似。大直径面铣刀均做成套式结构，它们与主轴的定心及安装方式有三种：图3-50a所示为在刀体端面上制作有止口与铣床主轴前端配合；图3-50b所示为用安装在主轴锥孔中的心轴与刀体的内孔相配合作为定心；图3-50c所示为采用装配环结构使刀具定心。刀具在主轴上定位后用螺钉紧固在主轴上。

五、铣削加工方法

（一）铣削方式

采用合适的铣削方式可减少振动，使铣削过程平稳，并可提高工件表面质量、铣刀寿命以及铣削生产率。

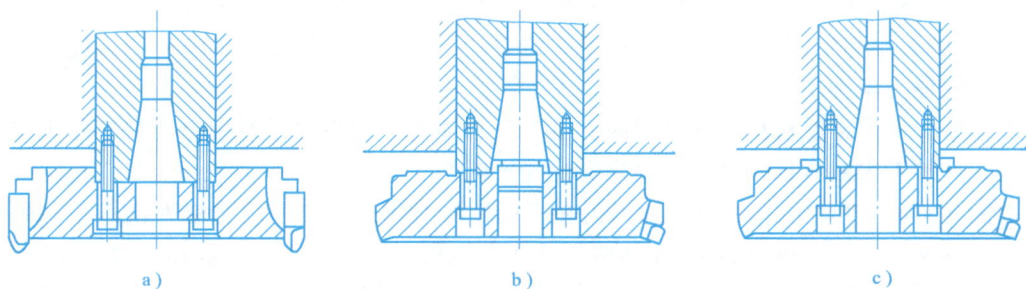

图 3-50 硬质合金面铣刀的安装

1. 端铣和周铣

端铣与周铣相比，前者更容易使加工表面获得较小的表面粗糙度值和较高的劳动生产率。因为端铣时参加铣削的刀齿数较多，切削力变化较小，铣削比较平稳，并且副切削刃、倒角刀尖具有修光作用，而周铣时只有主切削刃工作。此外，端铣时主轴刚性好，并且面铣刀易于采用硬质合金可转位刀片，因而切削用量较大，生产率高，在平面铣削中端铣基本上代替了周铣，但周铣可以加工成形表面和组合表面。

2. 逆铣和顺铣

圆周铣削有逆铣和顺铣两种方式。

（1）逆铣　如图 3-51a 所示，铣削时，铣刀切入工件时的切削速度方向和工件的进给运动方向相反称为逆铣。

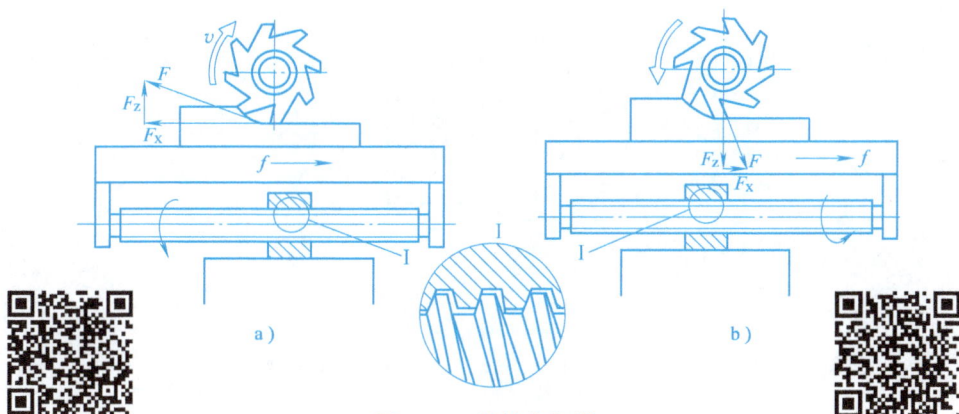

图 3-51 逆铣和顺铣
a）逆铣　b）顺铣

逆铣时，切削厚度从零逐渐增大至最大值。刀齿在开始切入时，由于切削刃钝圆半径的影响，刀齿在工件表面上打滑，产生挤压和摩擦，至滑行到一定程度后，刀齿方能切入金属层。这样刀齿容易磨损，工件表面产生严重的冷硬层。下一个刀齿又在前一个刀齿所产生的冷硬层上重复一次滑行、挤压和摩擦的过程，刀齿磨损加剧，增大了工件表面粗糙度值。此外，刀齿开始切入工件时，垂直铣削分力 F_z 向下，当铣刀继续转过一定角度后，垂直铣削分力 F_z 向上，易引起振动，有把工件抬起来的趋势，需较大夹紧力。逆铣时，纵向铣削分力 F_x 与纵向进给方向相反，使丝杠与螺母间传动面始终贴紧，故工作台不会发生窜动现象，铣削过程较平稳。故在生产中铣床没有间隙调整机构时，一般都采用逆铣。

（2）顺铣　如图 3-51b 所示，铣削时，铣刀切出工件时的切削速度方向与工件的进给运动方向相同称为顺铣。

顺铣时，切削厚度从最大逐渐递减至零，没有逆铣时刀齿的滑行现象，加工硬化程度大为减轻，已加工表面质量较高，刀具寿命比逆铣时高。

由图 3-51b 中可看出，顺铣时，刀齿在不同位置时作用在其上的切削力也是不等的。但是，在任一瞬时垂直铣削分力 F_z 始终将工件压向工作台，避免了上下振动，铣削比较平稳。另一方面，纵向铣削分力 F_x 在不同瞬时尽管大小不等，但是方向始终与进给方向相同，由于带动工作台的丝杠与螺母传动副中存在间隙，当纵向分力 F_x 超过工作台下面导轨副的摩擦力时，铣刀会使工作台带动丝杠向右窜动，造成工作台振动。由于切削力不断变化，从而使工作台在丝杠与螺母间隙范围内纵向左右窜动和进给不均匀，严重时会使铣刀崩刃。因此，如采用顺铣，必须要求铣床工作台进给丝杠螺母副有消除侧向间隙机构，或采取其他有效措施。

X6132 型万能铣床设有顺铣消隙机构，可以消除工作台进给丝杠螺母副中的侧向间隙，解决了顺铣时工作台左右窜动问题。数控铣床工作台的运动大都采用滚珠丝杠等其他无间隙传动方式，无须考虑间隙的问题。

3. 对称端铣和不对称端铣

端铣时，根据铣刀与工件相对位置的不同，可分为对称端铣、不对称逆铣和不对称顺铣三种方式，如图 3-52 所示。

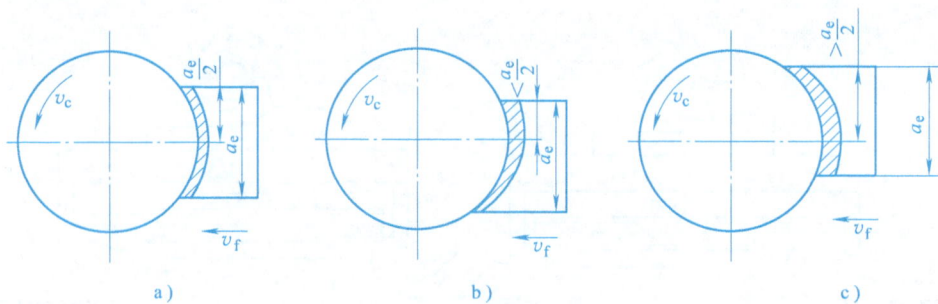

图 3-52　端铣的三种方式

a）对称端铣　b）不对称逆铣　c）不对称顺铣

（1）对称端铣　铣削过程中，面铣刀轴线始终位于铣削弧长的对称中心位置，上面的顺铣部分等于下面的逆铣部分，此种铣削方式称为对称端铣，如图 3-52a 所示。采用该方式时，由于铣刀直径大于铣削宽度，故刀齿切入和切离工件时切削厚度均大于零，这样可以避免下一个刀齿在前一刀齿切过的冷硬层上切削。一般端铣多用此种铣削方式，尤其适用于铣削淬硬钢。

（2）不对称逆铣　当面铣刀轴线偏置于铣削弧长对称中心的一侧，且逆铣部分大于顺铣部分，这种铣削方式称为不对称逆铣，如图 3-52b 所示。该种铣削方式的特点是刀齿以较小的切削厚度切入，又以较大的切削厚度切出。这样，切入冲击较小，适用于端铣非合金钢和高强度低合金钢，这种切削方式其刀具寿命较对称铣削可提高一倍以上。此外，由于刀齿接触角较大，同时参加切削的齿数较多，切削力变化小，切削过程较平稳，加工表面粗糙度值较小。

（3）不对称顺铣 当面铣刀轴线偏置于铣削弧长对称中心的一侧，且顺铣部分大于逆铣部分，这种铣削方式称为不对称顺铣，如图 3-52c 所示。该种铣削方式的特点是刀齿以较大的切削厚度切入，而以较小的切削厚度切出。它适合于加工不锈钢等一类中等强度和高弹塑性材料。这样可减小逆铣时刀齿的滑行、挤压现象和加工表面的冷硬程度，有利于提高刀具寿命。在其他条件一定时，只要偏置距离选取合适，刀具寿命可比对称端铣提高两倍。

（二）典型表面的铣削方法

1. 铣平面

铣平面可以在卧式铣床上进行，也可在立式铣床上进行，既可用面铣刀，也可用圆柱铣刀，甚至用立铣刀等。图 3-53a、b 所示为在卧式铣床和立式铣床上用面铣刀铣平面。

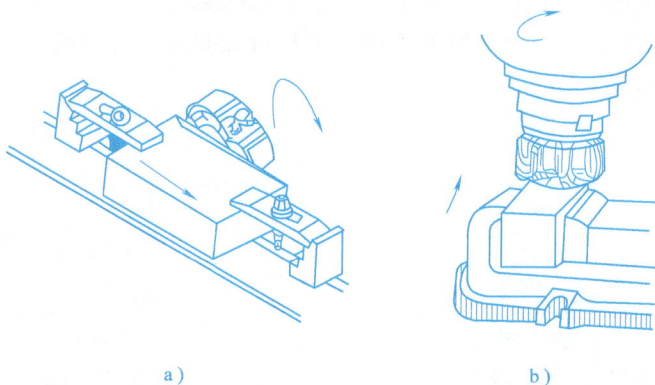

图 3-53 用面铣刀铣削平面

a）在卧式铣床上铣削平面 b）在立式铣床上铣削平面

2. 铣斜面

铣削斜面实质上也是铣削平面，只是需要把工件或铣刀倾斜一个角度，或者采用角度铣刀铣削。

（1）倾斜工件铣斜面 主要有按划线铣斜面和用台虎钳装夹铣斜面两种方式，此外还可利用万能转台、倾斜垫铁、专用夹具等铣斜面。

1）按划线铣斜面，划线后的工件可用台虎钳装夹铣斜面，如图 3-54 所示。

2）用台虎钳装夹铣斜面，图 3-55a 所示为工件装在万能台虎钳上铣斜面的方法，图 3-55b 所示为用普通可回转式台虎钳在卧式铣床上铣斜面的方法。

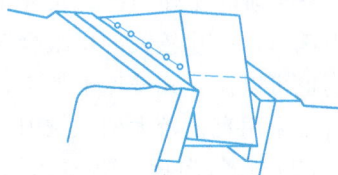

图 3-54 按划线加工斜面

（2）倾斜铣刀铣斜面 主要有用面铣刀铣斜面和用立铣刀的圆柱面切削刃铣斜面两种方式。

1）用面铣刀铣斜面。如图 3-56 所示，在立铣头的主轴上装好面铣刀，立铣头的主轴倾斜一个角度，那么面铣刀也随之倾斜一个相同的角度，进行斜面的铣削。倾斜角度的大小根据工件加工表面而定。

图 3-55　利用万能台虎钳和机用台虎钳铣平面

2）用立铣刀的圆柱面切削刃铣斜面。在立铣头未转动角度时，若工件的基准面与工作台面平行，用立铣刀圆柱面切削刃铣的平面与工作台面垂直。如立铣头转动一定角度，则可铣斜面，如图 3-57 所示。

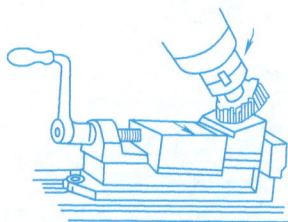

图 3-56　用面铣刀铣斜面

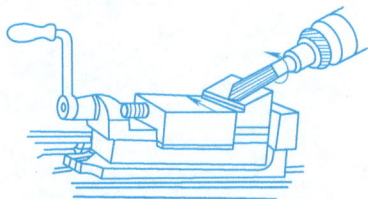

图 3-57　用立铣刀铣斜面

（3）用角度铣刀铣斜面　图 3-58a 所示为单角度铣刀铣斜面的工作情况。角度铣刀只适用于铣削标准角度（30°、45°、60°等）的斜面和宽度较窄的斜面。当工件上有两个斜面时，可用两把角度铣刀组合起来铣削，以提高生产率，如图 3-58b 所示。

3. 铣台阶与沟槽

（1）台阶的铣削　图 3-59 所示为在卧式铣床上铣台阶的工作情况，尺寸不大的台阶可用三面刃铣刀，尺寸较大的用组合铣刀铣削。台阶的铣削也可以在立式铣床上加工，在立式铣床上加工时常采用直径较大的立铣刀。

（2）直角沟槽、键槽的铣削　直角沟槽分通槽、封闭式和半封闭式三种，直角通槽主要用三面刃铣刀在卧式铣床上铣削，也可用立铣刀在立式铣床上铣削，封闭式和半封闭式槽只能用键槽铣刀和立铣刀铣削，如图 3-60 所示。

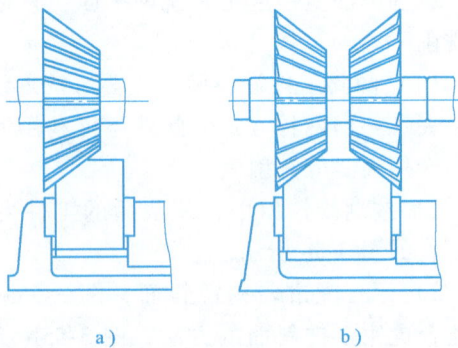

图 3-58　用角度铣刀铣斜面

各类传动轴上安装键的沟槽称为键槽，键槽按其槽底形状可分为平键槽及半圆键槽。铣平键槽实质上是在轴上铣直角沟槽。

铣削键槽时，应根据键槽形状选择铣刀，轴上两端封闭或半封闭的圆头键槽，主要用键槽铣刀在立式铣床或键槽铣床上加工，对于通槽大多采用三面刃铣刀在卧式铣床上加工，而

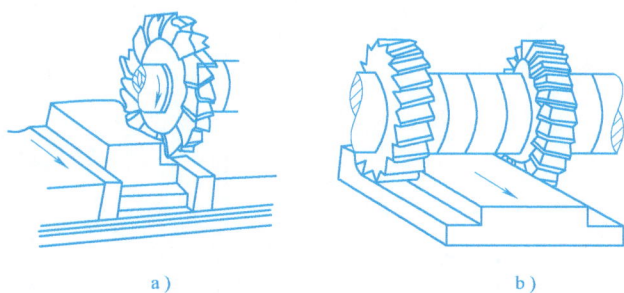

图 3-59　铣台阶

a）用三面刃铣刀铣台阶　b）用组合铣刀铣台阶

半圆键槽主要在卧式铣床上用半圆键槽铣刀铣削。在卧式铣床上加工时铣刀在工件上方，操作者目测方便。另外可在刀杆支架上安装顶尖，顶住半圆键铣刀前端的顶尖孔，以增加铣刀刚性，如图 3-61 所示。

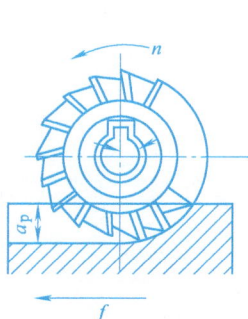

图 3-60　铣直角沟槽　　　　　图 3-61　半圆键槽及铣刀

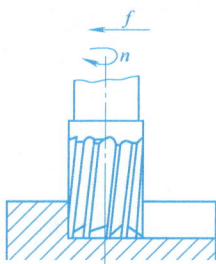

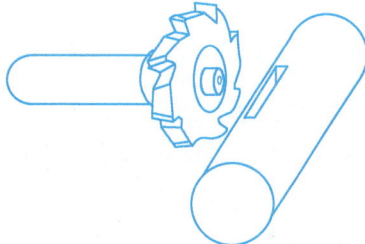

（3）特形沟槽的铣削　在机械制造中，有些零件具有特殊形状的沟槽，如在铣床上铣 T 形槽，其铣削步骤如图 3-62 所示，先在立式铣床上用立铣刀（或在卧式铣床上用三面刃铣刀）铣一条直角通槽，然后用 T 形槽铣刀在立式铣床上铣出 T 形槽，最后采用倒角铣刀进行倒角。

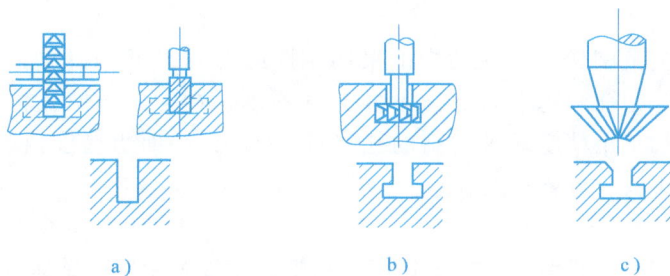

a）　　　　　　　　　b）　　　　　　　　　c）

图 3-62　铣 T 形槽步骤

图 3-63 所示为具有燕尾槽和燕尾块零件的加工方法和步骤，与加工 T 形槽基本相同，第一步用立铣刀或面铣刀铣直角槽（见图 3-63b），第二步用燕尾槽铣刀铣燕尾槽或燕尾块

（见图 3-63c）。

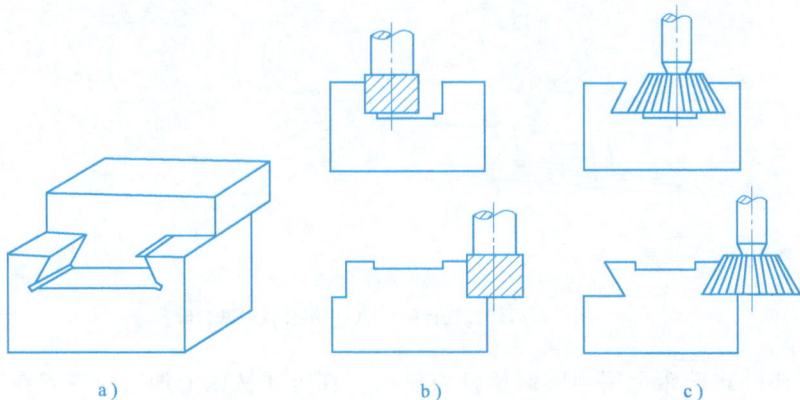

图 3-63　燕尾槽和燕尾块及其铣削方法与步骤

第四节　钻削与镗削加工

一、钻削加工

钻削加工是用钻头在工件上加工孔的一种加工方法。在钻床上加工工件时，一般是工件固定不动，刀具做旋转运动（主运动）的同时沿轴向移动（进给运动）。

（一）钻削的特点与应用

1. 工艺特点

1）钻头是在半封闭状态下进行切削加工的，金属切除量较大，排屑困难。

2）摩擦严重，产生热量多，散热困难，切削温度高。

3）钻头不易磨成对称的切削刃，加工的孔径常会扩大。

4）挤压严重，切削力大，容易产生孔壁的冷作硬化。

5）钻头细而悬伸长，刚性差，加工时容易发生引偏。

6）钻孔精度低，公差等级为 IT13～IT12，表面粗糙度值为 $Ra12.5\sim6.3\mu m$。

2. 工艺范围

钻削加工的工艺范围较广，在钻床上采用不同的刀具，可以完成钻中心孔、钻孔、扩孔、铰孔、攻螺纹、锪孔和锪平面等，如图 3-64 所示。在钻床上钻孔精度低，但也可通过钻孔—扩孔—铰孔加工出精度要求很高的孔（IT8～IT6，表面粗糙度值为 $Ra1.6\sim0.4\mu m$），还可以利用夹具加工有位置要求的孔系。

（二）钻床

钻床的主要类型有台式钻床、立式钻床、摇臂钻床以及专门化钻床等。下面介绍两种应用最广泛的钻床。

1. 立式钻床

立式钻床又分为圆柱立式钻床、方柱立式钻床和可调多轴立式钻床三个系列。图 3-65 所示为方柱立式钻床，其主轴是垂直布置的，在水平方向上的位置固定不动，必须通过工件的移动来找正被加工孔的位置。

　　主轴箱 3、工作台 1 都装在方形立柱 4 的垂直导轨上，并可调整位置以适应不同高度工件的加工需要。调整好位置后，加工时它们的相互位置就不再动了。主轴除有旋转的主运动外，还沿轴向移动做进给运动。利用装在主轴箱 3 上的操纵机构 5，可实现主轴的快速升降、手动进给，以及接通、断开机动进给。主轴回转方向的变换靠电动机的正反转实现。

　　此种类型的钻床生产率不高，大多用于单件小批量生产加工中小型工件。

　　2. 摇臂钻床

　　在大型工件上钻孔，希望工件不动，钻床主轴能任意调整其位置。这就需用摇臂钻床，图 3-66a 是摇臂钻床的外形图。底座 1 上装有立柱，立柱分为两层：内层内立柱 2 固定在底座 1 上，外层外立柱 3 由滚动轴承支承，可绕内层转动，如图 3-66b 所示。摇臂 4 可沿外立柱 3 升降，主轴箱 5 可沿摇臂导轨做水平移动。这样，就可很方便地调整主轴 6 的位置。为了使主轴在加工时不会在水平方向上移位，摇臂钻床上设有主轴箱与摇臂、外立柱与内立柱以及摇臂与外立柱之间的夹紧机构。工件可以装夹在工作台上，如工件较大，也可卸去工作台，直接将工件装在底座上。摇臂钻床广泛地用于大、中型工件的加工。

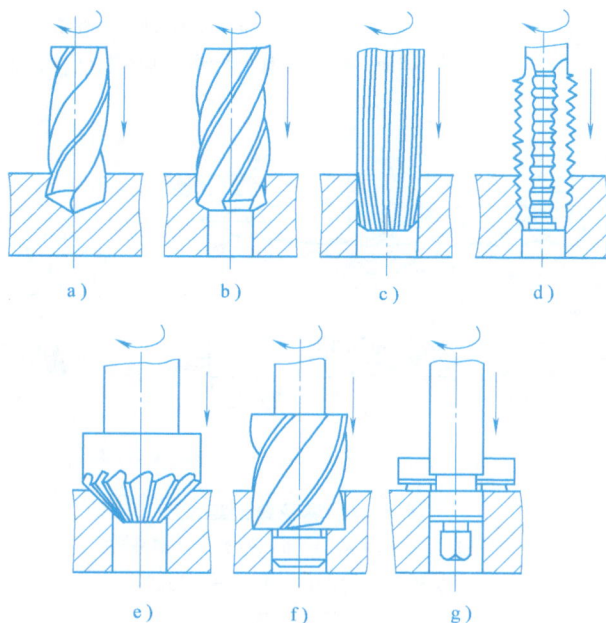

图 3-64　钻削工艺范围
a）钻孔　b）扩孔　c）铰孔　d）攻螺纹　e）、f）锪埋头孔　g）锪平面

　　（三）钻孔

　　钻削加工使用的钻头是定尺寸刀具，按其结构特点和用途可分为扁钻、麻花钻、深孔钻和中心钻等，钻孔直径为 0.1～100mm，钻孔深度变化范围也很大。钻削加工广泛应用于孔的粗加工，也可以作为不重要孔的最终加工。

　　麻花钻是生产中应用最多的钻头，下面介绍其应用。

　　（1）麻花钻的组成　标准麻花钻如图 3-67 所示，由柄部、颈部和工作部分组成。

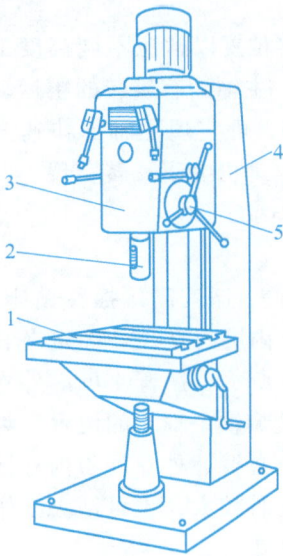

图 3-65　立式钻床

1—工作台　2—主轴　3—主轴箱
4—立柱　5—操纵机构

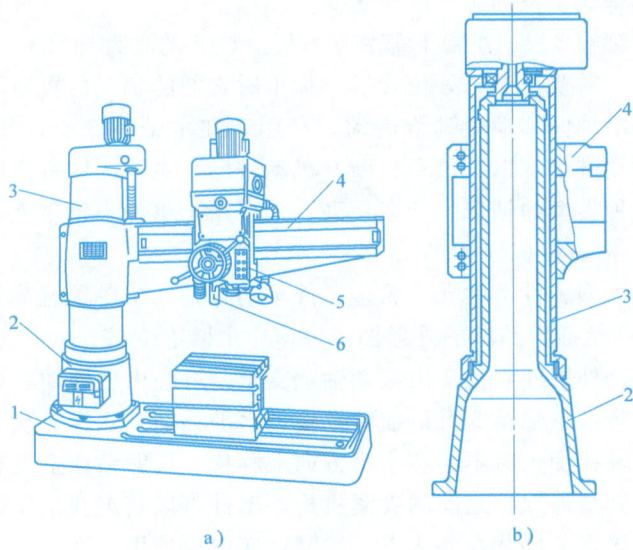

图 3-66　摇臂钻床外形

a）外形　b）立柱结构

1—底座　2—内立柱　3—外立柱　4—摇臂　5—主轴箱　6—主轴

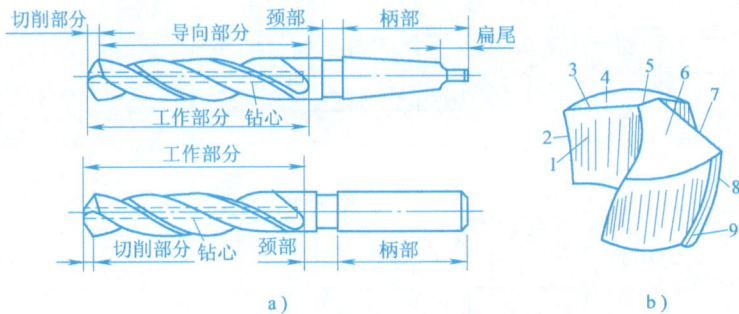

图 3-67　麻花钻的组成

a）钻头整体结构　b）钻头切削部分

1—前面　2、8—副切削刃（棱边）　3、7—主切削刃　4、6—主后面
5—横刃　9—副后面

1）柄部。柄部是麻花钻的夹持部分，有直柄和锥柄两种，钻孔时用于传递转矩。直柄主要用于直径小于12mm的小麻花钻，一般是利用钻夹头装在主轴上。锥柄用于直径较大的麻花钻，能直接插入主轴锥孔或通过锥套插入主轴锥孔中，锥柄麻花钻的扁尾可用于传递转矩，并通过它方便地拆卸钻头。

2）颈部。颈部凹槽是磨削钻头柄部时的退刀槽，槽底刻有麻花钻的规格及厂标。

3）工作部分。麻花钻的工作部分由切削部分和导向部分组成。

切削部分担负着切削工作，由两个前面、主后面、副后面、主切削刃、副切削刃及一个横刃组成。横刃为两个主后面相交形成的刃口，副后面是麻花钻的两条刃带，工作时与工件孔壁（已加工表面）相对。

导向部分是当切削部分切入工件后起导向作用，也是切削部分的备磨部分。为了减少导向部分与孔壁的摩擦，其外径磨有倒锥。同时，为了保持麻花钻有足够强度，必须有一个钻心，钻心向钻柄方向制成正锥体。

（2）麻花钻钻孔的方法　麻花钻主要有以下六种钻孔方式：

1）按划线位置钻孔。钻孔开始时，应进行试钻，其方法是用钻头尖在孔的中心样冲眼上钻一浅孔（约占孔径的1/4左右），然后检查孔的中心是否正确，如果发现偏离中心要及时纠正。钻通孔时，在孔将钻透时，要减小进给量，以提高钻孔质量并防止小直径钻头折断。钻不通孔时应注意掌握钻孔深度，常用的控制方法是调整钻床上的深度标尺挡块或作标记等。

2）钻较深孔。当孔的深度超过孔径三倍时，钻孔时要经常退出钻头及时排屑和冷却，否则容易造成切屑堵塞或使钻头过度磨损甚至折断，影响孔的加工质量。

3）在硬材料上钻孔。钻孔速度不能过高，手动进给量要均匀，特别是孔将要钻通时，应注意适当降低速度和减小进给量。

4）钻削孔径较大的孔。当钻孔直径较大（通常大于30mm）时，应分两次钻削。第一次用0.6~0.8倍孔径的钻头先钻，然后再钻到所要求的直径。这样既有利于减小钻头的轴向抗力，也有利于提高钻削质量。

5）钻高弹塑性材料上的孔。在塑性好、韧性高的材料上钻孔时，断屑常成为影响加工的突出问题，如切屑堵塞钻头，影响工件质量；不利于切削液进入切削区，降低钻头使用寿命；影响操作工人及工艺系统安全等。当出现此类问题时，可通过改变钻头几何角度、降低切削速度、提高进给量、及时退出钻头排屑和冷却等措施加以改善。

6）在斜面上钻孔。在斜面上钻孔时，往往因斜面引起的径向力使钻头引偏，造成孔轴线歪斜（见图3-68a），甚至折断钻头。为防止钻头引偏，钻孔前可在斜面上先锪出平面后再进行钻孔（见图3-68b），或采用特殊钻套来引导钻头，以增加钻头的刚度，保证孔的加工精度（见图3-68c）。

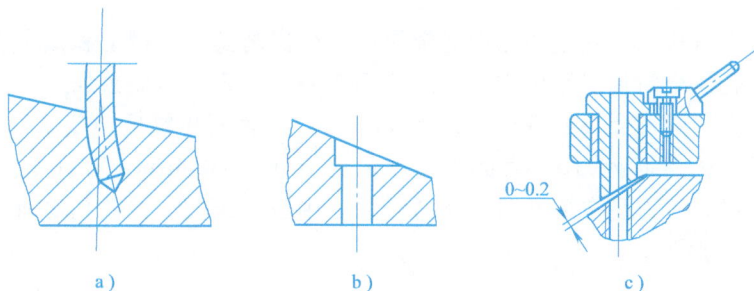

a)　　　　　　b)　　　　　　c)

图3-68　防止钻头引偏的措施

钻孔时钻头需要进行冷却和润滑，钢件多采用乳化液或机油，铸铁件常使用煤油，有色金属多使用乳化液或煤油。

（四）扩孔与锪孔

1. 扩孔

扩孔常用于已铸出、锻出或钻出孔的扩大。扩孔可作为铰孔、磨孔前的预加工，也可以作为精度要求不高的孔的最终加工，常用于直径在 10~100mm 范围内孔的加工。扩孔加工余量为 0.5~4mm。

常用的扩孔工具有麻花钻、扩孔钻等。一般工件的扩孔使用麻花钻，对于生产批量较大的孔的半精加工，使用扩孔钻。

扩孔钻结构如图 3-69 所示。扩孔钻和麻花钻相似，所不同的是主切削刃常为 3 或 4 个，故导向性好；主切削刃不通过中心，无横刃，可以避免横刃对切削带来的不良影响；螺旋槽较浅，钻心直径较大，所以刀体强度较高，刚性较好，扩孔时切削用量可提高。

由于扩孔钻有以上特点，所以扩孔比钻孔的加工质量好，生产率高。扩孔对铸孔、钻孔等预加工孔的轴线偏斜有一定校正作用。扩孔的尺寸公差等级一般为 IT10 左右，表面粗糙度值可达 $Ra6.3~3.2\mu m$。

除了铸铁和青铜材料外，其他材料的工件在扩孔时都要使用切削液，其中以乳化液用得最多。

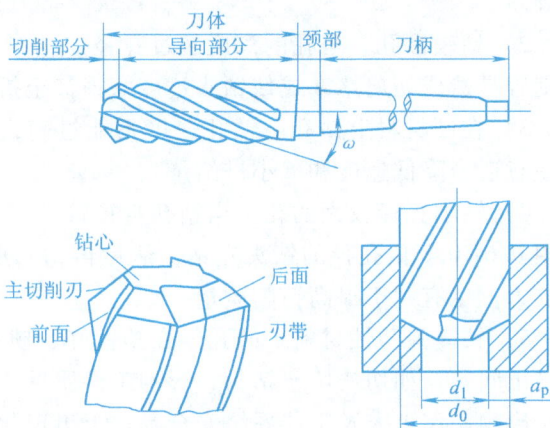

图 3-69　扩孔钻结构

2. 锪孔

锪孔是指在已加工出的孔上加工圆柱形沉头孔、锥形沉头孔和凸台端面等。锪孔时所用的刀具统称为锪钻，一般用高速工具钢制造。加工大直径凸台端面的锪钻，可用硬质合金重磨式刀片或可转位式刀片，用镶齿或机夹的方法，固定在刀体上制成。锪钻导柱的作用是保证被锪沉头孔与原有孔的同轴度。

（五）铰孔

铰孔是利用铰刀从工件孔壁切除微量金属层，以提高其尺寸精度和减小表面粗糙度值的方法。它适用于孔的半精加工及精加工，也可用于磨孔或研孔前的预加工。由于铰孔时切削余量小，所以铰孔后的尺寸公差等级一般为 IT9~IT7，表面粗糙度值为 $Ra3.2~1.6\mu m$，精细铰尺寸公差等级最高可达 IT6，表面粗糙度值为 $Ra1.6~0.4\mu m$。铰孔不适合加工淬火钢和硬度太高的材料。铰刀是定尺寸刀具，适合加工中小直径孔。在铰孔之前，工件应经过钻孔、扩（镗）孔等加工。

1. 铰刀

按使用方法的不同，铰刀分为手用铰刀和机用铰刀，如图 3-70 所示。手用铰刀为直柄，工作部分较长，导向作用好，可以防止手工铰孔时铰刀歪斜。机用铰刀多为锥柄，可安装在钻床、车床和镗床上进行铰孔。

铰刀的工作部分包括切削部分和校准部分。切削部分呈锥形，担负主要的切削工作。校准部分用于校准孔径、修光孔壁和导向，校准部分的后部具有很小的倒锥，以减少与孔壁之间的摩擦和防止铰孔后孔径扩大。

铰刀有 6~12 个刀齿，其容屑槽较浅，钻心直径大，因此，铰刀的刚度和导向性比扩孔钻还要好。

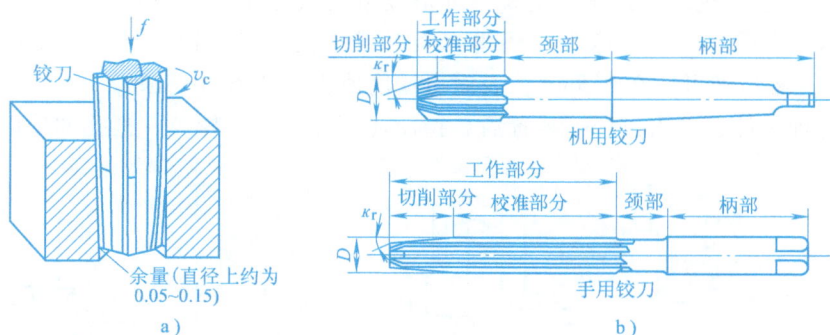

图 3-70　铰孔和铰刀

a）铰孔　b）铰刀

2. 铰孔时应注意的问题

1）铰削余量要适中。铰削余量过大，会因大量切削热而导致铰刀直径增大，孔径扩大；切屑易堵塞，切削液不易进入切削区，孔表面较粗糙，铰刀易磨损；余量过小，不能铰去底孔留下的刀痕，表面粗糙度达不到要求。粗铰余量一般为 0.15~0.35mm，精铰余量一般为 0.05~0.15mm。

2）铰孔过程中应采用较低的切削速度和较小的进给量。

3）合理使用切削液。

4）为防止铰刀轴线与主轴轴线相互偏斜而引起的孔轴线歪斜、孔径扩大等现象，铰刀与主轴之间应采用浮动连接。当采用浮动连接时，铰削不能校正底孔轴线的偏斜，孔的位置精度应由前道工序来保证。

5）铰孔过程中，铰刀不可反转，以免切屑挤住铰刀，而划伤孔壁，铰刀崩刃。

6）铰刀用钝后应及时修磨。一般只重磨后刀面，并用磨石将铰刀的切削部分与校准部分的交接处研磨成小圆角，形成过渡刃，以提高铰刀寿命和改善加工表面质量。

二、镗削加工

镗削加工是利用镗刀对已有孔进行加工的一种方法。

（一）镗削的特点与工艺范围

1. 镗削的特点

1）镗削加工灵活性大，适应性强。在镗床上除可加工孔和孔系外，还可以加工外圆、端面等。加工尺寸可大可小，对于不同生产类型和精度要求都适用。

2）镗削加工操作技术要求高。要保证工件的尺寸精度和表面粗糙度，除取决于所用的设备外，更主要的是与工人的技术水平有关，同时机床、刀具调整时间也较长，镗削时参加工作的切削刃少，所以一般情况下，镗削加工生产率较低。

3）镗刀结构简单，刃磨方便，成本低。

4）镗孔可修正上一工序所产生的孔轴线位置误差，保证孔的位置精度。

2. 镗削的工艺范围

镗削加工的工艺范围较广，它可以镗削单孔或孔系，锪、铣平面，镗不通孔及镗端面等，如图 3-71 所示。机座、箱体、支架等外形复杂的大型工件上直径较大的孔，特别是有位置精度要求的孔系，常在镗床上利用坐标装置或镗模加工。镗孔时，其尺寸公差等级为 IT7~IT6 级，孔距精度可达 0.015mm，表面粗糙度值为 $Ra1.6~0.8\mu m$。

当配备各种附件、专用镗杆等装置后，镗床还可加工槽、螺纹、锥孔和球面等。

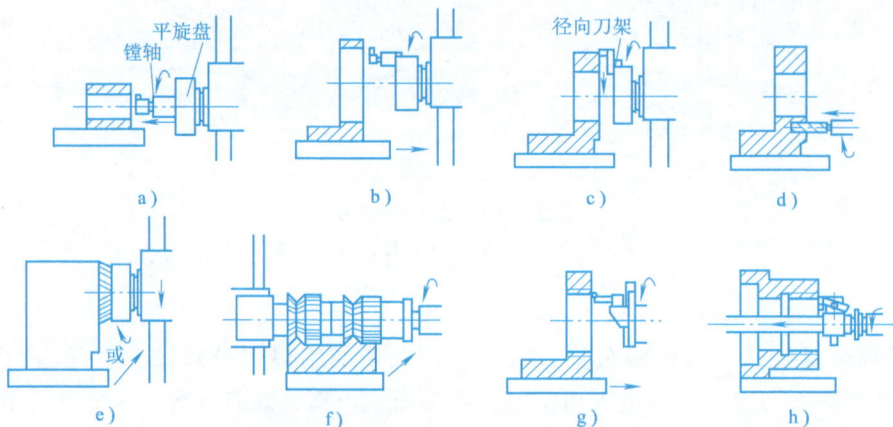

图 3-71　镗削的工艺范围

a）镗小孔　b）镗大孔　c）镗端面　d）钻孔　e）铣平面
f）铣组合面　g）镗螺纹　h）镗深孔螺纹

（二）镗床

镗床适合加工大、中型工件上已有的孔，特别适宜于加工分布在同一或不同表面上、孔距和位置精度要求较严格的孔系。加工时刀具旋转为主运动，进给运动则根据机床类型和加工条件不同，可由刀具或工件完成。

镗床可分为卧式镗床、坐标镗床和精镗床等。

1. 卧式镗床

卧式镗床由床身、主轴箱、工作台、平旋盘和前后立柱等组成，如图 3-72 所示。主轴箱安装在前立柱垂向导轨上，可沿导轨上下移动。主轴箱装有主轴部件、平旋盘、主运动和进给运动的变速机构及操纵机构等。机床的主运动为主轴或平旋盘的旋转运动。根据加工要求，镗轴可做轴向进给运动或平旋盘上径向刀具溜板在随平旋盘旋转的同时，

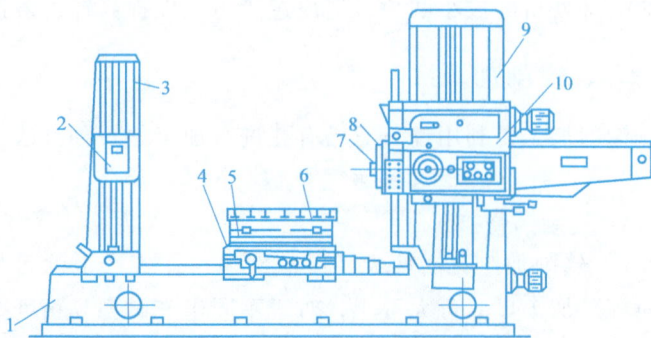

图 3-72　卧式镗床外形

1—床身　2—支承架　3—后立柱　4—下滑座　5—上滑座
6—工作台　7—主轴　8—平旋盘　9—前立柱　10—主轴箱

做径向进给运动。工作台装置由下滑座、上滑座和工作台组成。工作台可随下滑座沿床身导轨做纵向移动，也可随上滑座沿下滑座顶部导轨做横向移动。工作台还可沿上滑座的环形导轨绕铅垂轴线转位，以便加工分布在不同面上的孔。后立柱垂向导轨上有支承架用以支承较长的镗杆，以增加镗杆刚性。支承架可沿后立柱导轨上下移动，以保持与镗轴同轴，后立柱可根据镗杆长度做纵向位置调整。

卧式镗床的工艺范围非常广泛，典型加工方法如图 3-73 所示。

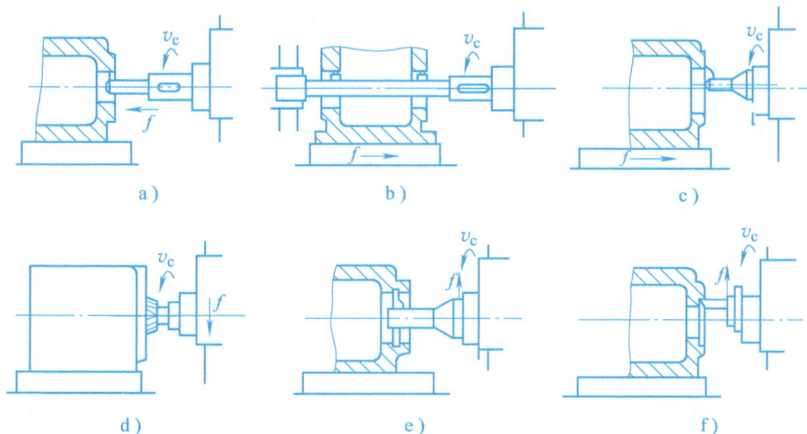

图 3-73 在卧式镗床上的典型加工方法

2. 坐标镗床

坐标镗床是一种高精度镗床，刚性和抗振性很好，还具有工作台、主轴箱等运动部件的精密坐标测量装置，能实现工件和刀具的精密定位。所以，坐标镗床加工的尺寸精度和几何精度都很高。它主要用于单件小批生产条件下对夹具的精密孔、孔系和模具零件的加工，也可用于成批生产时对各类箱体、缸体和机体的精密孔系进行加工。坐标镗床按其结构分为单柱、双柱和卧式三种形式。

（1）单柱坐标镗床 如图 3-74 所示，主轴箱装在立柱的垂向导轨上，可上下调整位置，以适应加工不同高度的工件。镗孔坐标位置由工作台沿床鞍导轨的纵向移动和床鞍沿床身导轨的横向移动来确定。进行镗削时，由工作台纵向或横向移动来完成进给运动。

这种机床的工作台三面敞开，操作方便，但主轴箱悬臂安装在立柱上，工作台尺寸越大，主轴中心线离立柱也就越远，影响机床刚度和加工精度。所以，这种机床一般为中、小型机床（工作台面宽度小于 630mm）。

（2）双柱坐标镗床 如图 3-75 所示，镗床由两个立柱、顶梁和床身构成龙门框架，刚性很好。主轴箱装在可沿立柱导轨上下调整位置的横梁上，镗孔坐标位置由主轴箱沿横梁导

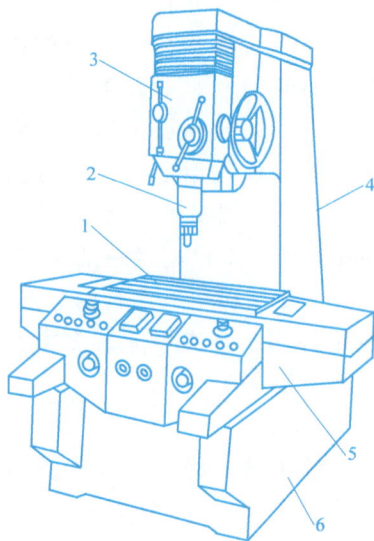

图 3-74 单柱坐标镗床
1—工作台 2—主轴 3—主轴箱
4—立柱 5—床鞍 6—床身

轨移动和工作台沿床身导轨移动来确定。双柱式坐标镗床一般为大、中型机床。

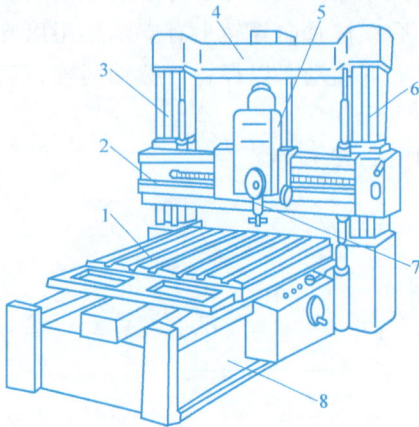

图 3-75 双柱坐标镗床
1—工作台 2—横梁 3、6—立柱 4—顶梁
5—主轴箱 7—主轴 8—床身

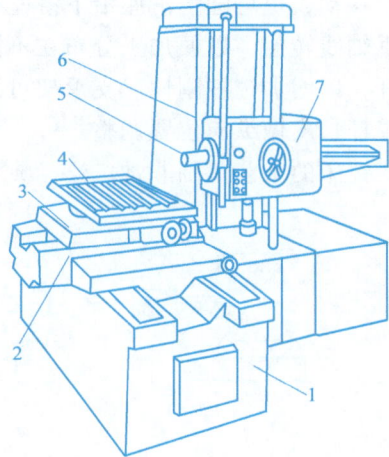

图 3-76 卧式坐标镗床
1—床身 2—下滑座 3—上滑座 4—回
转工作台 5—主轴 6—立柱 7—主轴箱

（3）卧式坐标镗床 如图 3-76 所示，这类镗床的结构特点是主轴水平布置。工作台由下滑座、上滑座及可作精密分度的回转工作台组成，镗孔坐标由下滑座沿床身导轨的纵向移动和主轴箱沿立柱导轨的垂直方向移动来确定。进行孔加工时，可由主轴轴向移动完成进给运动，也可由上滑座移动完成。卧式坐标镗床具有较好的使用性能，工件高度一般不受限制，且装夹方便，利用工作台的分度运动，可在工件一次装夹中完成多方向的孔和平面加工。

3. 精镗床

精镗床是一种高速镗床，因过去采用金刚石作为刀具材料而得名金刚镗床，如图 3-77 所示。现在则采用硬质合金作为刀具材料，一般采用较高的速度，较小的背吃刀量和进给量进行切削加工，加工精度较高，因此，称为精镗床。它主要用于在成批或大量生产中加工中小型精密孔。

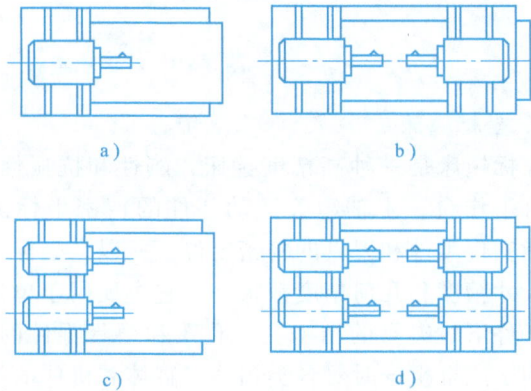

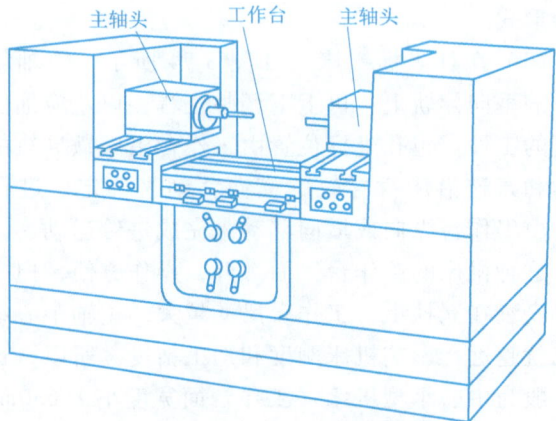

图 3-77 卧式金刚镗床布局形式
a）单面单轴 b）单面双轴 c）单面双轴 d）双面四轴

(三) 镗刀

常用镗刀有单刃、双刃、多刃之分，下面分别介绍其结构和特点

(1) 单刃镗刀　大多数单刃镗刀均制成图 3-78 所示的这种可调结构，螺钉 3 用于调整尺寸，螺钉 2 起锁紧作用，车床上用的单刃镗刀常把镗刀头和刀杆制成一体。镗杆的截面 (圆形或方形) 尺寸和长度，取决于孔的直径和长度，可参考有关工具书或技术标准选取。

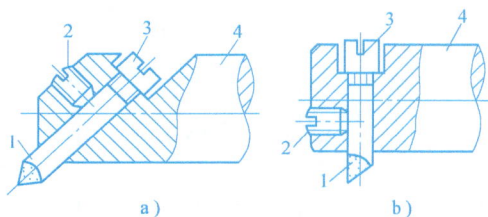

图 3-78　单刃镗刀

a) 不通孔镗刀　b) 通孔镗刀

1—刀头　2—紧固螺钉　3—调节螺钉　4—镗杆

可调结构的单刃镗刀只能使镗刀头单向移动，如调整时镗刀头伸出量过大，则需用手使其退回，有时可能要反复多次才能调至所要求的尺寸，因而效率较低，调整精度不太高，只能用于单件小批生产。

(2) 双刃镗刀　简单的双刃镗刀就是镗刀的两端有一对对称的切削刃同时参与切削，切削时可以消除径向切削力对镗杆的影响，工件孔径的尺寸精度由镗刀尺寸来保证。

双刃镗刀分为固定式和浮动式两种。固定式镗刀块及其安装如图 3-79 所示。镗刀块可镶焊硬质合金刀片或用高速工具钢整体制造。这种镗刀由于受镗刀块安装精度和结构尺寸的限制，只适用于粗镗、半精镗直径大于 40mm 的孔。

目前双刃镗刀大多采用浮动结构，图 3-80 所示即为一常用的装配式浮动镗刀。其镗刀块以间隙配合装入镗杆的方孔中，无须夹紧，而是靠切削时作用于两侧切削刃上的切削力来保持平衡定位，因而能自动补偿由于镗刀块安装误差和镗杆径向圆跳动误差所产生的加工误差。用该镗刀加工出的孔径公差等级可达 IT7 ~ IT6，表面粗糙度为 $Ra1.6 \sim 0.4 \mu m$。镗刀块在镗杆中浮动所带来的缺点是无法纠正孔的直线度误差和相互位置误差。

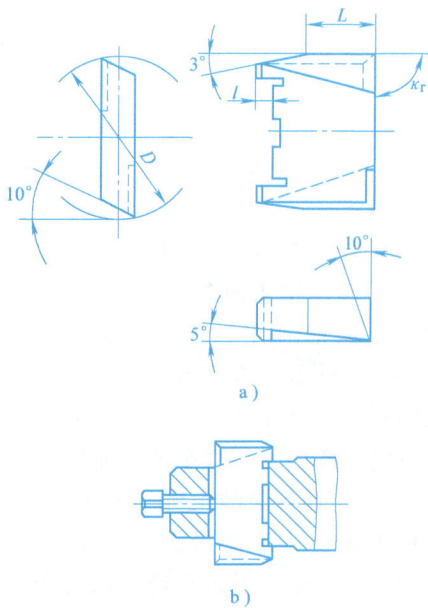

图 3-79　固定式镗刀块及其安装

a) 镗刀块　b) 安装

(3) 多刃镗刀　在大批量生产中，尤其是加工刀具磨耗量较小的有色金属时，常采用多刃组合镗刀，即在一个镗杆和一个刀头上安排多个径向和轴向加工的镗刀片。尽管这种组合镗刀制造和重磨比较麻烦，但从总的加工效益来说，还是有优越性的。

为了提高镗孔的精度和效率，又可避免上述多刃镗刀重磨时的麻烦，可在镗孔时采用多刃组合镗刀，即在一个刀体或刀杆上设置两个或两个以上的刀头，每个刀头都可单独调整，两个以上切削刃同时工作的镗刀即为多刃组合镗刀。图 3-81a 所示为用于镗通孔和止口的双刃组合镗刀，图 3-81b 所示为用于双孔粗、精镗的多刃组合镗刀。

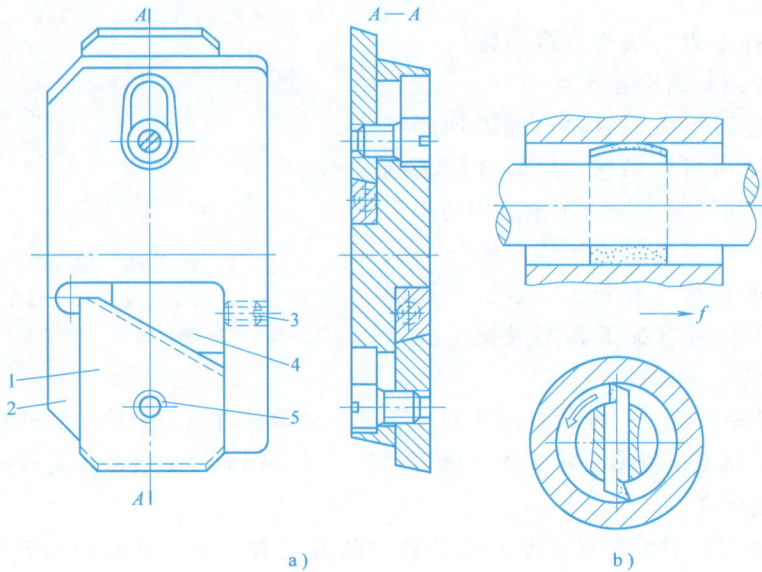

图 3-80　装配式浮动镗刀及其使用

a) 浮动镗刀　b) 使用情况

1—镗刀片　2—刀体　3—调整螺钉　4—斜面垫板　5—紧固螺钉

（四）镗削加工方法

1. 单一表面的加工

（1）镗削直径不大的孔　可将镗刀安装在镗轴上旋转，工作台不移动，让镗轴兼作轴向进给运动，如图 3-71a 所示。每完成一次进给，让主轴退回起点位置，然后再调节背吃刀量继续加工，直至加工完毕。

（2）镗削不深的大孔　在平旋盘溜板上装上刀架与镗刀，让平旋

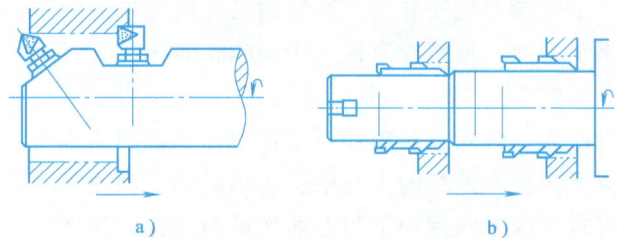

图 3-81　多刃组合镗刀

盘转动，在刀架溜板带动镗刀切入所需深度后，再让工作台带动工件作纵向进给运动，如图 3-71b 所示。

（3）加工孔边的端面　把刀具装在平旋盘的刀架上，由平旋盘带动刀具旋转，同时刀架在刀架溜板的带动下沿平旋盘径向进给，如图 3-71c 所示。

（4）钻孔、扩孔、铰孔　对于小孔，可在主轴上逐次装上钻头、扩孔钻及铰刀，主轴旋转并轴向做进给运动，即可完成小孔的钻、扩、铰等切削加工，如图 3-71d 所示。

（5）镗削螺纹　将螺纹镗刀安装在特制的刀架上，由镗轴带动旋转，工作台沿床身按刀具每旋转一转移动一个导程的规律做进给运动，便可镗出螺纹。控制每一行程的背吃刀量时，可在每一行程结束时，将特制刀架沿它的溜板方向按需要移动一定距离即可，如图 3-71g 所示，用这种方法还可以加工不长的外螺纹。镗内螺纹也可将另一特制刀夹装在镗杆上，镗杆既转动，又按要求做轴向进给，如图 3-71h 所示。

2. 孔系加工

孔系是指在空间具有一定相对位置精度要求的两个或两个以上的孔。孔系分为同轴孔系、垂直孔系和平行孔系。

（1）镗同轴孔系　同轴孔系的主要技术要求为同轴线上各孔的同轴度精度要求，生产中常采用以下几种方法加工：

1）导向法。单件小批生产时，箱体上的孔系一般在通用机床上加工，镗杆的受力变形会影响孔的同轴度精度，这时，可采用导向套导向加工同轴孔。

① 用镗床后立柱上的导向套作支承导向。将镗杆插入镗轴锥孔中，另一端由后立柱上的导套支承，装上镗刀，调好尺寸。镗轴旋转，工作台带动工件做纵向进给运动，即可镗出两同轴孔。若两孔径不等，可在镗杆不同位置上装两把镗刀将两孔先后或同时镗出，如图3-73b所示。此法的缺点是后立柱导套的位置调整麻烦费时，需用心轴量块找正，一般适用于大型箱体的加工。

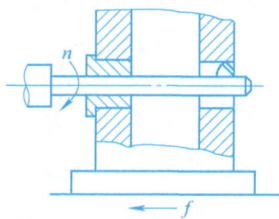

图 3-82　利用已加工孔作支承导向

② 用已加工孔作支承导向。当箱体前壁上的孔加工完毕，可在孔内装一导向套，来支承和引导镗杆加工后面的孔，以保证两孔的同轴度，此法适用于加工箱壁相距较近的同轴孔，如图 3-82 所示。

2）找正法。找正法是在工件一次装夹镗出箱体一端的孔后，将镗床工作台回转 180°，再对箱体另一端同轴线的孔进行找正加工。

图 3-83a 所示为镗孔前用装在镗杆上的百分表对箱体上与所镗孔轴线平行的工艺基面进行找正，使其与镗杆轴线平行，然后调整主轴位置加工箱体 A 壁上的孔。图 3-83b 所示为镗孔后工作台回转 180°，重新找正工艺基面对镗杆轴线的平行度要求，再以工艺基面为统一测量基准，调整

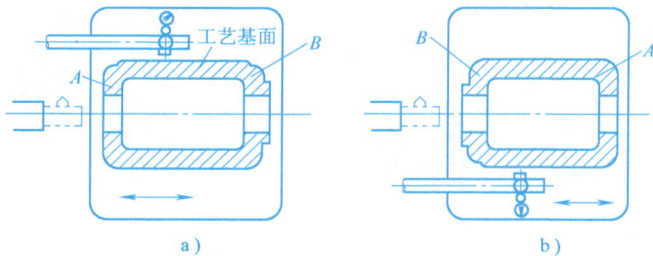

图 3-83　找正法加工同轴孔系

主轴位置，使镗杆轴线与 A 壁上孔轴线重合，即可加工箱体 B 壁上的孔。

3）镗模法。在成批大量生产中，一般采用镗模加工，其同轴度精度由镗模保证。如图 3-84 所示，工件装夹在镗模上，镗杆支承在前后镗套的导向孔中，由镗套引导镗杆在工件的正确位置上镗孔。

用镗模镗孔时，镗杆与机床主轴通过浮动夹头浮动连接，保证孔系的加工精度不受机床精度的影响。图 3-84 中孔的同轴度精度主要取决于镗模的精度，因而可以在精度较低的机床上加工精度较高的孔

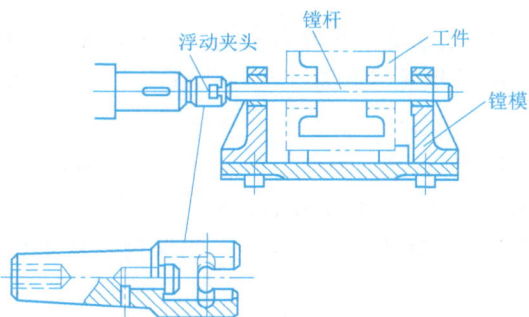

图 3-84　用镗模加工同轴孔系

系。同时有利于多刀同时切削，且定位夹紧迅速，生产率高。但是，镗模的精度要求高，制造周期长，生产成本高，因此，镗模法加工孔系主要应用于成批大量生产，既可在通用机床上加工，也可在专用机床或组合机床上加工。

（2）镗平行孔系　平行孔系的主要技术要求是各平行孔轴线之间及孔轴线与基准面之间的距离尺寸精度和位置精度。生产中常采用以下几种方法：

1）坐标法。坐标法镗孔是将被加工孔系间的孔距尺寸换算成两个相互垂直的坐标尺寸，然后按此坐标尺寸精确地调整机床主轴和工件在水平与垂直方向的相对位置，通过控制机床的坐标位移尺寸和公差来保证孔距尺寸精度。

2）找正法。找正法加工是在通用机床上镗孔时，借助一些辅助装置去找正每一个被加工孔的正确位置。常用的找正方法有：

① 划线找正法。加工前按图样要求在毛坯上划出各孔的位置轮廓线，加工时按划线一一找正刀具与工件的相互位置进行加工，同时结合试切法进行。划线需手工操作，难度较大，加工精度受工人技术水平影响较大，加工孔距精度低，生产率低，因此，一般适用于孔距精度要求不高，生产批量较小的孔系加工。

② 量块心轴找正法。如图 3-85 所示，将精密心轴分别插入镗床主轴孔和已加工孔中，然后组合一定尺寸的量块来找正主轴的位置。找正时，在量块与心轴间要用塞尺测定间隙，以免量块与心轴直接接触而产生变形。此法可达到较高的孔距精度，但生产率低，适用于单件小批生产。图中 d_1、d_2 为心轴直径，δ 为塞尺尺寸，A 为孔中心距，B 为量块组尺寸。

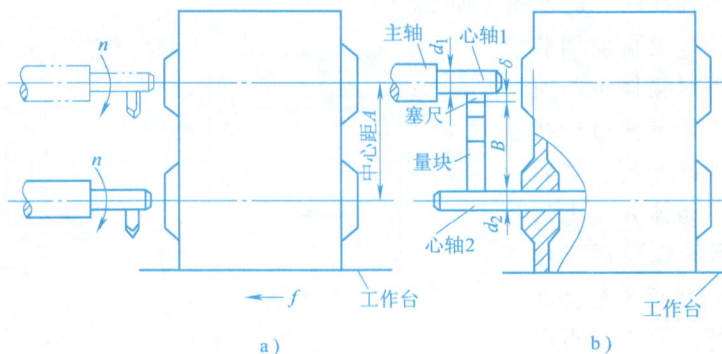

图 3-85　镗平行孔用量块心轴找正法

a）镗平行孔　b）用心轴量块找正

3）镗模法。在成批大量生产中，一般采用镗模加工，其平行度要求由镗模来保证。

（3）镗垂直孔系　垂直孔系的主要技术要求为各孔轴线间垂直度要求，生产中常采用以下两种方法加工：

1）找正法。单件小批生产中，一般在通用机床上加工。镗垂直孔系时，当一个方向的孔加工完毕后，将工作台调转 90°，再镗与其垂直方向上的孔。孔系的垂直度精度靠镗床工作台的 90°对准装置来保证。当普通镗床工作台的 90°对准装置精度不高时，可用心轴与百分表进行找正，即在加工好的孔中插入心轴，然后将工作台回转，摇动工作台用百分表找正。

2）镗模法。在成批生产中，一般采用镗模加工，其垂直度精度由镗模保证。

第五节 磨 削 加 工

所有以磨料、磨具（如砂轮、砂带、磨石和研磨料等）作为工具对工件进行切削加工的机床均属于磨削类机床。凡是在磨床上利用砂轮等磨料、磨具对工件进行切削，使其在形状、精度和表面质量等方面能满足预定要求的加工方法均称为磨削加工。

一、磨削加工的特点与工艺范围

（一）磨削加工的特点

1. 切削刃不规则

砂轮表面上每个磨粒相当于一把刀具，其切削刃的形状、大小和分布均处于不规则的随机状态，通常切削时有很大的负前角和小后角。

2. 背吃刀量小、加工质量高

一般情况下，磨削时的背吃刀量较小，在一次行程中所能切除的金属层较薄。磨削加工的尺寸公差等级为 IT7～IT5，表面粗糙度值为 $Ra0.8～0.2\mu m$。采用高精度磨削方法，表面粗糙度值可达 $Ra0.1～0.006\mu m$。

3. 磨削速度快、温度高

一般磨削速度为 35m/s 左右，高速磨削时可达 60m/s，目前磨削速度已发展到120m/s。但磨削过程中，砂轮对工件有强烈的挤压和摩擦作用，产生大量的切削热，在磨削区域瞬时温度可达 1000℃ 左右。在生产实践中，降低磨削时切削温度的措施是加注大量的切削液，减小背吃刀量，适当减小砂轮转速及提高工件的速度。

4. 磨削加工的适应性强

就工件材料而言，不论软硬均能磨削；就工件表面而言，很多表面都能磨削。

5. 砂轮具有自锐性

在磨削过程中，砂轮表面的磨粒逐渐变钝，作用在磨粒上的切削抗力就会增大，导致磨钝的磨粒破碎并脱落，露出锋利刃口继续切削，这就是砂轮的自锐性，它能使砂轮保持良好的切削性能。

6. 径向磨削分力大

磨削时由于同时参加磨削的磨粒多、磨粒又以负前角切削，所以径向磨削分力很大，一般为切向力的 1.5～3 倍。因此磨削轴类零件时，通常用中心架支承，以提高工件的刚性，减少因变形而引起的加工误差，在磨削加工的最后阶段，通常进行一定次数无径向进给的光磨。

（二）磨削加工的应用范围

磨削加工的应用范围非常广泛，可以加工内外圆柱面、内外圆锥面、平面、成形面和组合面等，如图 3-86 所示。目前磨削主要用于精加工，经过淬火的工件及其他高硬度的特殊材料，几乎只能用磨削来进行加工。另外，磨削也可用于粗加工，如粗磨工件表面，切除钢锭和铸件上的硬皮表面，清理锻件上的毛边，打磨铸件上的浇口、冒口表面，还可用薄片砂轮切断各种硬度的型材。

由于现代机器上高精度、淬硬零件的数量日益增多，磨削在现代机器制造业中所占比重

图 3-86　磨削的工艺范围

a）外圆磨削　b）内孔磨削　c）平面磨削　d）成形磨削　e）螺纹磨削　f）齿轮磨削

日益增加。而且随着精密毛坯制造技术的发展和高生产率磨削方法的应用，使某些零件直接由磨削加工完成成为可能，这将使磨削加工的应用更为广泛。

二、磨床

磨床是种类最为繁多的一种机床，在机械制造业中占有非常重要的地位。除了能对淬火及其他高硬度材料进行加工外，在磨床上加工公差等级大于 IT7 的零件时，比在其他机床上加工要容易得多，而且也很经济。磨削加工能够很容易获得高精度，是由于磨具在进行精加工时，能切下非常薄的切削余量。另外磨床的主轴采用动压或静压滑动轴承，有很高的旋转精度和抗振性，磨床的进给运动往往采用平稳的液压传动，并和电气相结合实现半自动化和自动化工作，随着自动测量装置在磨床上的应用，磨削加工质量的可靠性大为增加。

（一）磨床的种类

磨床的种类很多，其中主要类型有以下几种：

1. 外圆磨床

外圆磨床包括万能外圆磨床、普通外圆磨床、无心外圆磨床等。

M1432A 型万能外圆磨床是普通精度级经一次重大改进的万能外圆磨床。它主要用于磨削公差等级为 IT6～IT7 级的圆柱形或圆锥形的外圆和内孔，最大磨削外圆直径为 320mm，最大磨削内孔直径为 100 mm，也可磨削阶梯轴的轴肩、端面、圆角等。表面粗糙度值在 $Ra1.25～0.08\mu m$ 之间。这种机床的工艺范围广，但生产率低，适用于单件、小批生产或在工具车间和机修车间使用。图 3-87 所示为 M1432A 型万能外圆磨床，它由下列主要部件组成。

（1）床身　床身是磨床的基础支承部件，在其上装有头架、砂轮架、尾座及工作台等部件。床身内部装有液压缸及其他液压元件，用来驱动工作台和横向滑鞍的移动。

（2）头架　头架用于装夹工件，并带动工件旋转。当头架体座回转一个角度时，可磨削短圆锥面；当头架在水平面内逆时针方向回转 90°，可磨削小平面。

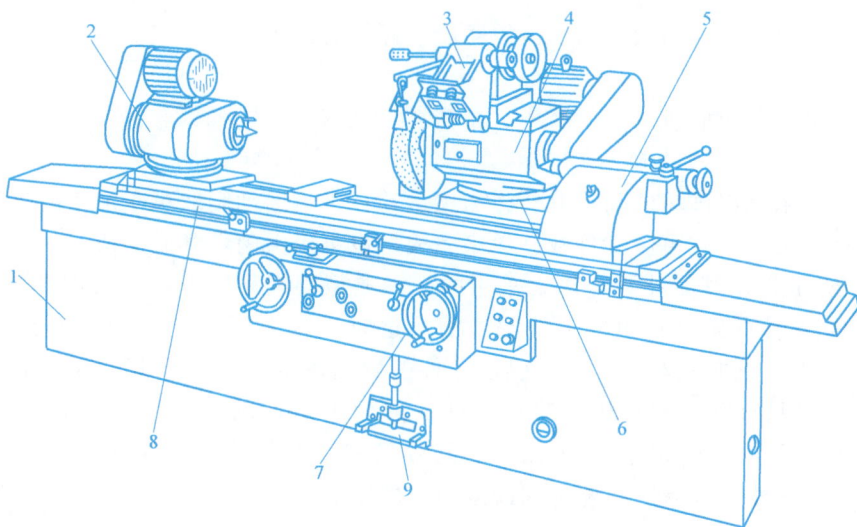

图 3-87 M1432A 型万能外圆磨床外形图
1—床身 2—头架 3—内圆磨具装置 4—砂轮架 5—尾座
6—滑鞍 7—手轮 8—工作台 9—脚踏操纵板

（3）内圆磨具装置 内圆磨具装置用于支承磨内孔的砂轮主轴部件，内圆磨具主轴由单独的内圆砂轮电动机驱动。

（4）砂轮架 砂轮架用于支承并传动砂轮主轴高速旋转。砂轮架装在滑鞍上，当需磨削短圆锥时，砂轮架可在±30°按一定角度内调整位置。

（5）尾座 尾座的功用是，利用安装在尾座套筒上的顶尖（后顶尖）与头架主轴上的前顶尖一起支承工件，使工件实现准确定位。尾座利用弹簧力顶紧工件，以实现磨削过程中工件因热膨胀而伸长时的自动补偿，避免引起工件的弯曲变形和顶尖孔的过分磨损。尾座套筒的退回可以手动，也可以液压驱动。

（6）滑鞍及横向进给机构 转动横向进给手轮，通过横向进给机构，带动滑鞍及砂轮架做横向移动。也可利用液压装置，使砂轮架做快速进退或周期性自动切入进给。

（7）工作台 工作台由上下两层组成，上工作台可相对于下工作台在水平面内转动很小的角度，用以磨削锥度较小的长圆锥面。上工作台台面上装有头架和尾座，它们随工作台一起沿床身导轨做纵向往复运动。

2. 内圆磨床

根据磨削方法的不同，内圆磨床可分为普通内圆磨床、行星内圆磨床、无心内圆磨床等。

3. 平面磨床

根据砂轮工作面和工作台形状的不同，普通平面磨床可分为卧轴矩台式平面磨床、立轴矩台式平面磨床、卧轴圆台式平面磨床、立轴圆台式平面磨床等。

4. 工具磨床

它包括工具曲线磨床、钻头沟槽磨床等。

5. 刀具刃磨磨床

它包括万能工具磨床、拉刀刃磨床、滚刀刃磨床等。

6. 专门化磨床

它包括花键轴磨床、曲轴磨床、齿轮磨床、螺纹磨床等。

7. 其他磨床

它包括珩磨机、研磨机、砂带磨床、超精加工机床、砂轮机等。

(二) 磨床的运动与传动

磨削加工一般是以砂轮的高速旋转作为主运动，进给运动则取决于加工的工件表面形状以及采用的磨削方法，它可由工件或砂轮来完成，也可以由两者共同完成。

图 3-88 所示是在万能外圆磨床上采用的几种典型磨削加工方法，其中图 3-88a、b、d 是采用纵磨法磨削外圆柱面和内、外圆锥面。这时机床需要三个表面成形运动：砂轮的旋转运动 n_o、工件纵向进给运动 f_a，以及工件的圆周进给运动 n_w。图 3-88c 是切入法磨削短圆锥面，这时只有砂轮的旋转运动和工件的圆周进给运动。加工时为满足一定尺寸要求，还需要有砂轮的横向进给运动 f_p（往复纵磨时，为周期性间歇进给；切入磨削时，为连续进给）。此外，机床还有两个辅助运动，砂轮横向快速进退和尾座套筒退回，以便装卸工件。

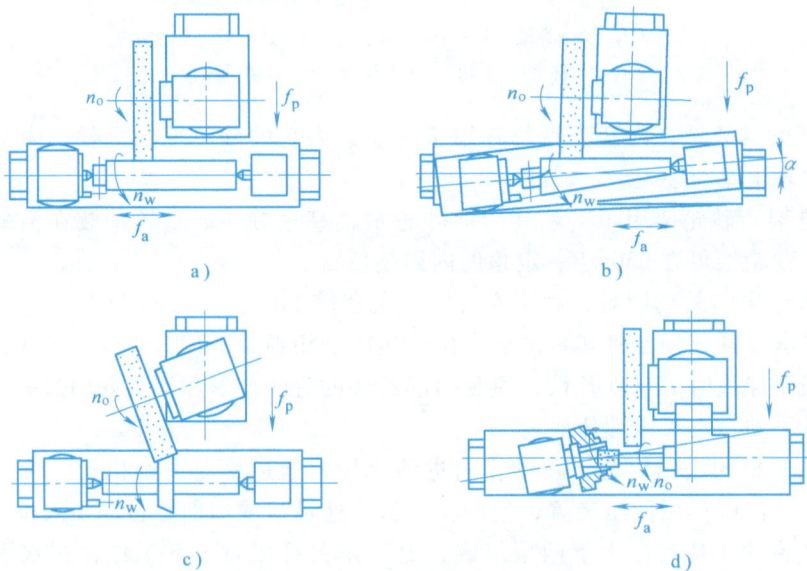

图 3-88　万能外圆磨床上的典型磨削加工方法示意图

a) 纵磨法磨外圆柱面　b) 扳转工作台用纵磨法磨长圆锥面
c) 扳转砂轮架用切入法磨短圆锥面　d) 扳转头架用纵磨法磨内圆锥面

三、砂轮

磨削加工最常用的工具是砂轮，砂轮是一种特殊工具，其上的每颗磨粒相当于一把刀具，砂轮上磨粒的分布情况如图 3-89 所示。磨削时，凸出的且具有尖锐棱角的磨粒从工件表面切下细微的切屑；磨钝了或不太凸出的磨粒只能在工件表面上划出细小的沟纹；比较凹下的磨粒则与工件表面产生滑动摩擦，后两种磨粒在磨削时产生微尘。因此，磨削加工和一般切削加工不同，除具有切削作用外，还具有刻划和磨光作用。

（一）砂轮的特性要素与选择

砂轮是用各种类型的结合剂把磨料黏合起来，经压坯、干燥、焙烧及车整而成的磨削工具。因此，构成砂轮结构的三要素是磨料、结合剂及网状空隙，它的性能主要由磨料、粒度、结合剂、硬度和组织五个方面的因素所决定。

图 3-89　磨粒放大示意图

1. 磨料

普通砂轮所用的磨料主要有刚玉类和碳化硅类，按照其纯度和添加的元素不同，每一类又可分为不同的品种。表 3-5 列出了常用磨料的名称、代号、主要性能和用途。

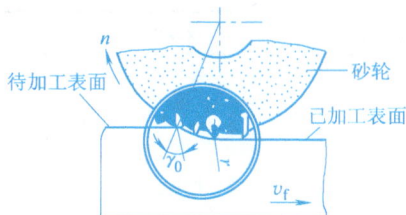

表 3-5　常用磨料的性能及适用范围

材料名称		代号	主要成分	颜色	力学性能	热稳定性	适用磨削范围
钢玉类	棕刚玉	A	$Al_2O_3>95\%$ $TiO_2.=2\%\sim3\%$	褐色	韧性好 硬度大	2100℃ 熔融	碳钢、合金钢、铸铁
	白刚玉	WA	$Al_2O_3>99\%$	白色			淬火钢、高速钢
碳化硅类	黑碳化硅	C	$SiC>95\%$	黑色		>1500℃ 氧化	铸铁、黄铜、非金属材料
	绿碳化硅	GC	$SiC>99\%$	绿色			硬质合金等
高硬磨料类	氮化硼	CBN	立方氮化硼	黑色	高硬度 高强度	<1300℃ 稳定	硬质合金、高速钢
	人造金刚石	SD	碳结晶体	乳白色		>700℃ 石墨化	硬质合金、宝石

2. 粒度

粒度是表示砂轮中磨粒尺寸大小的参数。粒度有两种测定方法：对于用机械筛分法来区分的较大磨粒，以其通过筛网每英寸长度上的孔数来表示粒度，粒度号为 F4～F220，粒度号越大，磨粒尺寸越小；对于用粒度仪测量来确定的微细磨粒（又称微粉），其粒度号为 F230～F1200，粒度号越小，则微粉的颗粒越细。

磨粒粒度选择的原则是：

1）粗磨时，应选用磨粒较粗大的砂轮，以提高生产率。

2）精磨时，应选用磨粒较细小的砂轮，以获得较小的表面粗糙度值。

3）砂轮速度较高时，或砂轮与工件接触面积较大时选用磨粒较粗大的砂轮，以减少同时参加切削的磨粒数，避免发热过多而引起工件表面烧伤。

4）磨削软而韧的金属时选用磨粒较粗大的砂轮，以免砂轮过早堵塞；磨削硬而脆的金属时，选用磨粒较细小的砂轮，以提高同时参加磨削的磨粒数，提高生产率。

磨料常用的粒度号、尺寸及应用范围见表 3-6 。

表 3-6　常用磨粒的粒度号、尺寸及应用范围

类别	粒度号	颗粒尺寸/μm	应用范围
磨粒	F12~F36	2000~1180 600~355	荒磨 打毛刺
	F46~F80	425~250 212~125	粗磨 半精磨、精磨
	F100~F220	150~75 53~45	半精磨、精磨、珩磨
微粉	F360~F600	40~28 28~20	珩磨、研磨
	F600~F1000	20~14 14~10	研磨 超精磨削
	F1000~F2000	10~7 5~3.5	研磨、超精加工、镜面磨削

3. 结合剂

砂轮是用结合剂将磨粒黏合起来，使砂轮具有一定的强度、硬度、气孔和抗腐蚀、抗潮湿等性能。常用结合剂的名称、代号、性能和适用范围见表 3-7。

表 3-7　常用结合剂的名称代号、性能及适用范围

结合剂	代号	性能	适用范围
陶瓷	V	耐热、耐蚀，气孔率大，易保持廓形，弹性差	最常用，适用于各类磨削加工
树脂	B	强度较陶瓷结合剂高，弹性好，耐热性差	适用于高速磨削、切断、开槽等
橡胶	R	强度较树脂结合剂高，更富有弹性，气孔率小，耐热性差	适用于切断、开槽
金属	M	强度最高，导电性好，磨耗少，自锐性差	适用于金刚石砂轮

4. 硬度

砂轮的硬度是指砂轮在外力作用下磨粒从其表面脱落的难易程度，也就是指磨粒与结合剂的黏固程度。砂轮硬表示磨粒难以脱落，砂轮软则易脱落。可见，砂轮的硬度主要由结合剂的黏接强度决定，而与磨粒的硬度无关。一般说来，砂轮组织疏松时，结合剂含量少，砂轮硬度低，如树脂结合剂的砂轮硬度就比陶瓷结合剂的砂轮低。砂轮的硬度等级及代号见表3-8。

砂轮硬度的选用原则是：工件材料越硬，应选用越软的砂轮。这是因为硬材料易使磨粒磨损，需用较软的砂轮以使磨钝的磨粒及时脱落；工件材料越软，砂轮的硬度应越硬，以使磨粒脱落慢些，发挥其磨削作用。但在磨削有色金属、橡胶、树脂等软材料时，要用较软的砂轮，以便使堵塞处的磨粒较易脱落，露出锋锐的新磨粒。

表 3-8　砂轮的硬度等级及代号

硬度等级	极软	软	中级	硬	很硬	极硬
代号	A、B、C、D	E、F、G	H、J、K	L、M、N	P、Q、R、S	Y

另外，磨削过程中砂轮与工件的接触面积较大时，磨粒较易磨损，应选用较软的砂轮。薄壁工件及导热性差的工件，应选较软的砂轮。

半精磨与粗磨相比，需用较软的砂轮；但精磨和成形磨削时，为了较长时间保持砂轮轮廓，需用较硬的砂轮。

在机械加工时，常用的砂轮硬度等级一般为 H 至 N（中级~硬）。

5. 组织

砂轮的组织与磨粒、结合剂和气孔三者体积的比例有关，它是表示结构紧密和疏松程度的参数。砂轮的组织用组织号的大小来表示，磨粒在磨具中占有的体积百分数（即磨粒率）称为组织号。砂轮的组织号及使用范围见表 3-9。

表 3-9　砂轮的组织号

组织号	0	1	2	3	4	5	6	7	8	9	10	11	12	13	14
磨粒率(%)	62	60	58	56	54	52	50	48	46	44	42	40	38	36	34
疏密程度	紧密				中等				疏松				大气孔		
适用范围	重负载、成形、精密磨削，加工脆硬材料				外圆、内圆、无心磨及工具磨，淬硬工件及刀具刃磨等				粗磨及磨削韧性大、硬度低的工件，适合磨削薄壁、细长工件，或砂轮与工件接触面大以及平面磨削等				有色金属及塑料、橡胶等非金属以及热敏合金		

（二）砂轮的形状及代号

为了适应在不同类型的磨床上磨削各种形状工件的需要，砂轮有许多种形状和尺寸。常见的砂轮形状、代号、尺寸及主要用途见表 3-10。

表 3-10　常用砂轮的形状、代号、尺寸及主要用途　　　　（单位：mm）

砂轮种类	断面形状	型号	主要尺寸			主要用途
			D	T	H	
平形砂轮		1	3~90 100~1100	1~20 20~350	2~63 6~500	磨外圆、内孔，无心磨，周磨平面及刃磨刀具
平形切割砂轮		41	50~400	6~127	0.2~5	切断及磨槽
双面凹一号砂轮		7	200~900	75~305	50~400	磨外圆，无心磨的砂轮和导轮，刃磨车刀后面
双斜边砂轮		4	125~500	20~305	8~32	磨齿轮与螺纹

（续）

砂轮种类	断面形状	型号	主要尺寸			主要用途
			D	T	H	
筒形砂轮	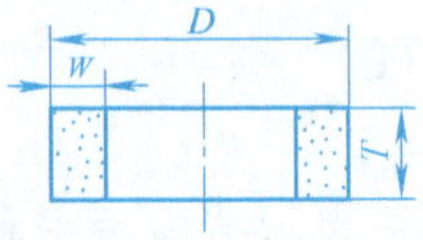	2	250~600	$W=$ 25~100	75~150	端磨平面
碗形砂轮	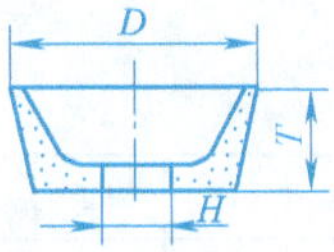	11	100~300	20~140	30~150	端磨平面 刃磨刀具后面
碟形 砂轮	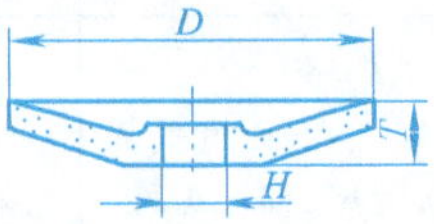	12b	75 100~800	13 20~400	8 10~35	刃磨刀具前面

标记印在砂轮的端面上，其顺序是：形状代号、尺寸、磨料、粒度号、硬度、组织号、结合剂、最高工作线速度。例如：外径300mm，厚度50mm，孔径75mm，棕刚玉，粒度60，硬度L，5号组织，陶瓷结合剂，最高工作线速度35m/s的平行砂轮，其标记为：

砂轮　1-300×50×75—A/F60-L-5　V-35m/s

（三）砂轮的检查、安装、平衡与修整

1. 砂轮的检查

砂轮安装前应先进行外观检查，再敲击听其响声判断砂轮是否有裂纹，以防止高速旋转时砂轮破裂。

2. 砂轮的安装

砂轮由于形状、尺寸不同而有不同的安装方法，当砂轮直接装在主轴上时，砂轮内孔与砂轮轴配合间隙要合适，一般配合间隙为0.1~0.8 mm。砂轮用法兰盘与螺母紧固，在砂轮与法兰盘之间垫以0.3~3mm厚的皮革或耐油橡胶制垫片，如图3-90所示。大内孔的平行砂轮，可先用带台阶的法兰盘安装好以后，再装在磨床主轴上。

3. 砂轮的平衡

为使砂轮工作平稳、振动小，一般直径在125mm以上的砂轮都要进行静平衡调整。具体方法是：将砂轮装在心轴上，再放在平衡架导轨上，如果不平衡，较重的部分总是转到下面，此时可移动法兰盘端面环形槽内的平衡块反复调整平衡，直到砂轮任意位置在导轨上都能静止为止，如图3-91所示。

4. 砂轮的修整

砂轮工作一段时间后，磨粒逐渐磨钝，砂轮表面孔隙堵塞，砂轮几何形状失准，使磨削质量和生产率下降，此时需对砂轮进行修整。修整时金刚石笔应与水平面倾斜5°~15°，与垂直面呈20°~30°，金刚石笔尖低于砂轮中心1~2mm，如图3-92所示。

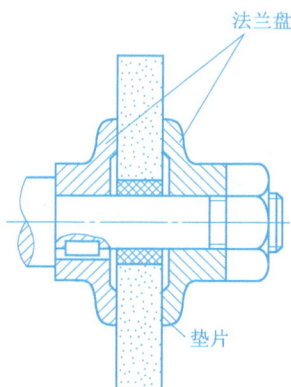

图 3-90　砂轮的安装

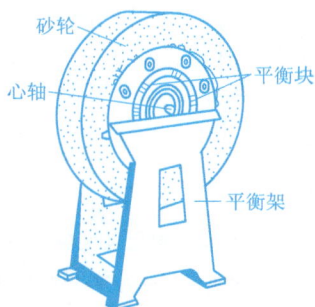

图 3-91　砂轮的静平衡调整

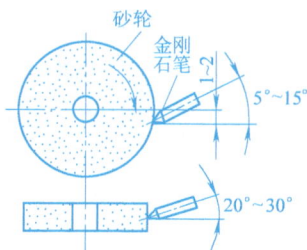

图 3-92　砂轮的修整

四、磨削方法

（一）外圆磨削

外圆磨削是用砂轮外圆周面来磨削工件的外回转表面，它不仅能加工圆柱面、端面（台阶部分），还能加工球面和特殊形状的外表面等。外圆磨削一般在外圆磨床或无心外圆磨床上进行，也可采用砂带磨床磨削。

1. 在外圆磨床上磨削外圆

（1）工件的装夹　在外圆磨床上，工件一般可用以下方法进行装夹。

1）用两顶尖装夹工件。工件支承在前后顶尖上，由拨盘上的拨杆拨动鸡心夹头带动工件旋转，实现圆周进给运动。这种装夹方式有助于提高工件回转精度和主轴刚度，被称为"死顶尖"工作方式。其特点是装夹方便，定位精度高，加工表面易获得较高的圆度和同轴度精度。

2）用三爪自定心卡盘或四爪单动卡盘装夹工件。在外圆磨床上可用三爪自定心卡盘装夹圆柱形工件，其他一些自动定心夹具也适于装夹圆柱形工件。四爪单动卡盘一般用来装夹不规则工件。

3）用心轴装夹工件。磨削套类工件时，可以内孔为定位基准在心轴上装夹。

4）用卡盘和顶尖装夹工件。当工件较长，一端能钻中心孔，另一端不能钻中心孔，这时可一端用卡盘，另一端用顶尖装夹工件。

（2）外圆磨削方法　常用的外圆磨削方法有纵向磨削法、横向磨削法、分段磨削法和深度磨削法四种。

1）纵向磨削法。如图 3-93a 所示，磨削时，工件作圆周进给运动，同时随工作台作纵向进给运动，当每次纵向行程或往复行程结束后，砂轮作一次横向进给，余量经多次进给后被磨去。纵磨法效率低，但能获得较高精度和较小表面粗糙度值。

2）横向磨削法，又称切入磨削法，如图 3-93b 所示。磨削时，砂轮做连续或间断横向进给运动，工件作圆周进给运动。砂轮的宽度大于磨削工件表面长度，砂轮做慢速横向进给，直至磨到要求的尺寸。横磨法效率高，但磨削力大，磨削温度高，必须供给充足的切削液冷却。

3）分段磨削法，又称综合磨削法，是纵向磨削法和横向磨削法的综合运用，即先用横

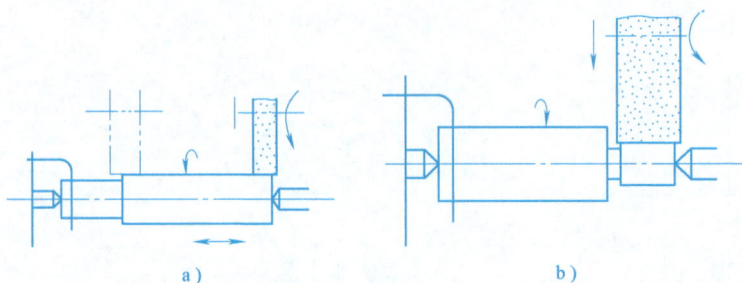

图 3-93　常用外圆磨削方法
a）纵向磨削法　b）横向磨削法

向磨削法将工件分段粗磨，各段留精磨余量，相邻两段有一定量的重叠，最后，再用纵向磨削法进行精磨。分段磨削法兼有横向磨削法效率高、纵向磨削法质量好的优点。

4）深度磨削法，其特点是在一次纵向进给中磨去全部余量。磨削时，砂轮修整成一端有锥面或阶梯状（见图 3-94），工件圆周进给速度与纵向进给速度都很慢。此方法生产率较高，但砂轮修整复杂，并且要求工件结构必须保证砂轮有足够的切入和切出长度。

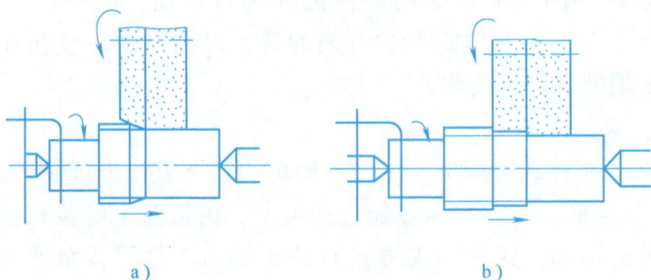

图 3-94　深度磨削法
a）锥形轮磨削　b）阶梯砂轮磨削

2. 在无心外圆磨床上磨削外圆

如图 3-95 所示，工件置于砂轮和导轮之间的托板上，以待加工表面为定位基准，不需要定位中心孔。工件由转速低的导轮（没有切削能力、摩擦因数较大的树脂或橡胶结合剂砂轮）推向砂轮，靠导轮与工件间的摩擦力使工件旋转。改变导轮的转速，便可调节工件的圆周进给速度。

采用无心外圆磨削，工件装卸简便迅速，生产率高，容易实现自动化。加工公差等级可达 IT6，表面粗糙度值为 $Ra1.25 \sim 0.32\mu m$。但是，无心磨削不易保证工件有关表面之间的位置精度，也不能用于磨削带有键槽或缺口的轴类工件。

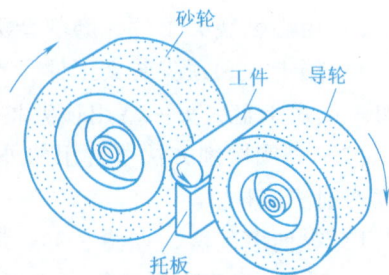

图 3-95　无心磨削示意图

此外，还可用砂带磨床磨削外圆。砂带磨削是一种新型的磨削方法，用高速移动的砂带作为切削工具进行磨削。砂带由基体、黏结剂和磨粒组成，如图 3-96 所示。常用的基体材料是牛皮纸、布（斜纹布、尼龙纤维、涤纶纤维等）及纸-布组合体。纸基砂带平整，磨出的工件表面粗糙度值小，布基砂带承载能力大，纸-布基介于两者之间。黏结剂（一般为树脂）有两层，经过静电植砂使磨粒锋刃向外粘在底胶上，将其烘干，再涂上一定厚度的复胶，以固定磨粒间的位置，就制成了砂带。砂带上只有一层经过筛选的粒度均匀的磨粒，使切削刃具有良好的等高性，加工质量较好。

（二）内圆磨削

用砂轮磨削工件内孔称为内圆磨削，它可以在专门的内圆磨床上进行，也能够在具备内圆磨头的万能外圆磨床上实现。内圆磨削可以

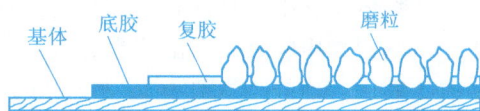

图 3-96　砂带的结构

分为普通内圆磨削、无心内圆磨削和行星内圆磨削方式。

在普通内圆磨床上磨削工件内孔（见图 3-97），砂轮高速旋转做主运动 n_0，工件旋转做圆周进给运动 n_w，同时砂轮或工件沿其轴线往复移动做纵向进给运动 f_a，砂轮还做径向进给运动 f_p。

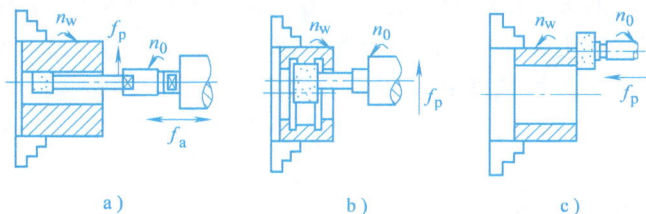

图 3-97　普通内圆磨床的磨削方法

a）纵磨法磨内孔　b）切入法磨内孔　c）磨端面

与外圆磨削相比，受加工孔直径限制，砂轮和砂轮轴直径都比较小。为了获得所要求的砂轮线速度，就必须提高砂轮主轴转速，但容易发生振动，影响工件表面质量。此外，由于内圆磨削时砂轮与工件接触面积大，发热量集中，冷却条件差以及工件热变形大，特别是砂轮主轴刚性差，易弯曲变形，所以内圆磨削不如外圆磨削的加工精度高。在实际生产中，常采用减少横向进给量，增加光磨次数等措施来提高内孔加工质量。

（三）平面磨削

常见的平面磨削方式有四种，如图 3-98 所示。工件装夹在具有电磁吸盘的矩形或圆形工作台上做纵向往复直线运动或圆周进给运动。由于受砂轮宽度的限制，需要砂轮沿轴线方向做横向进给运动。为了逐步地切除全部余量，砂轮还需周

图 3-98　平面磨削方式

a）卧轴矩台平面磨床磨削　b）卧轴圆台平面磨床磨削
c）立轴圆台平面磨床磨削　d）立轴矩台平面磨床磨削

期性地沿垂直于工件被磨削表面的方向进给。

图 3-98 a、b 属于圆周磨削。这时砂轮与工件接触面积小，磨削力小，排屑及冷却条件好，工件受热变形小，且砂轮磨损均匀，所以加工精度较高。然而，砂轮主轴呈悬臂状态，刚性差，不能采用较大的磨削用量，故生产率较低。

图 3-98 c、d 属于端面磨削，砂轮与工件接触面积大，同时参加磨削的磨粒多，另外主轴受压力，刚性较好，允许采用较大的磨削用量，故生产率高。但是，在磨削过程中，磨削力大，发热量大，冷却条件差，排屑不畅，造成工件热变形较大，且砂轮端面沿径向各点线速度不等，使砂轮磨损不均匀，所以这种磨削方法的加工精度不高。

第六节　圆柱齿轮加工

齿轮是机械传动中的重要传动元件之一。由于具有传动比准确、传递动力大、效率高、结构紧凑、可靠性好和耐用等优点，应用极为广泛。齿轮加工的关键是齿轮齿形的加工。由于切削加工能得到较高的齿形精度和较小的齿面粗糙度值，因此，是目前齿轮加工的主要方法。

一、齿轮加工原理

齿轮的切削加工方法很多，但就其加工原理来说，有成形法和展成法两种。

1. 成形法

成形法加工齿轮是利用与被加工齿轮齿槽横截面相一致的刃形的刀具，在齿坯上加工出齿轮齿形的方法。这种成形刀具一般有单齿廓成形铣刀和多齿廓齿轮推刀、齿轮拉刀等几种。

常用的单齿廓齿轮铣刀有盘形齿轮铣刀和指形齿轮铣刀，如图 3-99 所示。盘形齿轮铣刀适于加工模数小于 8mm 的直齿圆柱齿轮和斜齿圆柱齿轮。指形齿轮铣刀适于加工模数为 8~40mm 的直齿圆柱齿轮、斜齿圆柱齿轮，特别是人字形齿轮。这种方法的优点是所用刀具和夹具都比较简单，用普通万能铣床加工，生产成本低。但是，由于齿轮的齿

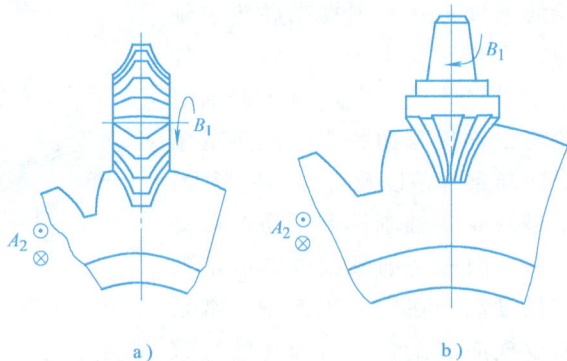

图 3-99　成形法加工齿轮

廓为渐开线，对同一模数的齿轮，只要齿数不同，其渐开线齿廓形状就不相同，需采用不同的成形刀具。在实际生产中，每种模数通常只配有 8 把一套或 15 把一套的成形铣刀，每把刀具适于加工一定的齿数范围。这样加工出来的齿廓是近似的，因此加工精度低，且铣齿的辅助时间长，生产率较低。所以，使用单齿廓成形刀具只适于加工 9 级精度以下的单件、小批量齿轮或修配工作中精度不高的齿轮。

用多齿廓成形刀具，如齿轮推刀或齿轮拉刀，其刀具的渐开线齿形可按工件齿廓的精度制造。加工时，在机床的一个工作循环中就可完成一个或几个齿轮齿形的加工，精度和生产

率均较高。但齿轮推刀和齿轮拉刀为专用刀具，结构复杂，制造困难，成本较高，每套刀具只能加工一种模数和一种齿数的齿轮，所用设备也必须是专用的，因而，这种方法仅适用于大量生产。

2. 展成法

展成法加工齿轮是建立在齿轮啮合原理的基础上，就是把齿轮啮合副中的一个齿轮转化成刀具，把另一个作为工件，并强制刀具与工件做严格的啮合运动，从而在工件上切削出齿轮齿形，这种运动称为展成运动。例如滚齿加工过程相当于交错轴斜齿轮副啮合运动的过程，如图 3-100 所示。只是相互啮合的齿轮副中，一个斜齿轮的齿数很少，其分度圆上的螺旋角也很小，所以它便成为蜗杆形状。将蜗杆经开槽、铲背、淬火、刃磨等，便成为齿轮滚刀。当齿轮滚刀按给定的切削速度与被切齿轮做展成运动时，便在工件上逐渐切出渐开线的齿形，显然这种齿形是由滚刀齿形在展成运动中一系列连续位置的包络线包络而成的。

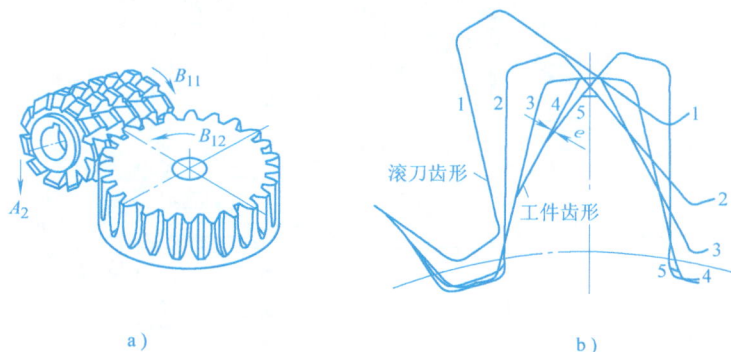

图 3-100 滚齿加工示意图
a) 滚齿加工 b) 齿形曲线的形成

按展成法原理加工齿轮时，刀具切削刃的形状与被加工齿轮齿槽的截面形状并不相同，而其切削刃渐开线廓形仅与刀具本身的齿数有关，与被加工齿轮的齿数无关。因此，若模数相同，压力角相同，只需用一把刀具就可以加工不同齿数的齿轮。此外，还可以用改变刀具与工件的中心距来加工变位齿轮。展成法加工齿轮的精度和生产率都较高，但需要有专用机床设备和专用齿轮刀具。一般加工齿轮的专用机床结构较复杂，传动机构较多，设备费用高。

用展成法原理加工齿轮的方法很多，最常见的有滚齿、插齿、剃齿、珩齿和磨齿等。各种方法所使用的刀具和机床虽不相同，但都可适用于在各种生产类型中加工精度要求较高的齿轮。

二、齿轮加工方法与加工机床

（一）滚齿加工

滚齿是齿形加工中应用最广泛的一种加工方法，具有通用性好、生产率高、加工质量好等优点。

Y3150E 型滚齿机是一种中型通用滚齿机，主要用于加工直齿和斜齿圆柱齿轮，也可以采用手动径向切入法加工蜗轮。该机床加工齿轮最大直径 500mm，最大宽度 250mm，最大模数 8mm，最小齿数 5k（k 为滚刀头数）。

图 3-101 为 Y3150E 型滚齿机的外形图，机床由床身 1、立柱 2、刀架溜板 3、刀架体 5、后立柱 8 和工作台 9 等主要部件组成。立柱 2 固定在床身 1 上，刀架溜板 3 带动刀架体 5 可沿立柱导轨做垂向进给运动或快速移动。滚刀安装在刀杆 4 上，由刀架体 5 的主轴带动做旋转为主运动。刀架体可绕自身的水平轴线转动，以调整滚刀的安装角度。工件装夹在工作台 9 的心轴 7 上或直接装夹在工作台上，随工作台一起做旋转运动。工作台和后立柱 8 装在床鞍 10 上，可沿床身的水平导轨移动，以便调整工件的径向位置或做手动径向进给运动。后立柱上的支架 6 可通过顶尖或轴套支承工件心轴的上端，以提高滚切工作的平稳性。

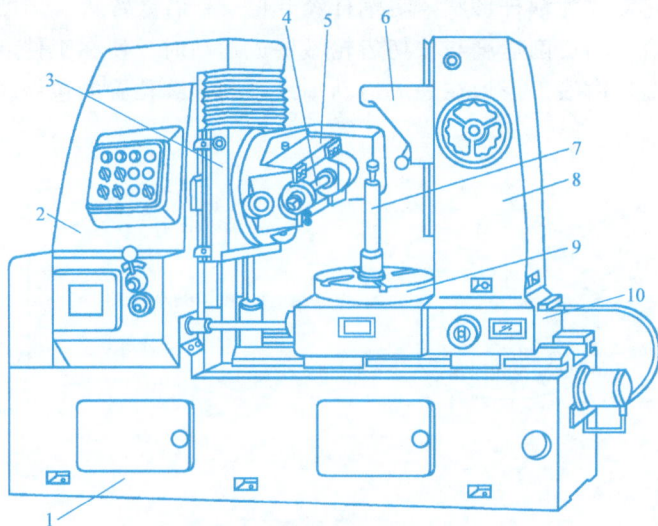

图 3-101   Y3150E 型滚齿机外形图

1—床身 2—立柱 3—刀架溜板 4—刀杆 5—刀架体 6—支架
7—心轴 8—后立柱 9—工作台 10—床鞍

1. 加工直齿圆柱齿轮

根据展成法原理用滚刀加工齿轮时，必须严格保持滚刀与工件之间的运动关系。因此，滚齿机在加工直齿圆柱齿轮时的工作运动有：

（1）主运动   就是滚刀的旋转运动 $n_刀$（r/min）。滚刀转速取决于合理的切削速度 v（m/min）和滚刀的直径 $D_刀$（mm）。

（2）展成运动   就是滚刀的旋转运动和工件的旋转运动的复合运动，即滚刀与工件间的啮合运动，两者之间应准确地保持一对啮合齿轮副的传动关系。设滚刀头数为 k，工件齿数为 z，则滚刀转 1 转，工件应转 k/z 转。

（3）轴向进给运动   就是滚刀沿工件轴线方向做连续进给运动，在工件的整个齿宽上切出齿形。其传动关系是工件转 1 转，滚刀沿工件轴向进给 f（mm/r）。

除上述三种运动外，还需沿工件径向手动调整切齿深度，以便切出齿形全齿高。

2. 加工斜齿圆柱齿轮

斜齿圆柱齿轮的齿形为螺旋齿形线，因此，滚切斜齿圆柱齿轮时，除了与滚削直齿圆柱齿轮一样，需要主运动、展成运动和轴向进给运动外，为形成螺旋齿形线，在滚刀做轴向进给运动的同时，工件还应做附加运动，而且两者必须保持确定的关系，即滚刀轴向移动工件螺旋线一个导程 L，工件应准确地附加转一转。

3. 加工蜗轮

在 Y3150E 型滚齿机上用径向切入法可加工蜗轮。加工蜗轮时共需三个运动：主运动、展成运动和径向进给运动。主运动传动链和展成运动与加工直齿圆柱齿轮完全相同，径向进给运动只能用手动。蜗轮滚刀的模数、头数、分度圆直径等都应该与蜗杆相同。安装滚刀时，应使滚刀轴线与被加工蜗轮轴线垂直，并且位于被加工蜗轮的中心平面内。当蜗轮滚刀从齿顶逐渐切入至工件全齿深后，停止径向进给，工件继续保持与滚刀的啮合运动并切削若干转，以修正齿形。

4. 齿轮滚刀

齿轮滚刀是一个蜗杆状刀具，在其圆周上等分地开有若干垂直于蜗杆螺旋线方向或平行于滚刀轴线方向的沟槽，经过齿形铲背，使刀齿具有正确的齿形和后角，再加以淬火和刃磨前面，就形成了一把齿轮滚刀，如图 3-102 所示。

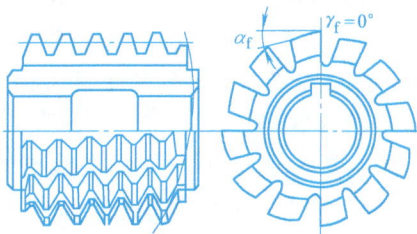

图 3-102　齿轮滚刀

齿轮滚刀由若干圈刀齿组成，每个刀齿都有一个顶刃和左右两个侧刃，顶刃和侧刃都具有一定的后角。刀齿的两个侧刃分布在螺旋面上，这个螺旋面所构成的蜗杆称为滚刀的基本蜗杆。

齿轮滚刀按精度分为 AA、A、B、C 级。大致上滚刀精度等级与被加工齿轮精度等级的关系见表 3-11，供选择滚刀时参考。

表 3-11　滚刀精度等级与齿轮精度等级关系

滚刀精度等级	AA	A	B	C
齿轮精度等级	6~7	7~8	8~9	9~10

选择齿轮滚刀时，滚刀的模数与齿形角应和被加工齿轮的法向模数与法向齿形角相同，其精度等级也要和被加工齿轮的精度等级相适应。

5. 滚齿加工时工件的装夹

当加工直径较小的齿轮时，工件以内孔定位装夹在心轴上，心轴上端的圆柱体用后立柱支架上的顶尖或套筒支承，以加强工件的装夹刚度。加工直径较大的齿轮时，通常用带有较大端面的底座和心轴装夹，或者将齿轮直接装夹在滚齿机工作台上。

6. 滚齿加工的特点

滚齿加工应用十分广泛，其主要特点体现在以下几方面：

（1）适应性好　由于滚齿加工是采用展成法原理，一把滚刀可以加工与其模数相同、齿形角相等的不同齿数的齿轮，这就大大扩大了齿轮加工的范围。

（2）生产率高　因为滚刀在加工中是不停地旋转，对工件实施连续地切削，无空程损失，并可以采用多头滚刀提高粗滚齿的效率。

（3）齿轮齿距误差小　滚齿加工时，同时有几个刀齿参加切削，而且工件上所有齿槽都是由这些刀齿切出来的，因而齿距误差小。

（4）齿轮齿廓表面较粗糙　滚齿加工时，工件转过 1 个齿，滚刀转过 $1/k$ 转（k 为滚刀头数）。由于滚刀上一圈的刀齿数有限，使得形成工件齿廓包络线的刀具齿形折线也十分有限，比起插齿要少得多，所以，一般用滚齿加工出来的齿廓表面粗糙度值大于插齿加工出来的齿廓表面粗糙度值。

（5）主要用于加工直齿圆柱齿轮、斜齿圆柱齿轮和蜗轮　滚齿不能加工内齿轮和多联齿轮中直径尺寸较小的齿轮。

（二）插齿加工

插齿主要用于加工直齿圆柱齿轮，尤其适用于加工不能滚齿加工的内齿轮和多联齿轮中直径尺寸较小的齿轮。

Y5132 型插齿机外形如图 3-103 所示。它主要由床身 1、立柱 2、刀架 3、主轴 4、工作台 5、床鞍 7 等部件组成。立柱固定在床身上，插齿刀安装在刀具主轴上，工件装夹在工作台上，床鞍可沿床身导轨使工件做径向切入进给运动及快速接近或快速退出运动。

1. 插齿的运动

插齿是按展成法原理加工齿轮的。插齿刀实质上是一个端面磨有前角、齿顶及齿侧均磨有后角的齿轮，如图3-104a所示。插齿加工时，插齿刀和工件作无间隙啮合运动过程中，在工件上逐渐切出齿轮的齿形。齿形曲线是在插齿刀切削刃多次切削中，由切削刃各瞬时位置的包络线所形成的，如图 3-104b 所示。

加工直齿圆柱齿轮时所需运动：

（1）主运动　插齿加工的主运动是插齿刀沿工件轴向所做的往复直线运动。插齿刀垂直向下运动为工作行程，向上为空行程。主运动以插齿刀每分钟的往复行程次数表示，即往复行程次数/min。

（2）展成运动　插齿加工过程中，插齿刀与工件必须保持一对圆柱齿轮作无间隙的啮合运动关系，插齿刀转过一个齿时，工件也必须转过一个齿。插齿刀与工件所做的啮合旋转运动即为展成运动。

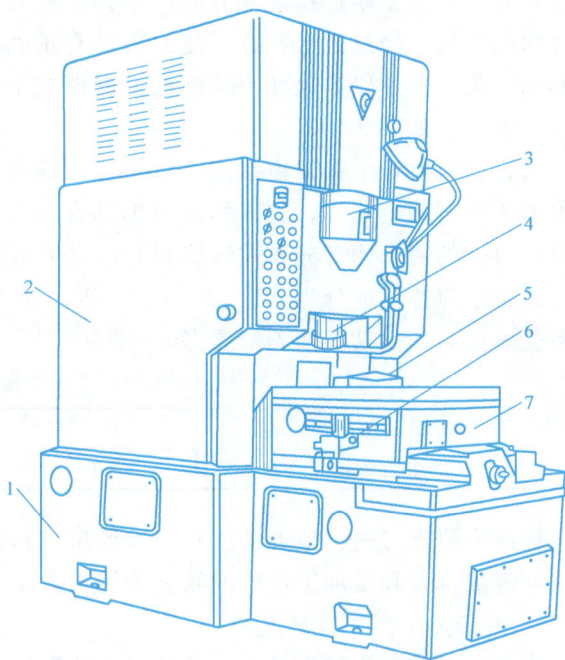

图 3-103　Y5132 型插齿机外形图
1—床身　2—立柱　3—刀架　4—主轴
5—工作台　6—挡块支架　7—床鞍

（3）圆周进给运动　圆周进给运动是插齿刀绕自身轴线的旋转运动，其旋转速度的快慢决定了工件转动的快慢，也关系到插齿刀的切削负荷、工件的表面质量、加工生产率和插齿刀的寿命等。圆周进给量用插齿刀每往复行程一次，插齿刀在分度圆上转过的弧长表示，单位为 mm／一次双行程。

（4）径向切入运动　为了避免插齿刀因切削负荷过大而损坏刀具和工件，工件应逐渐地向插齿刀做径向切入。当工件被插齿刀切入全齿深时，径向切入运动停止，工件再旋转一

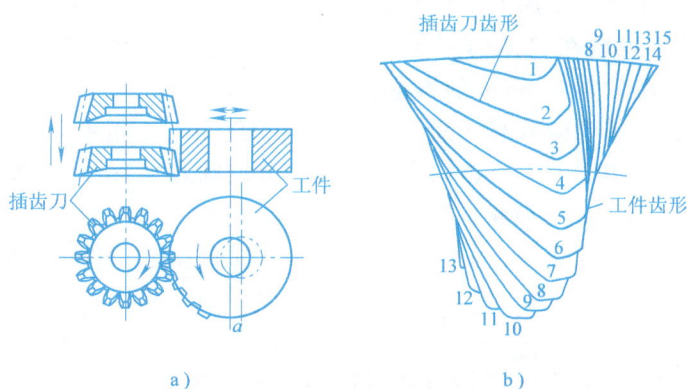

图 3-104 插齿加工过程
a）插齿加工 b）齿形曲线的形成

转，便能加工出全部完整的齿形。径向进给量是以插齿刀每往复行程一次，工件径向切入的距离来表示，单位为 mm/一次双行程。

Y5132 型插齿机的径向切入运动是由工作台带动工件向插齿刀移动实现的。加工时，工作台先快速移动一个较大的距离，使工件接近刀具，然后才开始径向切入。当工件加工完毕，工作台又快速退回原位。

（5）让刀运动 插齿刀空程向上运动时，为了避免擦伤工件表面和减少刀具磨损，刀具与工件间应让开约 0.5mm 的距离，而在插齿刀向下开始工作行程之前，又迅速恢复到原位，以便刀具进行下一次切削，这种让开和恢复原位的运动称为让刀运动。本机床采用刀具主轴摆动实现让刀运动。

2. 插齿刀

插齿所用的直齿插齿刀主要有三种类型，分别是盘形直齿插齿刀、碗形直齿插齿刀和锥柄直齿插齿刀，如图 3-105 所示。

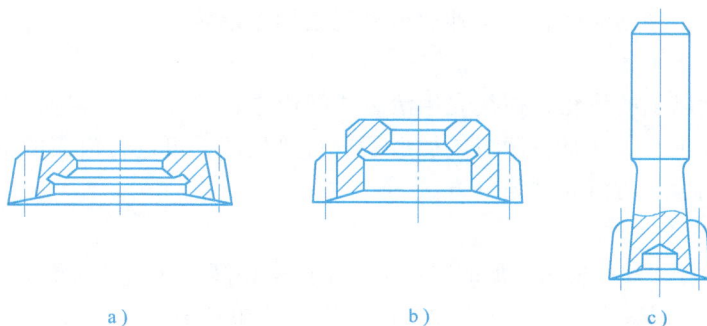

图 3-105 插齿刀的类型
a）盘形直齿插齿刀 b）碗形直齿插齿刀 c）锥柄直齿插齿刀

盘形直齿插齿刀以内孔和支承端面定位，用螺母紧固在机床主轴上，主要用于加工直齿外齿轮及大直径直齿内齿轮。其常用分度圆直径有四种：75mm、100mm、160mm、200mm，适用于加工模数为 1~12mm 的齿轮。

碗形直齿插齿刀主要用于加工多联齿轮和带有凸肩的齿轮。这种形式的插齿刀以其内孔定位，夹紧用螺母可容纳在刀体内。常用分度圆直径也有四种：50mm、75mm、100mm、125mm，适用于加工模数为1~8mm的齿轮。

锥柄直齿插齿刀为带锥柄（莫氏短圆锥柄）的整体结构，用带有内锥孔的专用接头与机床主轴连接，它主要用于加工直齿内齿轮。标称分度圆直径有两种：25mm和38mm，适用于加工模数为1~3.75mm的齿轮。

插齿刀一般有三种精度等级：AA、A和B，在正常的工艺条件下，分别用于加工6、7和8级精度的齿轮。

3. 插齿加工的特点

（1）齿形精度高　插齿刀的刀齿可通过高精度的磨齿机磨削获得精确的渐开线齿形，因此加工的齿形精度高。

（2）获得的齿廓表面粗糙度值较小　插齿加工时，插齿刀是沿齿轮的全长连续地切下切屑，而滚齿时，滚刀切削每次只在齿轮长度方向上切出一小段齿形，整个齿长是由滚刀多次断续切削而成。因此，插齿加工比滚齿加工表面粗糙度值更小。

（3）有利于提高工件的齿形精度和减小表面粗糙度值　插齿加工时，可通过减小圆周进给量，增加形成渐开线齿形包络线的折线数量，从而提高了齿形精度和减小表面粗糙度值。滚齿加工时，工件同一齿廓的渐开线是由较少数目的折线包络而成，因而齿形精度不高，表面粗糙度值较大。

（4）工件公法线长度变动量较大　插齿加工时，由于插齿刀本身的齿距误差、插齿刀的安装误差及插齿机上带动插齿刀旋转的蜗轮的齿距累积误差的存在，使插齿刀旋转时，会出现较大的转角误差。因此，插齿加工的齿轮公法线长度变动量比滚齿加工的齿轮公法线长度变动量大。

（5）生产率低　插齿加工时，由于刀具是作直线往复运动，使切削速度的提高受到限制，并且有空行程。因此，在一般情况下，插齿加工生产率低于滚齿加工生产率。

（6）加工斜齿轮很不方便，且不能加工蜗轮　插齿机加工斜齿圆柱齿轮很不方便，必须更换为倾斜导轨，辅助时间长，另外插齿机无法加工蜗轮。

（三）齿轮其他加工方法

对于6级精度以上的齿轮，往往先用滚齿或插齿进行粗加工，再进行齿面的精加工。对于硬齿面齿轮的加工，往往是在滚齿或插齿后进行热处理，再进行齿面的精加工。常用的齿面精加工方法有剃齿、珩齿和磨齿等方法。

1. 剃齿加工

剃齿常用于未淬火圆柱齿轮齿形的精加工，生产率很高，在成批大量生产中得到广泛的应用。剃齿加工也属于展成法加工，剃齿加工的展成运动相当于一对交错轴斜齿圆柱齿轮啮合，剃齿刀实质上是一个高精度的斜齿轮，在它的齿面上沿渐开线方向开出一些小槽，这些小槽的侧面与齿面的交棱形成了剃齿刀的切削刃，如图3-106a所示。剃齿加工时，先将工件装夹在机床上的两顶尖之间的心轴上，然后将剃齿刀安装在机床主轴上，并由主轴带动剃齿刀旋转，实现主运动。剃齿刀的轴线与工件的轴线形成轴交角β，工件在一定的压力下与剃齿刀啮合，并由剃齿刀带动旋转，工件与剃齿刀作无间隙的自由啮合运动，如图3-106b所示。

由于剃齿刀与工件相当于一对交错轴斜齿圆柱齿轮啮合，因而在啮合点处的速度方向不一致，使剃齿刀与工件齿面之间沿齿长方向产生相对滑动，这个滑动速度为 $v_{At} = v_A \sin\beta$，就是剃齿的切削速度。由于该速度的存在，使剃齿刀切削刃能从工件齿面上切下微细的切屑，实现对工件齿面的精加工。为了使工件齿形的两侧都能获得相同的剃削效果，剃齿刀在剃削过程中，应交替变换转动方向。剃齿加工时，为了剃出工件齿形的全齿长，工作台必须做纵向直线往复运动。工作台每次单向行程后，剃齿刀反转，工作台反向，剃削齿轮的另一侧面。工作台双向行程后，剃齿刀沿工件径向间歇进给一次，逐渐剃去齿面的余量，最终达到图样的要求。

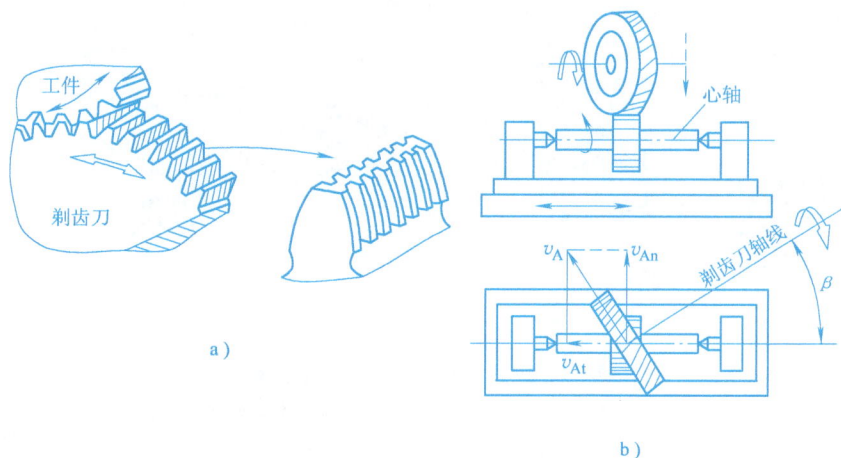

图 3-106　剃齿刀及剃齿加工示意
a）剃齿刀　b）剃齿加工示意

剃齿加工有以下特点：

（1）效率高、成本低　一般完成一个齿轮的加工只要 2~4min，成本平均比磨齿低90%。剃齿适用于对未淬火的齿轮齿形进行精加工。

（2）对齿轮的切向误差修正能力差　在工艺安排上，应采用滚齿作为剃齿的前道工序较为合适，因为滚齿加工的齿轮运动精度高于插齿加工的齿轮运动精度。虽然滚齿加工的齿轮齿形误差比插齿加工的齿轮齿形误差要大，但这在剃齿加工中却是不难纠正的。

（3）有利于提高齿轮的齿形精度　这是由于剃齿加工对齿轮的齿形误差和基节误差有较强的修正能力，只要剃齿刀本身精度高，刃磨质量好，就能够剃削出表面粗糙度值 $Ra1.25~0.32\mu m$、精度达到 7~6 级的齿轮。

2. 珩齿加工

珩齿加工是对淬硬齿形进行精加工的方法之一，主要用于去除热处理后齿面上的氧化皮，减小轮齿表面粗糙度值，从而降低齿轮传动的噪声。

珩齿所用刀具为珩磨轮，也称珩轮，它是由轮坯及齿圈构成，如图 3-107a 所示。轮坯由钢材制成，齿圈部分是用磨料（氧化铝、碳化硅）、结合剂（环氧树脂）和固化剂（乙二胺）浇注或热压成型，其结构与磨具相似，只是珩齿的切削速度远低于磨削速度，但大于剃齿速度。珩齿的运动与剃齿的运动相同，珩齿加工时，珩轮与工件在自由啮合中，靠齿面间的压力和相对滑动，由磨料进行切削，如图 3-107b 所示。

在大批量生产中，广泛应用蜗杆形珩轮珩齿，如图 3-107c 所示。珩轮为一大直径蜗杆，其直径可达 200~500mm，其齿形可在螺纹磨床上精磨到 5 级精度以上。由于其齿形精度高，珩削速度高，所以对工件误差的修正能力增强，特别是对工件的齿形误差、基节偏差及齿圈的径向圆跳动误差都能有一定的修正。珩齿加工可将 9~8 级精度的齿轮直接珩到 6 级精度，有可能取消珩前剃齿工序。

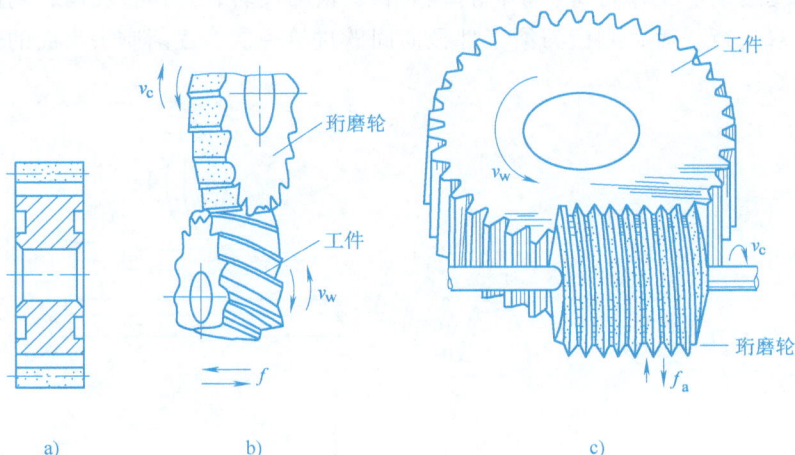

图 3-107　珩磨轮与珩齿加工示意

a）珩磨轮　b）珩齿加工示意　c）蜗杆形珩轮珩齿

珩齿加工有如下特点：

（1）表面质量好　珩齿时，由于切削速度低，加工过程为低速磨削、研磨和抛光的综合作用过程，工件被珩齿面不会产生烧伤和裂纹，表面质量很好，表面粗糙度值为 Ra 1.25~0.16μm。

（2）修正误差能力较差　由于珩轮弹性大，加工余量小，只有 0.025mm，磨料粒度号大，所以珩齿修正误差的能力较磨齿差。但是，珩轮本身的误差对加工精度的影响很小。珩齿前，齿轮加工尽量采用滚齿，它的运动精度高于插齿，从而降低了对齿距累积误差等的修正要求。

（3）珩轮的造型精度高　珩轮的齿形简单，容易获得高精度的造型。

（4）生产率高、珩轮使用寿命高　珩齿的效率一般为磨齿的 10~20 倍，而且刀具的使用寿命很高，珩轮每修整一次，可珩齿轮 60~80 件。

3. 磨齿加工

磨齿加工主要用于对高精度齿轮或淬硬的齿轮进行齿形的精加工，齿轮的精度可达 6 级或更高。按齿形的形成方法，磨齿加工方法也有成形法和展成法两种原理，由于成形法原理磨削齿轮的精度较低，因此，大多数磨齿均以展成法原理来加工齿轮。展成法磨齿有以下几种方法。

（1）展成法磨齿方法　展成法磨齿主要有连续分度展成法和单齿分度展成法两种。

1）连续分度展成法磨齿。连续分度展成法磨齿是利用蜗杆形砂轮磨削齿轮的轮齿，其加工过程和滚齿相同，如图 3-108 所示。蜗杆形砂轮的旋转运动 B_{11} 为主运动，工件与砂轮啮合的旋转运动 B_{12} 为展成运动，轴向进给运动 A_1 一般是由工件向上或向下移动来完成。由于在加工过程中，蜗杆形砂轮是连续对工件的齿形进行磨削，所以其生产率是磨齿中最高的。这种磨齿方法的缺点是蜗杆形砂轮修磨困难，往往不易达到较高的精度。磨削不同模数的齿轮时，需更换蜗杆形砂轮。另外，所用设备的各传动件转速很高，机械传动易产生噪声，传动件磨损较快。这种磨齿方法适用于中小模数齿轮的成批和大量生产中。

2）单齿分度展成法磨齿。单齿分度展成法磨齿可根据使用砂轮形状不同有碟形砂轮磨齿、锥形砂轮磨齿等几种方法，如图 3-109 所示，它们的磨削加工都是利用齿条与齿轮的啮合原理来磨削齿轮的。

（2）磨齿加工的特点 磨齿加工的主要特点是能加工出高精度的齿轮。一般条件下，加工齿轮精度可达 6~4 级，表面粗糙度可达 $Ra0.8 \sim 0.2\mu m$。由于磨齿加工采用砂轮与工件

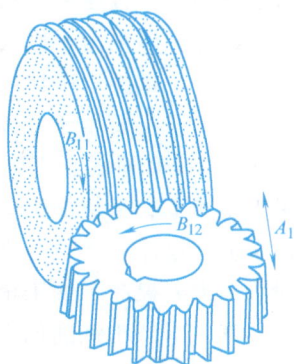

图 3-108 蜗杆形砂轮磨齿

强制啮合的运动方式，不仅修正齿轮误差的能力强，而且特别适于加工齿面硬度很高的齿轮。但是除蜗杆形砂轮磨齿外，一般磨齿加工效率均较低，设备结构较复杂，调整设备困难，加工成本较高。目前，磨齿主要用于加工精度要求很高的齿轮，特别是硬齿面的齿轮。

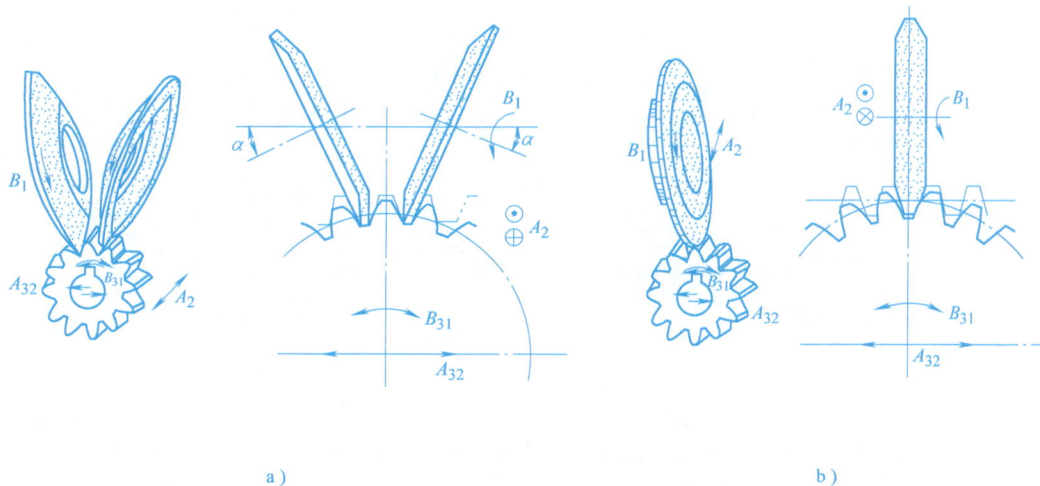

a) b)

图 3-109 单齿分度展成法磨齿

第七节 刨削与拉削加工

一、刨削加工

（一）刨削加工的特点及工艺范围

刨削加工是在刨床上利用刨刀（或工件）的直线往复运动作为主运动进行切削加工的一种方法。进给运动是工件或刀具沿垂直于主运动方向所做的间歇运动。刨削加工是单程切削加工，即工作行程，返程时不进行切削，即空行程，为避免损伤工件已加工表面和减缓刀具磨损，返程时刨刀需抬起让刀。由于主运动在换向时必须克服运动件的惯性，这就限制了

切削速度和空行程速度的提高，再加上机床空行程的损失，因此在大多数情况下刨削加工的生产率较低。但是由于刨削加工的机床、刀具结构简单，制造、安装方便，调整容易，因此应用于单件小批生产中比较经济。

刨削加工主要用于加工平面、平行面、垂直面、台阶、沟漕、斜面、曲面和成形表面等，如图 3-110 所示。刨削的加工精度可达 IT9~IT8，表面粗糙度值可达 $Ra6.3~1.6\mu m$，主要用于粗加工和半精加工。由于刨削加工可以保证一定的相互位置精度，所以刨削加工非常适合于加工箱体、导轨等平面。尤其在精度高、刚性好的龙门刨床上，利用宽刃刨刀精刨代替刮研，大大提高了加工精度和生产率。此外，在刨床上加工窄长平面或多工件同时加工，其生产率并不低于铣削加工。

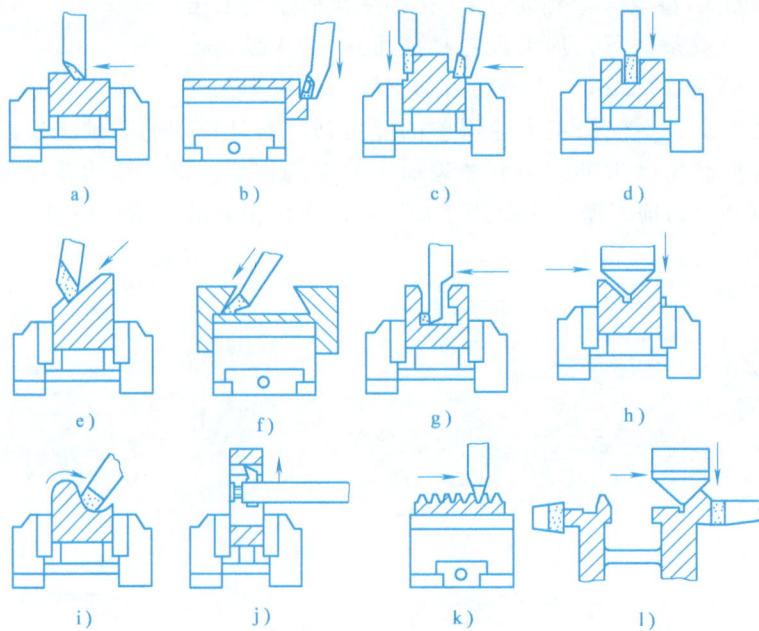

图 3-110　刨床工作的基本内容
a）刨平面　b）刨垂直面　c）刨台阶面　d）刨直角沟槽　e）刨斜面　f）刨燕尾形工件
g）刨 T 形槽　h）刨 V 形槽　i）刨曲面　j）刨孔内键槽　k）刨齿条　l）刨复合表面

（二）刨床

刨床类机床主要有牛头刨床、龙门刨床和插床三种类型。

1. 牛头刨床

牛头刨床适用于刨削长度不超过 1000mm 的中、小型工件的平面、沟槽或成形表面，其外形如图 3-111 所示。牛头刨床的主运动是装有刀具的滑枕 3 在床身 4 顶部的水平导轨中所做的直线往复运动。刀架 1 可沿刀架座 2 的导轨上下移动来调整刨削深度，还可以在加工垂直平面和斜面时做进给运动。根据加工需要，可以调整刀架座 2，使刀架左右回转 60°，以便加工斜面或斜槽。加工过程中，工作台 6 带动工件沿横梁 5 做间歇的横向进给运动。横梁 5 可沿床身 4 的垂直导轨上下移动，以调整工件与刨刀的相对位置。

2. 龙门刨床

龙门刨床主要用于加工大型或重型工件上的各种平面、沟槽和各种导轨面，或在工作台上同时装夹数个中小型工件进行多件加工，还可以同时用多把刨刀同时刨削，从而大大提高了生产率。大型龙门刨床往往还附有铣头和磨头等部件，以便使工件在一次装夹中完成更多的加工内容。龙门刨床与普通牛头刨床相比，其形体大，结构复杂，刚性好，行程长，加工精度也比较高。

图 3-112 为龙门刨床的外形图。工件装夹在工作台 9 上，主运动是工作台沿床身的水平导轨所做的直线往复运动。床身 10 的两侧固定有左右立柱 3 和 7，两立柱顶端用顶梁 4 连接，形成结构刚性较好的龙门框架。横梁 2 上装有两个垂直刀架 5 和 6，可沿横梁导轨做水平方向的进给运动。横梁 2 可沿立柱的导轨移

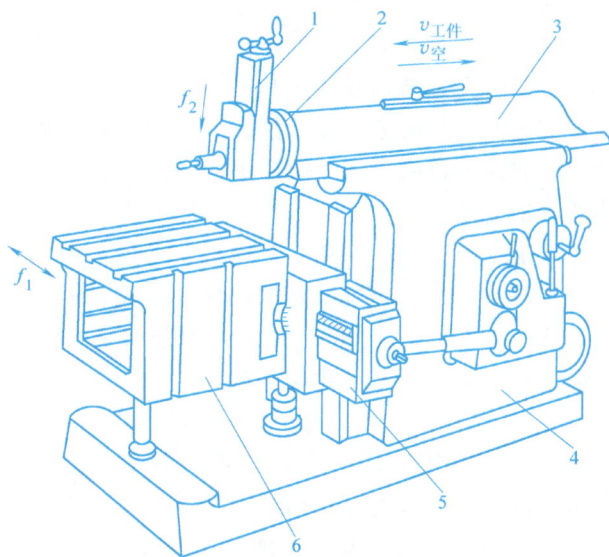

图 3-111　牛头刨床
1—刀架　2—刀架座　3—滑枕
4—床身　5—横梁　6—工作台

动至一定位置，以调整工件和刀具的相对位置。左右立柱上分别装有左右侧刀架 1 和 8，可分别沿立柱导轨做垂直进给运动，以加工侧面。空行程时为避免刀具碰伤工件表面，龙门刨床设有返程自动让刀装置。

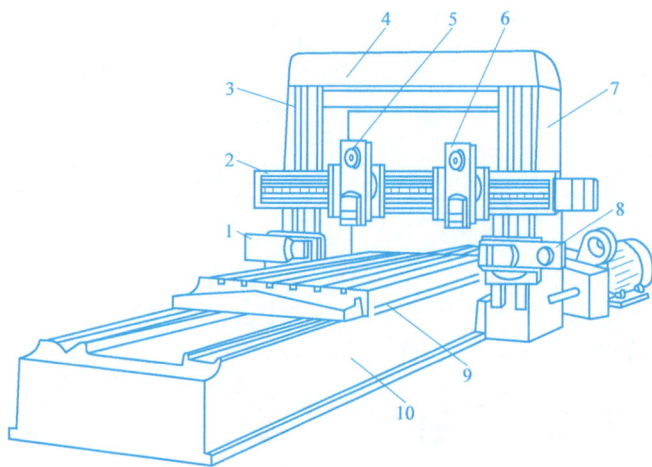

图 3-112　龙门刨床
1、8—左右侧刀架　2—横梁　3、7—立柱　4—顶梁　5、6—垂直刀架　9—工作台　10—床身

3. 插床

插床的外形如图 3-113 所示。插床实质上是立式牛头刨床，其主运动是滑枕带动插刀所做的上下往复直线运动。滑枕导轨座 3 可以绕销轴 4 在小范围内调整角度，以便加工倾斜的

内外表面。床鞍 6 和溜板 7 可以分别带动工件实现横向和纵向的进给运动，圆工作台 1 可绕铅垂轴线旋转，实现圆周进给运动或分度运动。圆工作台 1 在各个方向上的间歇进给运动是在滑枕空行程结束后的短时间内进行的。圆工作台 1 的分度运动由分度装置 5 来实现。

插床加工范围较广，加工费用也比较低，但其生产率不高，对工人的技术要求较高。因此，插床一般适用于单件、小批生产中工件内部表面的加工，如方孔、多边形孔或孔内键槽等。

（三）刨刀

刨刀可以按加工表面的形状和刀具的用途分类，也可以按照刀具的形状和结构分类。按加工表面的形状和用途分类，刨刀一般可分为平面刨刀、偏刀、角度刀、切刀、弯切刀和样板刀等，如图 3-114 所示。其中平面刨刀用于刨削水平面，偏刀用于刨削垂直面、台阶面和外斜面等，角度刀用于刨削燕尾槽和内斜面等，切刀用于切断、切槽和刨削垂直面等，弯切刀用于刨削 T 形槽，样板刀用于刨削 V 形槽和特殊形状的表面等。

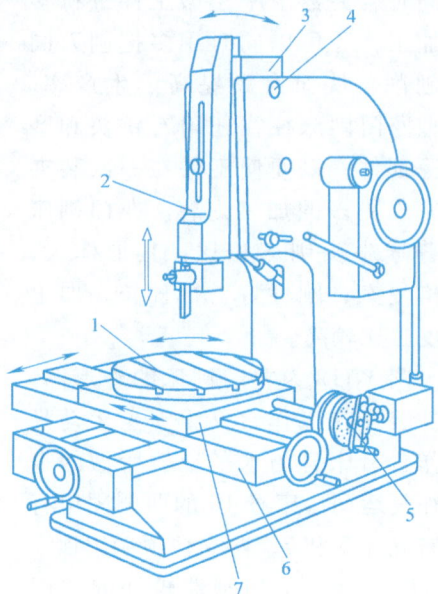

图 3-113　插床
1—圆工作台　2—滑枕　3—滑枕导轨座
4—销轴　5—分度装置　6—床鞍　7—溜板

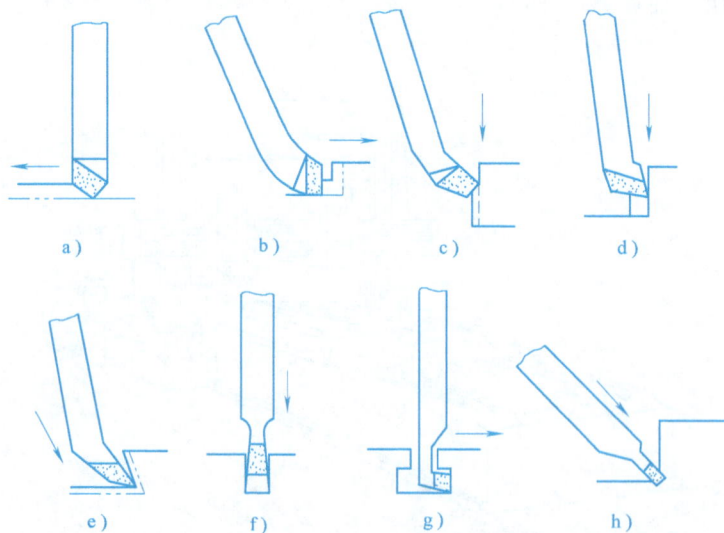

图 3-114　常用刨刀种类和应用
a）平面刨刀　b）、d）台阶偏刀　c）普通偏刀　e）角度刀
f）切刀　g）弯切刀　h）切槽刀

按刀具的形状和结构，刨刀一般可分为左刨刀和右刨刀、直头刨刀和弯头刨刀、整体刨刀和组合刨刀等。弯头刨刀在受到较大的切削阻力时，刀杆会产生变形向后弯曲，使刀尖向

后上方弹起，而不会像直头刨刀那样扎入工件，所以为了避免破坏工件表面和损坏刀具，实际生产中所用刨刀一般多为弯头刨刀，如图 3-115 所示。

（四）刨削加工方法

1. 刨平面

在牛头刨床上刨平面时，应根据工件的形状和尺寸，选择合理的装夹方式。小尺寸工件一般用平口钳装夹；当工件较大时，可用螺钉撑和挡块在工作台上装夹工件，如图 3-116 所示；也可以靠工件上的凸台或孔用螺栓压板来夹紧工件，如图 3-117 所示。对于较薄的工件，通常采用撑板夹紧，如图 3-118 所示，撑板靠近工件一侧有倾斜面，厚度较小，不妨碍刨刀刨削薄板的整个平面，而且使夹紧力稍向下倾斜，除在水平方向具有夹紧分力外，还有一个较小的垂直向下的夹紧分力，以利于薄板的夹紧。

将工件装夹正确后，开动机床移动滑枕使刨刀接近工件，然后横向移动工作台，将工件移到刨刀下面，再摇动刀架拖板，使刀尖接触工件表面，接着转动工作台横向手柄，将工件退离刀尖，按选定的背吃刀量摇动刀架拖板，使刨刀向下进给一个背吃刀量。然后开动机床，工作台做横向进给，刨削工件 1~1.5mm，停机测量。若尺寸不符，则应退出工件，调整背吃刀量，再开动机床，工作台横向手动或自动进给，将工件的多余金属刨去。

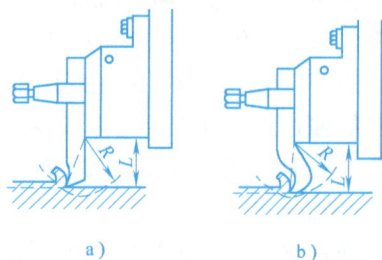
图 3-115　直头刨刀和弯头刨刀
a）直头刨刀　b）弯头刨刀

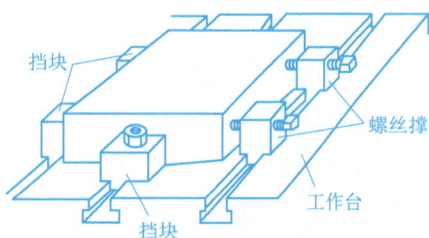
图 3-116　用挡块和螺钉撑在工作台上装夹工件

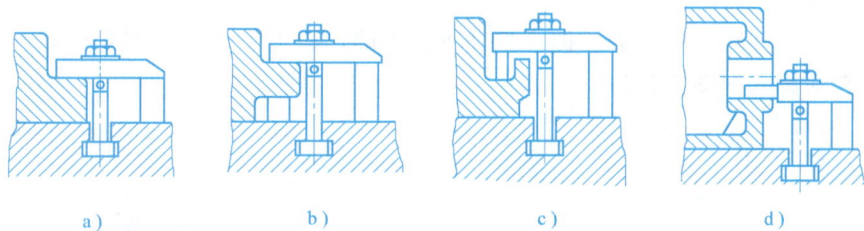
图 3-117　利用工件侧面的凸台和孔装夹工件

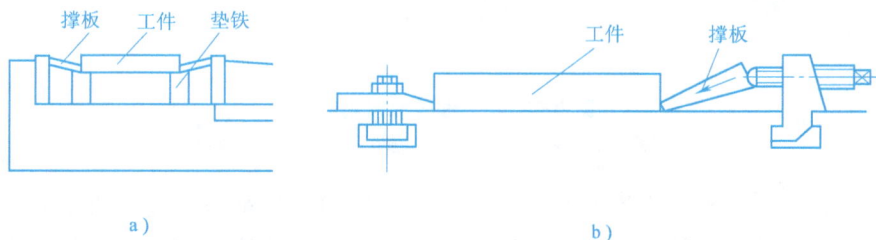
图 3-118　薄板工件的装夹
a）在平口钳中装夹　b）在工作台上装夹

2. 刨垂直面

在牛头刨床上刨垂直面时一般采用偏刀，以手动垂向进给来完成，背吃刀量的调整是通过横向移动工作台来实现的。安装刀具时，首先将刀架对准零线，并将刀架上的拍板座偏转一定角度（0°~15°），使拍板座的上端向离开工件加工表面的方向偏转，其目的是使刨刀回程时能够抬离工件表面，以减少刀具磨损，保证工件加工表面不受破坏，如图 3-119 所示。如果垂直面高度在 10mm 以下时，拍板座可以不偏转角度。

3. 刨台阶面

刨台阶面的方法是刨水平面和刨垂直面两种方法的组合。图 3-120 所示为偏刀精刨台阶面的进给方法，除此之外，还可以用切刀来进行精刨。

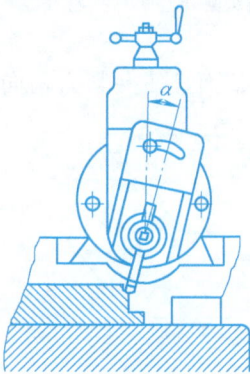

图 3-119　拍板座扳转方向

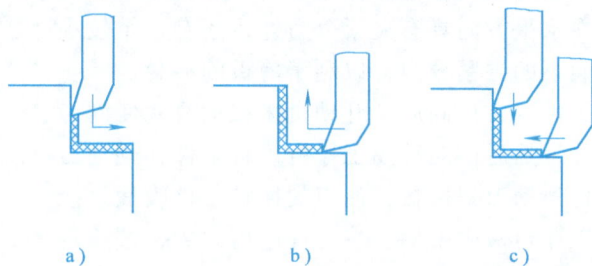

图 3-120　用偏刀精刨台阶面的进给方法
a）垂直面—水平面的连续刨削　b）水平面—垂直面的连续刨削　c）垂直面、水平面的分别刨削

4. 刨 T 形槽

刨 T 形槽时要使用四把刨刀，即一把刨直槽用的切槽刀、左右两把弯切刀和一把 90°成形倒角刀，刨削步骤如图 3-121 所示。

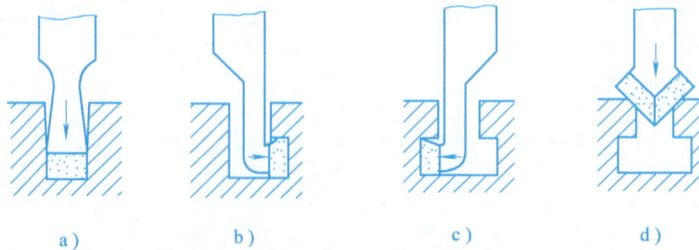

图 3-121　T 形槽的刨削顺序
a）切槽　b）刨一侧凹槽　c）刨另一侧凹槽　d）倒角

（1）用切槽刀刨直槽　直槽宽度不大时，一般使用主切削刃宽度与直槽宽度相等的切刀，在一次走刀中将宽度刨成，如图 3-121a 所示。如果直槽宽度尺寸较大，不能一刀切出时，可使用两把宽度不一的切刀，采用"中心切削法"来刨削宽直槽。"中心切削法"是使

两把切刀的中心都对准 T 形槽的中心线来进行切削。这种方法效率高，质量也较好。

（2）用弯切刀刨削左右凹槽（见图 3-121b、c）　通过多次切削将直槽刨成后，即可用弯切刀刨削左右凹槽。刨削凹槽时，切削用量要小，采用手动进给，以免损坏刀具和工件。加工时，在每次工作行程终了、回程开始以前，必须把刨刀提出槽外；在回程结束后，下一次工作行程开始前，把刨刀放下到正常位置。因此，刀具切入和切出长度应适当放长，以避免刀具撞到工件上造成事故。

（3）槽口倒角　用一把 90° 成形倒角刀对槽口进行倒角，如图 3-121d 所示，也可用两把主偏角均为 45° 的左、右角度刨刀进行倒角。

5. 宽刃刨刀精刨平面

用宽刃刨刀精刨平面能够代替刮研，可大大提高生产率。宽刃刨刀精刨平面适用于高刚性工件（如机床导轨面）的加工。精刨通常是在精度高、刚性好的龙门刨床上进行，选用很低的切削速度（2~3m/min）和很大的进给量，从工件表面上切去很薄的一层金属（预刨余量为 0.08~0.12mm，终刨余量为 0.03~0.05mm）。工件发热变形小，所以能获得较高的加工质量。

二、拉削加工

（一）拉削加工的特点及工艺范围

拉削加工是一种只有主运动而没有专门的进给运动的加工方式。拉削时，拉刀与工件之间的相对运动是主运动，一般为直线运动。拉刀是多齿刀具，后一刀齿比前一刀齿高，其齿形与工件的加工表面形状吻合，进给运动靠刀齿的齿升量（前后刀齿高度差）来实现（见图 3-122）。在拉床上经过一次行程，即可完成工件表面的粗、精加工，即切除加工表面的全部余量，获得要求的加工精度和表面质量。如果刀具在切削时不是受拉力而是受压力，则这种加工方法叫推削加工，推削加工主要用于修光孔和校正孔的变形。

拉刀的工作部分有粗切齿、精切齿和校准齿，工件加工表面在一次行程中经过了粗切、精切和校准加工，因此拉削加工的生产率较高。拉削速度较低，每一刀齿只切除很薄的金属层，切削负荷小。拉刀的制造精度很高，因此拉削工件可以获得较高的精度，尺寸公差等级可达 IT7~IT6，表面粗糙度值可达 $Ra3.2~0.4\mu m$。

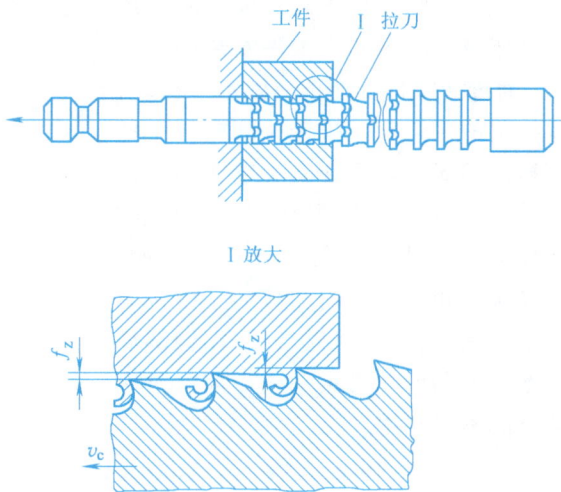

图 3-122　拉削过程

拉刀寿命长，但是结构复杂、制造成本高，所以拉削主要用于成批大量生产中。拉削可以加工各种形状的通孔、平面及成形表面等，特别是适合于成形内表面的加工。图 3-123 所示为适于拉削的一些典型表面形状。

图 3-123　拉削的典型表面形状

（二）拉床

常用的拉床按加工表面可分为内表面和外表面拉床，按结构和布局形式可分为立式拉床、卧式拉床和连续式拉床等。

1. 卧式内拉床

图 3-124 所示为卧式内拉床的外形图。在床身 1 的内部有水平安装的液压缸 2，通过活塞杆带动拉刀做水平移动，实现拉削的主运动。拉床拉削时，工件可直接以其端面紧靠在支承座 3 的端面上定位（或用夹具装夹）。护送夹头 5 及滚柱 4 用以支承拉刀。开始拉削前，护送夹头 5 和滚柱 4 向左移动，使拉刀通过工件预制孔，并将拉刀左端柄部插入活塞杆前端的拉刀夹头内，加工时滚柱 4 下降不起作用。

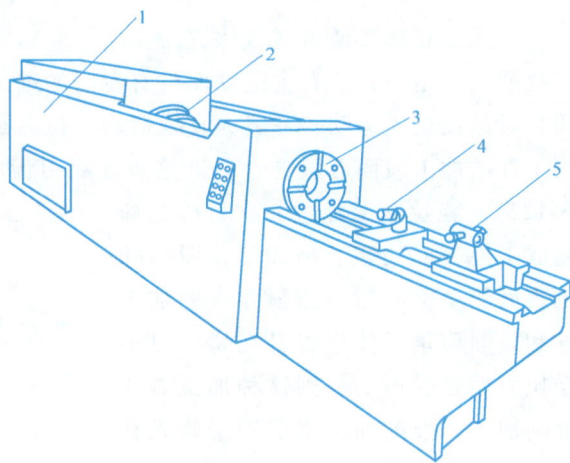

图 3-124　卧式内拉床
1—床身　2—液压缸　3—支承座
4—滚柱　5—护送夹头

2. 立式拉床

立式拉床根据用途可分为立式内拉床和立式外拉床两类。图 3-125 所示为立式内拉床外形图，这种拉床可以用拉刀或推刀加工工件的内表面。用拉刀加工时，工件以端面紧靠在工作台 2 的上平面上，拉刀由滑座 4 上的上支架 3 支承，自上向下插入工件的预制孔及工作台的孔中，将其下端刀柄夹持在滑座 4 的下支架 1 上，滑座 4 由液压缸驱动向下移动进行拉削加工。用推刀加工时，工件也是装在工作台的上表面上，推刀支承在上支架 3 上，自上向下进行加工。

　　图 3-126 所示为立式外拉床的外形图。滑块 2 可沿床身 4 的垂直导轨移动，滑块 2 上固定有外拉刀 3，工件装夹在工作台 1 上的夹具中。滑块垂直向下移动完成工件外表面的拉削加工。工作台可做横向移动，以调整背吃刀量，并用于刀具空行程时退出工件。

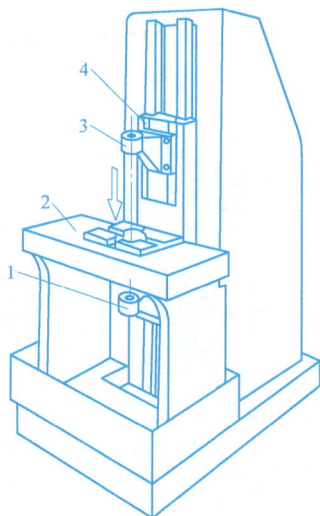

图 3-125　立式内拉床

1—下支架　2—工作台
3—上支架　4—滑座

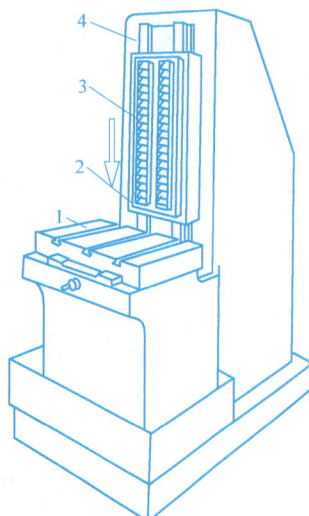

图 3-126　立式外拉床

1—工作台　2—滑块
3—拉刀　4—床身

3. 连续式拉床（链条式拉床）

　　连续式拉床是一种连续工作的外拉床，其工作原理如图 3-127 所示。链条 7 被链轮 4 带动按拉削速度移动，链条上装有多个夹具 6。工件在位置 A 被装夹在夹具中，经过固定在上方的拉刀 3 时进行拉削加工，此时夹具沿床身上的导轨 2 滑动，夹具 6 移至 B 处即自动松开、工件落入成品收集箱 5 内。这种拉床由于连续进行加工，因而生产率较高，常用于大批

图 3-127　连续式拉床工作原理

1—工件　2—导轨　3—拉刀　4—链轮　5—收集箱　6—夹具　7—链条

大量生产中加工小型工件的外表面，如汽车、拖拉机上连杆的连接平面及半圆凹面等的加工。

（三）拉刀

1. 拉刀的种类

根据加工表面位置不同可将拉刀分为内拉刀与外拉刀两种，常用的内拉刀和外拉刀如图3-128 所示。

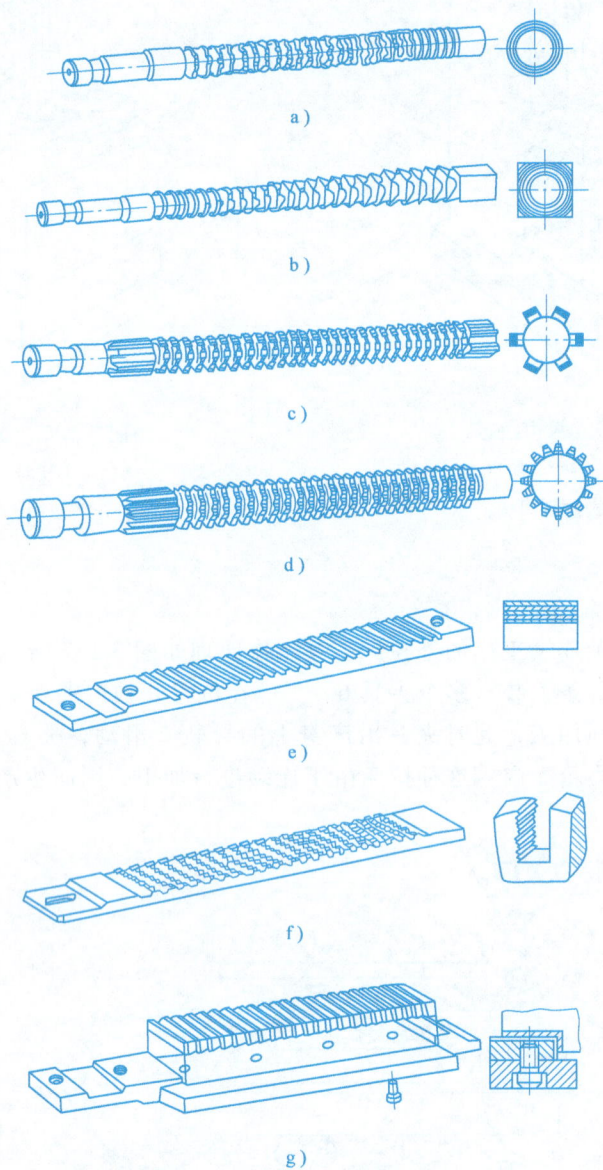

图 3-128　常用内拉刀和外拉刀

a）圆孔拉刀　b）方孔拉刀　c）花键拉刀　d）渐开线
齿拉刀　e）平面拉刀　f）齿槽拉刀　g）直角拉刀

2. 拉刀的结构

拉刀种类很多，但其组成结构基本相同，下面以图 3-129 所示的圆孔拉刀为例，说明其组成部分及作用。

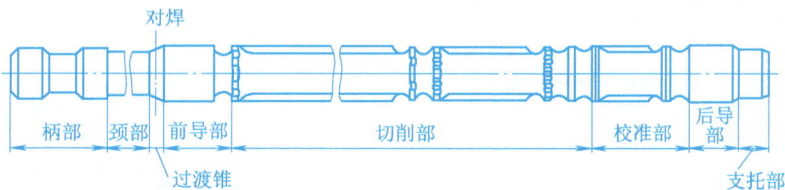

图 3-129 圆孔拉刀结构

（1）柄部　是拉刀的夹持部分，用于传递拉力。

（2）颈部　是柄部与过渡锥的连接部分，一般直径相对较小，以便于柄部穿过拉床的挡壁，也是打标记的地方。

（3）过渡锥　用于引导拉刀逐渐进入工件孔中，起对准中心的作用。

（4）前导部　起导向作用，防止拉刀歪斜。

（5）切削部　担负全部余量的切削工作，由粗切齿、过渡齿和精切齿三部分组成。

（6）校准部　起修光和校准作用，也起提高加工精度和表面质量的作用，并可作为精切齿的后备齿，各齿形状及尺寸完全一致。

（7）后导部　用于保持拉刀最后的正确位置，防止拉刀的刀齿在切离后因下垂而损坏已加工表面或刀齿。

（8）支托部　用以支承拉刀，并防止拉刀下垂。一般只有又长又重的拉刀才有支托部。

（四）拉削方式（拉削图形）

拉削方式是指拉刀从工件上把拉削余量切下来的方式，通常都用图形来表达，因此也称拉削图形。拉削方式拟订得是否合理，对于拉削力的大小、刀齿负荷的分配、拉刀的长度、工件表面质量、拉刀的使用寿命、生产率及制造成本等都有很大的影响。

拉削方式主要分为分层式、分块式和综合式三种。

1. 分层式

分层式拉削是将余量一层一层地顺序切去的一种拉削方式。拉刀参与切削的切削刃一般较长，切削宽度较大，齿数较多，拉刀长度较长。分层式拉削的生产率较低，不适于拉削带硬皮的工件。分层拉削又可分为：

（1）同廓式　按同廓式设计的拉刀，其各个刀齿的廓形与被加工表面最终形状相似，如图 3-130 所示。工件表面的形状与尺寸由最后一个精切齿和校准齿形成，因此工件表面质量较高。

（2）渐成式　按渐成式设计的拉刀，刀齿廓形与被拉削表面的形状不相似，被加工工件表面的形状和尺寸由各刀齿的副切削刃形成，如图 3-131 所示。这对于加工复杂成形表面的工件，拉刀的制造比同廓式简单，但在工件已加工表面上可能出现副切削刃交接的痕迹，故加工出的工件表面质量较差。

2. 分块（轮切）式

分块式是指工件上每层加工余量由一组尺寸相同的或基本相同的刀齿切去，每个刀齿仅切去部分加工余量，前后刀齿的切削位置相互错开，全部余量由几组刀齿顺序切完的一种拉削方式。图 3-132 所示的拉刀有四组切削刀齿，每组中包含两个直径相同的切削刀齿，其先后切除同一层金属的黑白两部分余量。按分块式拉削方式设计的拉刀称为轮切式拉刀，通常每个齿组有 2~4 个刀齿。

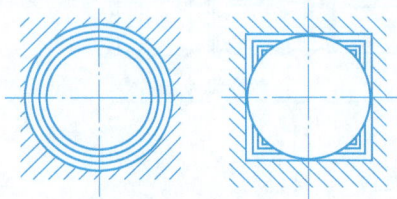

图 3-130　同廓拉削方式

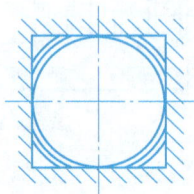

图 3-131　渐成拉削方式

分块拉削方式的优点是切削刃的长度（切削宽度）较短，允许的切削厚度较大，这样，拉刀长度可减短，效率高，可直接拉削带硬皮的工件。但是，这种拉刀的结构复杂，制造麻烦，拉削后工件的表面质量较差。

3. 综合式

综合式是分层式和分块式拉削综合在一起的一种拉削方式，如图 3-133 所示。它集中了同廓式拉刀和轮切式拉刀的优点，即粗切齿和过渡齿制成轮切式结构，精切齿则采用同廓式结构。这样可以使拉刀长度缩短，生产率提高，又能获得较好的工件表面质量。我国生产的圆孔拉刀多采用这种结构。

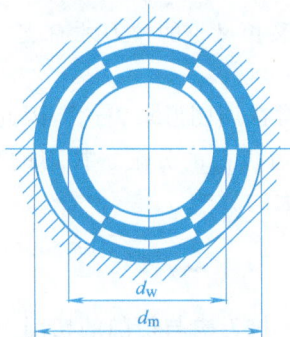

图 3-132　分块（轮切）
拉削方式

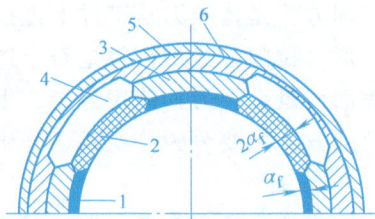

图 3-133　综合拉削方式
1~4—粗切齿和过渡齿　5、6—精切齿

习题与思考题

3-1　解释下列机床型号：X4325、CM6132、CG1107、C1336、Z5140、TP619、B2021A、Z3140×16、MGK1320A、X62W、T68、Z35。

3-2　车削加工有哪些特点？

3-3　车床上的附件有哪些？各有何用途？

3-4　叙述常用车刀的种类与应用。

3-5　车削外圆时，应如何选择工件的装夹方式？

3-6　在车床上车削圆锥面有几种方法，各有何优缺点？

3-7　与车削相比，铣削过程有哪些特点？

3-8　什么是铣削加工？它一般可完成哪些工作？

3-9　常用铣刀有哪些？各适合于什么场合？

3-10　圆周铣削时，试分析比较顺铣和逆铣的优缺点。

3-11　试述钻削加工的工艺特点。

3-12　钻孔、扩孔与铰孔有什么区别？

3-13　铰孔时应注意哪些问题？

3-14　简述坐标镗床的特点和用途。

3-15　试述磨削加工的工艺特点和工艺范围。

3-16　砂轮的特性主要取决于哪些因素？如何进行选择？

3-17　在 M1342A 万能外圆磨床上有几种磨削外圆的方法？各有何特点？

3-18　齿轮加工从原理上说有几种方法？各有什么特点？

3-19　齿轮滚刀有几种精度等级？应用时如何选择？

3-20　试述刨削加工的特点及其工艺范围。

3-21　试述拉削加工的特点及其工艺范围。

第四章

工件的定位与夹紧

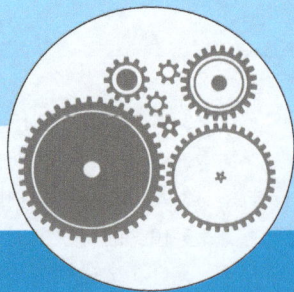

　　本章主要介绍工件定位及夹紧的基本知识和方法，包括工件定位的基本原理、定位基准和定位元件的选择、夹紧力的确定及典型夹紧机构等内容。本章内容既是制订机械加工工艺规程的重要基础，又是本课程的重点之一。

　　通过本章内容的学习，应能熟练地应用工件定位的基本原理，根据工件加工的技术要求，确定工件定位时应被限制的自由度；合理选择定位基准；根据定位基准面的具体情况，合理选择定位元件；能合理确定夹紧力的方向和作用点位置；了解典型夹紧机构的结构及应用。

第一节　工件的定位

　　在加工之前，使工件在机床或夹具中占据某一正确位置的过程称为定位；工件定位后将其固定，使其在加工过程中保持定位位置不变的操作称为夹紧；工件定位、夹紧的过程合称为装夹。工件定位的方法有以下三种。

　　（1）直接找正定位法　在机床上利用划针或百分表等测量工具（仪器）直接找正工件位置的方法称为直接找正定位法。如图4-1所示，用四爪单动卡盘夹持偏心工件的外圆 A 来加工偏心孔 C。为保证加工孔 C 后其中心线与外圆 B 中心线同轴，可用百分表找正，使外圆 B 与机床主轴回转中心同轴。此方法生产率低，加工精度主要取决于工人操作技术水平和测量工具的精确度，一般用于单件小批生产。

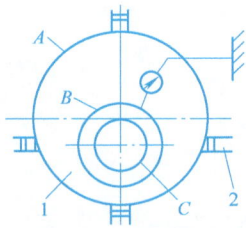

图 4-1　直接找正定位法
1—偏心工件　2—卡爪

　　（2）划线找正定位法　先根据工序简图（工序简图在下章详细介绍）在工件上划出中心线、对称线和加工表面的加工位置线等，然后再在机床上按划好的线找正工件位置的方法称为划线找正法。该方法生产率低、加工精度低，一般用于生产批量不大的工件。当工件的毛坯为形状较复杂、尺寸偏差较大的铸件或锻件时，在加工阶段的初期，为了合理分配加工余量，经常采用划线找正定位法。

　　（3）利用夹具定位法　中批以上生产中广泛采用专用夹具定位。关于夹具应用的情况，将在第七章详细介绍。本章所谈的定位，主要是指工件在夹具中的定位。工件在夹具中的定位，是由工件的定位基准（面）与夹具上定位元件的工作表面相接触或相配合实现的。

　　工件的定位，是制订零件机械加工工艺规程时的一个非常重要的问题，它涉及如何根据工件的加工要求并依据工件定位的基本原理，分析、研究和确定应限制工件的哪些自由度，应如何选择工件的定位基准（面），以及如何根据定位基准的情况选择合适的定位元件，来满足工件加工技术要求等内容。

一、工件定位的基本原理

1. 六点定则

任何一个工件，如果对其不加任何限制，那么，它在空间的位置是不确定的，可以向任意方向移动或转动，工件所具有的这种运动的可能性，称为工件的自由度。如果把工件放在空间直角坐标系中来描述（见图4-2），则工件具有六个自由度，即沿 x、y、z 轴移动和绕 x、y、z 轴转动

图 4-2　工件的六个自由度

的六个自由度，可分别用 $\overrightarrow{x}$、$\overrightarrow{y}$、$\overrightarrow{z}$ 表示沿 x、y、z 轴移动的自由度，用 $\overset{\frown}{x}$、$\overset{\frown}{y}$、$\overset{\frown}{z}$ 表示绕 x、y、z 轴转动的自由度。

工件的定位，实质上就是限制工件应该被限制的自由度。也就是说，若要确定工件在某坐标方向上的位置，就需且只需用一个定位支承点限制工件在该方向上的自由度。用六个合理布置的定位支承点限制工件的六个自由度，就可使工件的位置完全确定，称为工件定位的"六点定则"。

如图4-3所示，在空间直角坐标系的 xOy 面上布置三个定位支承点1、2、3，使工件的底面与三点相接触，则该三点就限制了工件的 $\overrightarrow{z}$、$\overset{\frown}{x}$、$\overset{\frown}{y}$ 三个自由度。同理，在 zOy 面上布置两个定位支承点4、5与工件侧面相接触，就可限制工件的 $\overrightarrow{x}$ 和 $\overset{\frown}{z}$ 的自由度。在 zOx 面上布置一个定位支承点与工件的另一侧面接触，就可限制工件的 $\overrightarrow{y}$ 自由度，从而使工件的位置完全确定。

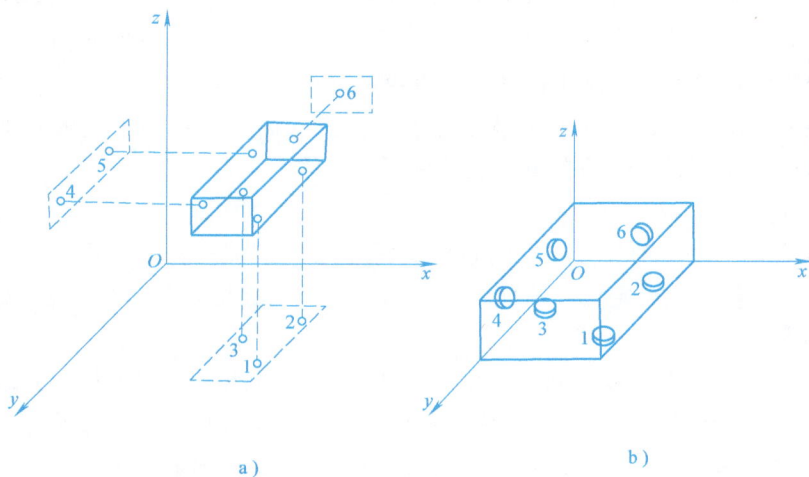

a)　　　　　　　　　　　　　　b)

图 4-3　定位支承点的分布

值得注意的是，底面上布置的三个支承点不能在同一条直线上，且三个支承点所形成的三角形面积愈大愈好。侧面上布置的两个支承点所形成的连线不能垂直于底面上三点所形成

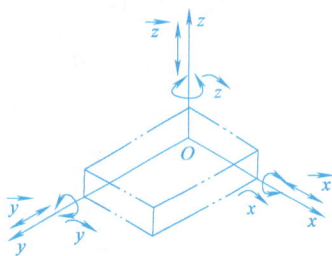

的平面，且两点之间的距离愈远愈好，这就是"六点定则"所提到的"合理布置"的含义。

"六点定则"可用于任何形状、任何类型的工件，具有普遍性。无论工件的具体形状和结构如何，其六个自由度均可由六个定位支承点来限制，只是六个支承点的"合理布置"形式有所不同。例如，图 4-4 所示为盘状工件的定位，底面的三个支承点限制了工件的 $\vec{z}$、$\widehat{x}$、$\widehat{y}$ 三个自由度，外圆柱面上的两个支承点限制了工件的 $\vec{x}$ 及 $\vec{y}$ 自由度，工件圆周槽中的支承点限制了工件的 $\widehat{z}$ 自由度。

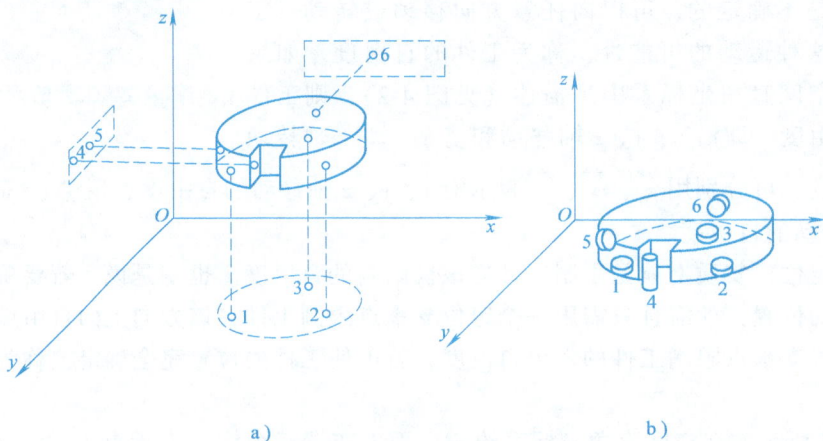

图 4-4　盘状工件的定位

根据"六点定则"利用支承点来限制工件自由度时，有时能够分清哪个支承点限制了工件的哪个自由度，如图 4-4 中槽内的支承点限制了工件的 $\widehat{z}$ 自由度。但有时分不清，其实也没必要分清究竟哪个支承点限制了工件的哪一个自由度，如图 4-4 中底面上的三个支承点互相配合，共同限制了工件的三个自由度 $\vec{z}$、$\widehat{x}$、$\widehat{y}$，而其中究竟是哪个支承点限制了 $\vec{z}$，哪个支承点限制了 $\widehat{x}$ 和 $\widehat{y}$ 是分不清的，也没必要弄清。重要的是我们必须清楚，不在一条直线上的三个支承点，可以限制工件的三个自由度。

工件在夹具中定位时，实际上不是用定位支承点，而是用各种不同形状的定位元件定位，不同的定位元件限制工件的自由度数目是不一样的。

2. 工件的定位形式

（1）完全定位　用六个合理布置的定位支承点限制工件的六个自由度，使工件位置完全确定的定位形式称为完全定位。前面谈到的两个实例，都是完全定位。这种定位形式适用于任何加工要求。

（2）不完全定位　工件被限制的自由度少于六个，但能满足加工技术要求的定位形式称为不完全定位。如图 4-5 所示，在工件上铣槽，为保证槽底面与 A 面距离尺寸和平行度要求，必须限制 $\vec{z}$、$\widehat{x}$、$\widehat{y}$ 三个自由度；为保证槽侧面与 B 面的平行度及距离尺寸要求，必须限制 $\vec{x}$、$\widehat{z}$ 两个自由度，当采用五个定位支承点限制工件上述五个自由度时，即为不完全定位。如果该工件的槽是不通槽，被加工表面就有限制沿 y 轴方向移动的位置要求，必须限制工件的 $\vec{y}$ 自由度，则需采用完全定位。

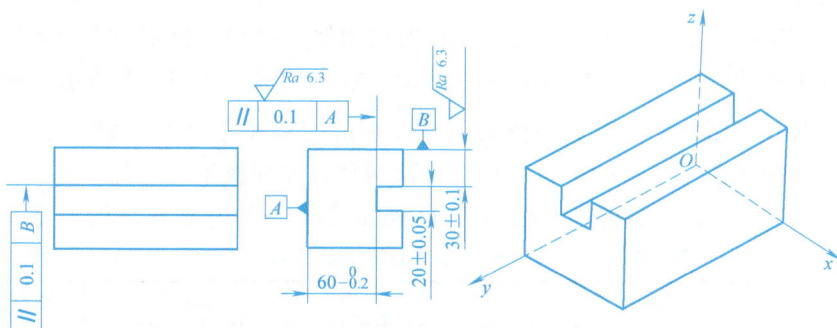

图 4-5　在工件上铣槽

（3）过定位　两个或两个以上的定位支承点同时限制工件的同一个自由度的定位形式称为过定位，也常称为超定位或重复定位。图 4-6a 所示的定位形式，由于心轴限制了工件 $\vec{y}$、$\vec{z}$、$\widehat{y}$、$\widehat{z}$ 四个自由度，大支承板限制了工件 $\vec{x}$、$\widehat{y}$、$\widehat{z}$ 三个自由度，其中 $\widehat{y}$、$\widehat{z}$ 两个自由度被重复限制，因此属过定位。

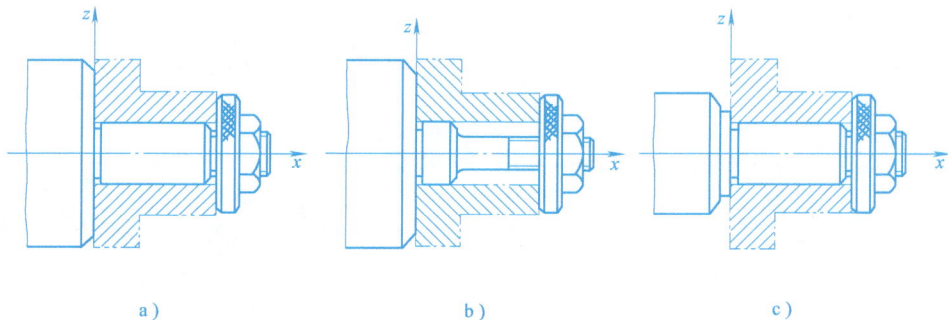

图 4-6　工件的过定位及改进方法
a）心轴、大支承板定位　b）圆柱销、大支承板定位　c）心轴、小支承面定位

工件以过定位形式定位时，由于工件和定位元件都存在有制造误差，工件的几个定位基准面可能与几个定位元件不能同时很好地接触，夹紧后工件和定位元件将产生变形，其至损坏。例如，图 4-6a 中当工件内孔与端面的垂直度误差较大且内孔与心轴配合间隙很小时，工件端面与大定位支承板只有极少部分接触，夹紧后，工件和心轴将会产生变形，影响加工精度。过定位严重时，还可能使工件无法进行装卸。因此，一般情况下应尽量避免采用过定位形式。图 4-6b、c 所示是通过改变定位元件的结构形状而避免了过定位的示例。一般情况下，当加工表面与工件的大端面有较高的位置精度要求时，可采用图 4-6b 所示的定位方案；当加工表面与工件内孔有较高的位置精度要求时，则应采用 4-6c 所示的定位方案。

如果工件上的各定位基准面之间以及各定位元件之间的位置精度都很高，这时即使采用了过定位，也往往不会造成不良后果，反而能提高工件在加工中的支承刚度和稳定性，因此，这种情况下的过定位是可以采用的，实际生产中也经常使用。所以说，过定位不一定必须避免，而应正确对待。如图 4-6a 所示，如果工件内孔与端面的垂直度精度很高，心轴与大支承板的垂直度精度也很高，这种过定位就可以采用。

3. 欠定位现象

根据工件加工技术要求应限制的自由度没有被限制，这种定位现象称为欠定位。欠定位现象是不允许出现的，因为其不能保证工件的加工技术要求。如图 4-5 所示，在工件上铣通槽，如果 $\vec{z}$ 没有被限制，就不能保证槽底面与 A 面的距离尺寸要求；如果 $\overset{\frown}{x}$ 或 $\overset{\frown}{y}$ 没有被限制，就不能保证槽底面与 A 面的平行度要求，这两种情况都属于欠定位。

表 4-1 为满足加工技术要求必须限制的自由度的示例。注意隐含的加工要求。

表 4-1　满足加工技术要求必须限制的自由度的示例

工序简图	加工要求	必须限制的自由度
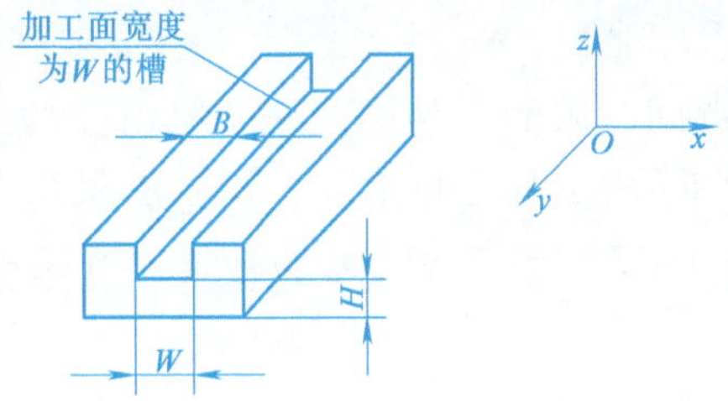加工面宽度 为W的槽 B H W z O x y	1. 尺寸 B 2. 尺寸 H	$\vec{x}$ $\vec{z}$ $\overset{\frown}{x}$ $\overset{\frown}{y}$ $\overset{\frown}{z}$
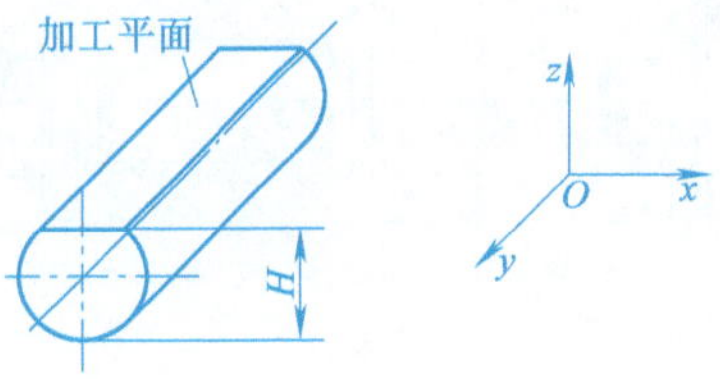加工平面 H z O x y	尺寸 H	$\vec{z}$ $\overset{\frown}{x}$
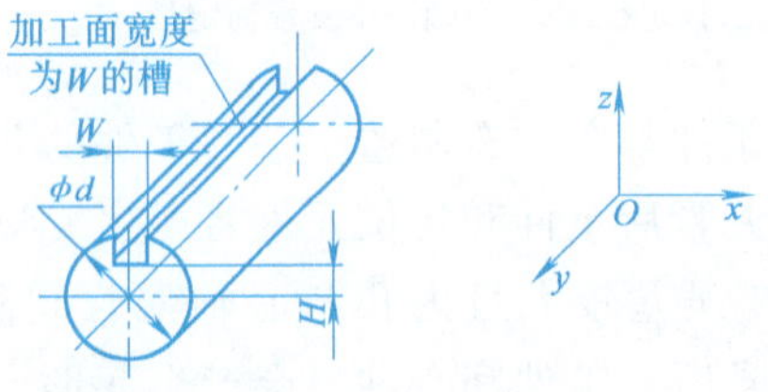加工面宽度 为W的槽 W ϕd H z O x y	1. 尺寸 H 2. W 的对称面对 ϕd 轴线的对称度	$\vec{x}$ $\vec{z}$ $\overset{\frown}{x}$ $\overset{\frown}{z}$
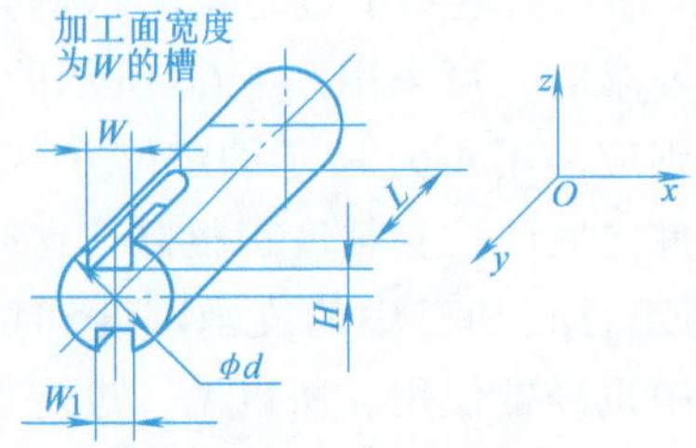加工面宽度 为W的槽 W L H ϕd W1 z O x y	1. 尺寸 H 2. 尺寸 L 3. W 中心对 ϕd 中心的对称度	$\vec{x}$ $\vec{y}$ $\vec{z}$ $\overset{\frown}{x}$ $\overset{\frown}{y}$ $\overset{\frown}{z}$

（续）

工序简图	加工要求		必须限制的自由度
加工面圆孔 φd	通孔	1. 尺寸 L 2. 加工孔轴线对 φd 轴线的对称度	$\vec{x}$ $\vec{y}$ $\curvearrowleft x$ $\curvearrowleft z$
	不通孔		$\vec{x}$ $\vec{y}$ $\vec{z}$ $\curvearrowleft x$ $\curvearrowleft z$
加工面圆孔 φd φd₁	通孔	1. 尺寸 L 2. 加工孔轴线对 φd 轴线的对称度	$\vec{x}$ $\vec{y}$ $\curvearrowleft x$ $\curvearrowleft y$ $\curvearrowleft z$
	不通孔	3. 加工孔轴线对 φd₁ 的位置度	$\vec{x}$ $\vec{y}$ $\vec{z}$ $\curvearrowleft x$ $\curvearrowleft y$ $\curvearrowleft z$

二、定位方式及定位元件

在分析工件定位时，为了简化问题，习惯上都是先利用定位支承点来限制工件应被限制的自由度，而实际上，工件在夹具中的定位，并不是用定位支承点，而是用各种不同结构与形状的定位元件与工件相应的定位基准面相接触或配合实现的。工件上的定位基准面与相应的定位元件的工作表面合称为定位副，定位副的选择及其制造精度直接影响工件的定位精度和夹具的制造及使用性能。这里主要按不同的定位基准面分别介绍常用的定位元件。关于定位基准的选择将随后做较详细的介绍。

（一）常见的定位方式及定位元件

1. 工件以平面为定位基准

工件以平面作为定位基准时，常用的定位元件有以下几种：

（1）支承钉　一个支承钉相当于一个支承点，可限制工件一个自由度。图 4-7 所示为三

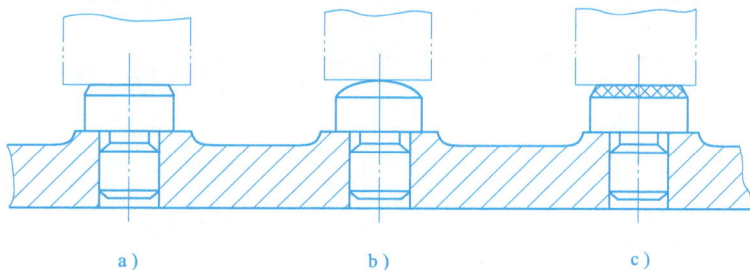

图 4-7　支承钉

a）平头支承钉　b）球头支承钉　c）齿纹支承钉

种标准支承钉，其中平头支承钉多用于工件以精基准定位；球头支承钉和齿纹支承钉适用于工件以粗基准定位，可减少接触面积，以便与粗基准有稳定的接触，球头支承钉较易磨损而失去精度。齿纹支承钉能增大接触面间的摩擦力，但落入齿纹中的切屑不易清除，故多用于侧面和顶面定位。

支承钉与夹具体上孔的配合为 H7/r6 或 H7/n6。若支承钉需经常更换时，可加衬套，其外径与夹具体孔的配合亦为 H7/r6 或 H7/n6，内径与支承钉的配合为 H7/js6。当使用几个支承钉（处于同一平面）时，装配后应一次磨平其工作表面，以保证其等高性要求。

（2）支承板　支承板适用于工件以精基准定位的场合。

图 4-8 所示为两种标准支承板。其中 A 型支承板结构简单、紧凑，但切屑易落入螺钉头周围的缝隙中，且不易清除。因此，多用于侧面和顶面的定位。B 型支承板在工作面上有 45° 的斜槽，且能保持与工件定位基准面连续接触，清除切屑方便，所以多用于底面定位。

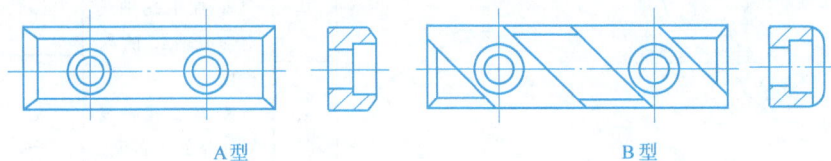

A型　　　　　　　　　B型

图 4-8　支承板

支承板用螺钉紧固在夹具体上。当工件以一个大平面在两个以上的支承板上定位时，支承板在夹具体上装配后应一次磨平其工作表面，以保证其平面度要求。

根据定位的需要，也可按照工件定位基准面的具体轮廓形状，设计非标准的定位支承板，例如图 4-9 所示的圆环支承板。

上述支承钉与支承板是固定在夹具体上使用的，因此，也称为固定支承。

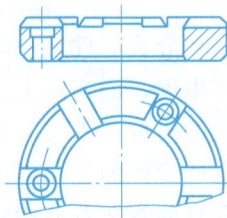

图 4-9　圆环支承板

（3）可调支承　可调支承是指高度可以调节的支承（见图 4-10），一个可调支承限制工件一个自由度。可调支承适用于铸造毛坯分批铸造，不同批次毛坯的形状和尺寸变化较大，而又以粗基准定位的场合；或用于以同一夹具加工形状相同而尺寸不同的工件；也可用于可调整夹具和成组夹具中。其中图 4-10a 所示的可调支承可用手直接调节或用扳手拧动进行调节，适用于支承小型工件；图 4-10b 所示的可调支承具有衬套，可防止磨损夹具体。图 4-10b、c 所示的可调支承需用扳手调

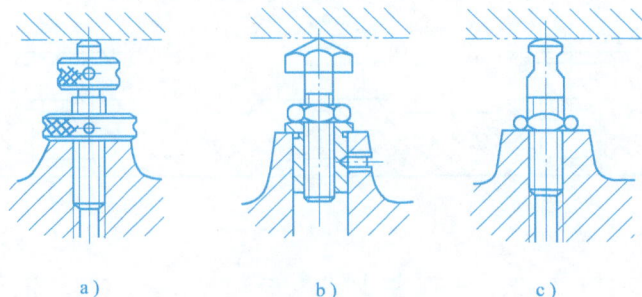

a)　　　　　　b)　　　　　　c)

图 4-10　可调支承

节，这两种可调支承适用于支承较重的工件。

必须注意，可调支承在一批工件加工之前只调整一次，在同一批工件加工中，其位置保持不变，作用相当于固定支承，所以，可调支承在调整后必须用锁紧螺母锁紧。

（4）自位支承（浮动支承）　自位支承是在工件定位过程中，能随工件定位基准面的位置变化而自动与之适应的多点接触的浮动支承，其作用仍相当于一个定位支承点，限制工件的一个自由度。由于接触点数目增多，可提高工件的支承刚度和定位稳定性，适用于粗基准定位或工件刚度不足的定位情况，如图 4-11 所示，其中图 4-11a、b 为 2 点浮动，图 4-11c 为 3 点浮动。

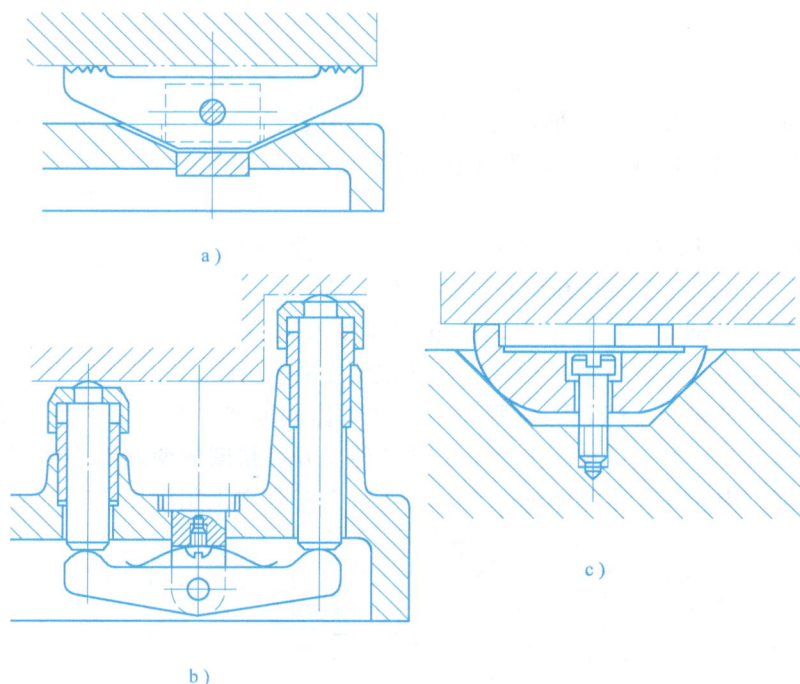

图 4-11　自位支承

2. 工件以内孔为定位基准

工件以内孔作为定位基准时，常用的定位元件有以下几种：

（1）定位销　定位销是轴向尺寸较短的圆柱形定位元件，可限制工件两个自由度。其工作表面直径的基本尺寸与相应的工件定位孔的基本尺寸相同，其精度可根据工件加工精度、定位基准面的精度和工件装卸的方便，按 g5、g6、f6、f7 制造。图 4-12a、b、c 所示是固定式定位销，可直接用过盈配合（H7/r6 或 H7/n6）装配在夹具体上。在大批大量生产中，定位销使用一段时间后，会因磨损而不能再用，必须更换新的。为了便于更换，可采用可换式定位销，图 4-12d 所示为一种常用的可换式定位销在夹具体上的装配结构，衬套外径与夹具体的配合为 H7/n6，衬套内径与可换式定位销的配合为 H7/h6 或 H7/h5。

当工件以内孔和端面组合定位时，常采用带台肩的定位销或定位销与支承板等定位元件组合使用。图 4-13 所示为一非标准的带台肩的定位销。由于工件内孔直径较大，定位销做成空心的，以减轻重量。定位销部分限制工件两个自由度，台肩的大圆环端面限制工件三个

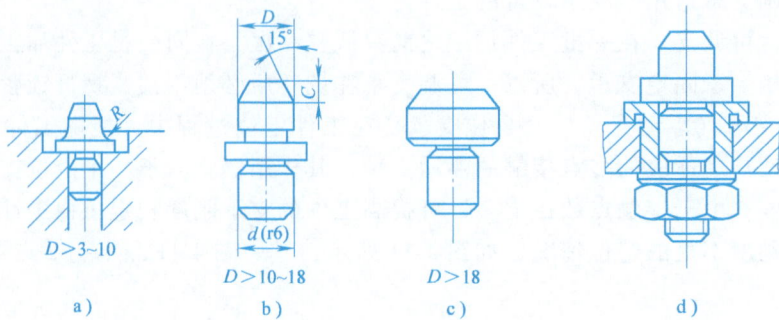

图 4-12　定位销

自由度。

（2）定位心轴　心轴的结构形式在很多工厂中有自己的标准，供设计时选用，图 4-14 所示为几种常用的心轴结构形式。

图 4-14a 所示为间隙配合心轴，由于心轴工作部分一般按 h6、g6 或 f7 制造，故工件装卸比较方便，但定心精度不高。采用间隙配合心轴时，工件常以内孔和端面联合定位。心轴限制工件四个自由度，心轴的小台肩端面限制工件一个自由度。工件内孔与端面之间、定位元件的圆柱工作表面与台肩端面之间要有较高的垂直度。夹紧螺母通过开口垫圈可快速夹紧或松开工件。开口垫圈的两端面应平行，一般需经过磨削。当工件定位内孔与夹紧端面的垂直度误差较大时，应采用球面垫圈夹紧。

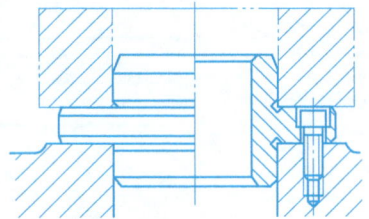

图 4-13　带台肩的定位销

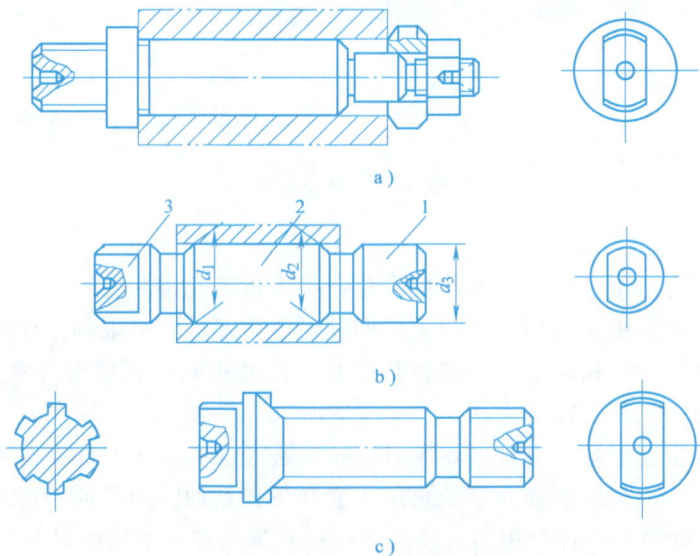

图 4-14　定位心轴
1—引导部分　2—工作部分　3—传动部分

图 4-14b 所示为过盈配合心轴。心轴由引导部分 1、工作部分 2 以及与传动装置（如拨盘、鸡心夹头等）相联系的传动部分 3 组成。这种心轴制造简单、定心精度高，无须另设

夹紧装置，但装卸工件不便，且易损伤工件定位孔。因此，多用于定心精度要求高的精加工场合。

图 4-14c 所示为花键心轴，用于加工以花键孔定位的工件。设计花键心轴时，应根据工件的不同定心方式来确定定位心轴的结构，其配合可参考上述两种心轴。

心轴在机床上的常用装夹方式如图 4-15 所示。

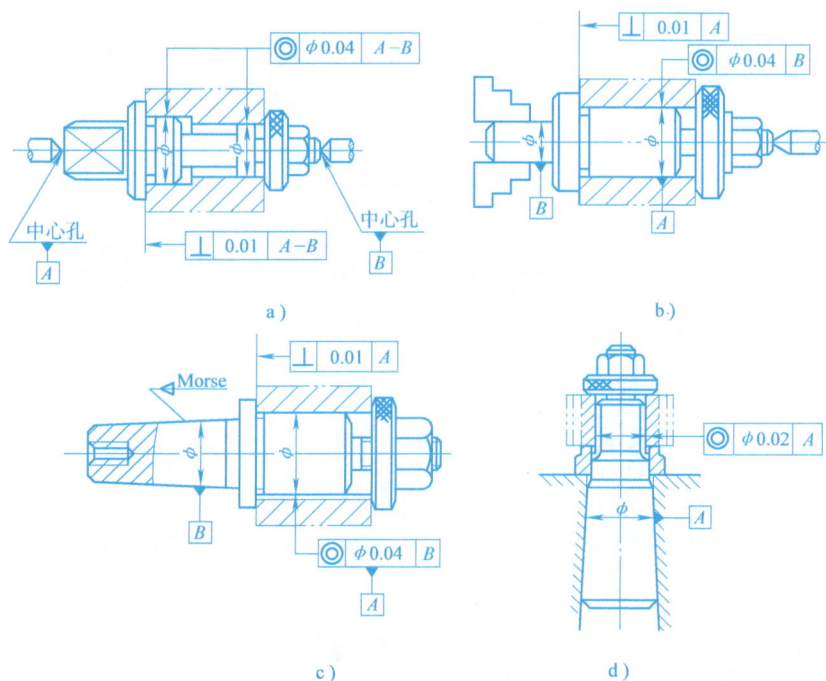

a)　　　　　　　　　　　b)

c)　　　　　　　　　　　d)

图 4-15　心轴在机床上的装夹方式

当工件既要求定心精度高，又要装卸方便时，常以圆柱孔在小锥度心轴上定位，如图 4-16 所示。这类心轴工作表面的锥度很小，常为 1：1000～1：5000。工件装在心轴上楔紧后，靠孔产生的弹性变形而有少许过盈，从而消除间隙并产生摩擦力带动工件回转，不需另行夹紧，但因传递的转矩较小，所以仅适用于工件定位孔公差等级不低于 IT7 的精车和磨削加工。

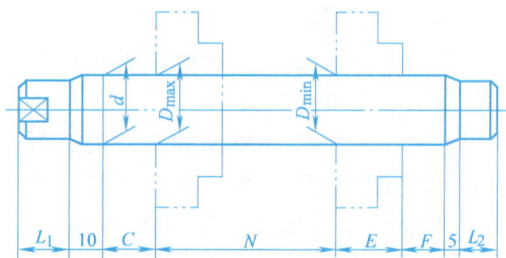

图 4-16　小锥度心轴

心轴的锥度越小，定心精度越高，且夹紧越可靠。但工件轴向位置有较大的变动。因此应根据定位孔的精度和工件的加工要求来合理地选择锥度。

（3）圆锥销　图 4-17 所示为几种圆锥销的应用示例。其中图 4-17a 用于粗基准定位，图 4-17b 用于精基准定位。由于工件用单个圆锥销定位易倾斜，故应像图 4-17c、d、e 那样成对使用或与其他定位元件配合使用。

单个圆锥销限制工件三个移动自由度，两个圆锥销成对使用（其中一个沿轴线方向可

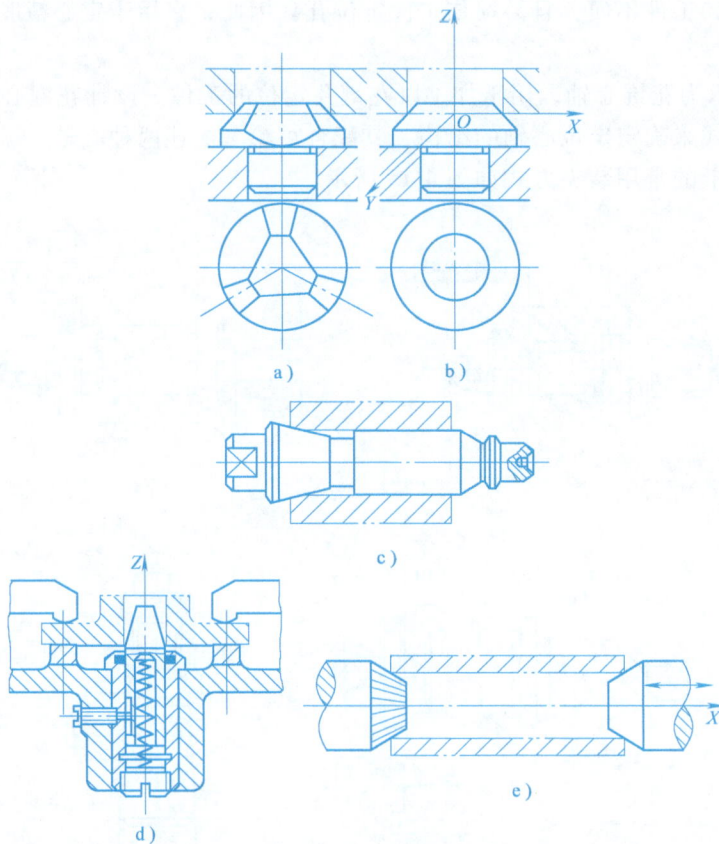

图 4-17 圆锥销

移动）共限制工件五个自由度。图 4-17d、e 所示的单个圆锥销沿轴线方向可移动，因此只限制工件两个自由度。

3. 工件以外圆为定位基准

工件以外圆为定位基准时，常用的定位元件有以下几种：

（1）V 形块 工件以外圆定位时，最常用的定位元件是 V 形块。图 4-18 所示为常用 V 形块的结构形式。其中图 4-18a 用于较短的外圆柱面定位，可限制工件两个自由度；其余三种用于较长的外圆柱表面或阶梯轴，可限制工件四个自由度，其中图 4-18b 用于以粗基准面定位，图 4-18c 用于以精基准面定位，图 4-18d 用于工件较长、直径较大的重型工件，这种 V 形块一般制成在铸铁底座上镶淬硬支承板或硬质合金板的结构形式。

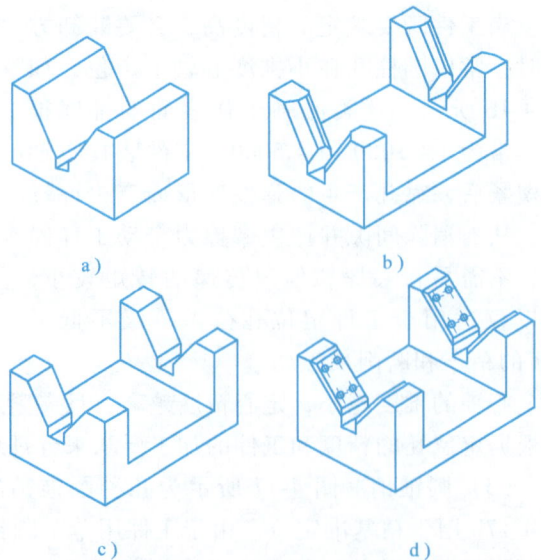

图 4-18 V 形块的结构形式

　　V 形块的最大优点是对中性好，可使一批工件的定位基准（轴线）对中在 V 形块两斜面的对称平面上，而不受定位基准面直径误差的影响，且装夹很方便。并且，V 形块的应用范围较广，不论定位基准面是否经过加工，是完整的圆柱表面还是局部的圆弧面，都可采用 V 形块定位。

　　除上述固定式 V 形块外，夹具上还经常采用活动 V 形块，图 4-19 所示为活动 V 形块的应用实例。活动 V 形块除具有定位作用外，还兼有夹紧作用。

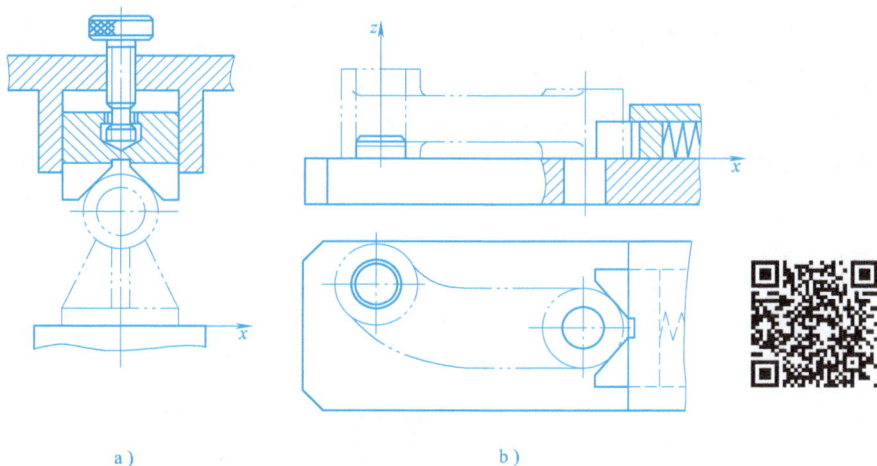

a)　　　　　　　　　　　　　　　　b)

图 4-19　活动 V 形块的应用

　　（2）定位套　图 4-20 所示为几种常见的定位套。为了限制工件的轴向自由度，定位套常与其端面（支承板）配合使用。图 4-20a 所示是带小端面的长定位套，工件以较长的外圆柱面在长定位套的孔中定位，限制工件四个自由度；同时工件以端面在定位套的小端面上定位，限制工件一个自由度，共限制了工件五个自由度。图 4-20b、c 所示是带大端面的短定位套，工件以较短的外圆柱面在短定位套的孔中定位，限制工件两个自由度；同时，工件以端面在定位套的大端面上定位，限制工件三个自由度，共限制了工件五个自由度。

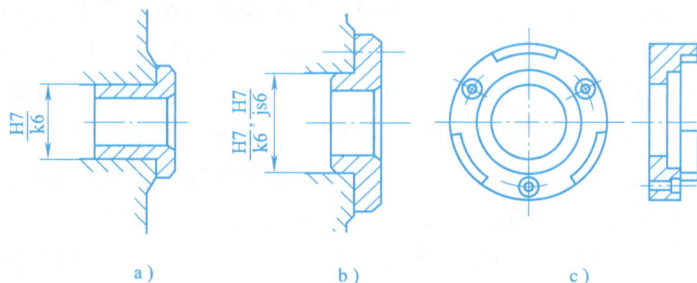

a)　　　　　　　　　　b)　　　　　　　　　　c)

图 4-20　定位套

　　定位套结构简单、容易制造，但定心精度不高，只适用于工件以精基准定位时，且为了便于工件的装入，在定位套孔口端应有 15°或 30°倒角或圆角。

　　（3）半圆套　图 4-21 所示为两种半圆套定位装置，其下面的半圆套部分起定位作用，上面的半圆套部分起夹紧作用。图 4-21a 为可卸式，图 4-21b 为铰链式，后者装卸工件更方便。半圆套定位装置主要适用于大型轴类工件及从轴向进行装卸不方便的工件。

采用半圆套定位时，限制工件自由度的情况与圆套筒相同，但工件定位基准面的公差等级不应低于 IT8~IT9，半圆套的最小内径应取工件定位基准面的最大直径。

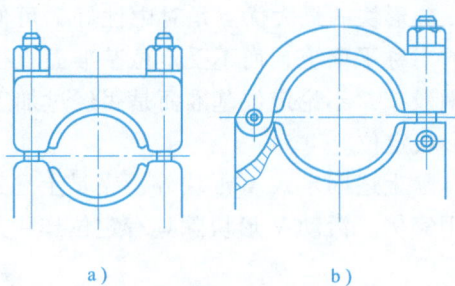

图 4-21　半圆套定位装置

（4）圆锥套　图 4-22 所示为通用的外拨顶尖。工件以圆柱面的端部在外拨顶尖的锥孔中定位，限制了工件的三个移动自由度。锥孔内有齿纹，可带动工件旋转，顶尖体的锥柄部分插入机床主轴孔中。

圆锥套不能单独使用，应和其他定位元件共同配合使用（图 4-22 中与后顶尖共同使用）。

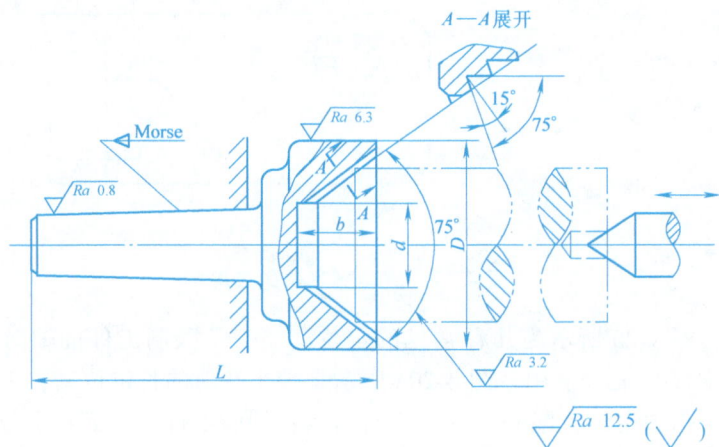

图 4-22　工件在圆锥套中定位

4. 工件以一面两孔定位

在加工箱体、杠杆、盖板和支架等零件时，工件常以两个轴线平行的孔及与两孔轴线相垂直的大平面为定位基准。如图 4-23 所示，所用的定位元件为一大支承板，限制了工件三个自由度；一个圆柱销，限制了工件两个自由度；一个菱形销（也称为削边销），限制工件绕圆柱销转动的一个自由度。工件以一面两孔定位，共限制了工件的六个自由度，属完全定位形式，而且易于做到在工艺过程中的基准统一，便于保证工件的位置精度。

实际生产中，工件以一面两孔定位时，一般不采用两个圆柱销，而是采用图 4-23 所示的一个圆柱销和一个菱形销，以确保工件在两孔中心连线方向上不出现过定位。

工件上的两个定位孔可以是零件结构上原有的孔，也可以是为了实现一面两孔定位而专门加工出来的工艺孔。

常用菱形销的结构形状如图 4-24 所示。当工件定位孔直径 $D \leqslant 3\,mm$ 时，用图 4-24a 所示的结构；当工件定位孔直径 $D > 3 \sim 50\,mm$ 时，用图 4-24b 所示的结构；当工件定位孔直径 $D > 50\,mm$ 时，用图 4-24c 所示的结构。

将菱形销装配到夹具体上时，应使削边方向垂直于两销连心线方向。

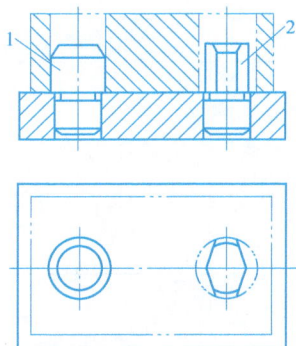

图 4-23　工件以一面两孔定位
1—圆柱销　2—菱形销

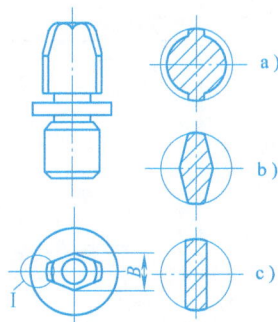

图 4-24　菱形销的结构

表 4-2 所示为常用定位元件所能限制工件自由度的示例。

表 4-2　常用定位元件所能限制工件自由度的示例

定位基面	定位元件	定位简图	定位元件特点	限制的自由度
对工件平面定位	支承钉			$1、2、3—\vec{z}、\widehat{y}、\widehat{x}$ $4、5—\vec{x}、\widehat{z}$ $6—\vec{y}$
	支承板			$1、2—\vec{z}、\widehat{y}、\widehat{x}$ $3—\vec{x}、\widehat{z}$
对工件圆孔定位	定位销（心轴）		短销（短心轴）	$\vec{x}、\vec{y}$
			长销（长心轴）	$\vec{x}、\vec{y}、\widehat{x}、\widehat{y}$
	短圆锥销			$\vec{x}、\vec{y}、\vec{z}$

（续）

定位基面	定位元件	定位简图	定位元件特点	限制的自由度
对工件圆孔定位	短圆锥销		1—固定销 2—活动销	$1—\vec{x}、\vec{y}、\vec{z}$ $2—\overset{\curvearrowleft}{x}、\overset{\curvearrowleft}{y}$
对工件外圆柱面定位	支承钉或支承板			$\vec{z}$
			支承板或两个支承钉	$\vec{z}、\overset{\curvearrowleft}{y}$
	V 形块		窄 V 形块	$\vec{z}、\vec{x}$
			宽 V 形块	$\vec{z}、\vec{x}$ $\overset{\curvearrowleft}{z}、\overset{\curvearrowleft}{x}$
	定位套		短套	$\vec{z}、\vec{y}$
			长套	$\vec{z}、\vec{y}$ $\overset{\curvearrowleft}{z}、\overset{\curvearrowleft}{y}$

（续）

定位基面	定位元件	定位简图	定位元件特点	限制的自由度
对工件外圆柱面定位	半圆套		短半圆套	$\vec{z}$、$\vec{x}$
			长半圆套	$\vec{z}$、$\vec{x}$、$\widehat{z}$、$\widehat{x}$
	锥套			$\vec{x}$、$\vec{y}$、$\vec{z}$
			1—固定锥套 2—活动锥套	1—$\vec{x}$、$\vec{y}$、$\vec{z}$ 2—$\widehat{y}$、$\widehat{z}$
对工件组合表面定位	平面和定位销		1—大支承板 2—短圆柱销 3—菱形销（削边销）	1—$\vec{z}$、$\widehat{x}$、$\widehat{y}$ 2—$\vec{x}$、$\vec{y}$ 3—$\widehat{z}$

5. 辅助支承

在工件定位时，不限制工件自由度、用于辅助定位的支承称为辅助支承。

生产中，由于工件形状以及夹紧力、切削力、工件重力等原因可能使工件在定位夹紧后会产生变形或定位不稳定时，为了提高工件的装夹刚性和稳定性，常需设置辅助支承。如图 4-25 所示，工件以内孔、端面及右后面定位钻小孔。若右端不设支承，工件装夹好后，右边悬空，刚性差。若在 A 处设置固定支承，属重复定位，有可能破坏左端的定位。若在 A

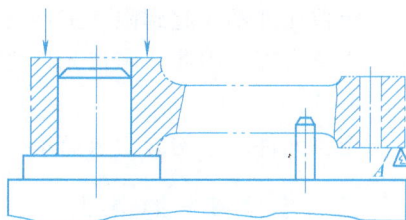

图 4-25 辅助支承的应用

处设置辅助支承，则能增加工件的装夹刚性。

辅助支承有以下几种类型：

（1）螺旋式辅助支承 如图 4-26a 所示，这种支承结构简单，但效率较低。

（2）自位式辅助支承 如图 4-26b 所示，弹簧 2 推动滑柱 1 与工件接触，用滑块 3 锁紧。弹簧力的大小应能使滑柱弹出，但不能顶起工件。

（3）推引式辅助支承 如图 4-26c 所示，它适用于工件较重、垂直作用的切削负荷较大的场合。工件定位后，推动手轮 4 使滑柱 5 与工件接触，然后转动手轮使斜楔 6 开槽部分胀开而锁紧，反转手轮则松开。

螺旋式辅助支承的结构形式类似于可调支承，但不需要锁紧螺母。两者的作用也完全不同，可调支承限制工件的自由度，而辅助支承不限制工件的自由度。

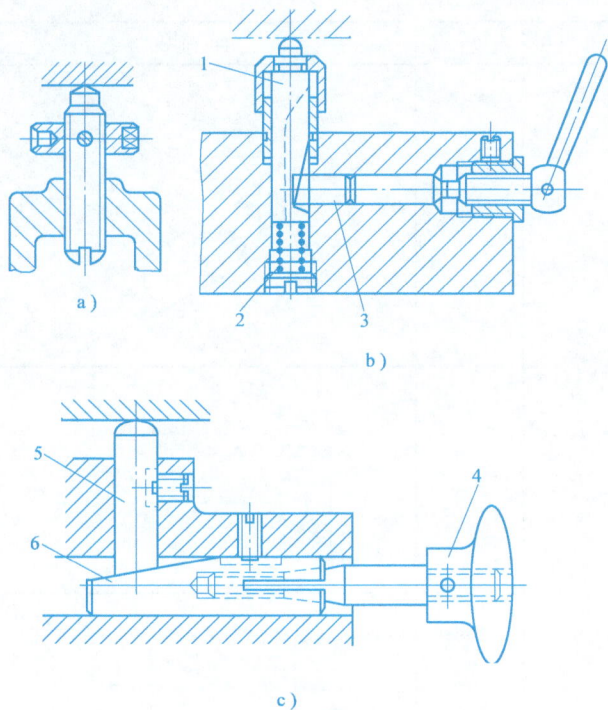

图 4-26 辅助支承
1、5—滑柱 2—弹簧 3—滑块 4—手轮 6—斜楔

（二）对定位元件的基本要求

1. 足够的精度

定位元件的精度将直接影响工件的定位精度。可根据分析计算、查阅设计手册、参考工厂现有资料或根据经验等合理确定定位元件的制造公差。

2. 耐磨性好

定位元件在使用过程中会受到磨损，从而导致定位精度下降，当磨损到一定程度时，定位元件必须更换。为了延长定位元件的更换周期，提高夹具的使用寿命，定位元件应有较好的耐磨性。

3. 足够的强度和刚度

定位元件不仅起到限制工件自由度的作用，而且在加工过程中还要承受工件重力、切削力、夹紧力等，因此，定位元件必须要有足够的强度和刚度。

4. 工艺性好

定位元件的结构应力求简单、合理、便于制造、装配和维修。

三、定位基准的选择

在制订零件机械加工工艺规程时，定位基准的选择是否合理意义十分重大。它不仅影响工件装夹是否准确、可靠和方便，工件加工精度是否易于保证，而且影响零件上各加工表面的加工顺序，甚至还会影响所采用的夹具的复杂程度。

（一）基准及其分类

用来确定生产对象上几何要素间的几何关系所依据的那些点、线、面称为基准。根据基准用途的不同，可将基准做如下的分类：

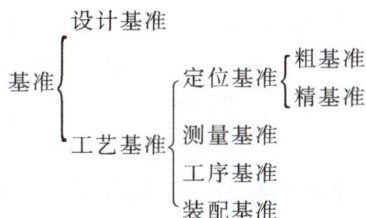

$$
基准
\begin{cases}
设计基准 \\
工艺基准
\begin{cases}
定位基准 \begin{cases} 粗基准 \\ 精基准 \end{cases} \\
测量基准 \\
工序基准 \\
装配基准
\end{cases}
\end{cases}
$$

1. 设计基准

设计图样上所采用的基准称为设计基准。图4-27a所示的零件，平面 A 是平面 B、C 和孔 7 的设计基准，平面 D 是平面 E、F 和孔 7、8 的设计基准，孔 7 又是孔 8 的设计基准。图4-27b所示的钻套零件，孔中心线是外圆与内孔的设计基准，也是 B 端面圆跳动的设计基准，端面 A 是台肩 B、端面 C 的设计基准。

2. 工艺基准

在工艺过程中所采用的基准称为工艺基准。按用途不同可将其分为以下四种：

（1）定位基准 在加工中用作工件定位的基准称为定位基准。工件在机床或夹具上定位时，一般来讲，定位基准就是工件上直接与机床或夹具的定位元件相接触的点、线、面，但是注意例外情况，例如，将图4-27b所示零件套在心轴上磨削 φ40h6 外圆表面时，内孔中心线是定位基准，与心轴接触的内孔表面是体现定位基准中心线的基准面。

定位基准又可分为粗基准和精基准：

1）粗基准，用作定位基准的表面，如果是没经过切削加工的毛坯面，则称为粗基准。

2）精基准，用作定位基准的表面，如果是经过切削加工的表面，则称为精基准。

（2）测量基准 工件在测量、检验时所使用的基准称为测量基准。

（3）工序基准 在工序简图上所采用的基准称为工序基准。工序基准也就是用于在工序简图上标注本工序加工表面加工后应保证的尺寸、形状和位置的基准。例如，图4-28所示为车削图4-27b所示钻套零件时的工序简图，A 面即是 B、C 面的工序基准。

（4）装配基准 装配时用来确定零件或部件在产品中的相对位置所采用的基准称为装配基准。例如，图4-27b所示钻套零件

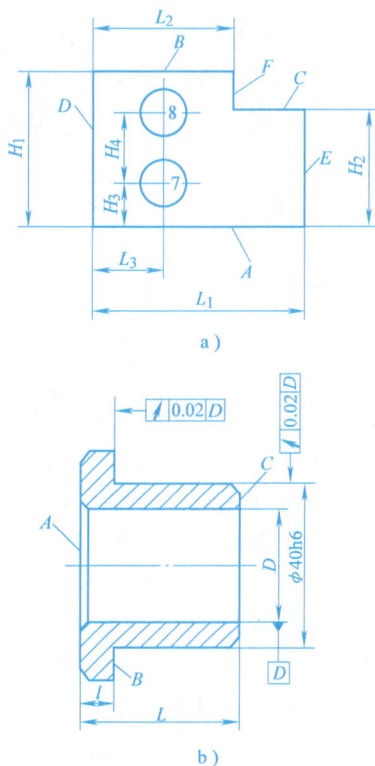

图4-27 设计基准分析

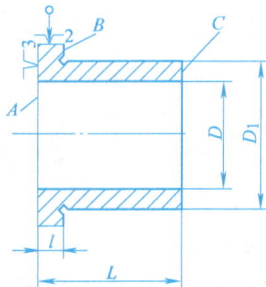

图4-28 钻套加工工序简图

上的 $\phi40h6$ 外圆柱面及台肩 B 就是该钻套零件装配在钻床夹具钻模板上的装配基准。

基准通常是零件表面上具体存在的一些点、线、面，但也可以是一些假定的点、线、面，如孔或外圆的中心线、槽的对称面等。这些假定的基准，必须由零件上某些相应的具体表面来体现，这样的表面称为基准面。例如图 4-27b 所示钻套零件的内孔中心线并不具体存在，而是由内孔圆柱面来体现的，内孔中心线是基准，而内孔圆柱面是基准面。也就是说，当选择工件上的平面作为定位基准时，该平面同时也是定位基准面；当选择工件上的内孔或外圆中心线作定位基准时，内孔或外圆柱面为定位基准面。

下面介绍定位基准（包括粗基准和精基准）选择时应遵循的原则。

（二）粗基准的选择

零件的机械加工是从毛坯开始的。由于毛坯上还没有经过切削加工的表面，因此，在机械加工的起始工序中，选用的定位基准必然是粗基准。由于毛坯表面较粗糙，各表面之间的位置精度较低，这就决定了粗基准选择的特殊性。为了能够合理选择粗基准，一般应遵循以下原则：

1）当零件上有一些表面不需要进行切削加工，且不加工表面与加工表面之间具有一定的相互位置精度要求时，应以不加工表面中与加工表面相互位置精度要求较高的不加工表面作为粗基准。

图 4-29　粗基准选择示例

例如，图 4-29 所示的零件，内孔和端面需要加工，外圆表面不需要加工，铸造毛坯时内孔 B 与外圆 A 之间有偏心。为了保证加工后零件的壁厚均匀，即内、外圆表面的同轴度较好，应以不加工表面外圆 A 作为粗基准加工孔 B（例如采用三爪自定心卡盘夹持外圆 A）。如果采用内孔表面作为粗基准（例如用四爪单动卡盘夹持外圆，然后按内孔 B 找正定位），则加工后内孔与外圆仍然不同轴，即壁厚不均匀。

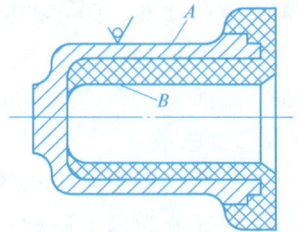

又如图 4-30 所示的箱体零件，箱体内壁 A 面与 B 面均为不加工表面。为了防止位于孔 II 轴线上齿轮的齿顶圆装配时与箱体内壁 A 面相碰，设计时已考虑留有间隙 Δ，并由加工尺寸 a、b 予以保证。

加工该箱体时，应选择与孔 II 轴线有位置精度要求的 A 面为粗基准加工 C 面（见图 4-31a），然后以 C 面为精基准加工孔 II（见图 4-31b），先后分别保证工序尺

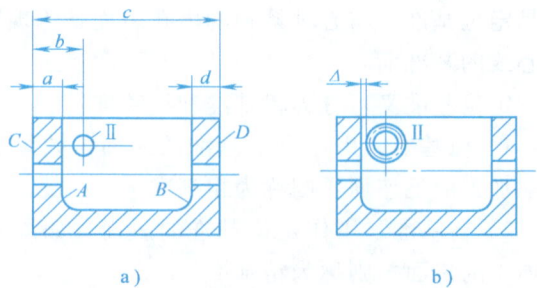

a)　　　　　　　　b)

图 4-30　箱体零件简图

寸 a 和 b，则间隙 Δ 可间接获得，保证齿轮外圆不与 A 面相碰。否则，如果先选择与孔 II 轴线没有直接位置精度要求的 B 面为粗基准加工 D 面，然后以 D 面为精基准加工 C 面，最后以 C 面定位加工孔 II，先后顺次获得工序尺寸 d、c 和 b，则尺寸 a 除了因尺寸 d、c 的加工误差而发生变化外，还将随着毛坯内壁 A、B 两面间的距离尺寸的变化而变化。由于毛坯尺寸误差较大，尺寸 a 的误差必然随之较大。当尺寸 a 大到使间隙 Δ 太小，甚至为负值时，则齿轮装配时必然和 A 面相碰。显然，后面这一加工方案的粗基准选择是不正确的。这也表明，当零件上存在若干个不加工表面时，应选择与加工表面的相对位置有紧密联系的不加工

表面作为粗基准。

注意1 上述不加工表面与加工表面之间的位置精度要求，一般情况下不会太高，往往在零件图上没有用有关的几何公差符号标注出来，而是需要工艺人员在对零件图及零件在产品中的作用进行分析后得出结论。一般为了达到下列几种目的，零件上有关的不加工表面和加工表面之间应有一定的位置精度要求。

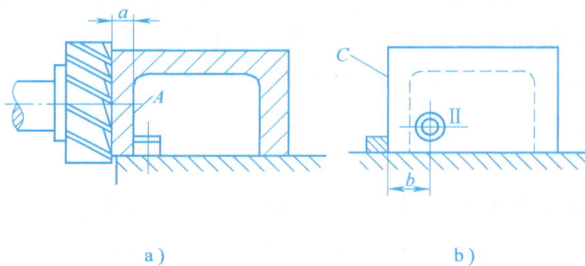

图 4-31 箱体加工粗基准选择

① 使零件上有些表面之间的壁厚均匀性不至于太差，以保证其具有足够的结构强度，如图 4-29 所示。

② 在产品中使有关零件的有关表面之间具有足够大的间隙，以保证在产品的装配和工作时，不至于发生相互碰撞，如图 4-30 所示。

③ 使一批零件加工完毕后，在其加工精度达到要求的同时，各个零件的重量差亦不超过一定的范围。例如，为了保证发动机工作时运转平稳，同一发动机中的各活塞的重量不应相差很大。为此，活塞是按重量进行分组装配到发动机中的。为了减少活塞的分组数，需保证全部已加工好的活塞的重量相差不得超过一定的范围。由于活塞内腔各表面为不加工表面，要使加工后的活塞满足其重量要求，就必须使外部各加工表面相对内腔各不加工表面具有一定的位置精度要求。

注意2 当毛坯制造精度较高时，可以考虑不遵守上述以不加工表面作为粗基准的原则。

2）当零件上有较多的表面需要加工时，粗基准的选择，应有利于各加工表面均能获得合理的加工余量。为此，应遵循以下原则：

① 为使各加工表面都能得到足够的加工余量，应选择毛坯上加工余量最小的表面作为粗基准。

图 4-32 所示的阶梯轴，因 $\phi55mm$ 外圆的加工余量较小，故应选 $\phi55mm$ 外圆为粗基准。否则，如果选 $\phi108mm$ 外圆为粗基准加工 $\phi55mm$ 外圆表面，当两外圆有 3mm 的偏心时，则加工

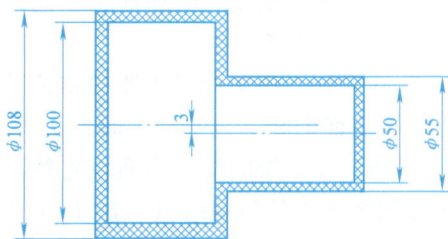

图 4-32 阶梯轴加工的粗基准选择

后的 $\phi50mm$ 外圆表面的一侧可能会因余量不足而残留部分毛坯表面，从而使工件报废。

② 为保证某重要加工表面的加工余量小且均匀，应以该重要加工表面作为粗基准。

例如图 4-33 所示的机床床身零件，要求导轨面应有较均匀的耐磨性，以保持其导向精度。由于铸造时的浇注位置（床身导轨面朝下）决定了导轨面处的金属组织均匀而致密，在机械加工中，为保留这样良好的金属组织，应使导轨面上的加工余量尽量小且均匀。为此，应选择导轨面作粗基准，先加工床腿底面，然后再以床腿底面为精基准加工导轨面，这样就能确保导轨面的加工余量小且均匀。

当零件上有多个重要加工表面时，应选择加工余量要求最严格的那个表面作为粗基准。

③ 粗基准的选择，应尽可能使加工表面的金属切除量总和最小。仍以图 4-33 为例，选择导轨面作粗基准，则大部分加工余量在加工床腿底面时切掉，若选择床腿底面为粗基准，大部分加工余量则在加工导轨面时切去。两者比较，导轨面的加工面积大，床腿底面的加工面积小。从这点出发，也应选择床身导轨面作粗基准，先加工床腿底面，再以床腿底面为精基准加工导轨面，从而保证总的金属切除量最小，生产率得以提高，成本得以降低。

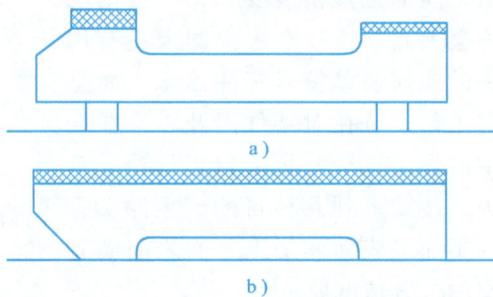

图 4-33　机床床身加工的粗基准选择

3）粗基准应尽量避免重复使用，通常在同一尺寸方向上（即同一自由度方向上）只允许使用一次。

由于作为粗基准的毛坯表面一般都比较粗糙且几何精度较低，如果在两次装夹中重复使用同一粗基准，会因为两次装夹实际接触位置的不同而产生较大的定位误差，使两次装夹后分别加工出的表面之间出现较大的位置误差。如图 4-34 所示，工件以表面 B 为粗基准加工表面 A 之后，如果仍以表面 B 为粗基准加工表面 C，由于不能保证工件轴线在前后两次装夹中位置的一致性，就必然导致加工出来的表面 A 与 C 之间产生较大的同轴度误差。

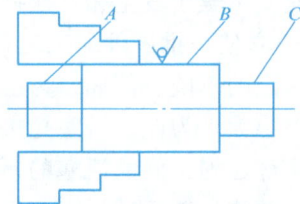

图 4-34　粗基准重复使用示例

4）由于粗基准应尽量避免重复使用，以粗基准定位加工出来的表面中，应有一些表面能便于作为后续加工的精基准，特别是在同一位置要求方面，这样才能保证后续加工的顺利进行和加工精度的不断提高。

在处理上述由粗基准向精基准过渡的问题时，在下列情况下可以例外：

① 当毛坯质量很高，而加工表面之间的位置精度要求较低时，可以重复使用同一组毛坯表面作为粗基准。

② 在后续工序中，当主要的定位基准已经是精基准，为了保证本工序的加工表面与某一不加工表面的相互位置精度时，仍可用此不加工表面作为次要的定位基准。

③ 当工件上影响加工表面位置精度的基准已经是精基准，对于那些仅为了工件装夹方便等原因所选用的粗基准（对加工精度无影响），可以在加工过程中反复使用。

5）应尽量选择没有飞边、浇口、冒口或其他缺陷的平整表面作粗基准，使工件定位准确稳定，夹紧可靠。

（三）精基准的选择

当以粗基准定位加工出一些表面后，在后续加工中，就应以精基准作为主要的定位基准。选择精基准时，主要考虑的问题是如何便于保证加工精度和装夹方便、可靠。为此，一般应遵循以下原则：

1. 基准重合原则

直接选用加工表面的设计基准（或工序基准）作为定位基准，称为基准重合原则。按照基准重合原则选用定位基准，便于保证设计（或工序）精度，否则会产生基准不重合误差，影响加工精度。

图 4-35 所示的零件，表面 A、B 及底面 D 已经加工，现加工表面 C。为了遵守基准重合原则，应选择加工表面 C 的设计基准（表面 A）作为定位基准。

按调整法加工该零件时，加工表面 C 对设计基准 A 的位置精度的保证，仅取决于本工序的加工误差，即在基准重合的条件下，只要 C 面相对 A 面的平行度误差不超过 0.05mm，位置尺寸 L_1 的加工误差 Δ_1 不超过其设计公差 T_1 范围（$\Delta_1 \leqslant T_1$），就能保证加工精度。此时，表面 B 的加工误差对表面 C 的加工精度不产生影响。

但是，当加工表面 C 的设计基准为表面 B（见图 4-36）时，如果仍以表面 A 为定位基准，就违背了基准重合原则，会产生基准不重合误差。

这时，从图 4-36 中可以明显看出，加工表面 C 相对设计基准 B 的位置精度不仅受到本工序加工误差的影响，而且还会受到由于基准不重合所带来的设计基准（B 面）相对定位基准（A 面）之间的位置误差的影响。以位置尺寸来说，加工 C 面时所应保证的设计尺寸 L_3，在调整法加工中是间接获得的。此时，尽管预先调定了刀具相对定位基准面 A 的位置，并在一批工件加工过程中该位置始终保持不变，但是，由于加工中存在的种种误差的影响，必然会使加工表面 C 相对定位基准 A 产生一定的加工误差 Δ_1。另外，在前面工序中加工表面 A、B 时，同样会产生一定的加工误差 Δ_2，引起设计基准 B 面相对定位基准面 A 之间的位置变动。在一批工件中其最大变动量等于表面 A、B 间位置尺寸 L_2 的公差 T_2。显然，分布在设计尺寸 L_3 两个界面上的加工误差之和，就构成了尺寸 L_3 的总误差 Δ_3，即

$$\Delta_1 + \Delta_2 = \Delta_3$$

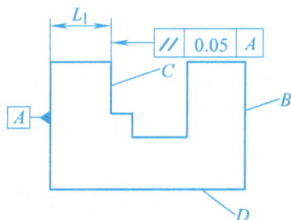

图 4-35　基准重合示例

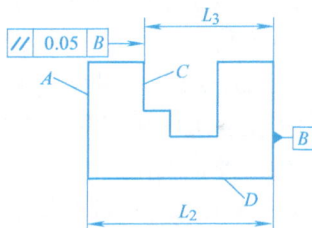

图 4-36　基准不重合示例

换句话说，加工表面 C 时尺寸 L_3 产生的误差中，不仅包含本工序产生的误差 Δ_1，而且还增加了一个从定位基准到设计基准之间位置尺寸 L_2 的误差 Δ_2。这个增加的误差 Δ_2，当基准重合时是不存在的，只有在基准不重合时才会出现，故称为基准不重合误差。

显而易见，在基准不重合时，为了保证设计尺寸 L_3 的精度要求，必须使上述两项误差之和不超过其设计尺寸的公差 T_3，即

$$\Delta_1 + \Delta_2 \leqslant T_3$$

可以看出，在 T_3 一定的情况下，由于基准不重合误差 Δ_2 的存在，势必导致加工误差 Δ_1 允许数值的减小，即提高了对本工序加工精度的要求。当 T_3 较小时，为了不使 Δ_1 的允许数值过小，使加工能顺利进行，有时还需要提高有关表面位置尺寸的精度，以减小基准不重合误差 Δ_2。

综上所述，遵守基准重合原则，有利于保证加工表面获得较高的加工精度。所以，在工件的精加工阶段，尤其是表面之间位置精度要求较高的表面最终加工时，更应特别注意遵守这一原则。

上述主要分析的是定位基准与设计基准不重合时产生的基准不重合误差。类似的分析方法也可以用于其他基准不重合的场合，如工序基准和设计基准、工序基准与测量基准、测量基准与设计基准、装配基准与设计基准、定位基准与工序基准、定位基准与装配基准之间不重合时，都会产生基准不重合误差。我们希望在产品的制造过程中，尽量使上述各基准能够重合，以便于保证产品的精度要求。

应用基准重合原则时，应注意具体条件。定位过程中产生的基准不重合误差，是在用调整法加工一批工件时产生的。若用试切法加工，直接保证设计尺寸要求，则不存在基准不重合误差。

2. 基准统一原则

当工件以某一组精基准定位，可以比较方便地对其余多个表面进行加工时，应尽早地在工艺过程的开始阶段就把这组精基准加工出来，并达到一定的精度，在以后各道工序（或多道工序）中都以其作为定位基准，这称为基准统一原则。

例如，在轴类零件的加工中，经常在工艺过程的一开始就将两顶尖孔加工出来，以后在很多道工序中都采用两顶尖孔作为统一的定位基准，分别加工各外圆表面、圆锥表面、螺纹及花键等，这就符合了基准统一原则。再如，在中批以上的箱体类零件的加工中，经常采用一个大平面和两个孔作为统一的定位基准，来加工箱体上的许多平面和孔系，也符合基准统一原则。

采用基准统一原则的主要优点是：

1）多数表面采用同一组基准定位加工，避免了基准转换所带来的误差，有利于保证这些表面间的位置精度。

2）由于多数工序采用的定位基准相同，因而所采用的定位方式和夹紧方法也就相同或相近，有利于使各工序所用夹具基本上统一，从而减少了夹具设计和制造所需的时间和费用，简化了生产准备工作。

3）为在一次装夹下有可能加工出更多的表面提供了有利条件。因而有利于减少零件加工过程中的工序数量，简化了工艺规程的制订。由于工件在加工过程中装夹次数减少，不仅减少了多次装夹所带来的装夹误差和装卸工件的辅助时间，并且为采用高效率的专用设备和工艺装备创造了条件。

当所采用的统一基准与设计基准不重合时，加工精度虽不如基准重合时那样容易保证，因为增加了一个基准不重合误差，但对于加工表面较多、各加工表面都有各自的设计基准的较复杂的零件来说，采用基准统一原则要比采用基准重合原则（基准因而需多次转换）优点更多一些。

当采用基准统一原则无法保证加工表面的位置精度时，可考虑先采用基准统一原则进行粗、半精加工，最后再采用基准重合原则对个别重要表面进行精加工，这样就兼顾了两个原则的优点，避开了其缺点。如果选择的定位基准既符合基准重合原则，又符合基准统一原则，就是最理想的定位基准选择方案。

基准统一原则经常用于加工内容较多的复杂零件。当工件上没有合适的表面作为统一的基准时，常在工件上加工出一组专供定位用的基准面（这就是后面要谈的辅助基准）。这些基准面有时是与设计基准重合的（如轴类零件的顶尖孔），有时则不相重合（如箱体加工时以一面两孔定位）。

作为统一基准的表面，由于在加工过程中多次使用，容易产生磨损而降低精度，以至影响定位的精度和可靠性，故应在使用过程中注意保护，必要时还要进行修整。

3. 互为基准、反复加工原则

当工件上存在两个相互位置精度有要求的表面时，可以认为它们彼此之间是互为基准的。如果这些表面本身的加工精度和其间的相互位置精度都有很高的要求，且均适宜作为定位基准时，则可采用互为定位基准的办法来进行反复加工，即先以其中一个表面为基准加工另一个表面，然后再以加工过的表面为定位基准加工刚才的基准面，如此反复进行几轮加工，就称为互为基准、反复加工。

这种加工方案不仅符合基准重合原则，而且在反复加工的过程中，基准面的精度愈来愈高，加工余量亦逐步趋于小且均匀，因而最终可获得很高的位置精度。所以，在生产中经常采用这一原则加工同轴度或平行度等位置精度要求较高的精密零件。

4. 自为基准原则

选择加工表面本身作为定位基准，称为自为基准。

有些精加工和光整加工工序要求加工余量必须小且均匀时，经常采用这一原则。图4-33所示的机床床身零件在最后精磨床身导轨面时，经常在磨头上装上百分表，工件置于可调支承上，以导轨面本身为基准进行找正定位，保证导轨面与磨床工作台平行后，再进行磨削加工来保证磨削余量小且均匀，以利于提高导轨面的加工质量和磨削生产率。有的加工方法，如浮动铰孔、拉孔、珩磨孔以及攻螺纹等，只有在加工余量均匀一致的情况下，才能保证刀具的正常工作，一般常采用刀具与工件相对浮动的方式来确定刀具与加工表面之间的正确位置。这些都是以加工表面本身作为定位基准的实例。

按自为基准原则加工时，只能提高加工表面本身的尺寸精度和形状精度，而不能提高其位置精度。加工表面与其他表面之间的位置精度，需由前面的有关工序来保证，或在后续工序中，采用以该加工表面作为定位基准对其他表面进行加工的办法来予以保证。

（四）辅助基准的应用

为了满足工艺上的需要，在工件上专门设计和加工出来的定位基准称为辅助基准。

在机械加工时，一般均优先选择零件上的重要工作表面作为定位基准。显然，这些表面都是零件设计上就要求精度较高的表面。但有时会遇到一些零件，这些重要的工作表面不适宜选作定位基准。这时为了定位的需要，将零件上的一些本来不需加工的表面或加工精度要求较低的表面（如非配合表面），按较高的精度加工出来，用作定位基准。例如轴类零件两端面上的顶尖孔，除了在加工时作为定位基准外，在零件的工作中不起任何作用，它是专为定位的需要而加工出来的。又如箱体类零件的加工中，常采用一面两孔定位，这两个孔的精度在设计上往往要求不高或在零件的使用上根本就不需要这两个孔，但却以较高的精度加工出来作为定位基准。上述两例中这些为了工艺上的需要而加工出来的定位基准，就是辅助基准。

（五）关于定位基准选择问题的几点说明

为了更好地掌握定位基准的选择问题，下面就如何综合考虑工件在整个工艺过程中的定位基准选择以及有关粗、精基准选择中存在的共性问题，再做一些简要的说明。

1）前面所谈到的粗、精基准选择的各项原则，每一条都只是突出强调了某一个方面的要求，具体应用时，可能会出现相互矛盾之处。这时，就应根据具体情况，灵活运用上述各项原则，保证主要方面，兼顾次要方面，从整体上尽量使定位基准的选用更为合理。

2）定位基准的选择顺序。在制订工艺规程时，选择定位基准应按一定的顺序进行，一般的选择顺序是：首先选定最终完成工件主要表面加工和保证主要技术要求所需的精基准；接着考虑为了可靠地加工出上述主要精基准，是否需要选择一些表面作为中间精基准，然后再结合选用粗基准所应解决的问题，遵循粗基准的选择原则来选择粗基准。

显然，定位基准的选择顺序正好与定位基准的使用顺序相反。为了使先行工序为后续工序的加工创造有利条件，工序顺序的安排及定位基准的选择，都应为后续工序准备好一组可靠的精基准。也就是说，定位基准的选择不能只考虑本道工序，而应从零件加工的整个工艺过程出发，使先行工序为后续工序创造条件，让每道工序都能有合适的定位基准。定位基准的选择是制订零件机械加工工艺规程中的重要问题，也是一个难点问题。

3）作为定位基准的表面，应尽可能具有足够的长度和较大的面积，以保证工件装夹时具有较高的定位精度和较好的稳定性。

4）所选择的定位基准，应使工件在加工过程中受到夹紧力、切削力和工件本身重力等作用下，不会产生偏移或较大的变形。

5）当采用夹具定位时，定位基准的选择应使夹具的结构简单、操作方便。

第二节　工件的夹紧

工件定位之后，在切削加工之前，必须用夹紧装置将其夹紧，以防止在加工过程中由于受到切削力、重力、惯性力等的作用发生位移和振动，影响加工质量，甚至使加工无法顺利进行。因此，夹紧装置的合理选用至关重要。夹紧装置也是机床夹具的重要组成部分，对夹具的使用性能和制造成本等有很大的影响。

一、夹紧装置的组成及要求

1. 夹紧装置的组成

（1）力源装置　提供原始作用力的装置称为力源装置，常用的力源装置有液压装置、气动装置、电磁装置、电动装置、真空装置等。以操作者的人力为力源时，称为手动夹紧，没有专门的力源装置。

（2）夹紧机构　要使力源装置所产生的原始作用力或操作者的人力正确地作用到工件上，还需要有最终夹紧工件的执行元件（即夹紧元件）以及将原始作用力或操作者的人力传递给夹紧元件的中间递力机构。夹紧元件和中间递力机构组成了夹紧机构。中间递力机构在传递力的过程中起着改变力的大小、方向和自锁的作用。手动夹紧装置必须有自锁功能，以防在加工过程中工件产生松动而影响加工，甚至造成事故。

图4-37所示的夹具，其夹紧装置就是由液压缸4（力源装置）、压板1（夹紧元件）和连杆2（中间递力机构）所组成的。

2. 对夹紧装置的基本要求

1）应保证在夹紧和加工过程中，工件定位后所获得的正确位置不会改变。

2）夹紧力大小要适当，既要保证工件被可靠夹紧，又要防止工件产生不允许的夹紧变形和表面损伤。

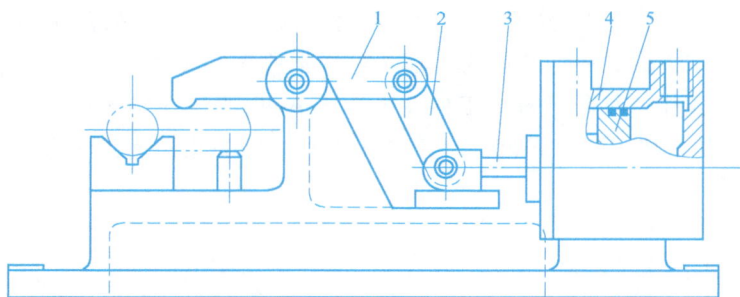

图 4-37 夹紧装置的组成

1—压板 2—连杆 3—活塞杆 4—液压缸 5—活塞

3）工艺性好。夹紧装置的复杂程度应与生产纲领相适应，在保证生产率的前提下，结构应力求简单；尽量采用标准化、系列化和通用化的夹紧装置，以便于设计、制造和维修。

4）使用性好。夹紧装置应操作方便、安全省力，以减轻操作者劳动强度，缩短辅助时间，提高生产率。

二、夹紧力的确定

确定夹紧力就是确定夹紧力的大小、方向和作用点三个要素。在确定夹紧力的三要素时，要分析工件的结构特点、加工要求、切削力及其他外力作用于工件的情况，而且必须考虑定位装置的结构形式和布置方式。

1. 夹紧力方向的确定

（1）夹紧力方向应朝向主要定位基准面　如图 4-38 所示，在直角支座上镗孔，本工序要求所镗孔与 A 面垂直，故应以 A 面为主要定位基准面，在确定夹紧力方向时，应使夹紧力朝向 A 面即主要定位基准面，以保证孔与 A 面的垂直度。反之，若朝向 B 面，当工件 A、B 两面有垂直度误差时，因基准位移误差的引入，则难以保证所镗孔与 A 面垂直的工序要求。

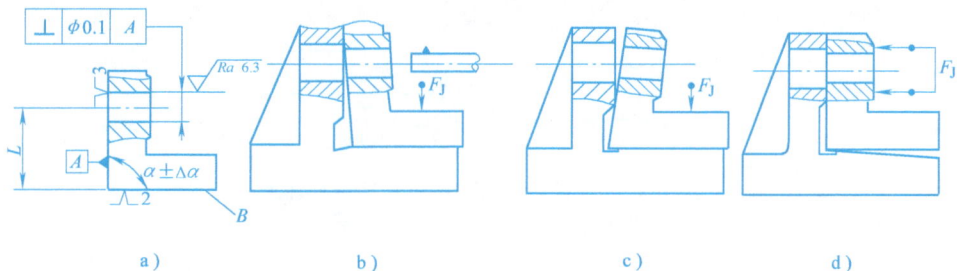

a)　　　　b)　　　　c)　　　　d)

图 4-38 夹紧力方向应朝向主要定位基准面

（2）夹紧力应朝向工件刚性较好的方向，使工件的夹紧变形尽可能小　由于工件在不同的方向上刚度是不等的，相同的受力方向也因其接触面积大小不同而变形各异。尤其在夹紧薄壁零件时，更需注意。图 4-39 所示的套筒，由于其轴向刚度大于径向刚度，所以，夹紧力应朝向轴向方向。用三爪自定心卡盘夹紧外圆，显然要比用特制螺母从轴向夹紧工件的变形大。

（3）夹紧力方向应尽可能实现"三力"同向，以利于减小所需的夹紧力　当夹紧力和切削力、工件自身重力的方向均相同时，加工过程中所需的夹紧力为最小，从而能简化夹紧装置的结构和便于操作，且利于减少工件变形。图 4-40 所示在钻床上钻孔的情况，由于夹紧力 F_J 与工件重力 G 和切削力 F 同向，工件重力和切削力也能起到夹紧作用，因此，这时所需的夹紧力为最小。

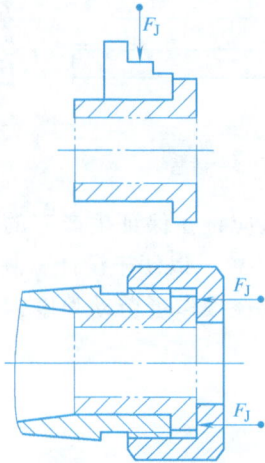

图 4-39　夹紧力应朝向
工件刚性较好的方向

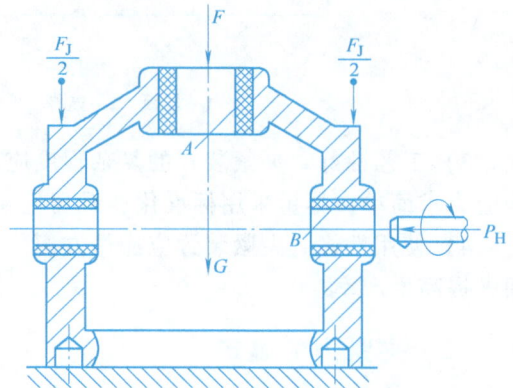

图 4-40　夹紧力方向应尽可能
实现"三力"同向

2. 夹紧力作用点的确定

（1）夹紧力作用点应落在定位元件上或几个定位元件所形成的支承区域内　图 4-41 所示为夹紧力作用点位置不合理的实例，工件倾斜或移动，破坏工件的定位。

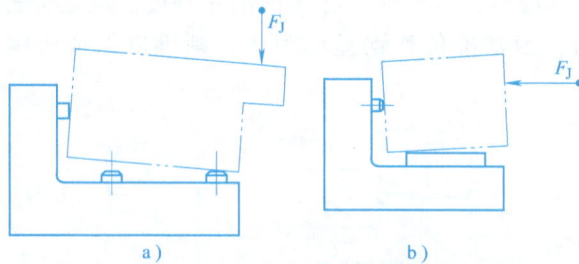

图 4-41　夹紧力作用点应落在定位元件上
或定位元件所形成的支承区域内

（2）夹紧力作用点应作用在工件刚性较好的部位上　如图 4-42 所示，若夹紧力作用点作用在工件刚性较差的顶部中间，工件就会产生较大的变形，若作用在工件刚性较好的两侧实体部位，并改单点夹紧为两点夹紧，避免了工件产生不必要的变形，且夹紧牢固可靠。

（3）夹紧力作用点应尽量靠近加工部位　夹紧力作用点靠近加工部位可提高加工部位的夹紧刚性，并防止或减少工件加工中的振动。如图 4-43 所示，在靠近加工部位处采用辅助支承并施加夹紧力 F_J，既可提高工件的夹紧刚度，又可减小振动。

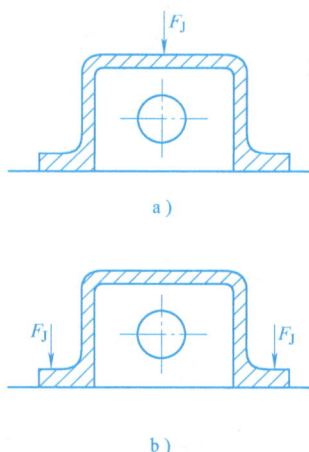

图 4-42 夹紧力作用点应作
用在工件刚性较好的部位上

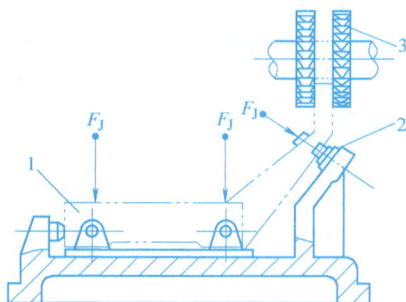

图 4-43 夹紧力作用点应
尽量靠近加工部位
1—工件 2—辅助支承 3—铣刀

3. 夹紧力大小的确定

夹紧力的大小要适当，夹紧力太小，难以夹紧工件；夹紧力太大，将增大夹紧装置的结构尺寸，且会增大工件变形，影响加工质量。

在加工过程中，工件受到切削力、离心力、惯性力及重力等的作用，理论上，夹紧力的大小应与上述力（矩）的大小相平衡。实际上，夹紧力的大小还与工艺系统的刚性、夹紧机构的传递效率等有关。而且，切削力的大小在加工过程中是变化的，因此，夹紧力的计算只能在静态下进行粗略的估算。关于夹紧力的计算可参阅有关资料。

三、典型夹紧机构

夹紧机构的种类很多，这里只简单介绍其中一些典型常用机构，其他实例在设计选用时详见有关手册或图册。

1. 斜楔夹紧机构

图 4-44 所示为几种斜楔夹紧机构夹紧工件的实例。图 4-44a 是在工件上钻互相垂直的 $\phi 8mm$、$\phi 5mm$ 两个孔。工件装入后，锤击斜楔大头，夹紧工件。加工完成后，锤击小头，松开工件。由于用斜楔直接夹紧工件时夹紧力小且费时费力，所以，生产实践中单独应用的情况不多，一般情况下是将斜楔与其他机构联合使用。图 4-44b 是将斜楔与滑柱压板组合而成的机动夹紧机构，图 4-44c 是由端面斜楔与压板组合而成的手动夹紧机构。当利用斜楔手动夹紧工件时，应使斜楔具有自锁功能，即斜楔的斜面升角应小于斜楔与工件和斜楔与夹具体之间的摩擦角之和。

2. 螺旋夹紧机构

由螺钉、螺母、垫圈、压板等元件组成的夹紧机构，称为螺旋夹紧机构，图 4-45 所示是应用这种机构夹紧工件的实例。

螺旋夹紧机构不仅结构简单、容易制造，而且由于螺旋相当于由平面斜楔缠绕在圆柱表面形成的，且螺旋线长、升角小，所以，螺旋夹紧机构自锁性能好、夹紧力和夹紧行程大，是应用最为广泛的一种夹紧机构。

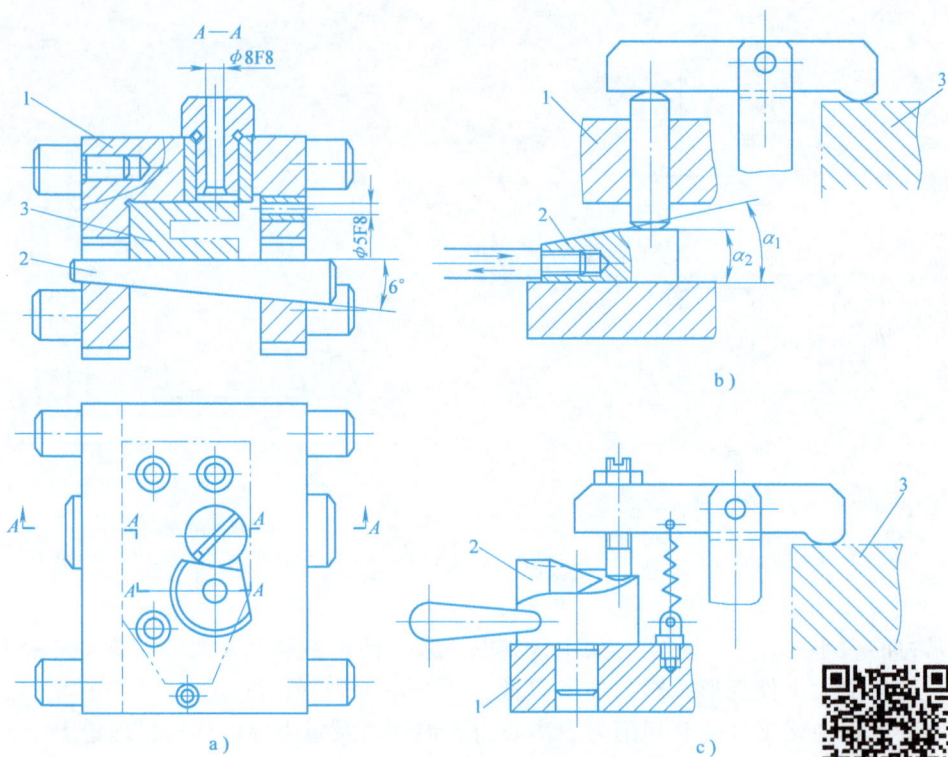

图 4-44 斜楔夹紧机构

1—夹具体　2—斜楔　3—工件

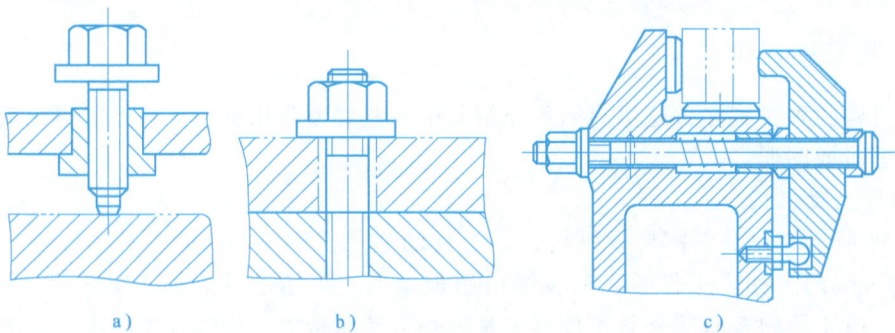

图 4-45　螺旋夹紧机构

（1）单个螺旋夹紧机构　图 4-45a、b 是直接用螺钉或螺母夹紧工件的机构，称为单个螺旋夹紧机构。在图 4-45a 中，螺钉头直接压在工件表面上，接触面小、压强大，螺钉转动时，可能会损伤工件已加工表面，或带动工件旋转。克服这一缺点的办法是在螺钉头部装上如图4-46所示的摆动压块。A 型摆动压块端面是光滑的，用于夹紧工件已加工表面；B

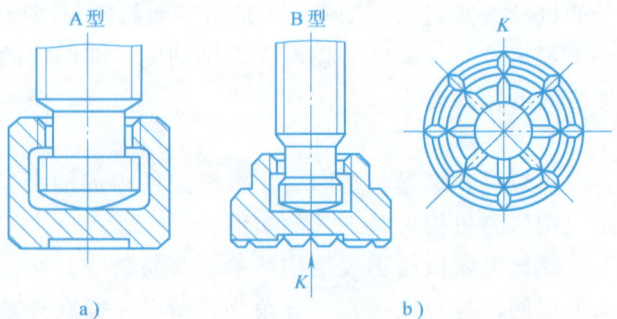

图 4-46　摆动压块

型摆动压块端面有齿纹，用于夹紧工件的毛坯面。

夹紧动作慢、工件装卸费时是单个螺旋夹紧机构的一个缺点。图 4-47 所示为常见的几种提高螺旋夹紧机构工作效率的典型机构。图 4-47a 使用了开口垫圈，且螺母的外径小于工件内孔，当松夹时螺母拧松，抽出开口垫圈，工件即可从螺母上卸掉。图 4-47b 采用了快卸螺母，松夹时将螺母旋松，让其向右摆动即可直接卸掉螺母，实现快速装夹的目的。如图 4-47c 所示，夹紧轴 1 上的直槽连着螺旋槽，先推动手柄 2 使摆动压块 3 迅速靠近工件，继而转动手柄，即可夹紧工件并自锁。

（2）螺旋压板夹紧机构 夹紧机构中，螺旋压板夹紧机构应用最为广泛，结构形式也多样化。图 4-48 为螺旋压板夹紧机构的四种典型结构。图 4-48a、b 所示为移动压板，图 4-48c、d 所示为转动压板。

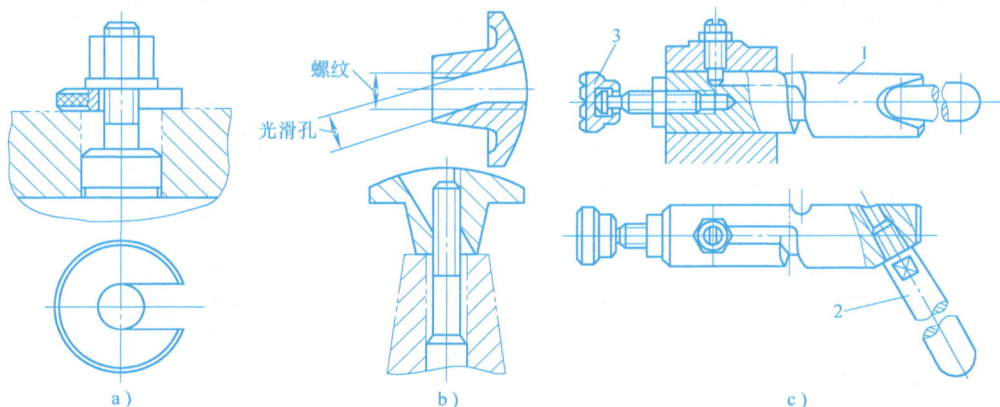

图 4-47 快速螺旋夹紧机构

1—夹紧轴 2—手柄 3—摆动压块

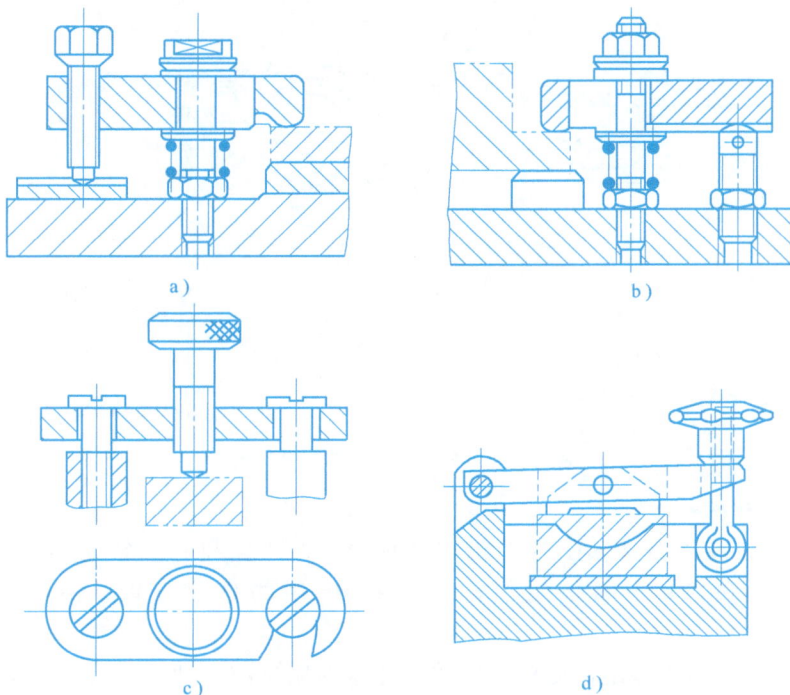

图 4-48 螺旋压板夹紧机构

（3）钩形压板夹紧机构　图 4-49 为螺旋钩形压板夹紧机构。其特点是结构紧凑，使用方便。

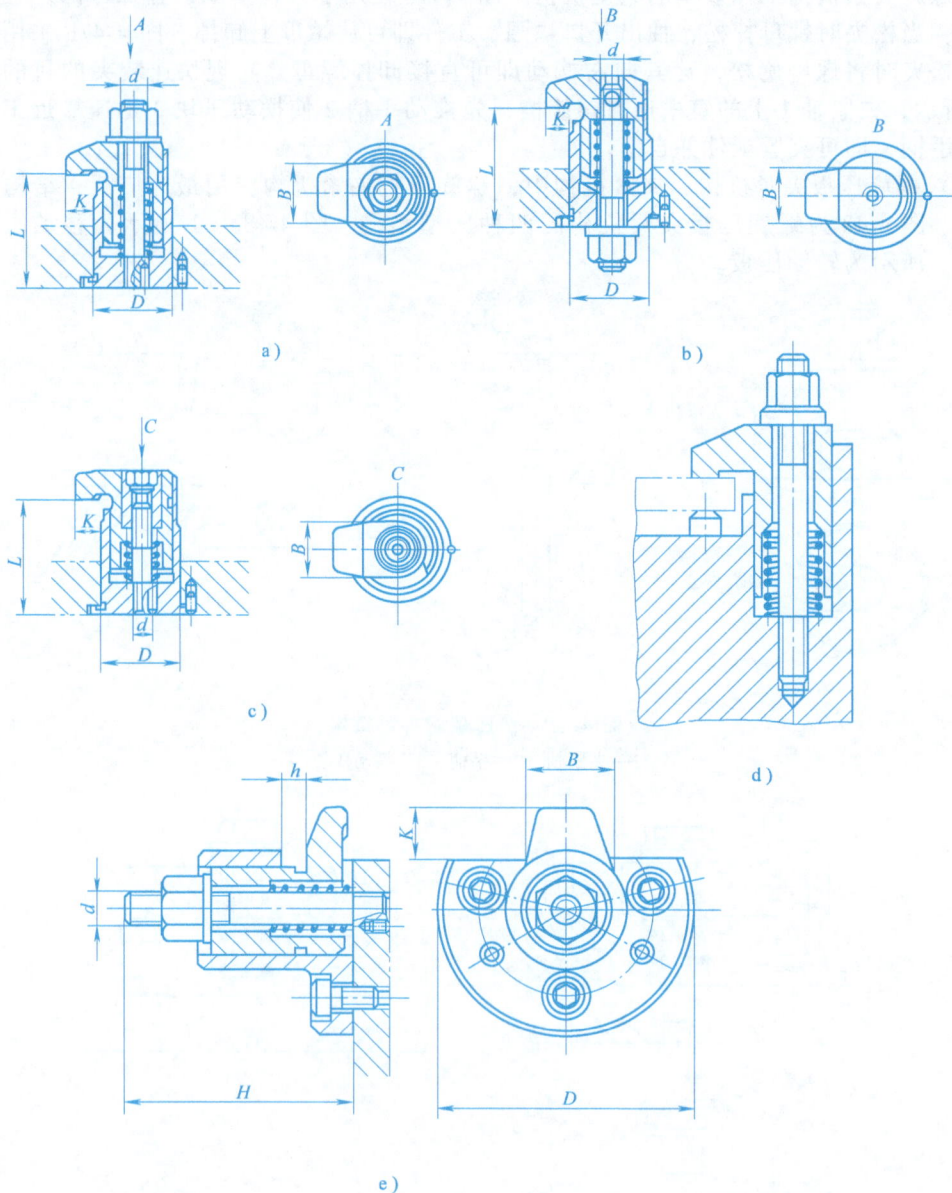

图 4-49　螺旋钩形压板夹紧机构

3. 偏心夹紧机构

用偏心件直接或间接夹紧工件的机构，称为偏心夹紧机构。常用的偏心件是偏心轮和偏心轴，图 4-50a、b 用的是偏心轮，图 4-50c 用的是偏心轴，图 4-50d 用的是偏心叉。

偏心夹紧机构的特点是结构简单、操作方便、夹紧迅速，缺点是夹紧力和夹紧行程小，一般用于切削力不大、振动小、没有离心力影响的加工中。

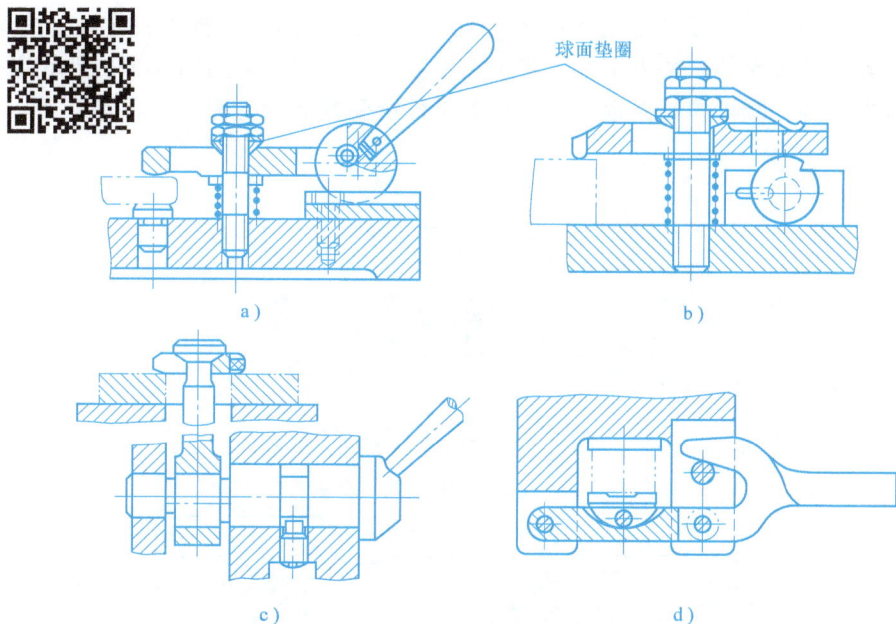

图 4-50 偏心夹紧机构

四、联动夹紧机构

利用单一力源实现单件或多件的多点、多向同时夹紧的机构称为联动夹紧机构。联动夹

紧机构便于实现多件多点夹紧，故能减少夹紧操作时间；又因集中操作，简化了操作程序，可减少动力装置数量、辅助时间和工人劳动强度等，因而能有效地提高生产率，在大批量生产中应用广泛。

1. 单件联动夹紧机构

这类夹紧机构其夹紧力作用点有两点、三点或多至四点，夹紧力的方向可以相同、相反、相互垂直或交叉。图 4-51a 表示两个夹紧力互相垂直，可在右侧面和顶面同时夹紧工件。图 4-51b 表示两个夹紧力方向相同，拧紧夹紧螺母 1，通过螺杆带动平衡杠杆即能使两副压板均匀地同时夹紧工件。

2. 多件联动夹紧机构

多件联动夹紧机构一般有平行式多件联动夹紧机构和连续式多件联动夹紧机构。

（1）平行式多件联动夹紧机构 如图 4-52 所示，在四个 V 形块上装四个工件，

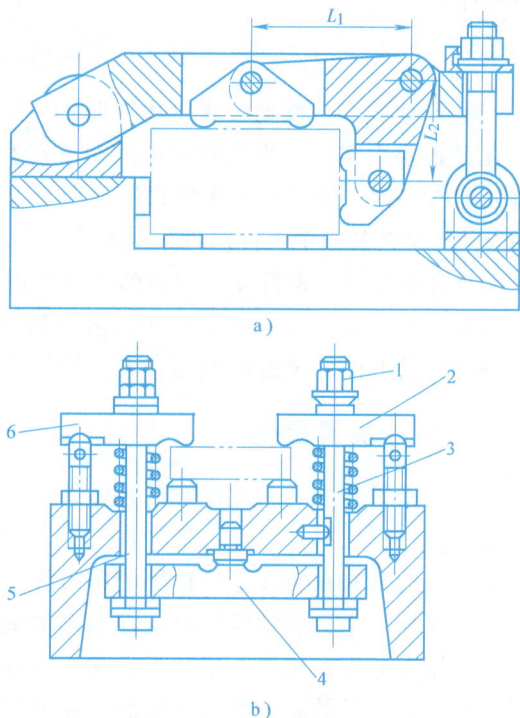

图 4-51 单件联动夹紧机构

1—夹紧螺母 2、6—压板 3、5—拉杆 4—杠杆

各夹紧力方向互相平行，若采用刚性压板（见图 4-52a），则因一批工件定位直径实际尺寸不一致，使各工件所受的夹紧力不等，甚至夹不紧工件。如果采用图 4-52b 所示带有三个浮动环节的压板结构，既可同时夹紧工件，且各工件所受的夹紧力理论上相等。

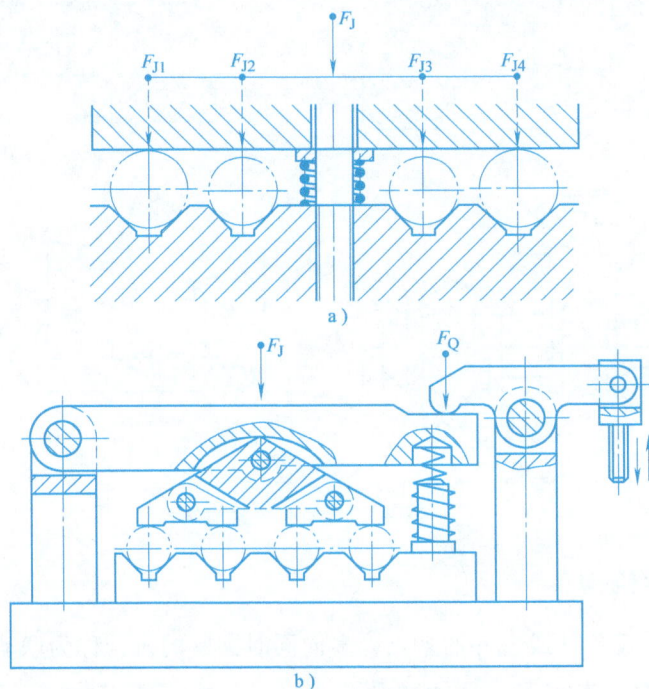

图 4-52　平行式多件联动夹紧机构

（2）连续式多件联动夹紧机构　图 4-53 所示为同时铣削四个工件的夹具。工件以外圆柱面在 V 形块中定位，当压缩空气推动活塞 1 向下移动时，活塞杆 2 上的斜面推动滚轮 3 使推杆 4 向右移动，通过杠杆 5 使顶杆 6 顶紧 V 形块 7，通过中间三个移动 V 形块 8 及固定 V 形块 9，连续夹紧四个工件。理论上每个工件所受的夹紧力等于总夹紧力。加工完毕后，活塞 1 做反方向移动，推杆 4 在弹簧的作用下退回原位，V 形块松开，即可装卸工件。

这种连续夹紧方式，由于工件的误差和定位-夹紧元件的误差依次传递，逐个积累，造成工件在夹紧方向的位置误差非常大，故只适用于在夹紧方向上没有加工要求的工件。

五、定心夹紧机构

定心夹紧机构中与工件接触的元件既是定位元件也是夹紧元件（称工作元件），各工作元件能同步趋近或离开工件，不论各工作元件处于何位置，其对称中心的位置不变。因此，定心夹紧机构具有在实现定心作用的同时将工件夹紧的特点。

在机械加工中，经常遇到以工件的对称轴线、对称平面或对称中心为定位基准的情况，这时可采用定心夹紧机构，如三爪自定心卡盘。由于采用定心夹紧机构时，轴线、对称平面或对称中心是工件的定位基准，因而可使定位基准位移误差为零。如果轴线、对称平面或对称中心又是工件的工序基准，则定位基准与工序基准重合，基准不重合误差也为零，总的定位误差为零。

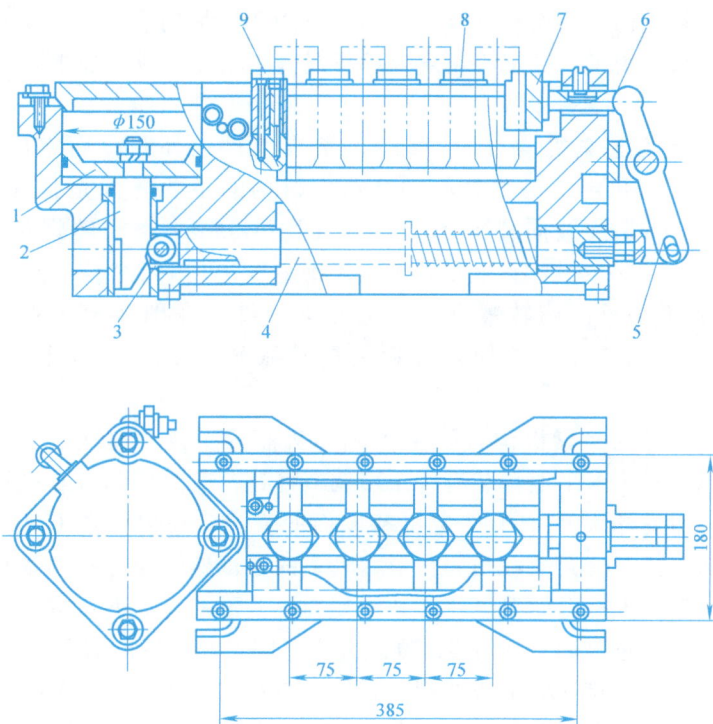

图 4-53 连续式多件联动夹紧机构

1—活塞 2—活塞杆 3—滚轮 4—推杆 5—杠杆 6—顶杆
7—V 形块 8—移动 V 形块 9—固定 V 形块

常用的定心夹紧机构有如下两大类：

1. 机械传动式定心夹紧机构

这类机构是利用机械传动装置使工作元件做等速移动来实现定心夹紧作用的。

图 4-54 所示为虎钳式定心夹紧机构，操作螺杆 1，使左、右旋螺纹带动滑座上的 V 形块 2、3（工作元件）做对向等速移动，便可实现工件的定心夹紧或松开工件。V 形块可按工作需要更换，其对中精度可借助于调节杆 4 实现。

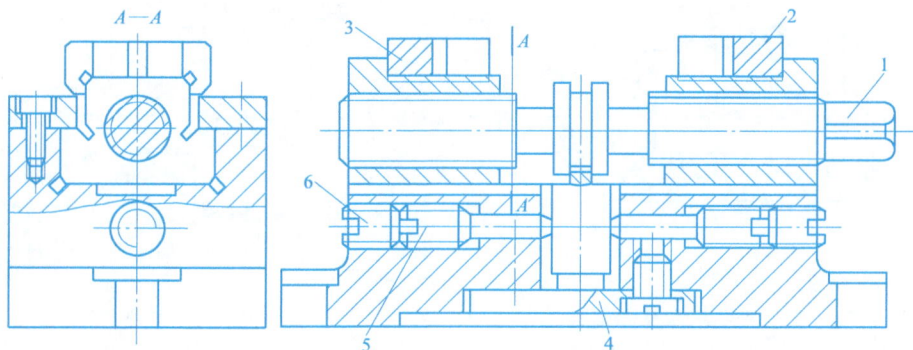

图 4-54 虎钳式定心夹紧机构

1—螺杆 2、3—V 形块 4—调节杆 5—调节螺钉 6—锁紧螺钉这一类定心夹紧机构的特点是具有较大的夹紧力和夹紧行程,但受其配合间隙的影响,定心精度不高,故只适用于工件定心精度要求不高的半精加工或粗加工。

2. 弹性变形式定心夹紧机构

(1) 弹性筒夹定心夹紧机构　图4-55a为装夹工件以外圆柱面定位的弹簧夹头,图4-55b为装夹工件以内孔定位的弹簧心轴。这类机构的主要元件是弹性筒夹,它是在一个锥形套筒上开出3~4条轴向槽而形成的。在图4-55a中,旋转螺母4时,在螺母端面的作用下,弹性筒夹2在锥套内向左移动,锥套3迫使弹性筒夹收缩变形,从而使工件外圆定心并被夹紧。反向旋转螺母,即可卸下工件。在图4-55b中,旋转螺母4时,由于锥套3上圆锥面的作用,迫使弹性筒夹向外胀开,使工件圆孔定心并夹紧。反转螺母,即可松夹。

(2) 膜片卡盘式定心夹紧机构　图4-56所示为膜片卡盘。弹性元件为膜片4,其上有六个或更多个卡爪,每个卡爪上均装有一个可调节螺钉,几个可调节螺钉的端面形成的圆的直径应略小(另一种是略大)于工件定位基准面的直径,一般约差0.4mm。装夹工件时,用推杆8将膜片向右推,使其向右凸起变形,其上的卡爪连同螺钉一起张开,工件在三个支承钉7上轴向定位后,推杆退回,膜片在其恢复弹性变形的趋势下,带动卡爪连同螺钉一起对工件定心并夹紧。通过可调节螺钉5,可以适应不同尺寸工件的需要。

也可将几个可调节螺钉端面形成的圆的直径调节得略大于工件定位基准面的直径,推杆8改为拉杆,拉杆向左拉动膜片使其向左凸起变形,其上的卡爪连同螺钉一起收缩,使工件定心并夹紧。拉杆退回,膜片在其恢复弹性变形的趋势下,松开工件。

这一类定心夹紧机构的特点是夹紧行程小,定心精度高,但制造较困难。

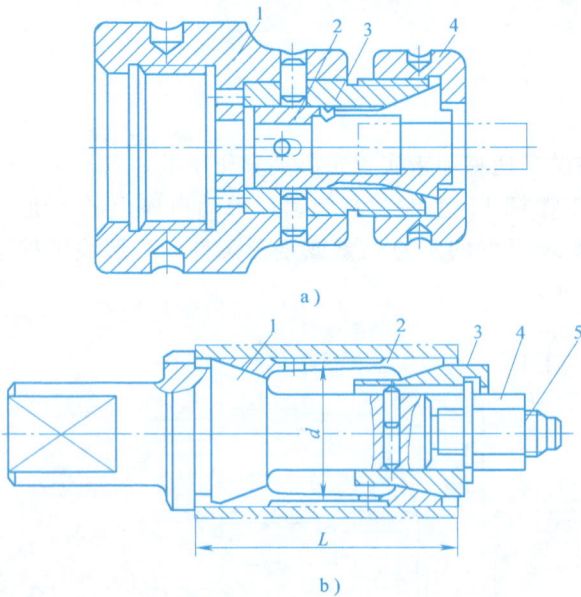

图4-55　弹簧夹头和弹簧心轴

1—夹具体　2—筒夹元件　3—锥套　4—螺母　5—心轴

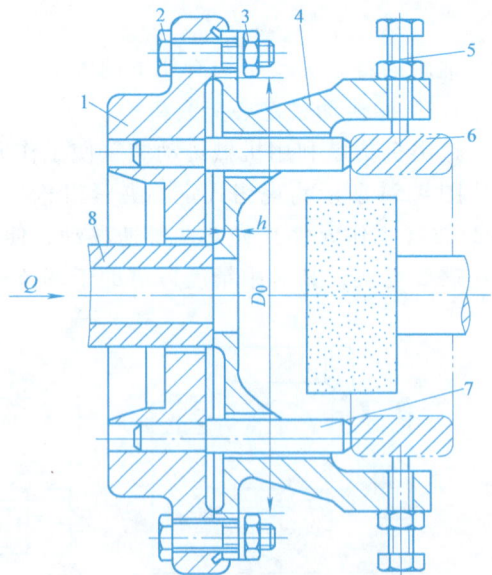

图4-56　膜片卡盘

1—夹具体　2—螺钉　3—螺母　4—膜片
5—可调节螺钉　6—工件
7—支承钉　8—推杆

习题与思考题

4-1 工件的定位与夹紧有何区别和联系？

4-2 可调支承和螺旋式辅助支承有何区别？

4-3 本工序欲用调整法加工图4-57所示的加工面，根据工件的加工要求（后三图中所钻孔均为通孔），完成下列工作：

（1）指出工件在夹具中定位时应限制的自由度。

（2）选择一组合适的定位基准（用符号标注在工件相应的表面上）。

（3）选择合适的定位元件，并说明这些定位元件所限制的工件自由度，该定位方式属何种定位形式。

（4）确定夹紧力的作用方向和作用点（用符号标注在工件相应的表面上）。

4-4 根据工件定位原理，分析图4-58中所示各定位方案中各定位元件所限制的工件自由度。标"▽"的是加工表面，如果出现了过定位或欠定位，请指出可能造成的不良后果，并提出改进方案。

4-5 什么是基准？根据基准的用途，基准可分为哪几类？试分别举例说明。

4-6 粗基准和精基准有什么异同点？

4-7 选择粗、精基准时，需要考虑解决哪些方面的问题？为了达到解决这些问题的目的，应该如何选择粗、精基准？

4-8 调整法加工图4-59所示工件上标有"▽"的各加工表面时，试分别说明应限制工件的自由度，粗、精基准及定位元件应如何选择，并确定夹紧力的作用方向和作用点。

4-9 试分析图4-60所示各种夹紧方案是否合理？若有不合理之处，应如何改进？请画出正确的夹紧方案。

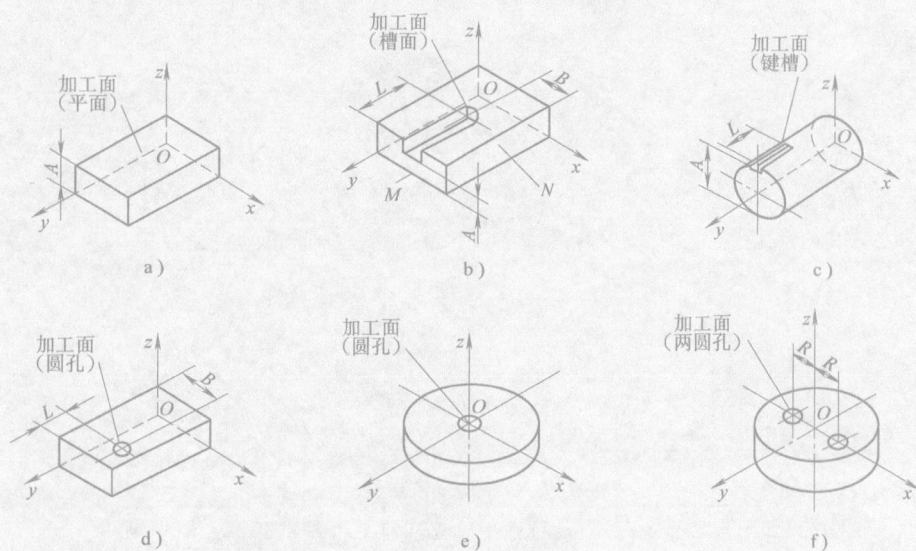

图4-57 题4-3图

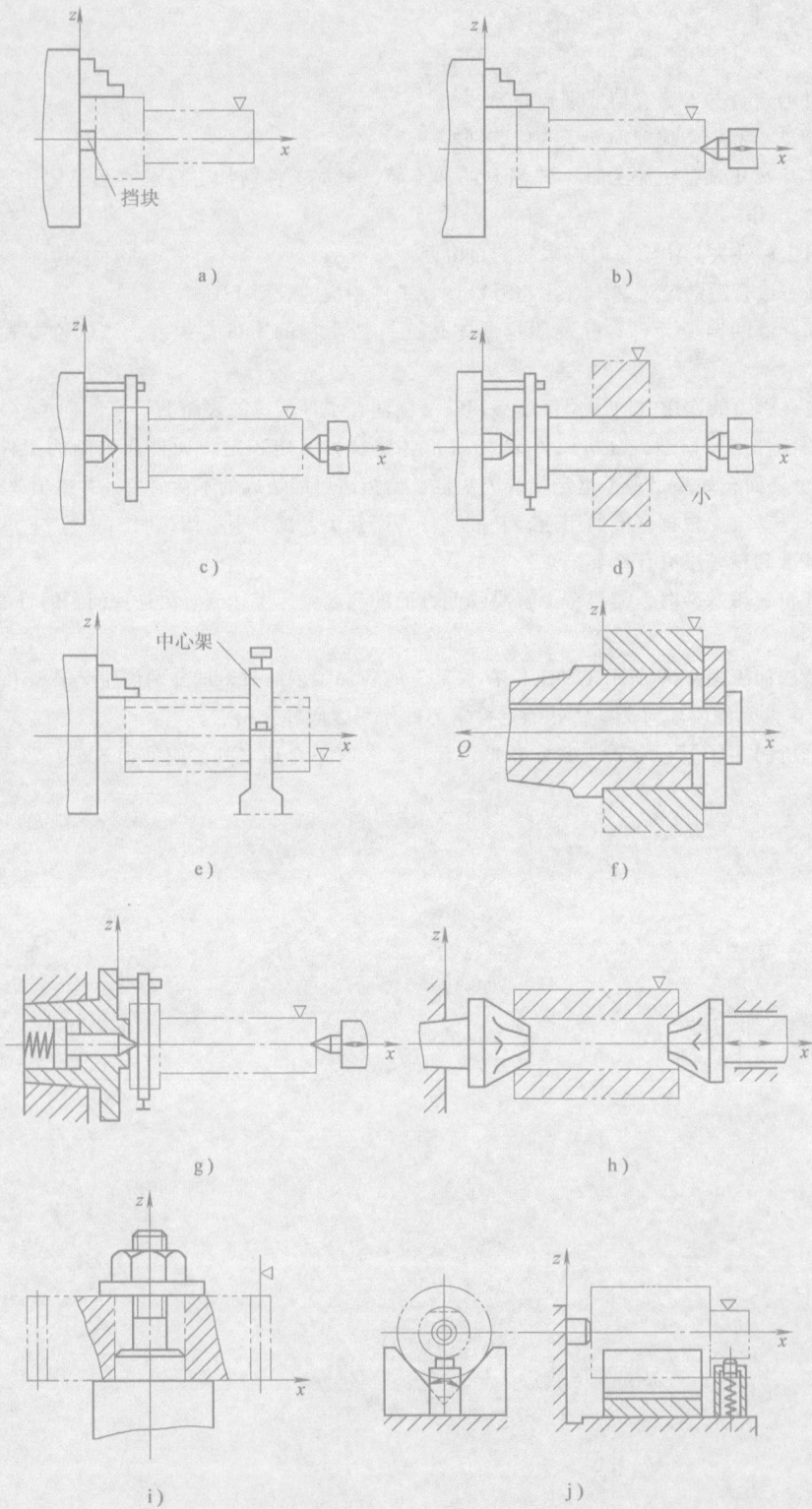

图 4-58　题 4-4 图

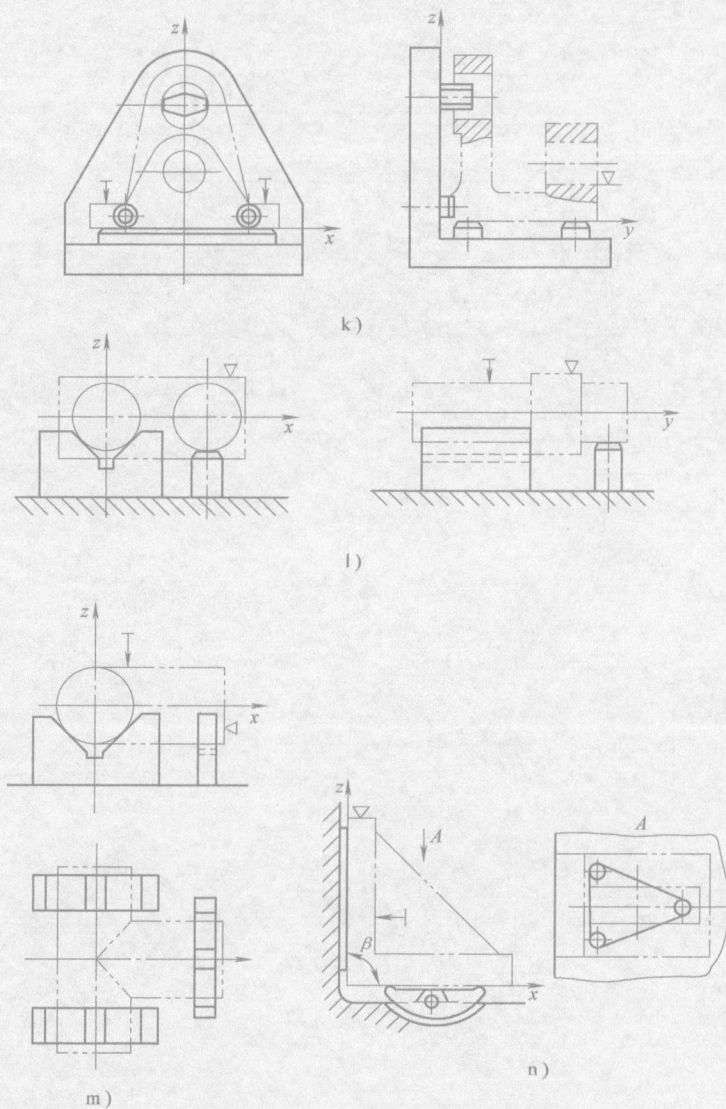

图 4-58 题 4-4 图（续）

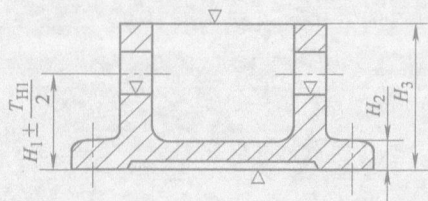

图 4-59 题 4-8 图

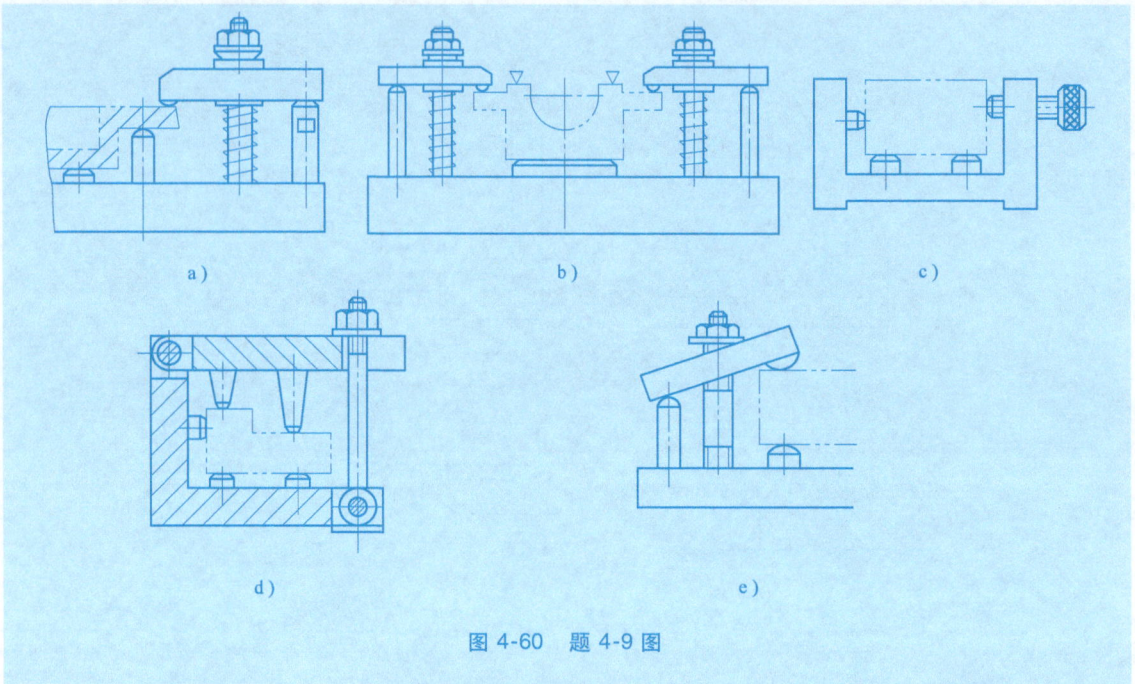

图 4-60 题 4-9 图

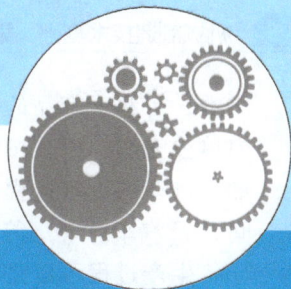

第五章

机械加工工艺规程制订

本章在介绍基础知识及术语的基础上，按照零件机械加工工艺规程制订的步骤，介绍了零件的工艺性分析、毛坯的选择、工艺路线的拟订、加工余量的确定、工序尺寸及其公差的确定等内容。本章内容是培养学生具备编制零件机械加工工艺规程基本能力的重要基础，因此，是本课程的重点内容之一。

学习本章内容时，应注意与生产实际相结合，初步理解和掌握零件机械加工工艺规程制订的原则、步骤和方法，以便通过下一章内容的继续学习，具备编制中等复杂零件机械加工工艺规程的基本能力。

第一节 基础知识及术语

一、生产过程和工艺过程

1. 生产过程

在机械产品制造中，将原材料（或半成品）转变为成品的全过程，称为生产过程。对于机械制造而言，生产过程的组成如图 5-1 所示。

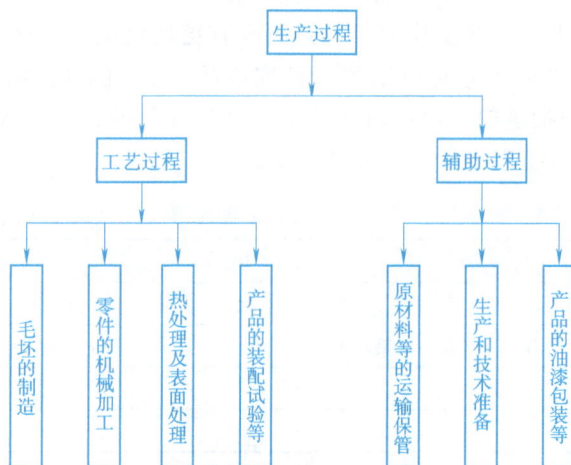

图 5-1 机械制造生产过程

由此可见，机械产品的生产过程一般比较复杂，为了便于组织生产，提高生产率和降低成本，有利于产品的标准化和专业化生产，许多产品的生产往往不是在一个工厂（或车间）内单独完成，而是按行业分类组织生产，由众多的工厂（或车间）联合起来协作完成。例如，汽车的生产过程就是由发动机、底盘、电气设备、仪表、轮胎等协作制造工厂（或车间）及汽车总装厂等各单位的生产过程所组成。

生产过程可以是指整台机器的制造过程，也可以是指某一种零件或部件的制造过程。一个工厂将进厂的原材料制成该厂产品的过程即为该厂的生产过程，它又可分为若干个车间的生产过程，某个工厂（或车间）的成品可能是另一个工厂（或车间）的原材料。

2. 工艺过程

工艺是指使各种原材料、半成品成为成品的方法和过程。工艺过程是指改变生产对象的形状、尺寸、相对位置和性质等，使其成为成品或半成品的过程。机械加工工艺过程是指利用机械加工的方法，直接改变毛坯的形状、尺寸和表面质量，使其转变为成品的过程。本章主要讨论机械加工工艺过程以下简称为"工艺过程"。

二、工艺过程的组成

工艺过程是由一个或若干个顺序排列的工序组成的，每个工序又可分为若干个安装、工位、工步和走刀。

1. 工序

一个或一组工人，在一个工作地对同一个或同时对几个工件所连续完成的那部分工艺过程称为工序。判断一系列的加工内容是否属于同一道工序，关键在于看工件的这些加工内容是否在同一个工作地连续地完成。这里的"工作地"是指一台机床、一个钳工台或一个装配地点；这里的"连续"是指对一个具体工件的加工是连续进行的，中间没有插入另一个工件的加工，例如在车床上加工一个轴类零件，尽管在加工

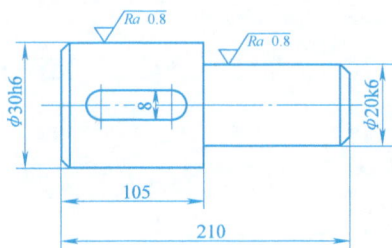

图 5-2 阶梯轴

过程中可能多次调头装夹工件及变换刀具，只要没有更换机床，也没有在加工过程中插入另一个工件的加工，则在此车床上对该轴类零件完成的所有加工内容都属于同一个工序。图5-2所示阶梯轴，当生产批量较小时，其工艺过程及工序等的划分见表5-1；当工件的生产批量较大时，其工艺过程及工序等的划分见表 5-2。

表 5-1 阶梯轴的机械加工工艺过程的组成（批量较小时）

工序号	安装	工步	工序内容	设备
1	A		车端面，钻中心孔	车床
			用三爪自定心卡盘夹紧毛坯外圆	
		1	车端面	
		2	钻中心孔	
	B		工件调头，用三爪自定心卡盘夹紧毛坯外圆	
		1	车另一端面至规定长度	
		2	钻中心孔	

（续）

工序号	安装	工步	工 序 内 容	设备
2			车大、小外圆及倒角	车床
	A		将鸡心夹头装在工件的小外圆一端后，再装夹在两顶尖间	
		1	车大外圆至规定尺寸	
		2	倒角	
	B		调头将鸡心夹头装在工件大外圆一端后，再装夹在两顶尖间	
		1	车小外圆至规定尺寸和成品长度	
		2	倒角	
3			铣键槽及去毛刺	铣床
	A		工件以两顶尖孔定位装夹在夹具中	
		1	用键槽立铣刀铣键槽	
		2	去毛刺	
4			磨大、小外圆	磨床
	A		将鸡心夹头装在工件的小外圆一端后，再装夹在两顶尖间	
		1	磨大外圆至成品尺寸	
	B		调头将鸡心夹头装在工件大外圆一端后，再装夹在两顶尖间	
		1	磨小外圆至成品尺寸	

当所加工的工件数量很少时，上述工序 1 和工序 2 也可合并为一个工序，且可不用鸡心夹头，而用三爪自定心卡盘分别装夹工件的大、小外圆进行加工。

表 5-2 阶梯轴的机械加工工艺过程的组成 （批量较大时）

工序号	安装	工步	工 序 内 容	设备
1			铣两端面，钻中心孔	铣端面钻中心孔专用机床
	A		工件以毛坯外圆定位装夹在 V 形块上	
		1	铣两端面	
		2	钻两端中心孔	
2			车大外圆及倒角	车床
	A		将鸡心夹头装在工件的小外圆一端后，再装夹在两顶尖间	
		1	车大外圆至规定尺寸	
		2	倒角	
3			车小外圆及倒角	车床
	A		将鸡心夹头装在工件的大外圆一端后，再装夹在两顶尖间	
		1	车小外圆至规定尺寸	
		2	倒角	
4			铣键槽	铣床
	A		工件以两中心孔定位装夹在夹具中	
		1	用键槽立铣刀铣键槽	

（续）

工序号	安装	工步	工 序 内 容	设备
5			去毛刺	钳工台
6	A		磨大、小外圆	磨床
			将鸡心夹头装在工件的小外圆一端后，再装夹在两顶尖间	
		1	磨大外圆至成品尺寸	
	B		调头将鸡心夹头装在工件大外圆一端后，再装夹在两顶尖间	
		1	磨外圆至成品尺寸	

工序是工艺过程的基本组成部分，也是确定工时定额、配备工人、安排作业计划和进行质量检验等的基本单元。

2. 安装

工件（或装配单元）经一次装夹后所完成的那部分工序称为安装。在一个工序中，工件可能只需装夹一次，也可能需要装夹几次，每一次装夹必然伴随有一次安装。

在加工过程中应尽量减少安装次数，因为在一次安装中加工多个表面容易保证各表面间的位置精度，而且减少了装卸工件的辅助时间，可以提高生产率。

3. 工位

为了减少安装次数，常采用回转工作台、回转夹具或移位夹具等措施，使工件在一次装夹中先后处于几个不同的位置进行加工。这种工件经一次装夹后，工件（或装配单元）与夹具或设备的可动部分一起相对刀具或设备的固定部分所占据的每一个位置，称为工位。图 5-3 为一利用回转工作台在一次安装中顺次完成装卸工件、钻孔、扩孔和铰孔四工位加工的实例。

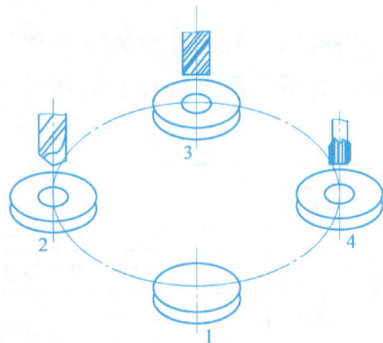

4. 工步

在加工表面（或装配时的连接表面）和加工（或装配）工具不变的情况下，所连续完成的那一部分工序称为工步，这里的"连续"指的是切削用量中的转速与进给量均没有发生改变。以上几个因素中任意一因素发生变化，即形成了新的工步。一个工序可以包括一个或几个工步。

图 5-3　多工位加工

为了简化工艺文件，对于在一次安装中连续进行的若干相同工步，常作为一个工步（可称为合并工步），如用一把钻头连续钻削几个相同尺寸的孔，就作为一个工步。

为了提高生产率，用几把不同的刀具或复合刀具同时加工一个工件上的几个表面，也作为一个工步，称为复合工步。

5. 走刀

走刀是指切削工具在加工表面上每切削一次所完成的那一部分工步。在一个工步中，若加工表面上需要切除的材料层较厚，无法一次全部切除掉，需分几次切除，则每切去一层材料称为一次走刀。一个工步可以包括一次或几次走刀。

工艺过程的组成情况及相互关系如图 5-4 所示。具体实例见表 5-1 和表 5-2。

三、生产纲领与生产类型

1. 生产纲领

企业在计划期内应当生产的产品产量和进度计划，称为该产品的生产纲领。企业的计划期常定为一年，因此，生产纲领常被理解为年产量。机器中某一种零件的生产纲领除了生产该机器所需该种零件的数量外，还包括一定量的备品和废品，所以零件的生产纲领可按下式计算：

$$N = Qn(1+a)(1+b)$$

式中　N——零件的生产纲领（件/年）；

　　　Q——机器的生产纲领（台/年）；

　　　n——每台机器中该零件的数量（件/台）；

　　　a——备品率（%）；

　　　b——废品率（%）。

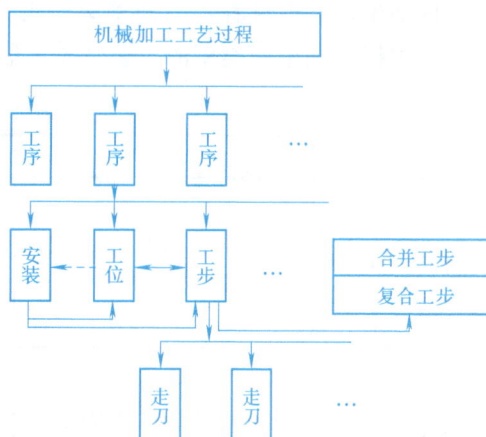

图 5-4　机械加工工艺过程的组成

2. 生产类型

生产类型是指企业（或车间、工段、班组、工作地）生产专业化程度的分类，一般分为大量生产、成批生产和单件生产三种类型。

（1）单件生产　单件生产是指生产的产品品种很多，但同一产品的产量很小，各个工作地的加工对象经常改变，而且很少重复生产。

（2）大量生产　大量生产是指生产的产品数量很大，大多数工作地长期只进行某一工序的生产。

（3）成批生产　成批生产是指一年中分批轮流生产几种不同的产品，每种产品均有一定的数量，工作地的生产对象周期性地重复。每次投入或产出的同一产品（或零件）的数量称为批量。按照批量的大小，成批生产可分为小批、中批和大批生产三种。小批生产的工艺特点接近单件生产，常将两者合称为单件小批生产；大批生产的工艺特点接近大量生产，常合称为大批大量生产。

生产类型的划分，可根据生产纲领和产品的特点及零件的重量或工作地每月担负的工序数，参考表 5-3 确定。同一企业或车间可能同时存在几种生产类型，判断企业或车间的生产类型，应根据企业或车间中占主导地位的产品的生产类型。

表 5-3　生产类型与生产纲领的关系

生产类型		生产纲领/（台/年）或（件/年）			工作地每月担负的工序数（工序数/月）
		重型机械或重型零件（>100kg）	中型机械或中型零件（10~100kg）	小型机械或轻型零件（<10kg）	
单件生产		5	10	100	不做规定
成批生产	小批	5~100	10~200	100~500	>20~40
	中批	100~300	200~500	500~5000	>10~20
	大批	300~1000	500~5000	5000~50000	>1~10
大量生产		>1000	>5000	>50000	>1

不同的生产类型具有不同的工艺特点（见表 5-4），在制订工艺规程时，应首先确定生产类型，根据不同生产类型的工艺特点，制订出合理的工艺规程。

表 5-4 各种生产类型的主要工艺特点

特　　点	单件生产	成批生产	大量生产
工件的互换性	一般是配对制造，缺乏互换性，广泛用钳工修配	大部分有互换性，少数用钳工修配	全部有互换性。某些精度较高的配合件用分组选择法装配
毛坯的制造方法及加工余量	铸件用木模手工造型；锻件用自由锻。毛坯精度低，加工余量大	部分铸件用金属模；部分锻件用模锻。毛坯精度中等；加工余量中等	铸件广泛采用金属模机器造型，锻件广泛采用模锻，以及其他高生产率的毛坯制造方法。毛坯精度高，加工余量小
机床设备	采用通用机床。按机床种类及大小采用"机群式"排列	部分通用机床和部分高生产率机床。按加工零件类别分工段排列	广泛采用高生产率的专用机床及自动机床。按流水线形式排列
夹具	多用标准附件，极少采用专用夹具，靠划线及试切法达到精度要求	广泛采用专用夹具，部分靠划线法达到精度要求	广泛采用高生产率夹具及调整法达到精度要求
刀具与量具	采用通用刀具和万能量具	较多采用专用刀具及专用量具	广泛采用高生产率刀具和量具
对工人的要求	需要技术熟练的工人	需要一定熟练程度的工人	对操作工人的技术要求较低，对调整工人的技术要求较高
工艺规程	有简单的工艺路线卡	有工艺规程，对关键零件有详细的工艺规程	有详细的工艺规程
生产率	低	中	高
成本	高	中	低
发展趋势	箱体类复杂零件采用加工中心加工	采用成组技术，数控机床或柔性制造系统等进行加工	在计算机控制的自动化制造系统中加工，并可能实现在线故障诊断、自动报警和加工误差自动补偿

四、工艺规程

工艺规程是规定产品或零部件制造工艺过程和操作方法等的工艺文件。正确的工艺规程是在总结长期的生产实践和科学实验的基础上，依据科学理论和必要的工艺试验并考虑具体的生产条件而制订的。

工艺文件是一些不同格式的卡片，填写完毕并经审批后，就可以在生产中指导工人操作，并用于生产、工艺管理等。

1. 工艺文件的类型与格式

工艺规程的类型有以下三种：

（1）专用工艺规程　它是针对每一种产品和零件所设计的工艺规程。

（2）通用工艺规程　它包括以下两种：

1）典型工艺规程，它是为一组结构相似的零件所设计的通用工艺规程。

2）成组工艺规程，它是按成组技术原理将零件分类成组后，针对每一组零件所设计的通用工艺规程。

（3）标准工艺规程　它是已纳入标准的工艺规程。

一般机械加工工艺规程的工艺文件有七种：

① 机械加工工艺过程卡片。

② 机械加工工序卡片。

③ 标准零件或典型零件工艺过程卡片。

④ 单轴自动车床调整卡片。

⑤ 多轴自动车床调整卡片。

⑥ 机械加工工序操作指导卡片。

⑦ 检验卡片。

最常用的机械加工工艺过程卡片和机械加工工序卡片的格式见表5-5、表5-6。有些工厂使用的上述卡片格式虽与此不完全相同，但基本上是类似的。

表5-5所示的机械加工工艺过程卡片是以工序为单位简要说明零件机械加工过程的一种工艺文件，主要用于单件小批生产和中批生产，大批大量生产可酌情自定。该卡片是生产管理方面的工艺文件。

表5-6所示的机械加工工序卡片是在工艺过程卡片的基础上，进一步按每道工序所编制的一种工艺文件，其主要内容包括工序简图、该工序中每个工步的加工内容、工艺参数、操作要求以及所用的设备和工艺装备等。工序卡片主要用于大批大量生产中所有的零件，中批生产中复杂产品的关键零件以及单件小批生产中的关键工序。

实际生产中并不需要各种工艺文件都必须齐全，允许结合具体情况做适当增减。未规定的其他工艺文件格式，可根据需要自定。

2. 工序简图

工艺文件中的工序简图可以清楚直观地表达出本工序的有关内容，其绘制方法如下：

1）可按大概的比例缩小（或放大），并尽可能用较少的视图绘出，视图中与本工序无关的次要结构和线条可略去不画。

表 5-5　机械加工工艺过程卡片格式

机械加工工艺过程卡片		产品型号		零(部)件图号		共( )页	第( )页
		产品名称		零(部)件名称			
材料牌号		毛坯种类		毛坯外形尺寸		每种毛坯可制件数	每台件数	备注

工序号	工序名称	工序内容	车间	工段	设备	工艺装备	工时 准终	工时 单件

		设计(日期)	审核(日期)	标准化(日期)	会签(日期)

标记	处数	更改文件号	签字	日期	标记	处数	更改文件号	签字	日期

描图　描校　底图号　装订号

表5-6　机械加工工序卡片格式

机 械 加 工 工 序 卡 片		产品型号		零(部)件图号			第( )页
		产品名称		零(部)件名称		共( )页	

	车间	工序号	工序名称	材料牌号
（工序简图）	毛坯种类	毛坯外形尺寸	每种毛坯可制件数	每台件数
	设备名称	设备型号	设备编号	同时加工件数
	夹具编号	夹具名称		切削液
	工位器具编号	工位器具名称		工序工时
				准终　　单件

工步号	工步内容	工艺装备	主轴转速 r/min	切削速度 m/min	进给量 mm/r	背吃刀量 mm	进给次数	工步工时
								机动　辅助

				设计(日期)	审核(日期)	标准化(日期)	会签(日期)
描图							
描校							
底图号							
装订号							
标记	处数	更改文件号	签字	日期	标记	处数	更改文件号	签字	日期

2）主视图方向尽量与工件在机床上的装夹方向一致。

3）本工序加工表面用粗实线或红色粗实线表示，其他表面用细实线表示。

4）图中应标注本工序加工后应达到的尺寸（即工序尺寸）及其上下极限偏差、加工表面粗糙度、几何公差等，有时也用括号注出工件外形尺寸做参考用。

5）工件的结构、尺寸要与本工序加工后的情况相符，不要将后面工序中才能形成的结构形状在本工序的工序简图中反映出来。

6）工序简图中应使用表 5-7 所示符号表示出工件的定位及夹紧情况，表 5-8 是定位、夹紧符号标注示例。

工序简图示例可见第六章和第七章。

表 5-7　定位及夹紧符号

标注位置 分类		独　立		联　动	
		标注在视图 轮廓线上	标注在视图 正面上	标注在视图 轮廓线上	标注在视图 正面上
主要定位支承	固定式				
	活动式				
辅助（定位）支承				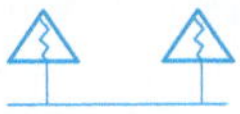	
手动夹紧				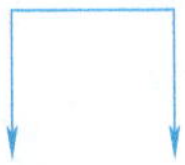	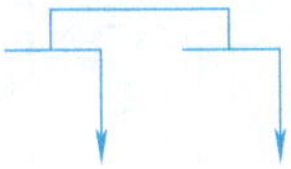
液压夹紧		 Y	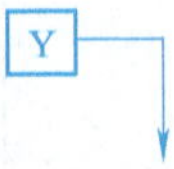 Y	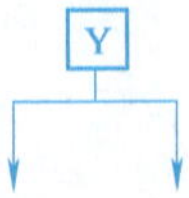 Y	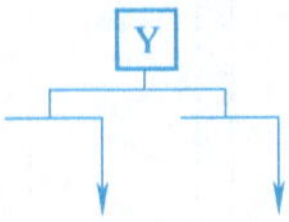 Y
气动夹紧		 Q	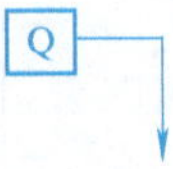 Q	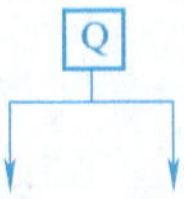 Q	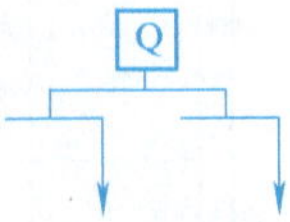 Q
电磁夹紧		 D	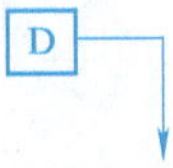 D	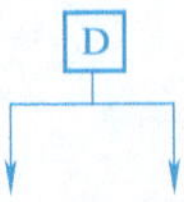 D	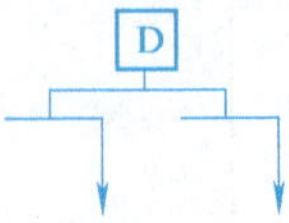 D

表 5-8 定位及夹紧符号标注示例

序号	说明	定位、夹紧符号标注示意图	装置、符号标注示意图
1	软爪定位夹紧（薄壁零件）		
2	用床头伞形顶尖和床尾伞形顶尖定位，拨杆夹紧（筒类零件）		
3	床头中心堵、床尾中心堵定位，拨杆夹紧（筒类零件）		
4	角铁及可调支承定位、联动夹紧		

五、获得加工精度的方法

零件加工后的实际几何参数与理想几何参数的符合程度称为加工精度，其偏离程度称为加工误差。加工精度与加工误差是评定零件加工后的几何参数准确程度的两种不同提法，两者之间并无本质区别，因此加工精度的高低也可用加工误差的大小来表示。加工精度越高，加工误差越小；反之，加工误差越大，则加工精度越低。

加工精度包括尺寸精度和几何精度，其中，几何精度包括形状、位置、方向、跳动精度。

1. 获得尺寸精度的方法

（1）试切法 通过试切—测量—调整—再试切，反复进行直到被加工尺寸（工序尺寸）达到要求精度为止的加工方法称为试切法。试切法的生产率低，加工精度主要取决于工人的技术水平，常用于单件小批生产。

（2）调整法 在机床上先调整好刀具和工件在工序尺寸方向上的相对位置，并在一批工件的加工过程中保持这个位置不变，以保证工件工序尺寸精度的方法称为调整法。调整法生产率高，加工精度较稳定，常用于中批以上的生产。

（3）定尺寸刀具法 用刀具的相应尺寸来保证工件被加工部位工序尺寸的方法称为定尺寸刀具法，如钻孔、铰孔、拉孔等。这种方法生产率较高，操作简便，加工精度较稳定。

（4）主动测量法 在加工过程中，利用自动测量装置边加工边测量加工尺寸，并将测量结果与要保证的工序尺寸比较后，或使机床继续工作，或使机床停止工作，就是主动测量法。主动测量所得的测量结果可用数字在显示器上显示出来。该方法生产率高，加工精度稳定，是目前机械加工的发展方向之一。

（5）自动控制法 在加工过程中，利用测量装置或数控装置等自动控制加工过程的加工方法称为自动控制法。该方法生产率高，加工质量稳定，加工柔性好，能适应多品种中小批量生产，是计算机辅助制造（CAM）的重要基础，也是目前机械加工的发展方向之一。

2. 获得形状精度的方法

（1）刀尖轨迹法 依靠刀具相对于工件的运动轨迹来获得形状精度的方法称为刀尖轨迹法。刀尖的运动轨迹取决于刀具和工件的相对成形运动，因而所获得的形状精度取决于成形运动的精度，如车外圆、铣平面、刨平面等。

（2）成形法 利用成形刀具对工件进行加工的方法称为成形法。

（3）仿形法 通过仿形装置做进给运动对工件进行加工的方法称为仿形法，例如在液压仿形车床上加工阶梯轴等。随着数控加工的广泛应用，仿形法的应用日益减少。

（4）展成法 利用工件和刀具做展成切削运动进行加工的方法称为展成法，滚齿和插齿加工就是典型的展成法加工。

3. 获得位置、方向和跳动精度的方法（工件的定位方法）

零件位置、方向和跳动精度的获得主要取决于工件的定位（工件定位方法详见第四章）。工件在一次装夹下加工多个表面时，这些表面之间的位置、方向和跳动精度一般较高，主要取决于机床的精度。利用组合刀具或一把刀具上的几个切削刃，同时加工工件上的几个表面，则这些表面之间的位置、方向和跳动精度一般也较高，主要取决于刀具的精度。

第二节 零件的工艺分析

对零件进行工艺分析，发现问题后及时提出修改意见，是制订工艺规程时的一项重要基础工作。对零件进行工艺分析，主要包括以下两方面：

一、零件的技术要求分析

零件的技术要求分析包括以下几方面：

1）加工表面的尺寸精度和形状精度。

2）各加工表面之间以及加工表面与不加工表面之间的位置精度。

3）加工表面粗糙度以及表面质量方面的其他要求。

4）热处理及其他要求（如动平衡、未注圆角、去毛刺、毛坯要求等）。

二、零件的结构工艺性分析

零件的结构工艺性是指所设计的零件在能满足使用要求的前提下制造的可行性和经济性。它包括零件的整个工艺过程的工艺性，如铸造、锻造、冲压、焊接、热处理、切削加工等的工艺性，涉及面很广，具有综合性。而且在不同的生产类型和生产条件下，同一零件制造的可行性和经济性可能不同。所以，在对零件进行工艺性分析时，必须根据具体的生产类型和生产条件，全面、具体、综合地分析。在制订机械加工工艺规程时，主要进行零件的切削加工工艺性分析，它主要涉及以下几点：

1）工件应便于在机床或夹具上装夹，并尽量减少装夹次数。

2）刀具易于接近加工部位，便于进刀、退刀、越程和测量，以及便于观察切削情况等。

3）尽量减少刀具调整和走刀次数。

4）尽量减少加工面积及空行程，提高生产率。

5）便于采用标准刀具，尽可能减少刀具种类。

6）尽量减少工件和刀具的受力变形。

7）改善加工条件，便于加工，必要时应便于采用多刀、多件加工。

8）有适宜的定位基准，且定位基准至加工面的标注尺寸应便于测量。

表5-9是一些常见的零件切削加工的结构工艺性示例。

表 5-9 零件切削加工的结构工艺性示例

主要要求	结构工艺性		工艺性好的零件结构所具有的优点
	不好	好	
1. 加工面积应尽量小			1. 减少加工量 2. 减少材料及切削工具的消耗量
2. 钻孔的入端和出端应避免斜面			1. 避免刀具损坏 2. 提高钻孔精度 3. 提高生产率
3. 避免斜孔			1. 简化夹具结构 2. 几个平行的孔便于同时加工 3. 减少孔的加工量

（续）

主要要求	结构工艺性		工艺性好的零件结构所具有的优点
	不好	好	
4. 孔的位置不能距壁太近	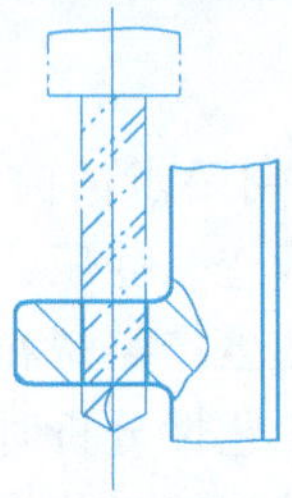	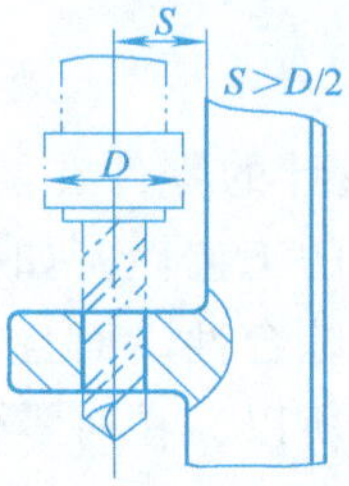	1. 可采用标准刀具和辅具 2. 提高加工精度

第三节　毛坯的选择

根据零件所要求的形状、尺寸等而制成的供进一步加工用的生产对象称为毛坯。制订工艺规程时，合理选择毛坯不仅影响毛坯本身的制造工艺和费用，而且影响后续机械加工工艺、生产率和经济性。因此，选择毛坯时应从毛坯制造和机械加工两方面综合考虑，以求得到最佳效果。毛坯的选择主要包括以下几方面的内容。

一、毛坯种类的选择

毛坯种类很多，同一种毛坯又有许多不同的制造方法，常用毛坯主要有以下几种：

1. 轧制件

主要包括各种热轧和冷拉圆钢、方钢、六角钢、八角钢等型材。热轧毛坯精度较低，冷拉毛坯精度较高。

2. 铸件

铸件适用于结构形状较复杂的毛坯，其制造方法主要有砂型铸造、金属型铸造、压力铸造、熔模铸造、离心铸造等，较常用的是砂型铸造。当毛坯精度要求低、生产批量较小时，采用木模手工造型法；当毛坯精度要求高、生产批量很大时，采用金属型机器造型法。铸件材料主要有铸铁、铸钢及铜、铝等有色金属。

3. 锻件

锻件适用于强度要求高、结构形状较简单的毛坯，其锻造方法有自由锻和模锻两种。自由锻毛坯精度低、加工余量大、生产率低，适用于单件小批量生产以及大型零件毛坯。模锻毛坯精度高、加工余量小、生产率高，适用于中批以上生产的中小型零件毛坯。常用的锻造材料为中、低碳非合金钢及低碳合金钢。

4. 焊接件

焊接件是由型材或板料等焊接而成的，简单方便，生产周期短，但常需经过时效处理消除应力后才能进行机械加工。常用的材料为低碳非合金钢及低碳合金钢。

5. 其他毛坯

如冲压件、粉末冶金和塑料压制件等。

二、毛坯形状与尺寸的确定

毛坯尺寸和零件图上相应的设计尺寸之差称为加工总余量，又叫毛坯余量，毛坯尺寸的公差称为毛坯公差。毛坯余量和毛坯公差的大小同毛坯的制造方法有关，生产中可参考有关工艺手册和标准确定。

毛坯余量确定后，将毛坯余量附加在零件相应的加工表面上，即可大致确定毛坯的形状与尺寸。此外，在毛坯制造、机械加工及热处理时，还有许多工艺因素会影响到毛坯的形状与尺寸。下面仅从机械加工工艺的角度分析确定毛坯形状和尺寸时应注意的问题。

1) 为了工件加工时装夹方便，有些毛坯需要铸出工艺凸台，图 5-5 所示的车床小刀架，当以 C 面定位加工 A 面时，毛坯上增设的凸台 B 就是工艺凸台。这里的工艺凸台 B 也是一个典型的辅助基准，由于是为了满足工艺上的需要而附加上去的，所以也常称为附加基准。工艺凸台在工件加工后一般可以保留，当影响到外观和使用性时才予以切除。

2) 为了保证加工质量，同时也为了加工方便，通常将轴承瓦块、砂轮平衡块及车床中的开合螺母外壳（见图 5-6）之类分离零件的毛坯先做成一个整体毛坯，加工到一定阶段后再切割分离。

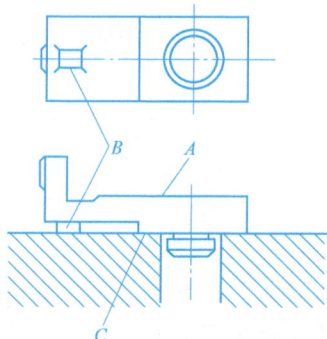

图 5-5　具有工艺凸台的刀架毛坯　　　图 5-6　车床开合螺母外壳简图

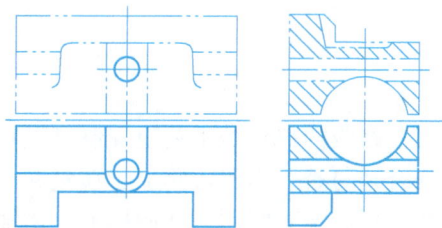

3) 为了提高机械加工生产率，对于许多短小的轴套、键、垫圈和螺母等零件，在选择棒料、钢管及六角钢等为毛坯时，可以将若干个零件的毛坯合制成一件较长的毛坯，待加工到一定阶段后再切割成单个零件。显然，在确定毛坯的长度时，应考虑切断刀的宽度和切割的零件数，如图 5-7 所示。

三、选择毛坯时应考虑的因素

选择毛坯时应全面考虑下列因素：

1. 零件的材料及力学性能要求

某些材料由于其工艺特性决定了其毛坯的制造方法，例如，铸铁和有些金属只能铸造，对于重要的钢质零件，为获得良好的力学性能，应选用锻件毛坯。

2. 零件的结构形状与尺寸

毛坯的形状与尺寸应尽量与零件的形状和尺寸接近。形状复杂和大型零件的毛坯多用铸造；薄壁零件不宜用砂型铸造；板状钢质零件多用锻造；轴类零件毛坯，如各台阶直径相差

不大，可选用棒料；如各台阶直径相差较大，
宜用锻件。对于锻件，尺寸大时可选用自由锻，
尺寸小且批量较大时可选用模锻。

3. 生产纲领的大小

大批大量生产时，应选用精度和生产率较
高的毛坯制造方法，如模锻、金属型机器造型
铸造等。虽然一次投资较大，但生产量大，分
摊到每个毛坯上的成本并不高，且此种毛坯制
造方法的生产率较高，节省材料，还可大大减
少机械加工量，降低产品的总成本。单件小批
生产时则应选用木模手工造型铸造或自由锻造。

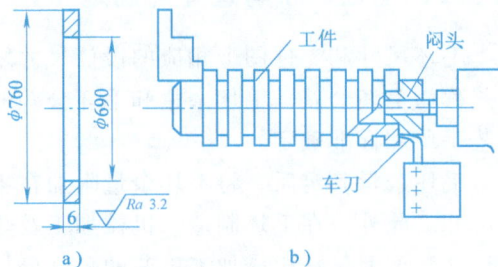

图 5-7   薄环的整体毛坯及加工
a）薄环零件   b）整体毛坯加工

4. 现有生产条件

选择毛坯时，要充分考虑现有的生产条件，如毛坯制造的实际水平和能力、外协的可能
性等，有条件时应积极组织地区专业化生产，统一供应毛坯。

5. 充分考虑利用新技术、新工艺、新材料的可能性

为节约材料和能源，随着毛坯专业化生产的发展，精铸、精锻、冷轧、冷挤压等毛坯制
造方法的应用将日益广泛，为实现少切屑、无切屑加工打下良好基础，这样，可以大大减少
切削加工量甚至不需要切削加工，大大提高经济效益。

第四节   工艺路线的拟订

工艺路线的拟订是工艺规程制订过程中的关键阶段，是工艺过程的总体设计。拟订的工
艺路线合理与否，不但影响加工质量和生产率，而且影响到工人、设备、工艺装备及生产场
地等的合理调配及利用，从而影响生产成本。因此，工艺路线的拟订应在仔细分析零件图、
合理确定毛坯的基础上，结合具体的生产类型和生产条件，并依据下面所述的一般性原则来
进行，其主要工作包括各加工表面加工方法与加工方案的选择、工序集中与分散程度的确
定、工序顺序的安排、定位与夹紧方案的确定等内容。一般应提出几种方案，通过分析对
比，选择拟订出最佳方案。

一、加工方法和加工方案的选择

工件上不同的加工表面，所采用的加工方法往往不同，而同一种加工表面，可能会有许
多种加工方法可供选择。一般加工精度要求较低的表面可能只需进行一次加工即可，而加工
精度要求较高的表面往往需要经过粗加工、半精加工、精加工，甚至光整加工才能逐步达到
最终要求，也就是说，对于精度要求较高的加工表面，仅仅选择最终加工方法是不够的，还
应正确地确定从毛坯表面到最终成形表面的加工路线——加工方案。

为了能正确地选择加工方法和加工方案，应了解生产中各种加工方法和加工方案的特点
及其经济加工精度和经济表面粗糙度。

所谓经济精度是指在正常加工条件下（采用符合质量标准的设备、工艺装备和标准技
术等级的工人，不延长加工时间）所能保证的加工精度。若延长加工时间，就会增加成本，

虽然精度能提高，但不经济。经济表面粗糙度的概念类同于经济精度的概念。各种加工方法和加工方案及其所能达到的经济精度和经济表面粗糙度均已制成表格，在有关机械加工的手册中都能查到。表 5-10、表 5-11、表 5-12 和表 5-13 分别摘录了外圆、平面、孔和轴线平行的孔（保证孔的位置精度）的加工方法、加工方案及其经济精度和经济表面粗糙度，供选用时参考。

表 5-10　外圆柱表面加工方案

序号	加工方法	经济精度 （用尺寸公差等级表示）	经济表面粗糙度 $Ra/\mu m$	适用范围
1	粗车	IT11~IT13	12.5~50	适用于淬火钢以外的各种金属
2	粗车—半精车	IT8~IT10	3.2~6.3	
3	粗车—半精车—精车	IT7~IT8	0.8~1.6	
4	粗车—半精车—精车—滚压（或抛光）	IT7~IT8	0.025~0.2	
5	粗车—半精车—磨削	IT7~IT8	0.4~0.8	主要用于淬火钢，也可用于未淬火钢，但不宜加工有色金属
6	粗车—半精车—粗磨—精磨	IT6~IT7	0.1~0.4	
7	粗车—半精车—粗磨—精磨—超精加工（或轮式超精磨）	IT5	0.012~0.1 （或 $Rz0.1$）	
8	粗车—半精车—精车—精细车（金刚车）	IT6~IT7	0.025~0.4	主要用于要求较高的有色金属加工
9	粗车—半精车—粗磨—精磨—超精磨（或镜面磨）	IT5 以上	0.006~0.025 （或 $Rz0.05$）	极高精度的外圆加工
10	粗车—半精车—粗磨—精磨—研磨	IT5 以上	0.006~0.1 （或 $Rz0.05$）	

表 5-11　平面加工方案

序号	加工方法	经济精度 （用尺寸公差等级表示）	经济表面粗糙度 $Ra/\mu m$	适用范围
1	粗车	IT11~IT13	12.5~50	端面
2	粗车—半精车	IT8~IT10	3.2~6.3	
3	粗车—半精车—精车	IT7~IT8	0.8~1.6	
4	粗车—半精车—磨削	IT6~IT8	0.2~0.8	
5	粗刨（或粗铣）	IT11~IT13	6.3~25	一般不淬硬平面（端铣表面粗糙度 Ra 值较小）
6	粗刨（或粗铣）—精刨（或精铣）	IT8~IT10	1.6~6.3	
7	粗刨（或粗铣）—精刨（或精铣）—刮研	IT6~IT7	0.1~0.8	精度要求较高的不淬硬平面，批量较大时宜采用宽刃精刨方案
8	以宽刃精刨代替上述刮研	IT7	0.2~0.8	
9	粗刨（或粗铣）—精刨（或精铣）—磨削	IT7	0.2~0.8	精度要求高的淬硬平面或不淬硬平面
10	粗刨（或粗铣）—精刨（或精铣）—粗磨—精磨	IT6~IT7	0.025~0.4	
11	粗铣—拉	IT7~IT9	0.2~0.8	大量生产，较小的平面（精度视拉刀精度而定）
12	粗铣—精铣—磨削—刮研	IT5 以上	0.006~0.1 （或 $Rz0.05$）	高精度平面

表 5-12　孔加工方案

序号	加工方案	经济精度 (用尺寸公差 等级表示)	经济表面粗糙度 $Ra/\mu m$	适用范围
1	钻	IT11~IT13	12.5	加工未淬火钢及铸铁的实心毛坯,也可用于加工有色金属。孔径小于15~20mm
2	钻—扩	IT9~IT10	1.6~6.3	
3	钻—粗铰—精铰	IT7~IT8	0.8~1.6	
4	钻—扩	IT10~IT11	6.3~12.5	加工未淬火钢及铸铁的实心毛坯,也可用于加工有色金属。孔径大于15~20mm
5	钻—扩—铰	IT8~IT9	1.6~3.2	
6	钻—扩—粗铰—精铰	IT7	0.8~1.6	
7	钻—扩—机铰—手铰	IT6~IT7	0.2~0.4	
8	钻—扩—拉	IT7~IT9	0.1~1.6	大批大量生产(精度由拉刀的精度而定)
9	粗镗(或扩孔)	IT11~IT13	6.3~12.5	除淬火钢外各种材料,毛坯有铸出孔或锻出孔
10	粗镗(粗扩)—半精镗(精扩)	IT9~IT10	1.6~3.2	
11	粗镗(粗扩)—半精镗(精扩)—精镗(铰)	IT7~IT8	0.8~1.6	
12	粗镗(粗扩)—半精镗(精扩)—精镗—浮动镗刀精镗	IT6~IT7	0.4~0.8	
13	粗镗(扩)—半精镗—磨孔	IT7~IT8	0.2~0.8	主要用于淬火钢,也可用于未淬火钢,但不宜用于有色金属
14	粗镗(扩)—半精镗—粗磨—精磨	IT6~IT7	0.1~0.2	
15	粗镗—半精镗—精镗—精细镗(金刚镗)	IT6~IT7	0.05~0.4	主要用于精度要求较高的有色金属加工
16	钻—(扩)—粗铰—精铰—珩磨;钻—(扩)—拉—珩磨;粗镗—半精镗—精镗—珩磨	IT6~IT7	0.025~0.2	精度要求很高的孔
17	以研磨代替上述方法中的珩磨	IT5~IT6	0.006~0.1	

表 5-13　轴线平行的孔的位置精度（经济精度）　（单位：mm）

加工方法	工件的定位	两孔轴线间的距离误差或从孔轴线到平面的距离误差	加工方法	工件的定位	两孔轴线间的距离误差或从孔轴线到平面的距离误差
立钻或摇臂钻上钻孔	用钻模	0.1~0.2	卧式镗床上镗孔	用镗模	0.05~0.08
	按划线	1.0~3.0		按定位样板	0.08~0.2
立钻或摇臂钻上镗孔	用镗模	0.05~0.08		按定位器的指示读数	0.04~0.06
车床上镗孔	按划线	1.0~2.0		用量块	0.05~0.1
	用带有滑座的角尺	0.1~0.3		用内径规或用塞尺	0.05~0.25
坐标镗床上镗孔	用光学仪器	0.004~0.015		用程序控制的坐标装置	0.04~0.05
金刚镗床上镗孔		0.008~0.02		用游标尺	0.2~0.4
多轴组合机床上镗孔	用镗模	0.03~0.05		按划线	0.4~0.6

例如，加工除淬火钢以外的各种金属材料的外圆柱表面，当公差等级为 IT11~IT13、表面粗糙度值为 $Ra12.5~50\mu m$ 时，采用粗车的方法即可；当公差等级为 IT7~IT8、表面粗糙度值为 $Ra0.8~1.6\mu m$ 时，可采用粗车—半精车—精车的加工方案，这时如采用磨削加工方法，由于其成本较高，一般来说是不经济的。反之，在加工公差等级为 IT6 的外圆柱表面时，需在车削的基础上进行磨削，如不用磨削只采用车削，由于需仔细刃磨刀具、精细调整机床、采用较小的进给量等，加工时间较长，也不经济。因此，在选择各种加工表面的加工方法和加工方案时，只要现场的加工条件许可，均应选择与该加工表面的精度等级相适应的加工方法和加工方案，以保证在满足加工精度和表面粗糙度要求的同时，生产率较高、经济性较好。

必须指出，经济精度的数值不是一成不变的，随着科学技术的发展，工艺的改进和设备与工艺装备的更新，加工经济精度会逐步提高。

在选择加工表面的加工方法和加工方案时，应综合考虑下列因素：

1. 加工表面的技术要求

这些技术要求主要是零件图上所规定的要求，但有时由于工艺上的原因，会在某些方面提出一些更高的要求，如由于基准不重合而提高某些表面的加工要求，或由于某些不加工表面或精度要求较低的表面要在工艺过程中用作精基准而对其提出更高的加工要求等。当明确了各加工表面的技术要求后，即可按经济精度和经济表面粗糙度选择最合适的加工方法和加工方案。

2. 工件材料的性质

例如，淬火钢的精加工要采用磨削，有色金属的精加工为避免磨削时堵塞砂轮，则要用高速精细车或精细镗（金刚镗）。

3. 工件的形状和尺寸

例如，公差等级为 IT7 的孔可采用镗、铰、拉和磨的方法加工，但箱体上的孔一般不宜采用拉或磨，而常常采用镗孔（大孔时）或铰孔（小孔时）。

4. 生产类型

所选择的加工方法要与生产类型相适应。大批大量生产应选用生产率高和质量稳定的加工方法。例如，平面和孔可采用拉削加工，单件小批生产则采用刨削、铣削平面和钻、扩、铰或镗孔。又如，为保证质量可靠和稳定，保证高成品率，在大批大量生产中采用珩磨和超精磨加工精密零件，也常常降级使用一些高精度的加工方法加工一些精度要求并不太高的表面。大批大量生产常选用精密毛坯，往往可直接进入磨削加工阶段。

5. 具体生产条件

应充分利用现有设备和工艺手段，发挥创造性，挖掘企业潜力，重视新技术、新工艺的应用与推广，不断提高工艺水平。有时因现有设备的负荷等原因，不便及时利用，也可改用其他加工方法。

6. 特殊要求

选择加工方法时考虑加工表面的特殊要求，例如用不同方法加工的表面纹路方向有所不同，如铰削和镗削的纹路方向和拉削的纹路方向就不同。

二、加工顺序的安排

零件表面的加工方法和加工方案确定之后，就要安排加工顺序，即确定哪些表面先加工，哪些表面后加工，同时还要确定热处理、检验等工序在工艺过程中的位置。零件加工顺序安排是否合适，对加工质量、生产率和经济性都有较大影响。

（一）加工阶段的划分

当零件的加工质量要求比较高时，往往不可能在一道工序中完成全部加工工作，而必须分几个阶段来进行加工。

1. 加工阶段

整个工艺过程一般需划分为如下几个阶段：

（1）粗加工阶段　这一阶段的主要任务是切去大部分余量，关键问题是提高生产率。

（2）半精加工阶段　这一阶段的主要任务是为零件主要表面的精加工做好准备（达到一定的精度和表面粗糙度，保证合适的精加工余量），并完成一些次要表面的加工（如钻孔、攻螺纹、铣键槽等）。

（3）精加工阶段　这一阶段的主要任务是保证零件主要加工表面的尺寸精度、几何精度及表面粗糙度要求。这是关键的加工阶段，大多数零件的加工经过这一加工阶段后就已完成。

（4）光整加工阶段　对于零件尺寸精度和表面粗糙度要求很高（IT5、IT6 级以上，$Ra \leqslant 0.20 \mu m$）的表面，还要安排光整加工阶段。这一阶段的主要任务是提高尺寸精度和减小表面粗糙度值，一般不用来纠正位置误差。位置精度由前面工序保证。

有时，由于毛坯余量特别大，表面特别粗糙，在粗加工前还需要有去黑皮的加工阶段，称为荒加工阶段。为了及时地发现毛坯的缺陷，减少运输工作量，通常把荒加工阶段放在毛坯车间进行。

2. 划分加工阶段的原因

（1）利于保证加工质量　工件粗加工时切除金属较多，产生较大的切削力和切削热，同时也需要较大的夹紧力。在这些力和热的作用下，工件会发生较大的变形，并产生较大的内应力。如果不分阶段连续地进行粗精加工，就无法避免上述原因引起的加工误差。加工过程分阶段后，粗加工造成的加工误差，通过半精加工和精加工即可得到纠正，并逐步提高零件的加工精度和减小表面粗糙度值。此外各加工阶段之间的时间间隔相当于自然时效，有利于使工件消除残余应力和充分变形，以便在后续加工阶段中得到修正。

（2）合理使用设备　加工过程分阶段后，粗加工可采用功率大、刚度好和精度较低的机床进行加工以提高生产率，精加工则可采用高精度机床进行加工以确保零件的精度要求，这样既充分发挥了设备的各自特点，也做到了设备的合理使用。

（3）便于安排热处理　粗加工阶段前后，一般要安排去应力等预先热处理工序，精加工前要安排淬火等最终热处理，其变形可以通过精加工予以消除。

（4）便于及时发现毛坯缺陷，以及避免损伤已加工表面　毛坯经粗加工阶段后，缺陷已暴露，可以及时发现和处理。同时把精加工工序安排在最后，可以避免已加工好的表面在搬运和夹紧中受到损伤。

零件加工阶段的划分也不是绝对的，当加工质量要求不高、工件刚度足够、毛坯质量高或加工余量小时，可以不划分加工阶段，直接进行半精或精加工，如在自动机上加工的零件。有些重型零件，由于装夹、运输费时又困难，也常在一次装夹中完成全部的粗加工和精加工。这时可通过粗加工后松夹，间隔一定时间，然后再以较小的夹紧力夹紧后进行精加工，以消除粗精加工不分的一些弊端。

工艺过程划分阶段是对于零件加工的整个过程而言，不能以某一表面的加工和某一工序的加工来判断。例如，有些定位基准面，在半精加工阶段甚至在粗加工阶段就需加工得很准确，而某些钻小孔的粗加工工序，又常常安排在精加工阶段。

（二）工序集中与工序分散

工序集中与工序分散是拟订工艺路线时，确定工序数目或工序内容多少的两种不同原则，它与设备类型的选择及生产类型有密切的关系。

1. 工序集中和工序分散的概念

工序集中就是将工件的加工集中在少数几道工序内完成，每道工序的加工内容较多。工序集中可采用技术上的措施集中，称为机械集中，如采用多刃、多刀和多轴机床、自动机床加工等，也可采用人为的组织措施集中，称为组织集中，如在卧式车床上的顺序加工。

工序分散就是将工件的加工分散在较多的工序中进行，每道工序的加工内容很少，最少时每道工序仅有一个简单的工步。

2. 工序集中和工序分散的特点

（1）工序集中的特点　相对于机械集中而言，工序集中有以下特点：

1）采用高效专用设备及工艺装备，生产率高。

2）工件装夹次数减少，易于保证表面间位置精度，还能减少工序间运输量，缩短生产周期。

3）工序数目少，可减少机床数量、操作工人数和生产面积，还可简化生产计划和生产组织工作（本特点也适用于组织集中）。

4）因采用结构复杂的专用设备及工艺装备，故投资大，调整和维修复杂，生产准备工作量大，转换新产品比较费时。

（2）工序分散的特点

1）设备及工艺装备比较简单，调整和维修方便，工人容易掌握，生产准备工作量小，又易于平衡工序时间，易适应产品更换。

2）可采用最合理的切削用量，减少机动时间。

3）设备数量多，操作工人多，占用生产面积也大。

3. 工序集中与工序分散的选用

工序集中与工序分散各有利弊，应根据生产类型、现有生产条件、工件结构特点和技术要求等进行综合分析后选用。

一般来说，大批大量生产适于采用较复杂的机械集中原则，如多刀、多轴机床、各种高效组合机床和自动机加工；对于一些结构较简单的产品，如轴承生产，也可采用分散的原则。成批生产应尽可能采用效率较高的机床，如转塔车床，多刀半自动车床等，使工序适当集中。单件小批生产采用组织集中，以便简化生产组织工作。

产品品种较多又经常变换时，适于采用工序分散的原则。由于数控机床和柔性制造系统的发展，也可采用工序集中的原则。

对于重型零件，为了减少工件装夹次数和运输的劳动量，工序应适当集中；对于刚性差且精度高的精密零件，则工序应适当分散。

目前的发展趋向于工序集中。

（三）加工顺序的确定

复杂零件的机械加工工艺路线要经过一系列切削加工、热处理和辅助工序。因此，在拟订工艺路线时，工艺人员要全面地把切削加工、热处理和辅助工序三者一起加以综合考虑。

1. 切削加工工序的安排

（1）先基面后其他　选为精基准的表面，应安排在起始工序先进行加工，以便尽快为后续工序的加工提供精基准。

（2）划分加工阶段　对于加工质量要求较高的零件，应按粗、精加工分阶段原则安排加工顺序，即先安排各表面的粗加工，中间安排半精加工，最后安排主要表面的精加工和光整加工。

（3）先主后次　即先安排主要表面的加工，次要表面加工可适当穿插在主要表面加工工序之间。所谓主要表面是指整个零件上加工精度要求高、表面粗糙度值小的装配表面、工作表面，它们是整个工件加工中的关键所在。否则即为次要表面，如工件上的键槽、螺纹孔等。次要表面一般加工量较少，加工比较方便。若把次要表面的加工穿插在各加工阶段之间进行，就能使加工阶段更加明显，又增加了阶段间的间隔时间，便于使工件有足够的时间让残余应力重新分布、充分变形，以便在后续工序中予以纠正。

（4）先面后孔　对于箱体、支架类零件，应先加工平面，去掉孔端毛坯表面，以方便孔加工时刀具的切入、测量和调整。平面的轮廓尺寸大，也易于先加工出来用作定位基准。

（5）考虑车间设备布置情况　当设备呈机群式布置（即把相同类型机床布置在同一区域）时，应尽量把相同工种的工序安排在一起，避免工件在车间内往返流动。

2. 热处理工序的安排

为了消除内应力、改善切削性能而进行的预先热处理工序，如时效、正火、退火等，应安排在粗加工之前。对于精度要求较高的零件有时在粗加工之后，甚至在半精加工之后还要安排一次时效处理。

为了提高零件的综合力学性能而进行的热处理，如调质，应安排在粗加工之后进行，对于一些性能要求不高的零件，调质也常作为最终热处理。

为了得到所要求的表面硬度，要进行渗碳、淬火等工序，一般应安排在半精加工之后，精加工之前。对于整体淬火的零件，则应在淬火之前，将所有用金属切削刀具加工的表面都加工完，经过淬火后，一般只能进行磨削加工。

为了提高零件硬度、耐磨性、疲劳强度和抗蚀性进行的渗氮处理，由于渗氮层较薄，应尽量靠后安排，一般安排在精加工或光整加工之前。

3. 辅助工序的安排

辅助工序包括工件的检验、去毛刺、清洗和涂防锈油等，其中检验工序是主要的辅助工序，它对保证产品质量有极其重要的作用。辅助工序一般应安排在：

1) 粗加工全部结束后，精加工之前。

2) 零件从一个车间转向另一个车间前后。

3) 重要工序加工前后。

4) 零件全部加工结束之后。

加工顺序的安排是一个比较复杂的问题，影响的因素也比较多，应灵活掌握以上原则，注意积累生产实践经验。

第五节　加工余量的确定

工艺路线拟订之后，就要对每道工序进行详细设计，其中包括正确地确定每道工序应保证的工序尺寸，而工序尺寸的确定与工序的加工余量有着密切的关系，本节主要讨论有关加工余量的一些问题。

一、加工余量的基本概念

加工余量是指加工过程中从加工表面切去的材料层厚度，加工余量主要分为工序余量和加工总余量两种。

1. 工序余量

工序余量是相邻两工序的工序尺寸之差，即在一道工序中从某一加工表面切除的材料层厚度。

对于非对称的加工表面（见图 5-8 中的平面），加工余量是单边余量。其中对于外表面（被包容表面）（见图 5-8a）

$$Z_b = a - b$$

而对于内表面（包容表面）（见图 5-8b），

$$Z_b = b - a$$

式中　Z_b——本工序的工序余量；

　　　a——前道工序的工序尺寸；

　　　b——本工序的工序尺寸。

对于内孔、外圆等回转表面，其加工余量是双边余量，即相邻两工序的直径差。其中对

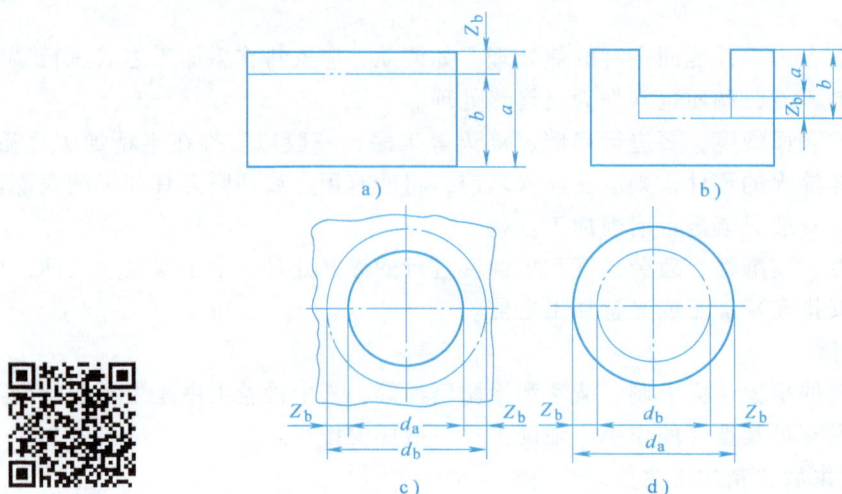

图 5-8 加工余量

于内孔（见图 5-8c），

$$2Z_b = d_b - d_a$$

而对于外圆（见图 5-8d），

$$2Z_b = d_a - d_b$$

式中　$2Z_b$——直径上的加工余量；

　　　d_a——前道工序加工直径；

　　　d_b——本工序加工直径。

当加工某个表面的一道工序包括几个工步时，相邻两工步尺寸之差就是工步余量，即在一个工步中从某一加工表面切除的材料层厚度。

2. 加工总余量

加工总余量的概念在前面已有叙述，加工总余量等于各工序余量之和，即

$$Z_\Sigma = \sum_{i=1}^{n} Z_i$$

式中　Z_Σ——加工总余量；

　　　Z_i——第 i 道工序的工序余量；

　　　n——加工该表面总共的工序数。

3. 最大余量、最小余量和余量公差

由于毛坯制造和各工序加工后的工序尺寸都不可避免地存在误差，所以无论加工总余量还是工序余量都不是一个固定值，有最大余量、最小余量之分，余量的变动范围称为余量公差。

如图 5-9 所示，对于被包容面来说，基本余量是前道工序和本工序基本尺寸之差，最小余量是前道工序最小工序尺寸和本工序最大工序尺寸之差，最大余量是前道工序最大工序尺寸和本工序最小工序尺寸之差，对于包容面来说则相反。余量公差即加工余量的变动范围（最大加工余量与最小加工余量的差值），等于前道工序与本工序两工序尺寸公差之和。

工序尺寸的公差带，一般规定在零件的"入体"方向，故对于被包容表面（例如：

轴），基本尺寸即最大工序尺寸，而对于包容面（例如：孔），则基本尺寸是最小工序尺寸。毛坯尺寸的公差一般采用双向标注。

二、确定加工余量大小的方法

加工余量的大小对于零件的加工质量和生产率均有较大的影响。加工余量过大，不仅增加机械加工的劳动量，降低生产率，而且增加材料、工具和电力等的消耗，导致加工成本增高。但是加工余量过小，又不能保证消除前道工序的各种误差和表面缺陷，甚至产生废品，因此，应当合理地确定加工余量。

确定加工余量的方法有下列三种：

1. 经验估计法

经验估计法是工艺人员根据积累的生产经验确定加工余量的方法。一般情况下，为防止因余量过小而产生废品，经验估计法的数值往往偏大。故常用于单件小批量生产。

2. 查表修正法

查表修正法是以生产实践和试验研究积累的有关加工余量数据资料为基础，并按具体生产条件加以修正来确定加工余量的方法。该方法应用比较广泛，加工余量表在各种机械加工工艺手册中都有，查表方法也很简单。

3. 分析计算法

分析计算法是通过对影响加工余量的各种因素进行分析，然后根据一定的计算关系式来计算加工余量的方法。此法确定的加工余量比较合理，但由于所需的具体数据目前尚不完整，计算也较复杂，故目前很少采用。

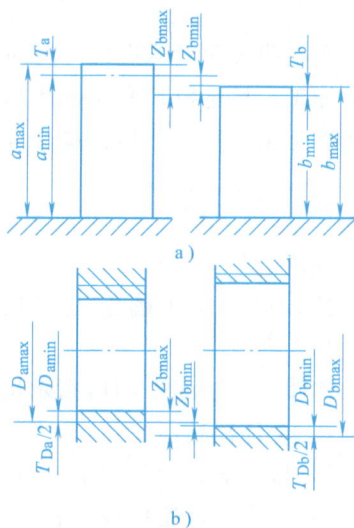

图 5-9 最大余量、最小余量和余量公差

第六节 工序尺寸及其公差的确定

零件上要求保证的设计尺寸一般要经过几道工序的加工才能得到，每道工序加工后应达到的尺寸就是工序尺寸。合理确定工序尺寸及其公差是保证加工精度的重要基础之一。不同情况下，工序尺寸及其公差的确定方法是不一样的，现归纳为以下几种方法予以介绍。

一、引用法

引用法即直接引用零件图上给出的设计尺寸及其公差（或极限偏差）作为工序尺寸及其公差（或极限偏差）。

如图 5-10 所示，在一长方形钢板上加工通孔 $\phi10$mm。此钻孔工序需确定三个工序尺寸，即孔本身的直径尺寸，孔中心线在两个方向上的位置尺寸。显然，我们可以用 $\phi10$mm 的钻头钻孔保证其孔的直径尺寸 $\phi10$mm，以 A、B 面为定位基准，直接采用设计尺寸（50±0.15）mm 及（20±0.15）mm 作为工序尺寸进行加工，即可保证两个方向上的位置尺寸要求。

当某些表面只需进行一次加工或多次加工中的最后一次加工，且定位基准与设计基准重合时，均可采用此方法确定工序尺寸及其公差（或极限偏差）。

二、余量法

利用上节介绍的加工余量确定的方法，在确定工序余量的同时，同步确定工序尺寸及其公差（或极限偏差）。

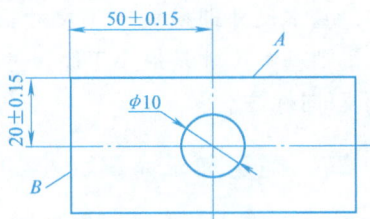

图 5-10 引用法确定工序尺寸及其公差

例如，加工如图 5-11a 所示长方体零件的上下表面，其加工工艺路线如下（见图 5-11b）：

1）毛坯锻造。

2）以下表面定位铣上表面。

3）以上表面定位铣下表面。

4）以上表面定位磨下表面。

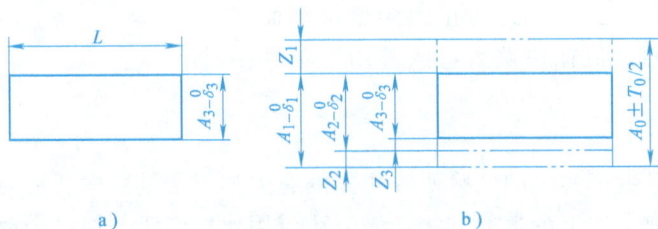

图 5-11 余量法确定工序尺寸及其公差

零件图上只标注出了设计尺寸，其余尺寸未知，应如何确定工艺过程中所需的各有关工序尺寸及其公差（或极限偏差）呢？

方法如下：

1. 确定加工总余量和各工序（工步）余量

如毛坯尺寸已知，则加工总余量实际上也为已知，不需再定。

本例中，铣上表面加工余量为 Z_1，铣下表面加工余量为 Z_2，磨下表面加工余量为 Z_3。

2. 确定各工序尺寸的公差（或极限偏差）

由于工艺基准与设计基准重合，最后一次加工（磨下表面）的工序尺寸及其公差（或极限偏差）直接引用设计尺寸及其公差（或极限偏差），即为 $A_{3-\delta_3}^{0}$，而其余工序尺寸的公差（或极限偏差）按经济精度确定。

3. 计算各工序尺寸

前已述，最后一次加工的工序尺寸直接引用设计尺寸，其余的工序尺寸从零件图上的设计尺寸开始，一直往前推算到毛坯尺寸，某一工序尺寸等于下次加工的工序尺寸加上或减去下次加工的工序余量。此例中最后一次加工的工序尺寸引用设计尺寸为 A_3，由此往前推算铣下表面的工序尺寸 $A_2 = A_3 + Z_3$，铣上表面的工序尺寸 $A_1 = A_2 + Z_2$，毛坯尺寸 $A_0 = A_1 + Z_1$。

4. 标注工序尺寸公差（或极限偏差）

最后一次加工的工序尺寸按设计尺寸标注，其余工序尺寸公差按"入体原则"标注，毛坯公差一般按双向对称偏差标注。此例中 $A_0 \pm T_0/2$，$A_{1-\delta_1}^{\;0}$，$A_{2-\delta_2}^{\;0}$，$A_{3-\delta_3}^{\;0}$。

例 5-1 某零件上一孔的设计要求为 $\phi100^{+0.035}_{\;\;0}$mm，表面粗糙度值为 $Ra0.8\mu m$，毛坯为铸铁件，其加工工艺路线为：毛坯—粗镗—半精镗—精镗—浮动镗，确定各工序尺寸及公差（或极限偏差）。

解：

（1）确定加工总余量和各工序余量　浮动镗余量 0.1mm，精镗余量 0.5mm，半精镗余量 2.4mm，粗镗余量 5mm，加工总余量 =（0.1+0.5+2.4+5）mm = 8mm。或先确定加工总余量 8mm，则粗镗余量 =（8-0.1-0.5-2.4）mm = 5mm。

（2）确定工序尺寸公差（或极限偏差）　最后一次加工浮动镗的公差（或极限偏差）即为设计尺寸公差（或极限偏差）H7（$^{+0.035}_{\;\;0}$），其余工序尺寸公差（或极限偏差）按经济精度经查表定为：精镗 H9（$^{+0.087}_{\;\;0}$），半精镗 H11（$^{+0.22}_{\;\;0}$），粗镗 H13（$^{+0.54}_{\;\;0}$），毛坯 ±1.2mm。

（3）计算各工序尺寸　从零件图上的设计尺寸开始往前一直推算到毛坯尺寸。

浮动镗的工序尺寸即为设计尺寸 $\phi100$mm

精镗：ϕ（100-0.1）mm = $\phi99.9$mm

半精镗：ϕ（99.9-0.5）mm = $\phi99.4$mm

粗镗：ϕ（99.4-2.4）mm = $\phi97$mm

毛坯：ϕ（97-5）mm = $\phi92$mm 或 ϕ（100-8）mm = $\phi92$mm

（4）标注工序尺寸公差（或极限偏差）　最后一次加工浮动镗的公差（或极限偏差）按设计尺寸标注，即 $\phi100^{+0.035}_{\;\;0}$mm，精镗 $\phi99.9^{+0.087}_{\;\;0}$mm，半精镗 $\phi99.4^{+0.22}_{\;\;0}$mm，粗镗 $\phi97^{+0.54}_{\;\;0}$mm，毛坯 ϕ（92±1.2）mm。

由上述示例可以看出，当基准重合，表面需多次加工时，工序尺寸及其公差（或极限偏差）的确定比较容易，只需考虑每次加工时的加工余量和所能达到的经济精度，并由最后一次加工开始向前推算，直到毛坯尺寸。

为方便起见，人们将一些常用的基准孔的工序尺寸及其公差（或极限偏差），按工件精度要求和加工方法的不同制成了表格，使用时可直接查取，这些表格在各种机械加工工艺手册中均能找到。

三、工艺尺寸链法

工艺尺寸链法是通过解算工艺尺寸链来确定工序尺寸及其公差（或极限偏差）的一种方法，多用于工艺基准与设计基准不重合时工序尺寸及其公差（或极限偏差）的确定。

图 5-12 所示套筒零件，毛坯为棒料，机械加工工艺路线如下：车左端面—车外圆—调头车右端面，保证设计尺寸 $50^{\;\;0}_{-0.17}$mm—钻小孔 $\phi10$mm—镗大孔 $\phi20$mm。

由于小孔 $\phi10$mm 直径小，在加工 $\phi20$mm 孔底面 C 时，设计尺寸 $10^{\;\;0}_{-0.36}$mm 不便测量而无法直接保证其精度要求。由于 $\phi20$mm 孔的深度可用深度游标卡尺方便地测出，因此设计尺寸 $10^{\;\;0}_{-0.36}$mm 可以通过保证设计尺寸 $50^{\;\;0}_{-0.17}$mm 和 $\phi20$mm 孔的深度尺寸而间接得到保证。那么，

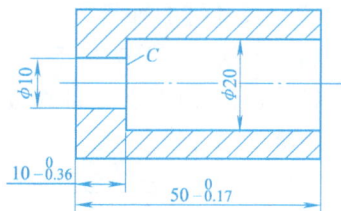

图 5-12　工艺尺寸链法确定工序尺寸及其公差

在加工 $\phi 20\text{mm}$ 孔时，其深度尺寸及其公差（或极限偏差）应为多少时，在 $50_{-0.17}^{\ 0}\text{mm}$ 尺寸合格的情况下，设计尺寸 $10_{-0.36}^{\ 0}\text{mm}$ 也一定能保证合格呢？这就需要利用工艺尺寸链来计算。

（一）工艺尺寸链的基本知识

1. 尺寸链的概念、种类和特征

（1）尺寸链的概念　在机器装配或零件加工过程中，由相互联系且按一定顺序排列的尺寸形成的封闭尺寸图形，称为尺寸链。图 5-13 所示的尺寸 $A_0 \sim A_5$ 是相互联系的尺寸，它们首尾相接所形成的封闭尺寸图形即为尺寸链。

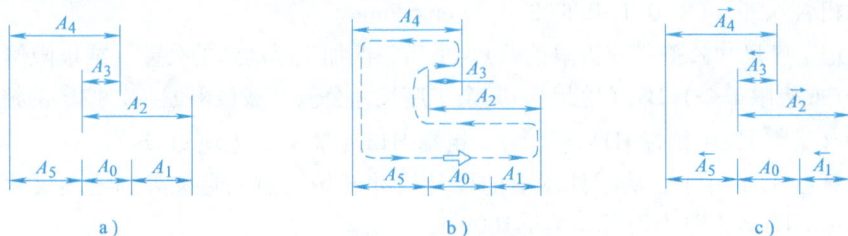

图 5-13　尺寸链

为了便于分析和计算尺寸链，对尺寸链中的各尺寸进行如下定义：

1）环。列入尺寸链中的每一尺寸均称为环，分为封闭环和组成环两种。

2）封闭环。封闭环是尺寸链中在设计、装配或加工过程中最后（自然或间接）形成的一个环，一个尺寸链必有且只有一个封闭环。

3）组成环。尺寸链中除封闭环外，其余环均为组成环。组成环对封闭环有影响，任一组成环的变动必然引起封闭环的变动，组成环又可分为增环和减环。

4）增环。尺寸链中的组成环，该环的变动会引起封闭环的同向变动。同向变动是指在其余组成环大小不变时，该环增大封闭环随之增大，该环减小封闭环随之减小。

5）减环。尺寸链中的组成环，该环的变动会引起封闭环的反向变动。反向变动是指在其余组成环大小不变时，该环增大封闭环随之减小，该环减小封闭环反而增大。

当尺寸链中的环数较少时，可以直接用上述定义判别组成环中的增减环。当尺寸链中的环数较多时，用定义直接判别较麻烦，这时可用环绕法判别。方法如下：先按封闭环的尺寸标注方向任意给封闭环确定一个方向，如图 5-13b 所示，定此封闭环方向为向右，沿该方向环绕尺寸链一周，在此过程中，遇到一个环，就沿环绕方向给该环定一个方向。凡某一环的方向与封闭环的方向相反，该环即为增环，反之，即为减环。在尺寸链图中，增环用该环字母上标向右的箭头表示，减环用该环字母上标向左的箭头表示，如图 5-13c 所示。

（2）尺寸链的种类　尺寸链理论在机械设计、加工和装配等方面应用非常广泛，按其应用场合不同，可分为以下三种。

1）设计尺寸链。全部组成环均为同一零件上的设计尺寸所形成的尺寸链，设计尺寸链也称为零件尺寸链。

图 5-14a 所示台阶形零件图上只标出了垂直方向上的设计尺寸 A_0 和 A_1，而 A 和 C 表面之间的尺寸在图样上没有（也不应该）标出，但却是客观存在的，称为空环尺寸，设计尺寸 A_0、A_1 和该空环尺寸（在图 5-14c 中标为 A_2）即形成了一个设计尺寸链（见图 5-14c）。图 5-14b 所示套类零件图上只标出了轴向设计尺寸 A_0、A_1 和 A_2，表面 1 与表面 2 之间的尺

寸及表面3与表面4之间的尺寸均未标出（也不应标出），但同样是客观存在的空环尺寸（在图 5-14d 和图 5-14e 中分别标为 A_{01} 和 A_3）。如图 5-14d 所示，设计尺寸 A_1、A_2 和空环尺寸 A_{01} 即形成了一个设计尺寸链。如图 5-14e 所示，设计尺寸 A_0、A_2 和空环尺寸 A_3 形成了另一个设计尺寸链。在设计尺寸链中，空环尺寸是最后形成的一个环，因此是封闭环。

2）装配尺寸链。全部组成环为不同零件上的设计尺寸所形成的尺寸链。

3）工艺尺寸链。全部组成环为同一零件上的工艺尺寸所形成的尺寸链。

所谓工艺尺寸，就是指根据加工的需要，在工艺简图或工艺规程中给出的工序尺寸、测量尺寸等。工艺尺寸有两种，一种是直接引用零件图上的设计尺寸作为工序尺寸或测量尺寸；另一种是在零件图上并未标出，但在加工过程中要用到的工序尺寸，或在检验时要直接测量的测量尺寸。对于后一种在零件图上未标出，但在工艺过程中又要用到的工艺尺寸，也称为引入的工艺尺寸。除了在工艺基准与设计基准重合时，可通过加工余量确定出来外，均需通过工艺尺寸链计算得到。任何工艺尺寸在工艺过程中均可通过不同加工方法直接保证其精度或直接进行测量，因此都是组成环。

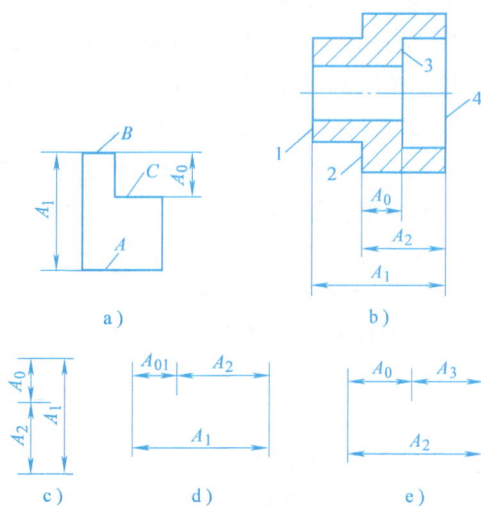

图 5-14 设计尺寸链

a）台阶形零件 b）套类零件 c）台阶形零件设计尺寸链 d）套类零件设计尺寸链1 e）套类零件设计尺寸链2

图 5-14a 所示的台阶形零件，在垂直方向上，设计上要求保证的设计尺寸为 A_0、A_1，因此从设计尺寸链的角度看，A_0、A_1 均为组成环，而空环尺寸 A_2 为封闭环（见图 5-14c）。当该零件是批量生产时，常用调整法加工表面 C（A、B 面已加工完毕），为了使工件定位方便、可靠，夹具结构简单，常选 A 面为定位基准，按尺寸 A_2 对刀加工 C 面，通过直接保证 A_2，并在 A_1 合格的情况下，间接保证设计尺寸 A_0。这样，在 A_0、A_1 和 A_2 构成的工艺尺寸链中，A_1 是加工 A、B 面时直接保证的，它既是零件图上的设计尺寸，又是加工过程中的工序尺寸，因此是工艺尺寸链中的组成环；A_2 在设计尺寸链中是封闭环，但由于是在加工 C 面时作为对刀尺寸而直接保证的工序尺寸，因此也是该工艺尺寸链中的组成环；A_0 虽是零件图上直接标注出来的设计尺寸，且是设计尺寸链中的组成环，但由于它是通过 A_1 和 A_2 间接保证的，即是在加工过程中最后形成的，因此，在工艺尺寸链中是封闭环。

由上述分析可以看出，图形相同的尺寸链有时可当作设计尺寸链来看待，有时可当作工艺尺寸链来看待，关键在于两尺寸链中的封闭环不同，组成环也不尽相同。例如，A_2 在设计尺寸链中是封闭环，在工艺尺寸链中是组成环；A_0 在设计尺寸链中是组成环，而在工艺尺寸链中却是封闭环。

本节主要讨论工艺尺寸链及其应用。在工艺尺寸链中，封闭环用带下角标"0"的字母表示，如 A_0，组成环用带下角标"1"、"2"等的字母表示，如 A_1、A_2 等。

（3）尺寸链的特征 从上面介绍的示例可以看出，尺寸链具有两个特征：

1）封闭性。尺寸链是由一个封闭环和若干个组成环相互连接形成的一个封闭图形，具有封闭性，不封闭就不是尺寸链。

2）关联性。尺寸链中的任意一个组成环发生变化，封闭环都将随之发生变化，它们相互之间是关联的，组成环是自变量，封闭环是因变量。

2. 工艺尺寸链计算的基本公式

工艺尺寸链的计算方法有两种：极值法和概率法。极值法适用于组成环数较少的尺寸链计算，而概率法适用于组成环数较多的尺寸链计算。工艺尺寸链计算主要应用极值法，本节仅介绍尺寸链的极值法计算。

极值法计算基本公式如下：

（1）封闭环的基本尺寸 A_0

$$A_0 = \sum_{i=1}^{m} \vec{A}_i - \sum_{i=m+1}^{n} \overleftarrow{A}_i \tag{5-1}$$

式中　m——增环的环数；

　　　n——组成环的环数。

即封闭环的基本尺寸等于所有增环基本尺寸之和减去所有减环基本尺寸之和。

（2）封闭环的最大极限尺寸 A_{0max}

$$A_{0max} = \sum_{i=1}^{m} \vec{A}_{imax} - \sum_{i=m+1}^{n} \overleftarrow{A}_{imin} \tag{5-2}$$

即封闭环的最大极限尺寸等于所有增环最大极限尺寸之和减去所有减环最小极限尺寸之和。

（3）封闭环的最小极限尺寸 A_{0min}

$$A_{0min} = \sum_{i=1}^{m} \vec{A}_{imin} - \sum_{i=m+1}^{n} \overleftarrow{A}_{imax} \tag{5-3}$$

即封闭环的最小极限尺寸等于所有增环最小极限尺寸之和减去所有减环最大极限尺寸之和。

（4）封闭环的上极限偏差 ES (A_0)

$$ES(A_0) = A_{0max} - A_0 = \sum_{i=1}^{m} ES(\vec{A}_i) - \sum_{i=m+1}^{n} EI(\overleftarrow{A}_i) \tag{5-4}$$

即封闭环的上极限偏差等于所有增环上极限偏差之和减去所有减环下极限偏差之和。

（5）封闭环的下极限偏差 EI (A_0)

$$EI(A_0) = A_{0min} - A_0 = \sum_{i=1}^{m} EI(\vec{A}_i) - \sum_{i=m+1}^{n} ES(\overleftarrow{A}_i) \tag{5-5}$$

即封闭环的下极限偏差等于所有增环下极限偏差之和减去所有减环上极限偏差之和。

（6）封闭环的公差 T_0

$$T_0 = ES(A_0) - EI(A_0) = \sum_{i=1}^{n} T_i \tag{5-6}$$

即封闭环的公差等于所有组成环公差之和。

3. 工艺尺寸链的计算形式

在解算工艺尺寸链时，有以下三种情况：

（1）正计算　已知各组成环的尺寸及其上下极限偏差，计算封闭环尺寸及其上下极限偏差，其计算结果是唯一的。这种情况主要用于验证工序尺寸及其上下极限偏差是否满足设计尺寸要求，即用于设计尺寸校核。

（2）反计算　已知封闭环尺寸及其上下极限偏差，计算各组成环尺寸及其上下极限偏差。这种情况实际上是将封闭环的公差值合理地分配给各组成环，主要用于根据机器的装配精度，确定各零件尺寸及其上下极限偏差的计算和工序尺寸的计算等方面。

（3）中间计算　已知封闭环和部分组成环的尺寸及其上下极限偏差，计算某一组成环尺寸及其上下极限偏差。此法应用最广，用于加工中基准不重合时工序尺寸及其上下极限偏差的计算。

（二）工艺尺寸链的应用和解算方法

应用工艺尺寸链计算引入的工艺尺寸的关键，是找出在加工过程中要保证的设计尺寸与有关的工艺尺寸之间的内在联系，确定封闭环及组成环并建立工艺尺寸链，在此基础上利用工艺尺寸链计算公式进行具体计算。下面通过几种典型实例，介绍工艺尺寸链的建立和计算方法。

1. 测量基准与设计基准不重合时工艺尺寸链的建立和计算

在零件加工过程中，有时会遇到一些表面加工之后按设计尺寸不便（或无法）直接测量的情况，因而需在零件上另选一易于测量的表面作为测量基准进行加工，以间接保证设计尺寸的要求。此时，就需应用工艺尺寸链对引入的工艺尺寸进行计算。

图 5-12 所示的套筒零件，如建立零件轴向设计尺寸链，则零件图上标注出来的设计尺寸 $10_{-0.36}^{0}$mm 和 $50_{-0.17}^{0}$mm 为组成环，未标注出来的大孔深度尺寸（空环尺寸）为封闭环，这里以 A_0 表示，如图 5-15a 所示。根据增环、减环的定义，可判别出 $10_{-0.36}^{0}$mm 为减环，$50_{-0.17}^{0}$mm 为增环，根据尺寸链计算公式可计算出：

$$A_0 = (50 - 10)\text{mm} = 40\text{mm}$$

$$\text{ES}(A_0) = [0 - (-0.36)]\text{mm} = 0.36\text{mm}$$

$$\text{EI}(A_0) = (-0.17 - 0)\text{mm} = -0.17\text{mm}$$

即大孔深度尺寸为 $40_{-0.17}^{+0.36}$mm。

由于在加工过程中设计尺寸 $10_{-0.36}^{0}$mm 不便测量，直接保证加工精度有困难，需通过加工引入的大孔深度尺寸（这里用 A_1 表示）来间接保证其精度，由于大孔深度尺寸 A_1 便于用深度游标卡尺测量，可直接保证精度，因此在由尺寸 $10_{-0.36}^{0}$mm、$50_{-0.17}^{0}$mm 和 A_1 组成的工艺尺寸链（见图 5-15b）中，A_1 是组成环。而设计上要求保证，但在工艺上却是间

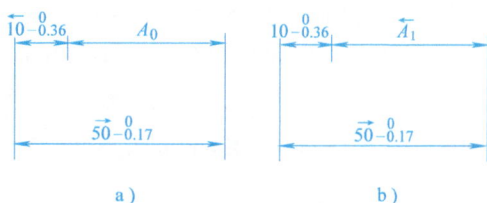

图 5-15　测量尺寸的换算
a）设计尺寸链　b）工艺尺寸链

接获得的设计尺寸 $10_{-0.36}^{0}$mm 是封闭环。显然，A_1 是减环，$50_{-0.17}^{0}$mm 是增环。根据尺寸链计算公式，解算该工艺尺寸链：

由式（5-1）　　$10\text{mm} = 50\text{mm} - \overleftarrow{A_1}$　　　　得 $\overleftarrow{A_1} = 40\text{mm}$

由式（5-4）　　$0 = 0 - \text{EI}(\overleftarrow{A_1})$　　　　　得 $\text{EI}(\overleftarrow{A_1}) = 0$

由式（5-5）　　$-0.36\text{mm} = -0.17\text{mm} - \text{ES}(\overleftarrow{A_1})$　　　得 $\text{ES}(\overleftarrow{A_1}) = 0.19\text{mm}$

即 $A_1 = 40^{+0.19}_{0}$ mm。

在加工时，如果 $50^{0}_{-0.17}$ mm 的尺寸合格，大孔深度尺寸 A_1 在 $40^{+0.19}_{0}$ mm 的范围内，则设计尺寸 $10^{0}_{-0.36}$ mm 必然是合格的。

比较大孔深度的工艺尺寸 $40^{+0.19}_{0}$ mm 和原设计上要求的空环尺寸 $40^{+0.36}_{-0.17}$ mm 可知，由于测量基准与设计基准不重合，需要通过工艺尺寸链对引入的工艺尺寸进行尺寸换算，按换算出来的工艺尺寸进行加工以间接保证设计尺寸，而换算出来的工艺尺寸的精度要求明显比原设计尺寸的精度要求高（$40^{+0.19}_{0}$ mm 的公差值比 $40^{+0.36}_{-0.17}$ mm 的公差值小），增加了加工难度。这种情况不仅在测量基准与设计基准不重合时存在，当定位基准等工艺基准与设计基准不重合时同样存在。这进一步说明了在选择定位基准等工艺基准时，应尽量与设计基准相重合的道理。

由上述分析可知，当换算出来的工艺尺寸加工合格（本例大孔深度尺寸在 $40^{+0.19}_{0}$ mm 内即为合格），且其余组成环（本例只有 $50^{0}_{-0.17}$ mm）也合格，则间接获得的设计尺寸（本例中为 $10^{0}_{-0.36}$ mm）必定合格。把换算出来的工艺尺寸的上下极限偏差标在公差带图上（见图 5-16，本例大孔深度尺寸的公差带为 0~+0.19mm），该公差带区域称为 I 区，是合格品区。把零件设计上对该设计尺寸要求的上下极限偏差也标在公差带图上（见图 5-16，本例为 -0.17~+0.36mm），当该工艺尺寸加工后，实际尺寸超出了原设计要求的公差范围（本例 $A_1 > 40.36$ mm 或 $A_1 < 39.83$ mm），则间接获得的设计尺寸一定不合格，因此，在公差带图上，超出原设计要求的公差范围（标为 III 区）是不合格品区。当工艺尺寸加工后的结果超出了工艺上的要求，即超出了换算出来的工艺尺寸公差范围（本例指超出了 $40^{+0.19}_{0}$ mm 范围），在工序检验上将认为是不合格品，但当该工艺尺寸未超过原设计要求的公差范围（本例为 $40^{+0.36}_{-0.17}$），则仍有可能是合格的，此现象称为"假废品"现象。在公差带图上，假废品区标为 II 区，如图 5-16 所示的实例，假废品区分为大小相同的两部分，且对称地分布于合格品区两侧，假废品区以外，即为不合格品区。

例如，本例中当 A_1 的实际尺寸为 40.25mm 时，显然超出了 $40^{+0.19}_{0}$ mm 的范围，但未超出 $40^{+0.36}_{-0.17}$ mm 的范围，另一个组成环 $50^{0}_{-0.17}$ mm 的实际尺寸只要在 49.89~50mm 的范围内（显然它也是合格尺寸），则设计尺寸 $10^{0}_{-0.36}$ mm 就是合格的。只有当 $50^{0}_{-0.17}$ mm 的实际尺寸在 49.83~49.89mm 的范围内时，设计尺寸 $10^{0}_{-0.36}$ mm 才不合格。

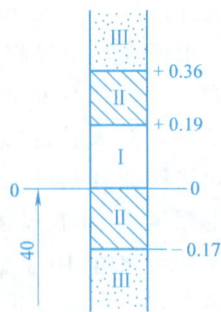

图 5-16　假废品区实例

由此可见，在实际加工时，当按工艺尺寸链换算出的工艺尺寸的实际值虽超出了换算出的公差范围，但未超出原设计要求的公差范围，即落在假废品区，还不能简单地认为该零件不合格，应逐个测量出各组成环的具体值，并算出间接获得的设计尺寸的实际值，才能最终判别零件上要求的设计尺寸是否合格。因此，当出现假废品时，对零件进行最后复检很有必要，它可防止将实际合格的产品当作废品处理而造成浪费。

2. 定位基准与设计基准不重合时工艺尺寸链的建立和计算

在零件的加工过程中，当加工表面的定位基准与设计基准不重合时，也需利用工艺尺寸链计算引入的工序尺寸，并通过该工序尺寸的加工来间接保证设计尺寸的精度。

例如图 5-17a 所示的零件，当表面 A、B、C 均已加工完后，最后一道工序是镗孔 $\phi100H7$mm。

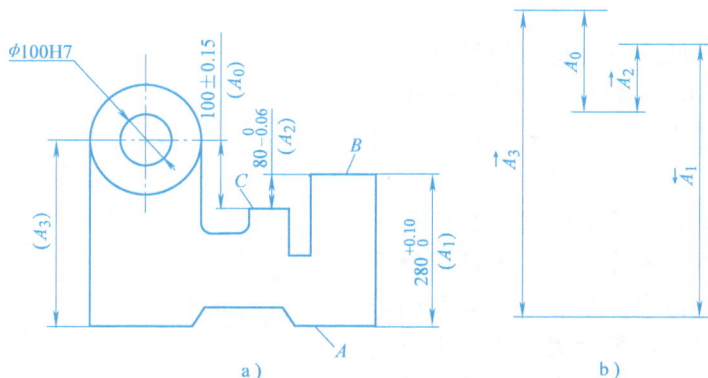

图 5-17　定位基准与设计基准不重合时工艺尺寸链的建立和计算

镗孔时，为使工件装夹方便，不选 $\phi100H7$mm 孔的设计基准 C 为定位基准，而选底面 A 为定位基准。由于基准不重合，所以设计尺寸 $A_0 = 100\pm0.15$mm 无法直接保证精度，而需引入零件图上未标注的工序尺寸 A_3，通过加工 A_3 间接保证设计尺寸 100 ± 0.15mm。这样就需利用工艺尺寸链计算引入的工序尺寸 A_3。

由于设计尺寸 A_0 是在加工过程中间接获得的（镗孔后才最后形成），所以是工艺尺寸链中的封闭环。对该封闭环有影响且在加工过程中直接获得的尺寸 $A_1 = 280$、$A_2 = 80$ 及 A_3 是组成环，上述 4 个尺寸组成的工艺尺寸链如图 5-17b 所示。利用环绕法可判别出 A_1 是减环，A_2、A_3 是增环。

利用尺寸链计算公式计算 A_3：

因为　$A_0 = \vec{A_2} + \vec{A_3} - \overleftarrow{A_1}$

即 100mm $= 80$mm $+ \vec{A_3} - 280$mm

所以　$\vec{A_3} = （100+280-80）$mm $= 300$mm

因为 ES$（A_0）$ = ES$（\vec{A_2}）$ +ES$（\vec{A_3}）$ −EI$（\overleftarrow{A_1}）$

即　0.15mm $= 0+$ES$（\vec{A_3}）-0$

所以　ES$（\vec{A_3}）= 0.15$mm

因为　EI$（A_0）$ = EI$（\vec{A_2}）$ +EI$（\vec{A_3}）$ −ES$（\overleftarrow{A_1}）$

即 -0.15mm $= -0.06$mm$+$EI$（\vec{A_3}）-0.10$mm

所以　EI$（\vec{A_3}）= 0.01$mm

即镗孔时只要按 $A_3 = 300^{+0.15}_{+0.01}$mm 进行加工就可间接保证设计尺寸 100 ± 0.15mm 合格。

3. 从尚需继续加工的表面标注工序尺寸时工艺尺寸链的建立和计算

图 5-18a 所示为一齿轮内孔的局部简图，设计尺寸为：孔径 $\phi40^{+0.05}_{0}$mm，键槽深度尺寸为 $43.6^{+0.34}_{0}$mm，加工顺序如下：

1）钻孔、扩孔、镗孔。

2）插键槽。

3）热处理，淬火。

4）磨内孔。

磨内孔的工序尺寸可直接引用设计尺寸 $\phi 40^{+0.05}_{0}$ mm，钻、扩、镗的工序尺寸可用余量法和经济精度确定，其中镗孔工序尺寸定为 $\phi 39.6^{+0.10}_{0}$ mm。

不难看出，最后一道工序磨内孔产生了两个尺寸：一是内孔尺寸，另一个是键槽深度尺寸。在工艺过程中，加工一个表面同时产生两个或两个以上的尺寸时，工艺上只能直接保证其中一个尺寸，其余尺寸是间接保证的。为使各个尺寸均便于保证合格，工艺上应安排直接保证其中公差要求最严的一个设计尺寸，其余尺寸通过其他的中间工序尺寸间接保证，这些其他的中间工序尺寸需通过工艺尺寸链计算。本例中最后磨内孔产生的两个尺寸，即内孔尺寸和键槽深度尺寸中，内

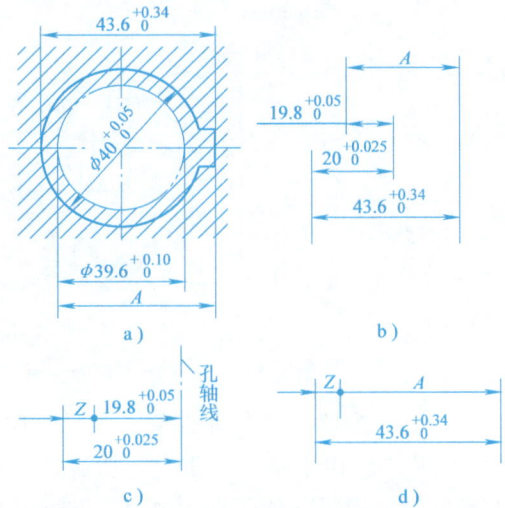

图 5-18　从尚需继续加工的表面标注工序尺寸时工艺尺寸链的建立和计算

孔尺寸的公差要求严，工艺上应直接保证内孔尺寸 $\phi 40^{+0.05}_{0}$ mm，键槽深度尺寸 $43.6^{+0.34}_{0}$ mm 通过前面插键槽工序引入的工序尺寸 A 间接保证，因此，工序尺寸 A 需通过图 5-18b 所示的工艺尺寸链计算。

在该工艺尺寸链中，设计尺寸 $43.6^{+0.34}_{0}$ mm 是间接保证的，因此是封闭环。对该封闭环有影响的工序尺寸 $\phi 40^{+0.05}_{0}$ mm、$\phi 39.6^{+0.10}_{0}$ mm 及 A 是组成环。按环绕法可判别出 A、$\phi 40^{+0.05}_{0}$ mm 是增环，$\phi 39.6^{+0.10}_{0}$ mm 是减环（图中两个直径尺寸是以半径尺寸出现的），利用尺寸链计算公式可计算：

由 $43.6\text{mm} = \vec{A} + 20\text{mm} - 19.8\text{mm}$　　得 $\vec{A} = 43.4\text{mm}$

由 $0.34\text{mm} = \text{ES}(\vec{A}) + 0.025\text{mm} - 0$　　得 $\text{ES}(\vec{A}) = 0.315\text{mm}$

由 $0 = \text{EI}(\vec{A}) + 0 - 0.05\text{mm}$　　得 $\text{EI}(\vec{A}) = 0.05\text{mm}$

即 $A = 43.4^{+0.315}_{+0.050}$ mm

按入体原则标注为：$A = 43.45^{+0.265}_{0}$ mm。

第七节　工艺卡片的填写

制订机械加工工艺规程的最后一项工作是填写工艺卡片，主要包括工序顺序及内容的填写、工序简图的绘制、合理选择各工序所用机床设备的名称与型号、工艺装备（即刀具、夹具、量具等）的名称与型号以及合理确定切削用量和时间定额等。

一、机床的选择

在拟订工艺路线时,当工件加工表面的加工方法确定以后,各工种所用机床类型就已基本确定。但每一类型的机床都有不同的形式,其工艺范围、技术规格、加工精度及表面粗糙度、生产率及自动化程度等都各不相同。在合理选用机床时,除应对机床的技术性能有充分了解之外,还要考虑以下几点:

(1) 所选机床的精度应与工件要求的加工精度相适应 机床的精度过低,满足不了加工质量要求;机床的精度过高,又会增加零件的制造成本。单件小批生产时,特别是没有高精度的设备来加工高精度的零件时,为充分利用现有机床,可以选用精度低一些的机床,而在工艺上采取一些措施来满足加工精度的要求。

(2) 所选机床的技术规格应与工件的尺寸相适应 小工件选用小机床加工,大工件选用大机床加工,做到设备的合理利用。

(3) 所选机床的生产率和自动化程度应与零件的生产纲领相适应 单件小批生产应选择工艺范围较广的通用机床,大批大量生产尽量选择生产率和自动化程度较高的专门化或专用机床。

(4) 机床的选择应与现场生产条件相适应 应尽量充分利用现有设备,如果没有合适的机床可供选用,应合理地提出专用设备设计或旧机床改装的任务书,或提供购置新设备的具体型号。

二、工艺装备的选择

工艺装备的选择是否合理,直接影响到工件的加工精度、生产率和经济性。因此,要结合生产类型、具体的加工条件、工件的技术要求和结构特点等合理选用。

1. 夹具的选择

单件小批生产应尽量选择通用夹具,如各种卡盘、台虎钳和回转台等,如条件具备,可选用组合夹具以提高生产率;大批量生产,应选择生产率和自动化程度高的专用夹具。多品种中小批量生产可选用可调整夹具或成组夹具。夹具的精度应与工件的加工精度相适应。

2. 刀具的选择

一般应选用标准刀具,必要时可选择各种高生产率的复合刀具及其他一些专用刀具。刀具的类型、规格及精度应与工件的加工要求相适应。

3. 量具的选择

单件小批生产应选用通用量具,如游标卡尺、千分尺、千分表等。大批量生产应尽量选用效率较高的专用量具,如各种极限量规、专用检验夹具和测量仪器等。所选量具的量程和精度要与工件的尺寸和精度相适应。

三、切削用量的确定

正确地确定切削用量,对保证加工质量、提高生产率、获得良好的经济效益都有着重要的意义。确定切削用量时,应综合考虑零件的生产纲领、加工精度和表面粗糙度、材料、刀具的材料及刀具寿命等因素。

单件小批生产时,为了简化工艺文件,常不具体规定切削用量,而由操作者根据具体情况自行确定。

批量较大时，特别是组合机床、自动机床及多刀加工工序的切削用量，应科学、严格地确定。

在采用组合机床、自动机床等多刀具同时加工时，其加工精度、生产率和刀具寿命与切削用量的关系很大，为保证机床正常工作，不经常换刀，其切削用量要比采用一般机床加工时低一些。

在确定切削用量的具体数据时，可凭经验，也可查阅有关手册，或在此基础上，再根据经验和加工的具体情况，对数据做适当修正。

四、时间定额的确定

时间定额是指在一定生产条件下，规定生产一件产品或完成一道工序所需消耗的时间，它是安排生产计划、进行成本核算、考核工人完成任务情况、确定所需设备和工人数量的主要依据。合理的时间定额能调动工人的积极性，促进工人技术水平的提高，从而不断提高生产率。随着企业生产技术条件的不断改善和水平的不断提高，时间定额应定期进行修订，以保持定额的平均先进水平。

习题与思考题

5-1 图 5-19 所示盘状零件，毛坯为铸件，其机械加工工艺过程有如下两种方案，试分析每种方案工艺过程的组成。

1）在车床上粗车及精车端面 C，粗车及精车 $\phi60^{+0.074}_{0}$mm 孔，内孔倒角，粗车及半精车 $\phi200$ 外圆。调头、粗车、精车端面 A、车 $\phi96$mm 外圆及端面 B，内孔倒角。在插床上插键槽，划线，在钻床上按划线钻 6 个 $\phi20$mm 孔。钳工去毛刺。

2）在车床上粗、精车一批零件的端面 C，并粗、精车 $\phi60^{+0.074}_{0}$ 孔，内孔倒角。然后将工件安装在可胀心轴上，粗、半精车这批零件的 $\phi200$mm 外圆，并车 $\phi96$mm 外圆及端面 B，粗、精车端面 A，内孔倒角。在拉床上拉键槽。在钻床上用钻模钻出 6 个 $\phi20$mm 孔。钳工去毛刺。

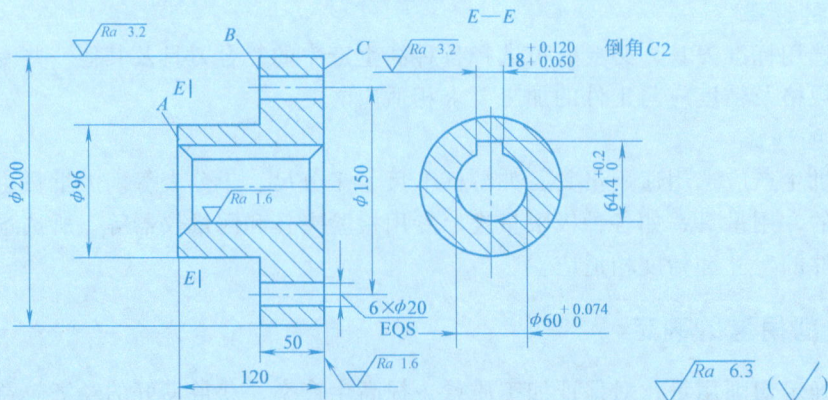

图 5-19 盘状零件

5-2 拟订零件加工工艺路线时，应考虑哪些问题？

5-3 有一小轴，毛坯为热扎棒料，大量生产的工艺路线为粗车-半精车-淬火-粗磨-精磨，外圆设计尺寸为 $\phi30_{-0.013}^{0}$ mm，已知各工序的加工余量和经济精度，试确定各工序尺寸及极限偏差、毛坯尺寸及粗车余量，并填入表 5-14（余量为双边余量）。

表 5-14 题 5-3 表 （单位：mm）

工序名称	工序余量	经济精度	工序尺寸及极限偏差	工序名称	工序余量	经济精度	工序尺寸及极限偏差
精 磨	0.1	0.013 (IT6)		粗 车		0.21 (IT12)	
粗 磨	0.4	0.033 (IT8)		毛坯尺寸	4（总余量）		
半精车	1.1	0.084 (IT10)					

5-4 什么是零件结构工艺性，试分析图 5-20 所示零件结构工艺性有哪些不足，应如何改进？

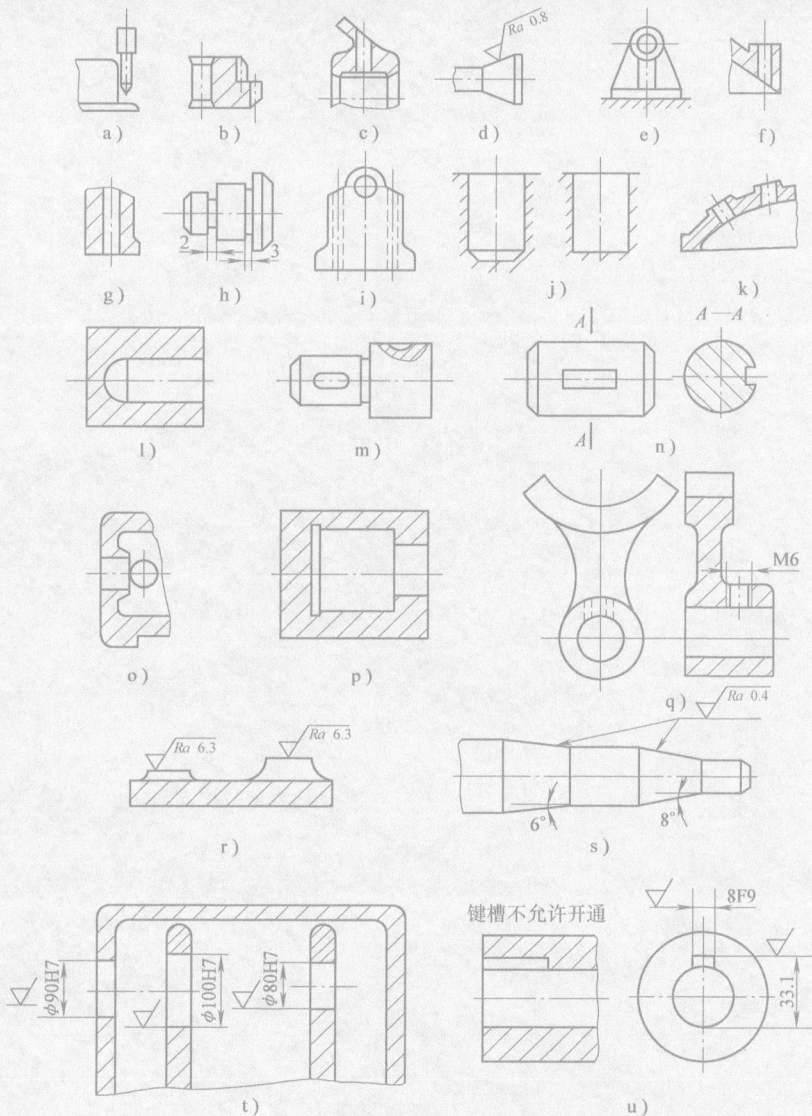

图 5-20 零件结构工艺性

5-5 图 5-21a 所示为轴套零件简图，其内孔、外圆和各端面均已加工完毕，试分别计算按图 5-21b 中三种定位方案钻孔时的工序尺寸及极限偏差。

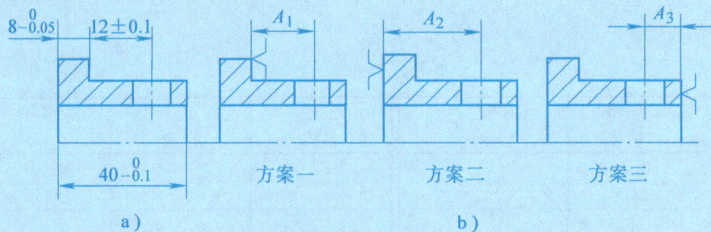

图 5-21 题 5-5 图

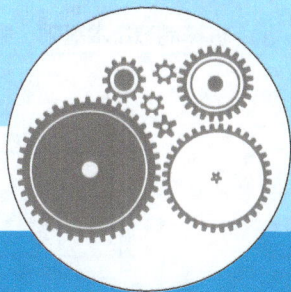

第六章

典型零件加工

本章在学习前面金属切削加工和机械加工工艺规程制订有关知识的基础上，通过对三种典型零件加工工艺过程的分析，进一步加强学生对所学有关知识在解决实际问题中应用的理解与掌握不同零件加工过程的主要问题不尽相同，学习时要求能针对各种零件的结构和要求，正确地分析并找出问题的关键，采取有效措施，合理地安排工艺路线。

本章学习的重点是零件技术要求分析、主要表面加工方法的选择，粗、精基准选择以及解决关键工艺问题的措施。难点是根据零件的技术要求灵活地选择粗、精基准和确定加工工序顺序。

学习本章时，一方面要结合前面几章所学内容，融会贯通，另一方面要联系生产实际，同时要举一反三，灵活应用。对于学习中的难点，有条件时可到有关企业进行现场学习。

第一节　轴类零件加工

一、概述

（一）轴类零件的功用与结构特点

轴类零件是机械加工中经常遇到的典型零件之一。在机器中，它主要用来支承传动零件、传递运动和转矩。

轴类零件是长度大于直径的回转体零件，如图 6-1 所示。其加工表面通常有内外圆柱面、圆锥面以及螺纹、花键、键槽、横向孔、沟槽等。根据结构形状特点，可将轴分为光滑轴、阶梯轴、空心轴和异形轴（包括曲轴、凸轮轴、偏心轴和十字轴等）；若按轴的长度和直径的比例来分，又可分为刚性轴（$L/d<15$）和挠性轴或细长轴（$L/d>15$）。

（二）轴类零件的主要技术要求

1. 加工精度

（1）尺寸精度　轴类零件的尺寸精度主要是指轴颈的直径精度。其支承轴颈与轴承配合，是主要表面，规定有严格的公差，公差等级为 IT5～IT7。装配传动件的轴颈精度要求可稍低，通常为 IT6～IT9。至于长度方向的尺寸通常只规定其基本尺寸。

（2）形状精度　主要是指轴颈的圆度、圆柱度。圆度或圆柱度误差将影响其与配合件

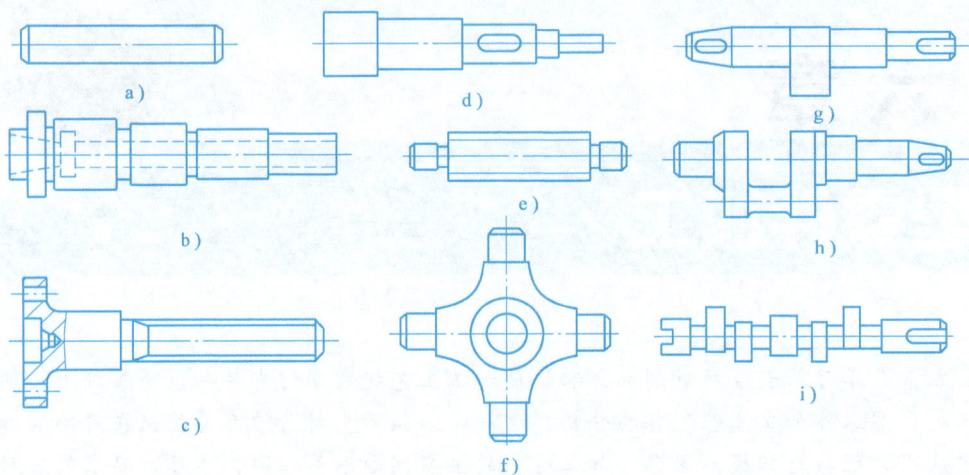

图 6-1　轴的种类

a）光轴　b）空心轴　c）半轴　d）阶梯轴　e）花键轴

f）十字轴　g）偏心轴　h）曲轴　i）凸轮轴

的配合质量。一般轴颈的形状精度应限制在直径公差范围之内，对形状精度要求较高时，要在零件图上规定形状公差。

（3）位置、方向和跳动精度　保证配合轴颈（装配传动件的轴颈）对于支承轴颈的同轴度或圆跳动量，是轴类零件位置、方向和跳动精度的普遍要求。其次对于定位轴肩与轴线的垂直度也有一定要求。普通精度的轴，配合轴颈对支承轴颈的径向圆跳动量要求一般为 $0.01 \sim 0.03$mm，高精度轴一般为 $0.001 \sim 0.005$mm。

2. 表面粗糙度

随着机器运转速度的增快和精密等级的提高，要求轴类零件的表面粗糙度值也越来越小。一般支承轴颈的表面粗糙度值为 $Ra0.63 \sim 0.16\mu$m，配合轴颈的表面粗糙度值为 $Ra2.5 \sim 0.63\mu$m。

（三）轴类零件的材料和毛坯

1. 轴类零件的材料

一般轴类零件常用 45 钢，并根据工作条件不同采用不同的热处理工艺（如正火、调质、淬火等），以获得一定的强度、韧性和耐磨性。

对于中等精度、转速较高的轴类零件，可选用 40Cr 等合金结构钢。这类钢经调质和表面淬火处理后，具有较高的综合力学性能。精度较高的轴，有时还用轴承钢 GCr15 和弹簧钢 65Mn 等材料，它们通过调质和表面淬火处理后，具有更高的耐磨性和耐疲劳性能。

对于在高转速、重载荷等条件下工作的轴，可选用 20CrMnTi、20Mn2B、20Cr 等低碳合金钢或 38CrMoAlA 等渗氮钢。低碳合金钢经渗碳淬火处理后，具有很高的表面硬度、耐冲击韧性和心部强度，但热处理变形大。而渗氮钢经调质和表面渗氮后，有很高的心部强度、优良的耐磨性和耐疲劳性能，热处理变形却很小。

2. 轴类零件的毛坯

轴类零件最常用的毛坯是圆棒料和锻件。只有某些大型或结构复杂的轴才采用铸件。锻件具有较高的抗拉、抗弯及抗扭强度，故除了光轴、直径相差不大的阶梯轴可使用热轧和冷拉棒料外，一般比较重要的轴，大都采用锻件。

（四）轴类零件的一般加工工艺路线

轴类零件的主要表面是各个轴颈的外圆表面，空心轴的内孔精度一般要求不高，而精密主轴上的螺纹、花键、键槽等次要表面的精度要求则比较高。因此，轴类零件的加工工艺路线主要是考虑外圆的加工顺序，并将次要表面的加工合理地穿插其中。下面是生产中常用的不同精度、不同材料的轴类零件加工工艺路线：

1. 一般渗碳钢的轴类零件加工工艺路线

备料→锻造→正火→钻中心孔→粗车→半精车、精车→渗碳（或碳氮共渗）→局部淬火、低温回火→粗磨→次要表面加工→精磨。

2. 一般精度调质钢的轴类零件加工工艺路线

备料→锻造→正火（退火）→钻中心孔→粗车→调质→半精车、精车→局部表面淬火、回火→粗磨→次要表面加工→精磨。

3. 精密渗氮钢轴类零件的加工工艺路线

备料→锻造→正火（退火）→钻中心孔→粗车→调质→半精车、精车→低温时效→粗磨→渗氮处理→次要表面加工→精磨→光整。

4. 整体淬火轴类零件的加工工艺路线

备料→锻造→正火（退火）→钻中心孔→粗车→调质→半精车、精车→次要表面加工→整体淬火→粗磨→低温时效→精磨。

由此可见一般精度轴类零件，最终工序采用精磨就足以保证加工质量，而对于精密轴类零件，除了精加工外，还应安排光整加工。对于除整体淬火之外的轴类零件，其精车工序可根据具体情况不同，安排在淬火热处理之前进行，或安排在淬火热处理之后、次要表面加工之前进行。应该注意的是，经淬火后的部位，不能用普通刀具切削，所以一些沟、槽、小孔等须在淬火之前加工完。

二、轴类零件加工工艺过程及其分析

在生产中经常会遇到轴类零件加工工艺的编制。现以比较常见的阶梯轴为例介绍轴类零件的加工工艺的编制。

1. 阶梯轴的技术要求

由于使用条件的不同，轴类零件的技术要求不完全相同。图6-2所示剖分式减速箱传动轴的主要技术要求为：

（1）尺寸精度 传动轴的支承轴颈 E、F 是装配基准，它的制造精度直接影响到传动轴部件的旋转精度，故对它提出很高的技术要求，该轴的支承轴颈尺寸精度为IT6，配合轴颈 M、N 的尺寸精度也为IT6。

（2）形状精度 该轴形状公差均未注出，一般限制在直径公差范围之内即可。

（3）位置、方向和跳动精度 配合轴颈对支承轴颈一般有径向圆跳动或同轴度要求，装配定位用的轴肩对支承轴颈一般有轴向圆跳动或垂直度要求。该轴的径向圆跳动和轴向圆跳动公差均为 0.02mm。

（4）表面粗糙度 轴颈的表面粗糙度值 Ra 应与尺寸公差等级相适应。该轴的轴颈和定位轴肩值均为 $Ra0.8\mu m$，键槽两侧面为 $Ra3.2\mu m$，其余表面为 $Ra6.3\mu m$。

（5）热处理　轴的热处理根据其材料和使用要求确定。对于传动轴，正火、调质和表面淬火用得较多。该轴要求调质处理。

由以上分析可知，传动轴的支承轴颈、配合轴颈的尺寸精度、几何精度要求较高，这是传动轴加工中的关键。

2. 阶梯轴加工工艺过程

下面以剖分式减速箱传动轴（见图 6-2）的加工工艺过程为例，介绍阶梯轴的典型工艺过程。

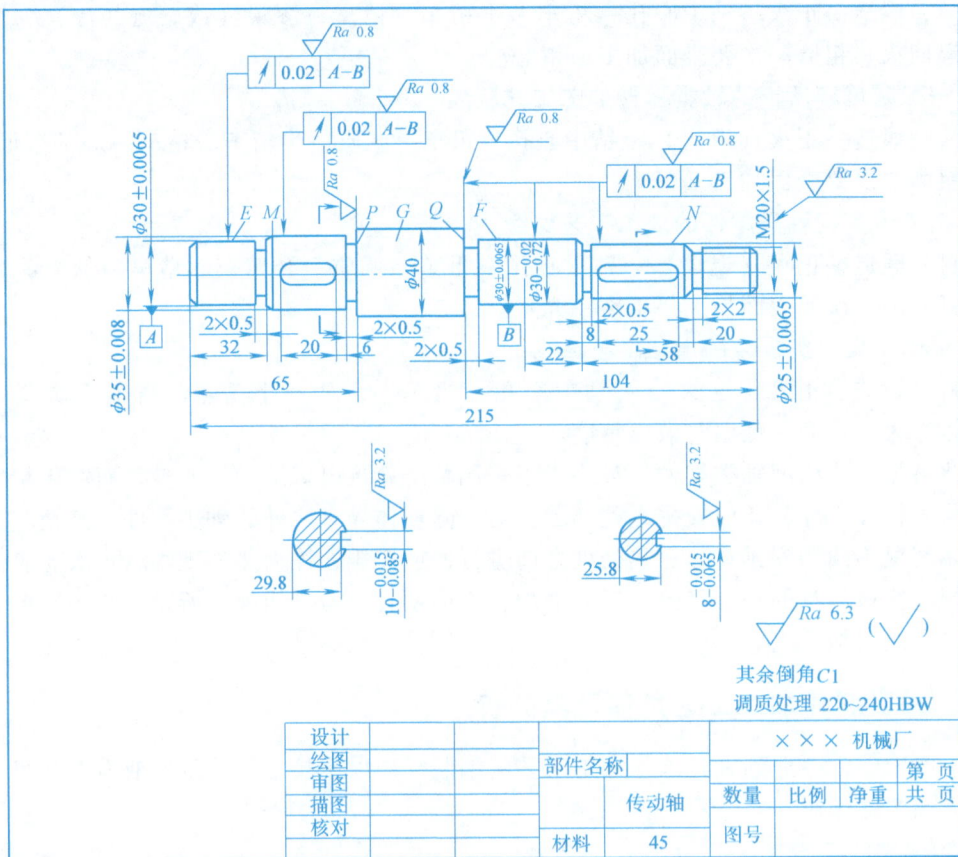

图 6-2　剖分式减速箱传动轴

该传动轴的材料为 45 钢，由于各外圆直径相差不大，且为小批量生产，其毛坯可选择热轧圆棒料。该传动轴应首先车削成形，对于精度较高，表面粗糙度值较小的外圆 E、F、M、N 和轴肩 P、Q，在车削之后还应磨削。车削和磨削时以两端的中心孔作为精基准定位，中心孔可在粗车之前加工。因此，该传动轴的工艺过程主要有加工中心孔，粗车，半精车和磨削四个阶段。

要求不高的外圆在半精车时加工到规定尺寸。退刀槽，越程槽，倒角和螺纹在半精车时加工。键槽在半精车之后进行划线和铣削。调质处理安排在粗车和半精车之间，调质后要修研一次中心孔，以消除热处理变形和氧化皮。在磨削之前还应修研中心孔，进一步提高定位精基准的精度。

综合上述分析，传动轴的工艺过程如下：下料→车两端面、钻中心孔→粗车各外圆→调质→修研中心孔→半精车各外圆、切槽、倒角→车螺纹→划键槽加工线→铣键槽→修研中心孔→磨削→检验。传动轴工艺过程卡见表 6-1。

表 6-1 传动轴工艺过程卡

工序号	工种	工序内容	加工简图	设备
1	下料	ϕ45mm×220mm		锯床
2	车	车端面见平，钻中心孔；调头，车另一端面，保证总长215mm，钻中心孔		车床
3	车	粗车三个台阶，直径上均留余量3mm；调头，粗车另一端三个台阶直径上均留余量3mm		车床
4	热	调质，220~240HBW		
5	（钳）	修研两端中心孔		车床

（续）

工序号	工种	工序内容	加工简图	设备
6	车	半精车三个台阶，$\phi40$mm 车到图样规定尺寸，其余直径上留余量 0.5mm；切槽 2mm×0.5mm 两个，倒角 $C1$ 两个。调头，半精车余下的三个台阶，其中螺纹台阶车到 $\phi20_{-0.2}^{-0.1}$mm，直径上留余量 0.5mm；切槽 2mm×0.5mm 两个，2mm×2mm 一个；倒角 $C1$ 两个，$C1.5$ 一个		车床
7	车	车螺纹 M20×1.5		车床
8	钳	划两个键槽加工线		
9	铣	铣两个键槽，机用虎钳装夹		立铣
10	（钳）	修研两端中心孔		车床

（续）

工序号	工种	工序内容	加工简图	设备
11	磨	磨外圆 E、M 到图样规定尺寸，靠磨轴肩 P；调头，磨外圆 F、N 到图样规定尺寸，靠磨轴肩 Q	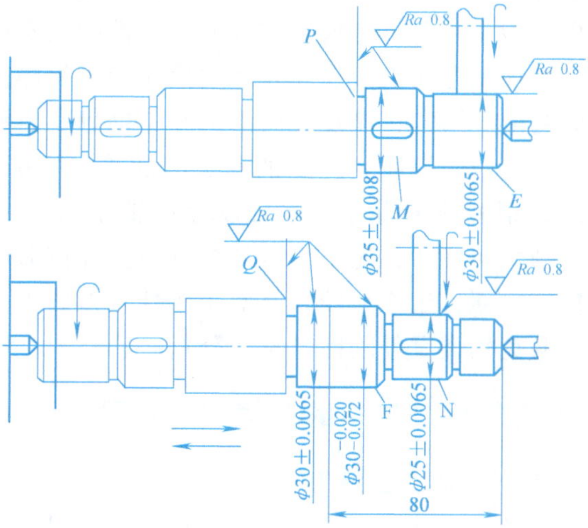	外圆磨床
12	检	检验	按图样技术要求项目检验	

3. 轴类零件加工工艺过程分析

从以上工艺过程可以看出，制订轴类零件工艺过程需要考虑以下问题：

（1）合理选择定位基准　轴类零件加工时的定位基准，最常用的是中心孔。因为轴类零件各外圆表面、锥孔、螺纹表面的同轴度要求，以及定位轴肩对轴线的垂直度要求是其相互位置精度的主要项目，而这些表面的设计基准一般都是轴线，如果用两中心孔定位，就能符合基准重合原则。而且用中心孔定位，能够最大限度地在一次装夹中加工出多个外圆和台肩，这也符合基准统一原则。所以，只要可能就应尽量采用中心孔作为轴类零件加工的定位基准。

当不能用中心孔定位时，或是粗加工时为了提高零件的刚度，可采用轴的外圆表面作为定位基准，或是以外圆表面和中心孔作为轴类零件加工的定位基准。

如果是空心轴，为了能在通孔加工后继续用中心孔定位，一般都采用带有中心孔的锥堵或锥堵心轴定位。

（2）合理安排热处理工序　轴类零件的热处理要根据轴类零件的材料和要求确定。在轴类零件加工过程中，应合理安排足够的热处理工序，以保证轴类零件的力学性能及加工精度要求，并改善材料的切削加工性能。

（3）划分加工阶段　由于轴类零件常常是多阶梯且带有孔的零件，在加工过程中要切除大量的余量，会引起残余应力重新分布而产生变形，应将轴类零件的加工过程按粗、精加工分开的原则划分阶段，并在加工阶段之间安排相应的热处理工序，使得粗加工和半精加工中产生的变形和误差在下阶段中予以消除和纠正。最好粗、精加工阶段之间间隔一些时间，让上道工序产生的内应力逐步消失。

（4）合理安排工序顺序　轴类零件各表面的加工顺序，在很大程度上与定位基准的转换有关，当粗、精基准选定后，加工顺序就大致确定了。因为各阶段加工开始时总是先加工基准面，后加工其他面，这样有利于加工时有比较精确的定位基准面，以减小定位误差，保证加工质量。其次，安排加工顺序时，先粗后精，主要表面的精加工安排在最后。第三，热处理工序安排要适当。为改善金属组织和加工性能而安排的热处理，如退火、正火等，一般应安排在机械加工之前；为提高零件的力学性能而安排的热处理，如调质，一般应安排在粗加工之后，精加工之前。为提高表面硬度而安排的淬火应安排在粗磨之前，渗氮安排在粗磨之后，精磨之前。第四，淬硬表面上的孔、槽等表面的加工，应在淬火之前完成，淬火后要安排修正工序；对非淬硬表面上的孔、槽加工尽可能往后安排，一般应放在外圆精车（或粗磨）之后，精磨前进行。这样可以保证精车的连续切削，不产生振动和不易损坏刀具；在轴类零件刚性较好时，先车小直径外圆表面并按顺序向大直径处加工，然后调头车大端外圆，这样比较方便，生产率较高；对于刚性较差的轴类零件，则应先车大直径外圆后车小直径外圆，以避免轴类零件刚性过早地降低。

三、轴类零件加工中的关键工艺问题

1. 锥堵和锥堵心轴的使用

对于空心轴类零件，在深孔加工完后，为了尽可能使各工序的定位基准统一，一般采用锥堵或锥堵心轴的中心孔作为定位基准。当轴类零件锥孔锥度小时，适于采用锥堵；当锥孔锥度较大时，应采用锥堵心轴。图 6-3 和图 6-4 所示分别为锥堵和锥堵心轴的简图。

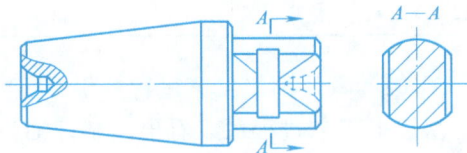

图 6-3　锥堵

使用锥堵或锥堵心轴时应注意：

1）一般不中途更换或重新安装，以避免多次更换或安装引起的误差。

2）使用锥堵心轴时，两个锥堵的锥面要求同轴，否则螺母拧紧后会使工件变形。

3）安装锥堵或者锥堵心轴时，不能用力过大，尤其是对壁厚较薄的空心主轴，以免引起变形。使用塑料或尼龙制的心轴效果良好。

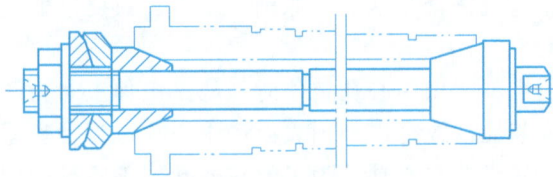

图 6-4　带有锥堵的拉杆心轴

2. 中心孔的研磨

两端中心孔（或两端孔口 60°倒角）的质量好坏，对加工精度影响很大，应尽量做到两端中心孔轴线相互重合，孔的锥角要准确，它与顶尖的接触面积要大（精磨工序要达到 75%以上，光整加工要求达到 80%以上），表面粗糙度值要小，否则装夹于两顶尖间的轴在加工过程中将因接触刚度的变化而出现圆度误差。因此，保证两端中心孔的质量，是轴类零件加工中的关键之一。

中心孔在使用中的磨损及热处理后的变形都会影响加工精度。因此，在热处理之后，磨削加工之前，应安排修研中心孔工序，以消除误差。常用的修研方法是用铸铁顶尖、磨石或橡胶顶尖、硬质合金顶尖以及用中心孔磨床加研磨剂修研。前两种的修研精度高，表面粗糙度值小。铸铁顶尖修研适于修正尺寸较大或精度要求特别高的中心孔，但效率低，一般不多采用；硬质合金顶尖修研精度较高，表面粗糙度值小，工具寿命较长，修研效率比磨石高，一般轴类零件的中心孔可采用此法修研。成批生产中常用中心孔磨床修磨中心孔，精度和效

率都较高。

此外，对于精度和表面粗糙度要求较严格的中心孔，可先选用硬质合金顶尖修研，然后再用磨石或橡胶砂轮顶尖研磨；也可把研磨用的铸铁顶尖与磨床顶尖在机床一次调整中加工出来，然后，用这个与磨床顶尖尺寸相同的铸铁顶尖在磨床上来修研工件上的中心孔。这样可以保证工件中心孔与磨床顶尖很好配合，以提高定位精度。实践证明，中心孔经这样修磨后，加工出的外圆表面圆度误差、同轴度误差可减小到 0.001~0.002mm。

3. 深孔加工

零件孔的长径比 $L/D \geqslant 5$ 时，就属于深孔。由于深孔加工工艺性很差，故安排加工顺序及具体加工方法时要考虑一些特殊的问题

首先，深孔加工应安排在调质以后及外圆表面粗车或半精车之后，既可以避免调质引起的变形对孔轴心线直线度精度的影响，又可以为深孔加工提供一个较精确的定位基准。其次，深孔加工中，应采用工件旋转，刀具送进的方式，以使工件的回转中心与机床主轴回转中心相一致。刀杆要有支承，刀头应有导向块，以保证孔轴线的直线度精度。刀具常采用分屑和断屑措施，切削区利用喷射法进行充分冷却，并使切屑顺利排出。

第二节 套类零件加工

一、概述

1. 套类零件的功用和结构特点

套类零件是机械加工中经常碰到的一类零件，其应用范围很广。套类零件通常起支承和导向作用。由于功用不同，套类零件的结构和尺寸有很大差别，但结构上仍有共同的特点：零件的主要表面为同轴度要求较高的内外回转面；零件的壁厚较薄易变形；长径比 $L/D>1$ 等。图 6-5 所示为常见套类零件的示例。

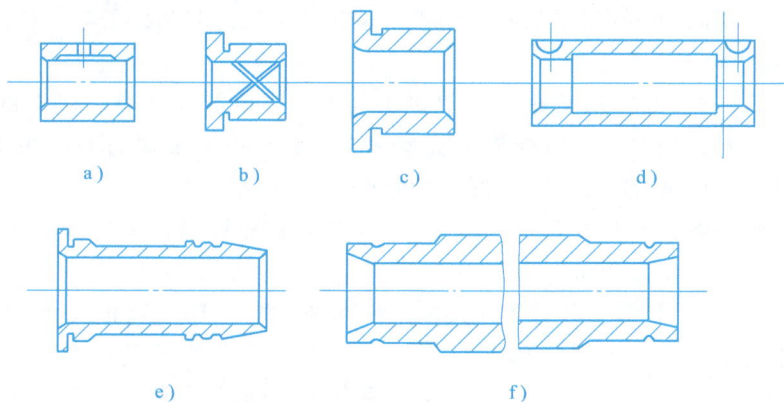

图 6-5 套类零件示例
a、b）滑动轴承 c）钻套 d）轴承衬套 e）气缸套 f）液压缸

2. 套类零件的技术要求

（1）尺寸精度 内孔是套类零件起支承或导向作用的主要表面，它通常与运动着的轴、刀具或活塞等相配合。内孔直径的尺寸精度一般为 IT7，精密轴套有时取 IT6，液压缸由于

与其相配合的活塞上有密封圈，要求较低，一般取IT9。

外圆表面一般是套类零件本身的支承面，常以过盈配合或过渡配合同箱体或机架上的孔连接，外径的尺寸精度通常为IT6~IT7，也有一些套类零件外圆表面不需加工。

（2）形状精度 内孔的形状精度应控制在孔径公差以内，有些精密轴套控制在孔径公差的1/2~1/3，甚至更严。对于长的套类零件除了圆度要求外，还应注意孔的圆柱度要求。外圆表面的形状精度控制在外径公差以内。

（3）位置、方向和跳动精度 当内孔的最终加工是在装配后进行时（如连杆小端衬套），套类零件内外圆之间的同轴度要求较低，若最终加工是在装配前完成，则要求较高，一般为0.01~0.05mm。当套类零件的外圆表面不需加工时，内外圆之间的同轴度要求很低。

当套类零件端面在工作中承受载荷或不承受载荷但加工中是作为定位基准面时，套类零件孔轴线与端面的垂直度要求较高，一般为0.01~0.05mm。

（4）表面粗糙度 为保证套类零件的功用和提高其耐磨性，内孔表面粗糙度值为$Ra2.5~0.16\mu m$，有的要求更高达$Ra0.04\mu m$。外径的表面粗糙度达$Ra5~0.63\mu m$。

3. 套类零件的材料和毛坯

套类零件一般选用钢、铸铁、青铜或者黄铜等材料。有些滑动轴承采用在钢或铸铁套的内壁上浇铸巴氏合金等轴承合金材料，这样既可节省贵重金属，又能提高轴承的寿命。

套类零件的毛坯选择与其材料、结构和尺寸等因素有关。孔径较小（如$D<20mm$）的套类零件一般选择热轧或冷拉棒料，也可采用实心铸铁。孔径较大时，常采用无缝钢管或带孔的空心铸件和锻件。大量生产时可采用冷挤压和粉末冶金等先进的毛坯制造工艺，既可提高生产率，又可节约材料。

二、套类零件加工工艺及其分析

套类零件由于功用、结构形状、生产批量、材料、热处理以及加工质量要求的不同，其工艺上差别很大。现以图6-6所示的某发动机中轴套的加工工艺为例予以分析。

1. 轴套件的结构与技术要求

该轴套在中温（300℃）和高速（约10000~15000r/min）下工作，轴套的内圆柱面A、B及端面D和轴配合，表面C及其台肩和轴承配合，轴套内腔及端面D上的8个槽是冷却空气的通道，8个$\phi10mm$的孔用以通过螺钉和轴连接。

轴套从结构上来看，各个表面并不复杂，但从零件的整体结构来分析，则是一个刚度很低的薄壁件，最小壁厚仅为2mm。

从精度方面来看，主要工作表面的公差等级是IT5~IT8，表面C的圆柱度公差为0.005mm，工作表面的粗糙度值为$Ra0.63\mu m$，非配合表面的粗糙度值为$Ra1.25\mu m$（在高转速下工作，为提高抗疲劳强度）。平行度、垂直度、圆跳动等，均在0.01~0.02mm范围内。

该轴套的材料为高合金钢40CrNiMoA，要求淬火后回火，保持硬度为285~321HBW，最后要进行表面氧化处理。毛坯采用模锻件。

2. 轴套加工工艺过程

表6-2是成批生产条件下，加工该轴套的工艺过程。

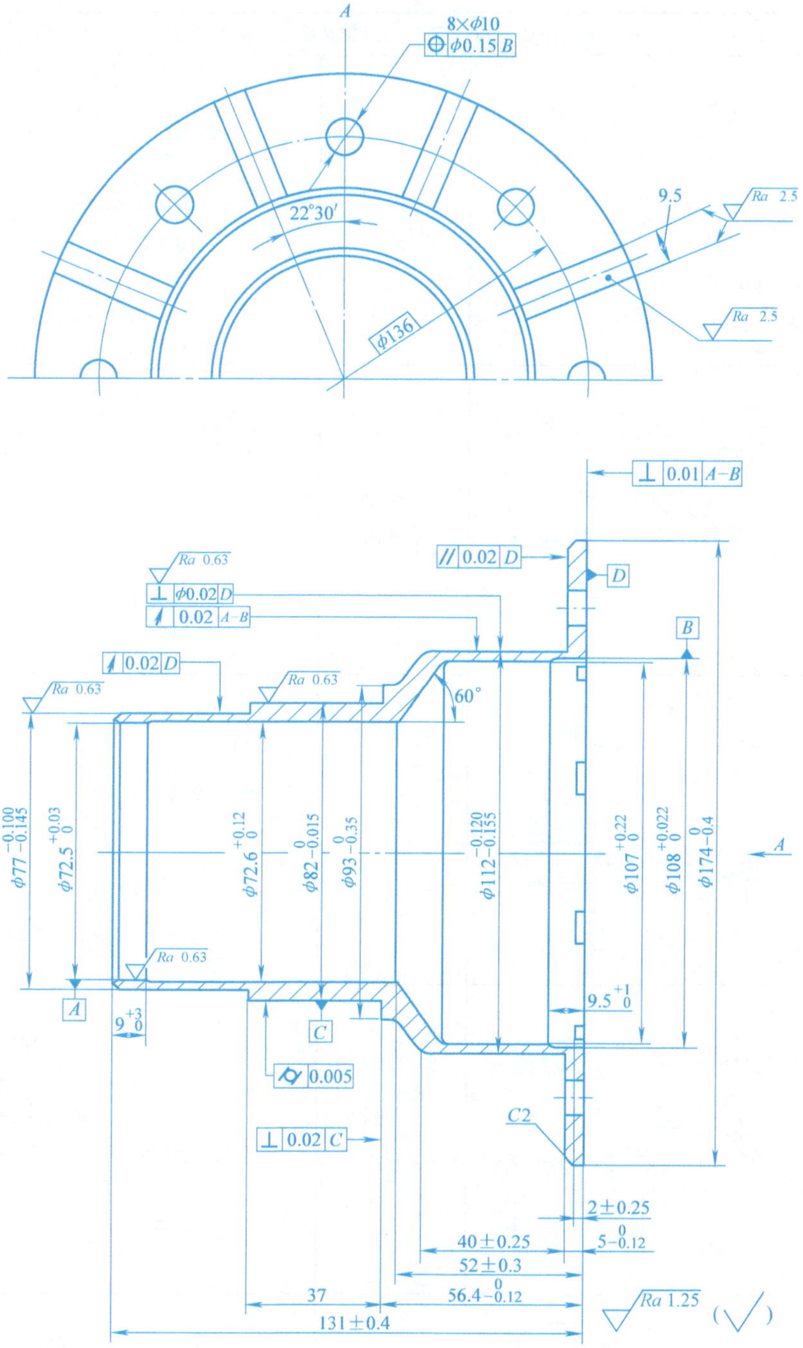

图 6-6 轴套

3. 轴套加工工艺分析

该轴套是一个薄壁件，刚性很差。同时，主要表面的精度高，加工余量较大。因此，轴套在加工时需划分成三个阶段加工，以保证低刚度时的高精度要求。工序 5~15 是粗加工阶段，工序 30~55 是半精加工阶段，工序 60 以后是精加工阶段。

表 6-2　轴套加工工艺过程

轴套工艺路线（符号 ⊽　定位基准，↓夹紧表面）		
工序 0 毛坯 模锻件		工序 35 半精车外圆	
工序 5 粗车小端		工序 40 磨外圆	
工序 10 粗车大端 及内孔		工序 45 钻孔	
工序 15 粗车外圆 注：工序 20 为中检工序 25 为热处理 285～321HBW		工序 50 半精镗内腔表面	
工序 30 车大端及 外圆、内腔		工序 55 铣槽	

（续）

轴套工艺路线 （符号 ⌄ 定位基准，↓夹紧表面）	
工序 60 磨内孔及端面	工序 65 磨外圆 注：工序 70 为磁力探伤 工序 75 为终检 工序 80 为氧化

毛坯采用模锻件，因内孔直径不大，不能锻出通孔，所以余量较大。

（1）工序 5、10、15 这三个工序组成粗加工阶段。

工序 5 采用大外圆及其端面作为粗基准。因为大外圆的外径较大，易于传递较大的转矩，而且其他外圆的拔模斜度较大，不便于夹紧。工序 5 主要是加工外圆，为下一工序准备好定位基准，同时切除内孔的大部分余量。

工序 10 是加工大外圆及其端面，并加工大端内腔。这一工序的目的是切除余量，同时也为下一工序准备定位基准。

工序 15 是加工外圆表面，用工序 10 加工好的大外圆及其端面作定位基准，切除外圆表面的大部分余量。

粗加工采用三个工序，用互为基准的方法，使加工时的余量均匀，并使加工后的表面位置比较准确，从而使以后工序的加工得以顺利进行。

（2）工序 20、25 工序 20 是中间检验。因下一工序为热处理工序，需要转换车间，所以一般应安排一个中间检验工序。工序 25 是热处理。因为零件的硬度要求不高（285～321HBW），所以安排在粗加工阶段之后进行，对半精加工不会带来困难。并且，有利于消除粗加工时产生的内应力。

（3）工序 30、35、40 工序 30 的主要目的是修复基准。因为热处理后有变形，基准的原有精度遭到破坏。同时半精加工的要求较高，也有必要提高定位基准的精度。所以应把大外圆及其端面加工准确。另外，在工序 30 中，还安排了内腔表面的加工，这是因为工件的刚性较差，粗加工余量留得较多，所以在这里再加工一次，为后续精加工做好余量方面的准备。

工序 35 是用修复后的基准定位，进行外圆表面的半精加工，并完成外锥面的最终加工，其他表面留有余量，为精加工做准备。

工序 40 是磨削工序，其主要任务是建立辅助基准，提高 $\phi112\text{mm}$ 外圆的精度，为以后工序作定位基准用。

（4）工序 45、50、55 这三个工序是继续进行半精加工，定位基准均采用 $\phi112\text{mm}$ 外圆及其端面，这是用基准统一的方法保证小孔和槽的位置精度。为了避免在半精加工时产生过大的夹紧变形，所以这三个工序均采用 D 面做轴向压紧。

这三个工序在顺序安排上，钻孔应在铣槽以前进行，因为在保证孔和槽的角向位置时，用孔做角向定位比较合适。半精镗内腔也应在铣槽以前进行，其原因是在镗孔口时避免断续切削而改善加工条件，至于钻孔和半精镗内腔表面这两个工序的顺序，相互间没有多大影响，可任意安排。

在工序50和55中，由于工序要求的位置精度不高，所以虽然有定位误差存在，但只要在工序40中规定一定的加工精度，就可将定位误差控制在一定范围内，保证位置精度保证就不会产生很大的困难。

（5）工序60、65　这两个工序是精加工工序。对于外圆和内孔的精加工工序，一般常采用"先孔后外圆"的加工顺序，因为孔定位所用的夹具比较简单。

在工序60中，用 $\phi112$mm 外圆及其端面定位，用 $\phi112$mm 外圆夹紧。为了减小夹紧变形，故采用均匀夹紧的方法，在工序中对 A、B 和 D 面采用一次安装加工，其目的是保证垂直度和同轴度的要求。

在工序65中加工外圆表面时，采用 A、B 和 D 面定位，由于 A、B 和 D 面是在工序60中一次安装加工的，相互位置比较准确，所以为了保证定位的稳定可靠，采用这一组表面作为定位基准。

（6）工序70、75、80　工序70为磁力探伤，主要是检验磨削的表面裂纹，一般安排在机械加工之后进行。工序75为终检，检验工件的全部精度和其他相关要求。检验合格后的工件，最后进行表面保护处理（工序80，氧化）。

由以上分析可知，影响工序内容、数目和顺序的因素很多，而且这些因素之间彼此有联系。在制订零件加工工艺时，要进行综合分析。另外，不同零件的加工过程，都有其特点，主要的工艺问题也各不相同，因此要特别注意关键工艺问题的分析。如套类零件，主要是薄壁件，精度要求高，所以要特别注意变形对加工精度的影响。

三、盘套件加工工艺

图6-7为法兰盘的零件图。它是一种典型的盘套类零件，从其技术要求中可以看出，关

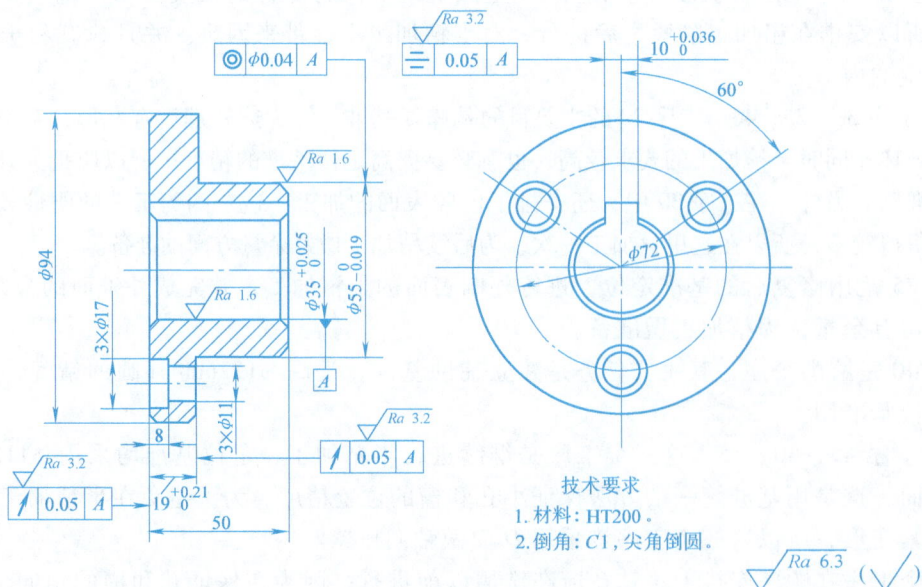

技术要求
1. 材料：HT200。
2. 倒角：$C1$，尖角倒圆。

图 6-7　法兰盘

键是要保证 $\phi55\text{mm}$ 外圆表面对 $\phi35\text{mm}$ 内孔基准轴线的同轴度以及两端面对 $\phi35\text{mm}$ 内孔基准轴线的端面圆跳动要求。由于各表面粗糙度值均在 $Ra1.6\mu\text{m}$ 以上，故可在车床上加工，然后再加工小孔与槽，其加工工艺过程见表 6-3。此工艺过程既使粗、精加工分开，又较好地保证了加工精度。

表 6-3　法兰盘工艺过程（小批生产）

工序号	工种	工序内容	加工简图	设备
1	铸	铸造毛坯		
2	热	退火		
3	车	三爪自定心卡盘夹小端，粗车大端面见平，粗车大外圆至 $\phi96\text{mm}$		车床
		调头夹大端，粗车小端面保证总长 52mm，粗车小外圆至 $\phi57\text{mm}$ 长 31.7mm，粗镗孔至 $\phi33\text{mm}$		
		精车小端面保证总长 50.5mm，精镗孔至 $\phi35^{+0.025}_{0}$ mm，精车小外圆至 $\phi55^{0}_{-0.019}$ mm，精车台阶端面保证小外圆长 31mm。小端内、外倒角 $C1$，大端内倒角 $C2$		
4	车	顶尖、心轴装夹，精车大外圆至 $\phi94\text{mm}$，精车大端面保证 $\phi94\text{mm}$ 外圆长 $19^{+0.21}_{0}$ mm，倒角 $C1$		

（续）

工序号	工种	工序内容	加工简图	设备
5	钳	划内键槽线，划三个台阶孔中心线及孔线		
6	钳	三爪自定心卡盘装夹，钻三个 $\phi11mm$ 通孔，锪三个 $\phi17mm$ 台阶孔，深度为8	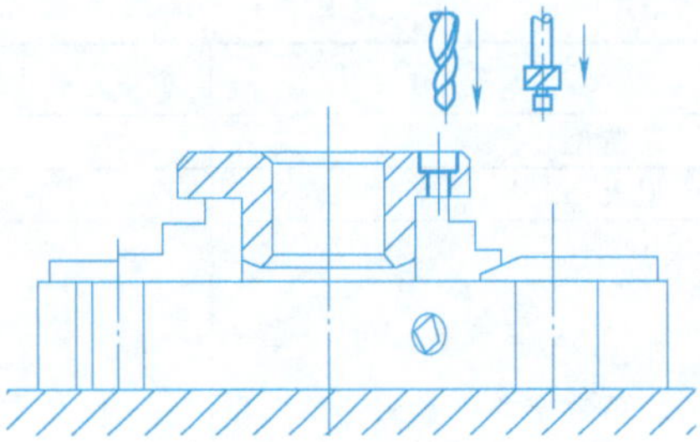	立钻
7	插	插键槽到图样规定的尺寸	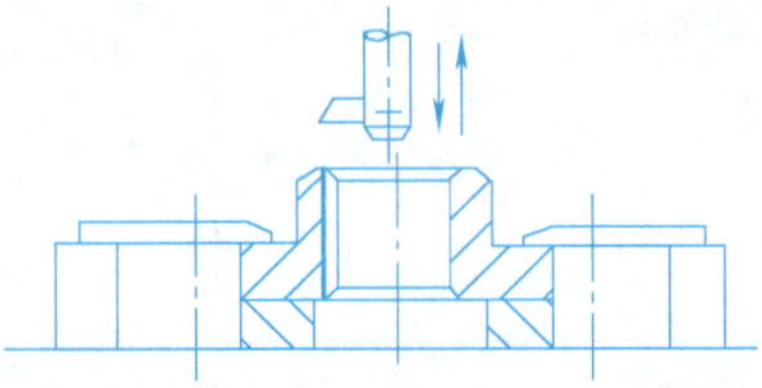	插床
8	钳	去内键槽毛刺		
9	检	检验		

四、套类零件加工中的关键工艺问题

为防止夹紧力、切削力、内应力、切削热等因素对加工精度的影响，套类零件加工中应注意以下关键工艺问题：

1）为减少切削力和切削热的影响，粗、精加工应分开进行，使粗加工中产生的变形在精加工中得到纠正。

2）尽量采用轴向夹紧，如采用径向夹紧应使径向夹紧力均匀，以减小夹紧变形对加工精度的影响。采用过渡套或弹簧套可使夹紧力基本均匀，从而减小受力变形。

3）热处理工序应安排在粗、精加工之间，以使热处理变形在精加工中得到纠正。套类零件一般经热处理后变形较大，所以精加工的余量应适当放大。

4）中小型套类零件的内外圆表面及端面，应尽量在一次安装中加工出来，以减少基准转换和多次装夹带来的加工误差，如表6-3中法兰盘工艺过程中工序3精车小端面、精镗孔及精车外圆等。

5）在安排内孔和外圆表面加工顺序时，应尽量采用先加工内孔，然后以内孔定位加工外圆表面的加工顺序。以心轴定位，简单、可靠、稳定，易于保证加工精度。对于长套类零件，为保证内外圆的同轴度要求，可先加工外圆，加工外圆时，一般与空心轴装夹相似，两端用顶尖顶住或一头夹紧一头用顶尖顶住，然后以外圆定位来最终加工内孔。采用这种方法时，工件装夹迅速，但由于工件较长，欲获得较高的同轴度精度，必须采用定心精度高的夹具，如弹簧膜片卡盘、修磨过的三爪自定心卡盘或软爪卡盘等夹具。

第三节 箱体类零件加工

一、概述

1. 箱体零件的功用与结构特点

箱体零件是机器的基础件之一。由它将一些轴、套和齿轮等零件组装在一起，保持正确的相互位置关系，并且能按照一定的传动要求传递动力和运动，构成机器的一个重要部件。因此，箱体的加工质量对机器的精度、性能和寿命都有一定的影响。

各种箱体零件的尺寸和结构形式虽有所不同，它们在机器中所起的作用也不同，但仍有许多共同的特点：箱体的结构一般比较复杂，箱体外面都有许多平面和孔，内部呈腔形，壁薄且不均匀，刚度较低，加工精度要求较高，特别是轴承孔和基准平面的精度要求更高。因此，一般来说，箱体不仅需要加工的部位较多，且加工的难度也较大。图6-8所示为几种箱体的结构简图。

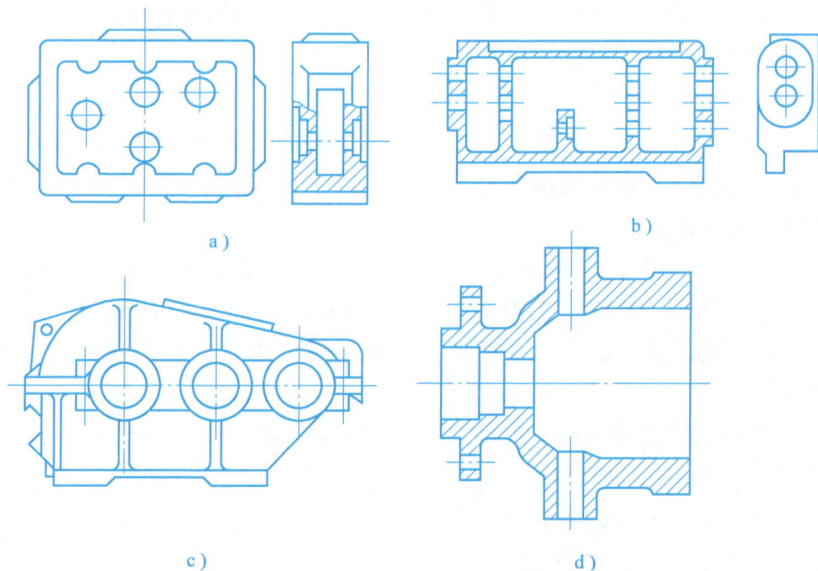

图 6-8 几种箱体的结构简图

a）组合机床主轴箱 b）车床进给箱 c）分离式减速箱 d）泵壳

2. 箱体零件的主要技术要求

1）箱体上的孔大都是轴承支承孔，加工质量要求较高，否则，孔本身的尺寸误差和几何误差会使轴承与孔配合不良，使轴的旋转精度降低；有齿轮啮合关系的平行孔之间，应有一定孔距尺寸精度和平行度要求，否则，齿轮的啮合精度降低，工作时会产生过大的振动和噪声，并降低齿轮的寿命；同轴线上的孔应有一定的同轴度要求，否则，不仅轴的装配困难，而且使轴的运转情况恶化，轴承的磨损加剧，温升增高，影响机器设备的精度和正常运转。

2）箱体的装配基准面和加工中的定位基准面应有较高的平面度和较小的表面粗糙度值要求。否则，箱体在与机器总装时，影响接触精度和相互位置精度；箱体在加工中，影响定位精度，并使轴孔的加工精度降低。

3）各支承孔与装配基准面之间应有一定的尺寸精度和平行度要求，与端面应有一定的垂直度要求；各平面与装配基准面之间也应有一定的平行度和垂直度要求。否则，同样会影响机器设备的性能与精度。

综上所述，箱体的技术要求根据箱体的工作条件和使用性能的不同而有所不同。一般箱体为：轴孔的尺寸公差等级为 IT6~IT7，圆度公差不超过孔径公差的一半，表面粗糙度值为 $Ra0.8~0.4\mu m$。作为装配基准和定位基准的重要平面的平面度要求较高，表面粗糙度值为 $Ra5~0.63\mu m$。

3. 箱体零件的材料和毛坯

由于铸铁容易成形、切削性能好、价格低廉，且吸振性和耐磨性也比较好，因此，一般箱体零件的材料大都采用铸铁，其牌号根据需要可选用 HT200~HT400，常用 HT200。某些负荷大的箱体采用铸钢件。单件小批生产情况下，为了缩短生产周期，可采用钢板焊接。在某些特定条件下，可采用其他材料，如飞机上的铝镁合金箱体。

铸件毛坯的加工余量视生产批量而定，单件小批生产时，一般采用木模手工造型，毛坯的精度低，加工余量较大；而大批量生产时，通常采用金属模机器造型，毛坯的精度较高，加工余量可适当减少。单件小批生产直径大于 50mm 的孔，成批生产直径大于 30mm 的孔，一般都应在毛坯上铸出预制孔，以减少加工余量。

4. 箱体零件的结构工艺性

箱体的结构复杂，加工表面数量多，要求高，机械加工量大。因此，箱体机械加工的结构工艺性对提高产品质量、降低成本和提高劳动生产率都有重要意义。箱体机械加工的结构工艺性要注意以下几方面的问题：

（1）基本孔 箱体的基本孔可分为通孔、阶梯孔、不通孔和交叉孔等几类。最常见的孔为通孔，其工艺性最好，特别是 $L/D \le 1$ 的短圆柱孔。而 $L/D > 5$ 的深孔，其工艺性就很不好，特别是深孔加工精度要求较高、表面粗糙度值要求较小时，加工就比较困难。箱体上的孔大多为短圆柱孔。

阶梯孔的工艺性较差。孔径相差越小工艺性越好；孔径相差越大且其中最小孔又很小时，则工艺性更差。

相贯通的交叉孔的工艺性也较差。如图 6-9a 所示，$\phi100mm$ 孔与 $\phi70mm$ 孔贯通相交，加工 $\phi100mm$ 孔，当刀具走到贯通部分时，由于刀具径向受力不均，会使孔的轴线偏移。为保证加工质量，$\phi70mm$ 孔不铸通（见图 6-9b），当 $\phi100mm$ 孔加工完后再加工 $\phi70mm$ 孔，以保证 $\phi100mm$ 孔的加工质量。

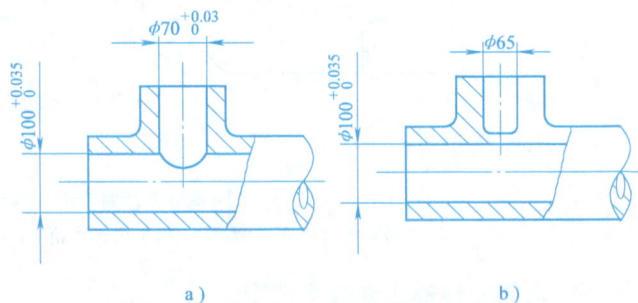

图 6-9 相贯通的交叉孔的工艺性
a) 交叉孔 b) 交叉孔毛坯

当加工孔口有缺口的孔时，可先将缺口补齐，或者在结构允许时，将缺口处的直径放大一些（见图 6-10）。

不通孔的工艺性最差，因此常将箱体上的不通孔钻通而改成阶梯孔，以改善其工艺性，或者尽量避免出现不通孔。

（2）同轴线上的孔 同一轴线上的孔其孔径的大小应向一个方向递减，这样可使镗孔时，镗杆从一端伸入，逐个加工或同时加工同轴线上的孔，以保证较高的质量和生产率

（见图 6-11a）。

同轴线上孔的直径大小从两边向中间递减，可使刀杆从两边进入箱体加工同轴线上的各孔，这样，不仅缩短了镗杆长度，提高了镗杆的刚性，而且为双面同时加工提供了条件，大批大量生产时具有较好的结构工艺性（见图 6-11b）。

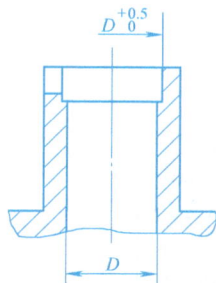

图 6-10　缺口孔的工艺性

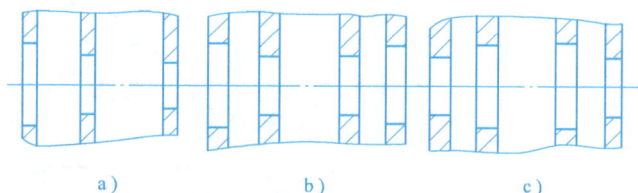

图 6-11　同轴线上孔径的排列方式
a）孔径大小单向排列　b）孔径大小双向排列　c）孔径大小无规则排列

同轴线上的孔应尽量避免中间隔壁上的孔径大于外壁上的孔径。因为加工这种孔时，要将刀杆伸进箱体装刀对刀，结构工艺性差（见图 6-11c）。

（3）箱体的内端面　箱体的内端面加工比较困难，如果结构上要求必须加工时，应尽可能使内端面的尺寸小于刀具所需穿过的孔加工前的直径，这样便于镗刀直接穿过该孔而到达加工端面处（见图 6-12）。

（4）箱体外壁上的凸台　这些需加工的凸台端面，应尽可能处在同一平面上，以便于在一次走刀中加工出来。

图 6-12　孔内端面的结构工艺性
a）外大内小（工艺性好）　b）外小内大（工艺性差）

（5）箱体上的装配基准面　箱体上的装配基准面尺寸应尽量大，形状应力求简单，以利于加工、装配和检验；箱体上的紧固孔、螺纹孔的尺寸规格应尽量一致，以减少换刀次数。

5. 箱体零件的一般加工工艺路线

中小批生产箱体零件加工工艺路线一般为：铸造毛坯→时效→油漆→划线→粗、精加工精基准面→粗、精加工各平面→粗、半精加工各主要孔→精加工主要孔→加工各次要孔（包括螺孔、紧固孔、油孔等）→去毛刺→清洗→检验。

大批量生产时工艺路线一般为：毛坯铸造→时效→油漆→粗、半精加工精基准面→粗、半精加工各平面→精加工精基准面→粗、半精加工主要孔→精加工主要孔→加工各次要孔（包括螺孔、紧固孔、油孔等）→精加工各平面→去毛刺→清洗→检验。

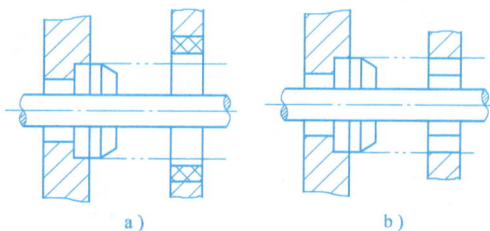

二、箱体零件加工工艺及其分析

箱体零件一般结构比较复杂，且壁厚不均、刚度较低、加工面较多、加工精度要求较高。确保箱体的加工精度是箱体加工中的主要工艺问题。

箱体上的加工表面主要是一些平面和支承轴孔。平面的加工质量通常较易保证，而精度要求较高的支承轴孔的尺寸与形状精度、孔与孔间、孔与平面间的位置精度则较难保证，往往成为加工的关键。图 6-13 所示为 CA6140 型车床主轴箱箱体简图。

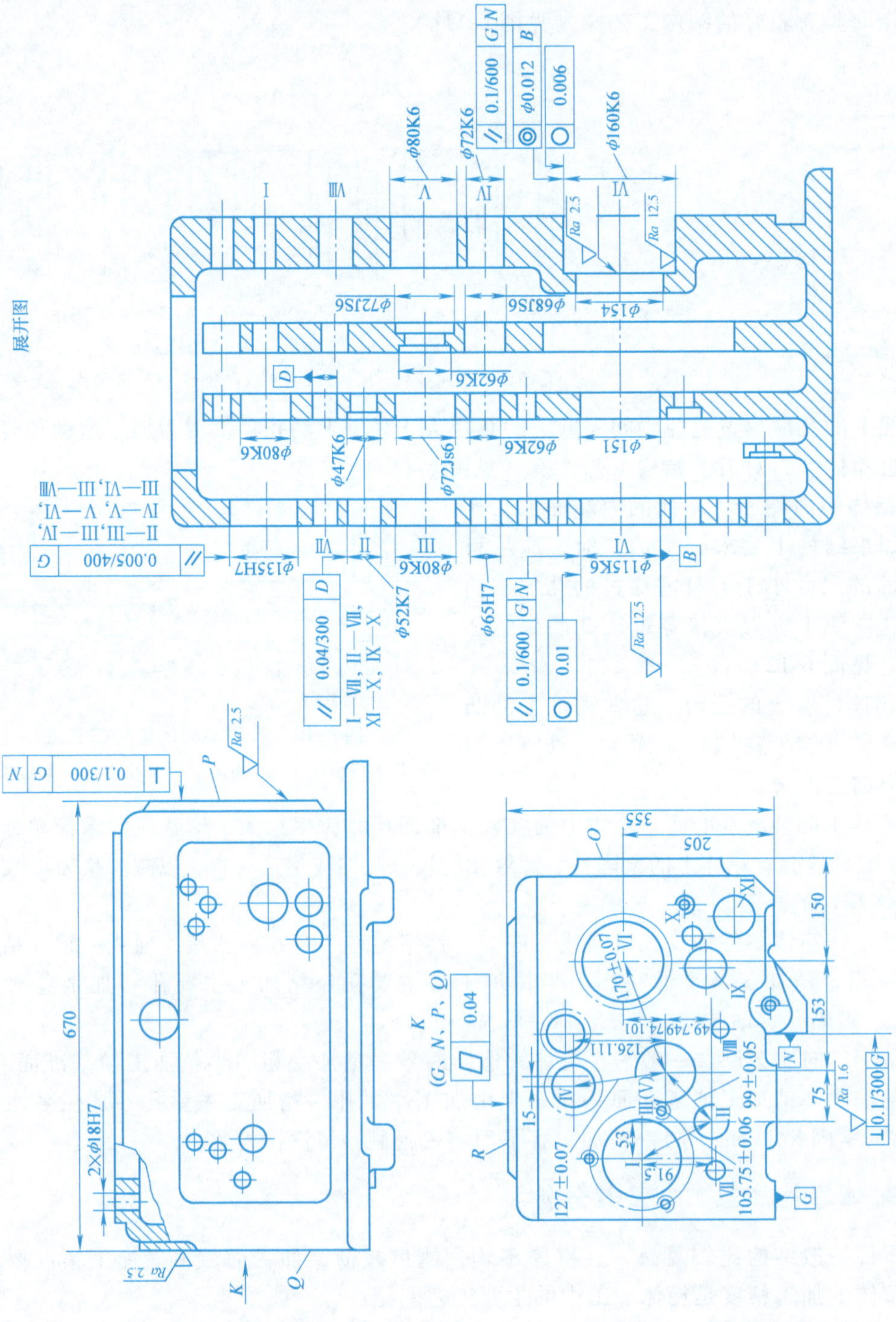

图 6-13　CA6140 型车床主轴箱箱体简图

（一）主轴箱箱体加工工艺过程

表 6-4、表 6-5 是不同生产批量的 CA6140 型车床主轴箱箱体加工工艺过程。

表 6-4　CA6140 型车床主轴箱箱体大批量生产工艺过程

序号	工　序　内　容	定位基准
1	铸造	
2	时效	
3	漆底漆	
4	铣顶面 R	Ⅵ轴和Ⅰ轴铸孔
5	钻、扩、铰 2×φ18H7，钻、攻 R 面上孔和 M8 螺孔	顶面 R、Ⅵ轴孔内壁一端
6	铣 G、N、O、P、Q 各面	一面两孔
7	磨顶面 R	G 面
8	粗镗纵向孔	一面两孔
9	精镗纵向孔	一面两孔
10	精、细镗Ⅵ轴孔	R 面、Ⅲ、Ⅴ轴孔
11	钻、扩、铰各横向孔	一面两孔
12	钻、扩 G、P、Q 面上孔	一面两孔
13	磨 G、N、O、P、Q 面	一面两孔
14	钳工去毛刺、清洗	
15	检验	

表 6-5　CA6140 型车床主轴箱箱体小批量生产工艺过程

序号	工　序　内　容	定　位　基　准
1	铸造	
2	时效	
3	漆底漆	
4	划线：保证主轴孔加工余量均匀；划 G、R、P 及 O 面加工线	
5	粗、精加工顶面 R	按线找正
6	粗、精加工 G、N 面及侧面 O	顶面 R 并校正主轴线
7	粗、精加工两端面 P、Q	G、N 面
8	粗、半精加工各纵向孔	G、N 面
9	精加工各纵向孔	G、N 面
10	粗、精加工横向孔	G、N 面
11	加工螺孔及次要孔	
12	钳工去毛刺、清洗	
13	检验	

（二）主轴箱箱体加工工艺分析

从上面两种工艺过程中可以看出，不同生产批量的箱体的加工工艺过程有其共性，也有其特殊性。

1. 加工中安排合适的热处理

箱体结构复杂，壁厚不均，毛坯铸造应力较大。为了消除内应力，保证箱体的尺寸稳定性，对于普通精度的箱体，毛坯铸造后要安排一次人工时效处理。对于高精度的箱体或形状特别复杂的箱体，在粗加工后再安排一次人工时效处理，以消除粗加工中产生的残余应力。对于特别精密的箱体零件，在机械加工阶段尚需安排较长时间的自然时效处理。

2. 各主要表面的粗、精加工分阶段进行

箱体零件结构复杂、刚度低、加工精度高，粗加工时，切削余量大，则切削力大，夹紧力大，切削热量大，工件受力、受热产生的应力和变形也大。因此，粗、精加工应分阶段进

行，精加工时可以减小夹紧力，并且中间可停留一段时间有利于应力消失，可以稳定精加工时获得的精度。同时还可以根据粗、精加工的不同要求合理地选用设备，及时发现毛坯缺陷，剔除废品，避免工时浪费。

3. 采取先加工平面，后加工轴孔的顺序

从表6-4、表6-5可以看出，箱体的加工顺序通常是先加工精基准平面，然后加工其基准孔。在同一加工阶段中，也是先加工平面，后加工平面上的孔。由于箱体上的孔大多分布在箱体外壁和中间隔壁的平面上，先加工平面，切除了铸件表面的凹凸不平及夹砂等缺陷，可减小钻头引偏量，防止扩、铰、镗刀等孔加工刀具崩刃，对刀、定位、调整也比较方便，为保证孔的加工精度创造了条件。

4. 先加工基准面，后加工其他面

箱体零件由于生产批量的大小不同，其定位基准的选择也存在比较明显的差异。

（1）精基准的选择　为便于保证箱体上孔与孔、孔与平面及平面与平面之间较高的位置精度要求，箱体加工应遵循"基准统一"原则选择精基准，使具有位置精度要求的大部分表面能用同一组精基准定位进行加工。此外，采用统一的定位基准，还有利于减少夹具设计与制造的工作量，缩短生产准备时间，降低成本。

在中小批生产中采用以装配基准面作为统一的定位基准面，这样使装配、加工都采用同一基准，既符合基准重合原则，又符合基准统一原则，定位精度和加工质量都容易得到保证。如表6-5中以G和N面作为精基准就属这种情况。但采用此种定位方式在加工图6-13所示箱体时，由于箱体内隔板上有孔需要加工，为了提高镗杆的刚度，需要有中间导向支承，由于箱体底部是封闭的，中间支承只能采用图6-14所示的吊架式镗模，吊架从箱体顶面开口处伸入箱体内，装卸非常不便，同时吊架刚性较差，制造和安装精度较低，经常装卸易产生误差，而且使工序的辅助时间增加。因此这种定位方式只适用于中小批生产。

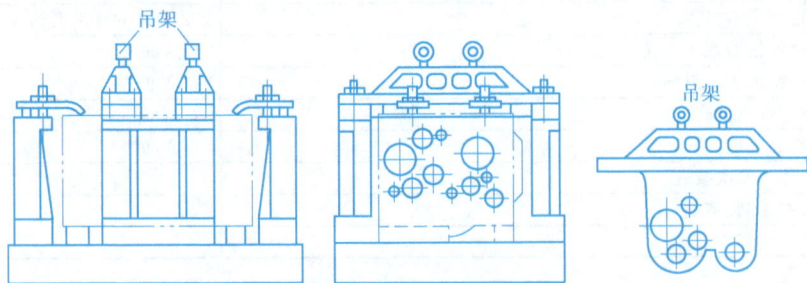

图6-14　吊架式镗模

大批量生产时，必须充分考虑生产率。这时，常采用一面两孔作为统一的定位基准面，使机床夹具结构简化、刚度提高，工件装卸快速方便。采用这种定位方式时，其中的定位平面最好是零件的设计基准或装配基准，这样，既符合基准重合原则，又符合基准统一原则。但在加工图6-13所示箱体时，为避免以底面定位时需采用吊架式镗模的缺点，只能以顶面作定位基准，此时箱体顶面向下，如图6-15所示，中间导向支承可直接装配在夹具体上，这

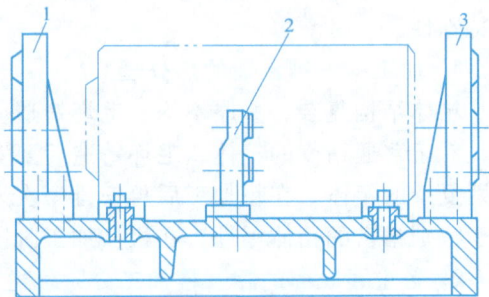

图6-15　用箱体顶面及两孔定位的镗模

1、3—镗模板　2—中间导向支承架

样夹具刚性好，有利于保证相互位置精度，装卸工件也方便，可减少辅助时间。因而提高了孔系的加工精度和生产率。由于定位基准和设计基准（装配基准）不重合，存在基准不重合误差影响定位精度，为此必须提高作为定位基准面的箱体顶面和两定位孔的加工精度。表6-4中，安排了磨顶面 R 的工序，严格控制 R 面的加工精度，以便保证箱体零件的加工质量。

（2）粗基准的选择　箱体零件的结构比较复杂，加工表面多，粗基准的选择是否合理，对各加工表面能否分摊到适当的加工余量及保证加工表面与不加工表面的相对位置精度有很大影响。生产中一般都选用主轴承孔和距主轴承孔较远的孔作为粗基准。这是因为铸造箱体毛坯时，形成主轴承孔、其他支承孔及箱体内壁的砂芯是装成一个整体安装到砂箱中的，它们之间有较高的位置精度，因此以主轴承孔毛坯面作粗基准可以较好地满足上述各项要求。

中小批生产时，由于毛坯精度较低，直接以主轴承孔定位不能保证毛坯的定位精度。因此，常常以划线找正的方式装夹工件。划线时，以主轴承孔中心线为基准，兼顾考虑毛坯的外形和尺寸，以及加工表面要有足够的加工余量，划出主要定位基准面的加工位置线，然后以此为基准划出各加工表面的加工位置线。加工时，按划线找正装夹工件，这种做法的实质就是以主轴承孔为粗基准。严格来讲，此种方法是以主轴承孔中心线为主要参考粗基准。

大批量生产时，毛坯的精度较高，可以直接以主轴承孔在夹具上定位。这样既能保证高效率又能保证加工精度。从本质上来讲，此种定位方式是以毛坯精度较高为前提的，离开了毛坯的高精度，定位仍然是不准确的。

三、箱体零件加工中关键工艺问题及解决办法

前已述及，箱体的主要加工表面为平面和孔，由于平面易加工，如何保证支承轴孔的尺寸和形状精度、孔与孔间、孔与平面间的位置精度就成为箱体加工中的关键。

要保证支承轴孔的各项精度指标要求，除了前面分析的在工艺安排上应注意的若干问题以外，合理选择孔和孔系的加工方法也是一个重要方面。

由于主轴承孔的精度要求比其他孔高。因此，在其他轴孔精加工以后，还需单独对主轴承孔进行精加工和光整加工。半精镗和精镗应在不同精度的机床上进行，也可在同一台机床上进行，但在半精镗之后应让工件松夹停留一段时间，然后再夹紧进行精镗。

习题与思考题

6-1　试分析轴类零件加工工艺过程中如何体现"基准统一""基准重合""互为基准"原则？它们在保证轴类零件的精度要求中都起到什么重要作用？

6-2　编制图 6-16 所示转轴零件在单件小批生产时的加工工艺。

6-3　保证套类零件位置精度要求，可以采取哪几种方法？试举例说明各种加工方法的特点和使用场合。

6-4　在加工薄壁套筒零件时，怎样防止受力变形对加工精度的影响？

6-5　编制图 6-17 所示套类零件在单件小批生产中的加工工艺。

6-6　编制箱体零件工艺过程应遵循的原则有哪些？生产类型不同又有哪些不同的要求？划线工序在箱体加工中起什么作用？

6-7　编制如图 6-18 所示箱体零件中批生产的加工工艺。

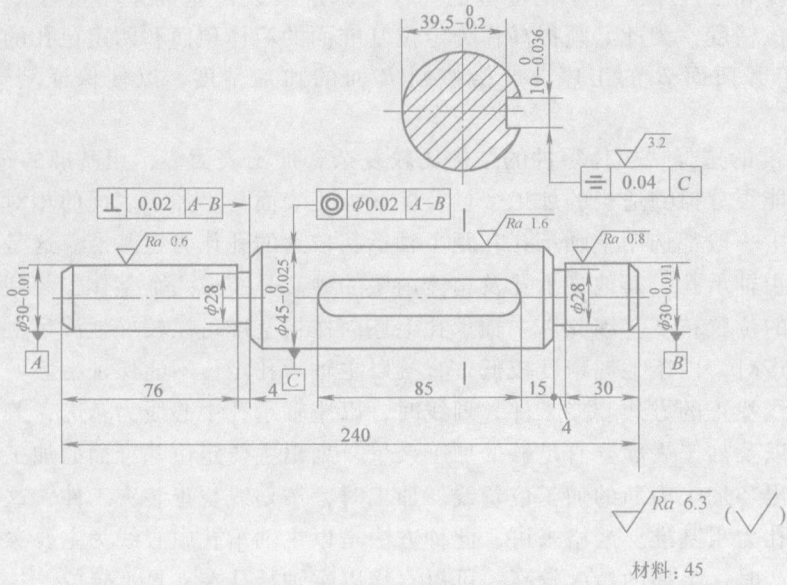

图 6-16 转轴

材料: 45

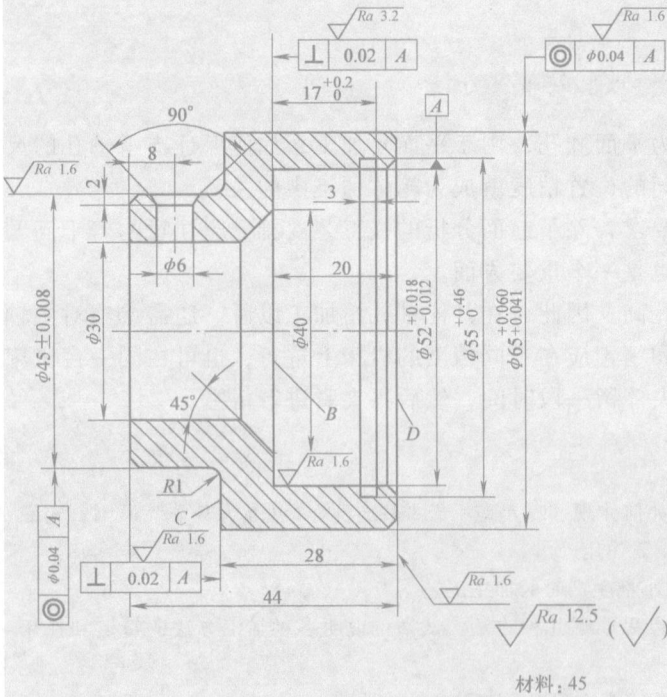

图 6-17 题 6-5 图

材料: 45

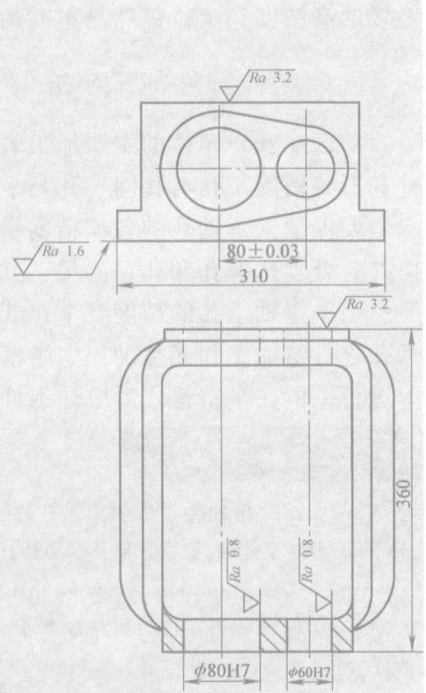

图 6-18 箱体零件简图

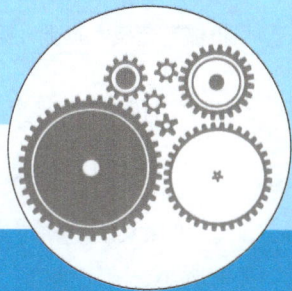

第七章

机床专用夹具

本章主要介绍车床专用夹具、钻床专用夹具、铣床专用夹具、镗床专用夹具的典型结构。学习本章时，应多分析一些生产实际中典型的专用夹具，注意观察其组成结构和使用特点，掌握各类专用机床夹具的构成和应用。

第一节 概 述

夹具是用以装夹工件（和引导刀具）的装置。夹具一般包括有机床夹具、检验夹具和焊接夹具等。本章主要介绍机床专用夹具，机床夹具是用以装夹工件（和引导刀具），并使工件在加工过程中始终保持与刀具及机床的成形运动方向具有固定的正确相对位置的一种机床附属工艺装备。

一、机床夹具的用途

1. 保证被加工表面的位置精度

采用夹具装夹工件，工件与机床、刀具之间的相对位置由夹具保证，减少或免受工人技术水平影响，因而能使工件可靠和稳定地获得位置精度。

2. 提高劳动生产率、降低成本

采用夹具可使工件装夹方便，免去了工件逐个找正、对刀所花费的时间。如果采用气动、液动等机动夹紧装置，更可大幅度地缩短辅助时间，有利于提高生产率和降低成本。

3. 扩大机床使用范围

在机床上配备专用夹具，可以使机床使用范围扩大。例如在车床床鞍上或在摇臂钻床工作台上配备镗模后，可以进行孔系的镗削加工，使车床、钻床具有镗床的功能。

4. 可降低对工人技术水平的要求和减轻工人的劳动强度

为了实现上述用途，对机床夹具提出以下要求：

（1）工艺性好　专用夹具的结构应简单、合理，便于加工、装配、检验和维修。

专用夹具的制造属于单件生产。当最终精度由调整法或修配法保证时，夹具上应设置调整或修配结构，如设置适当的调整间隙，采用可修磨的垫片等。

（2）使用性好　专用夹具的操作应简便、省力、安全可靠，排屑应方便，必要时可设置排屑结构。

（3）经济性好　除考虑专用夹具本身结构简单、标准化程度高、成本低廉外，还应根

据生产纲领对夹具方案进行必要的经济分析，以提高夹具在生产中的经济效益。

二、机床夹具的分类

机床夹具通常有三种分类方法，即按应用范围、夹具动力源、使用机床来分类，如图7-1所示。

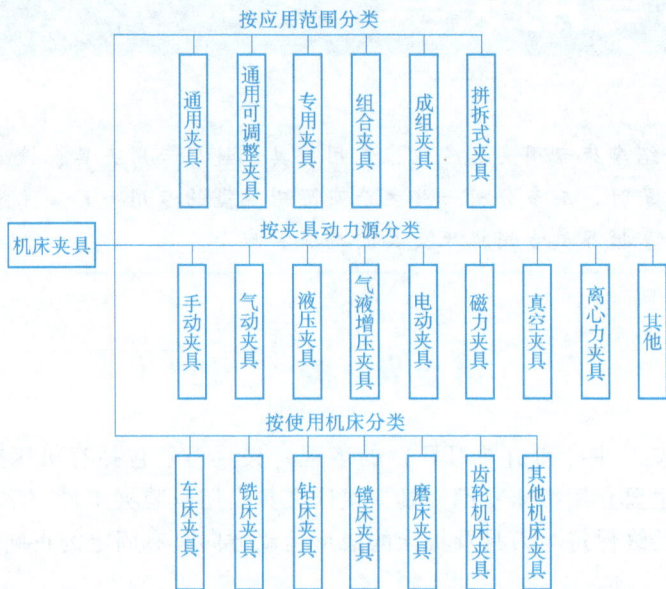

图 7-1　机床夹具的分类

其中通用夹具是指已经标准化的、可用于一定范围内装夹不同工件的夹具，如三爪自定心卡盘、四爪单动卡盘、机用虎钳等，这类夹具主要用于单件小批量生产。

专用夹具是针对某一种工件的某一工序而专门设计与制造的，这类夹具一般适用于中批以上的生产。本章主要以车、铣、钻、镗床专用夹具为例，介绍专用夹具的结构特点及其应用。

三、机床夹具的组成

按功能相同的原则归类，机床夹具一般由下列几个基本部分组成：

1. 定位元件或装置

其作用是用来确定工件在夹具中的位置。

2. 夹紧装置

其作用是实现对工件的夹紧。

3. 夹具与机床之间的连接元件

它是用于确定夹具与机床主轴、工作台或导轨面的相互位置，如铣床夹具中的定位键等。

4. 对刀或导向元件

它是用于保证刀具与夹具之间的正确位置，如对刀块、钻套等。

5. 其他装置或元件

为满足加工要求及提高夹具的使用性能，有些夹具上还设有分度装置、预定位装置、顶出器、吊装元件等。

6. 夹具体

夹具体是夹具的基础件，用来配置、安装夹具各元件使之组成一个有机的夹具整体。

上述组成部分中，定位装置、夹紧装置、夹具体是夹具的基本组成部分。

第二节 各类机床专用夹具

一、车床夹具

1. 车床夹具的类型与特点

车床主要用于加工零件的内外圆柱面、圆锥面、回转成形面、螺纹表面及端面等。根据这一加工特点和夹具在机床上安装的位置，可将车床夹具分为以下两种基本类型：

（1）安装在车床主轴上的夹具 这类夹具中，除了各种卡盘、花盘、顶尖等通用夹具或机床附件外，还可根据加工需要设计各种心轴或其他专用夹具，加工时夹具随同机床主轴一起旋转，刀具做进给运动。

（2）安装在车床床鞍上的夹具 对于某些形状不规则和尺寸较大的工件，常常把夹具安装在车床床鞍上。刀具安装在车床主轴上做旋转运动，夹具做进给运动。

本节主要介绍应用最为广泛的安装在车床主轴上的车床专用夹具。

2. 车床专用夹具的典型实例

生产中常遇到在车床上加工壳体、支座、杠杆、接头等类零件的圆柱表面及端面的情况。这些零件形状往往比较复杂，直接用三爪自定心卡盘装夹工件比较困难，在这种情况下，就需设计车床专用夹具。下面介绍几种典型的车床夹具。

（1）角铁式夹具 图 7-2 所示为角铁式车床夹具。工件以一面两孔为定位基准在夹具倾斜的定位支承板和一个圆柱销及一个菱形销上定位，用两个钩形压板夹紧。被加工表面是孔和端面，为了便于在加工过程中检验所加工端面的尺寸和被加工孔与定位基准面的角度，靠近加工面处设计有测量基准面及工艺孔。夹具体 4 上的基准圆 A 是找正圆。

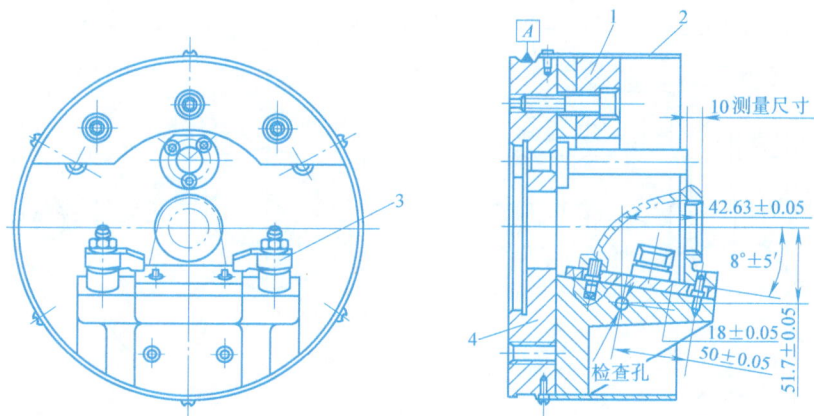

图 7-2 角铁式车床夹具
1—平衡块 2—防护罩 3—钩形压板 4—夹具体

（2）花盘式夹具 图 7-3 为齿轮泵壳体的工序图。工件外圆 D 及端面 A 已经加工，被

加工表面为两个 $\phi35$mm 孔、端面 T 和孔的底面 B，并要求保证零件图上规定的有关技术要求。两个 $\phi35$mm 孔的直径尺寸精度主要取决于加工方法的正确性，而其他技术要求则由夹具保证。

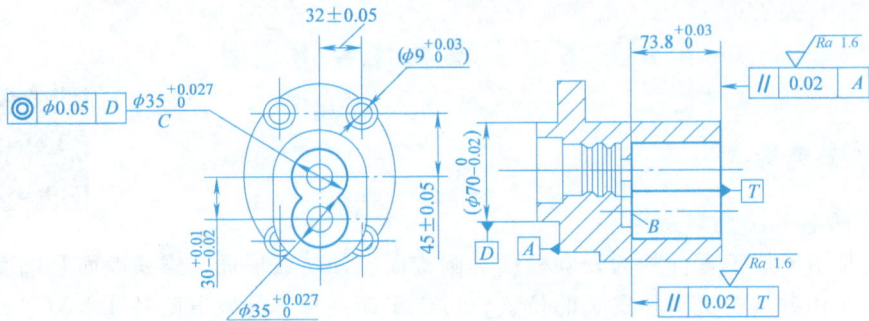

图 7-3　齿轮泵壳体工序图

图 7-4 所示为加工齿轮泵壳体上两个 $\phi35$mm 孔所使用的花盘式专用夹具。工件以端面 A、$\phi70$mm 外圆表面及小孔 $\phi9$mm 内圆表面为定位基准，在转盘 2 的 N 面、圆孔 $\phi70$mm 和削边销 4 上定位，用两副螺旋压板 5 夹紧。转盘 2 则由两副螺旋压板 6 压紧在夹具体 1 上。当加工好其中的一个 $\phi35$mm 孔后，拔出对定销 3 并松开两副螺旋压板 6，将转盘连同工件一起回转 180°，对定销即在弹簧力作用下插入夹具体上另一分度孔中，再夹紧转盘后即可加工第二个 $\phi35$mm 孔。专用夹具利用夹具体上的止口 E 通过过渡盘上的凸缘与车床主轴连接，安装夹具时按找正圆 K（代表夹具的回转轴线）校正夹具与车床主轴的同轴度。

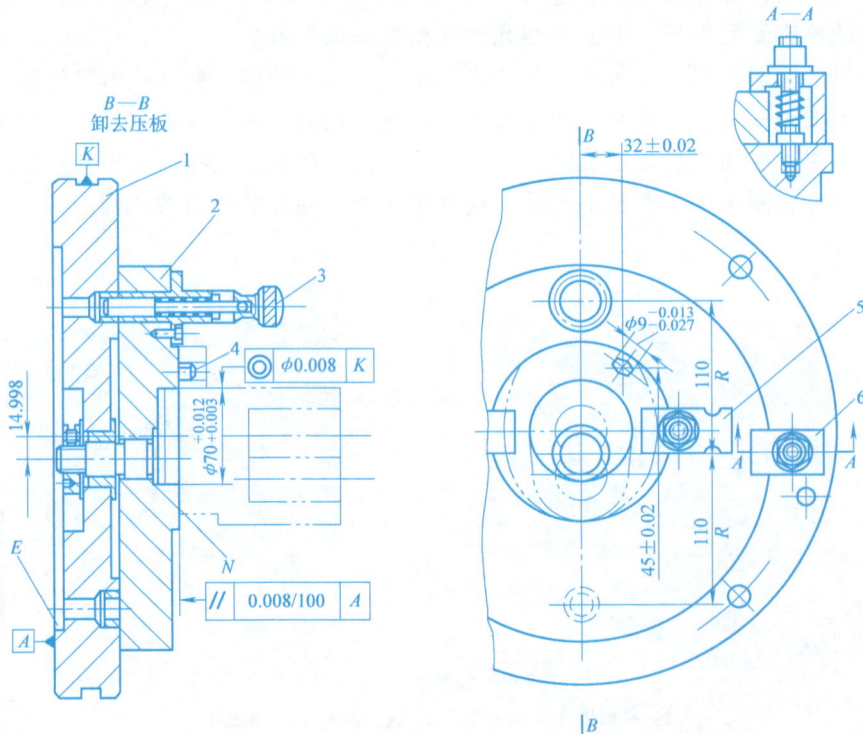

图 7-4　车齿轮泵壳体两孔的夹具

1—夹具体　2—转盘　3—对定销　4—削边销　5、6—压板

（3）定心夹紧夹具　对于回转体工件或以回转体表面定位的工件可以采用定心夹紧夹具，常见的有弹簧套筒、液性塑料夹具等。在图 7-5 所示夹具中，工件以内孔定位夹紧，采用了液性塑料夹具。工件套在定位圆柱上，轴向由端面定位，旋转压紧螺钉 2，经过滑柱 1 和液性塑料 3 使薄壁定位套 4 产生变形，使工件 5 同时定心夹紧。

（4）组合夹具　组合夹具是采用预先制造好的标准夹具元件，根据设计好的定位夹紧方案组装而成的专用夹具，它既有专用夹具的优点，又具有标准化、通用化的优点。产品变换后，夹具的组成元件可以拆开清洗入库，不会造成浪费，适用于新产品试制和多品种小批量的生产。在大量采用数控机床、应用 CAD/CAM/CAPP 技术的现代企业机械产品生产过程中具有独特的优点。图 7-6 所示是一个典型的车床组合夹具，工件用已加工的底面和两个定位孔定位，用两个压板夹紧，其中夹具体、定位销、压板、底座等均为通用元件。

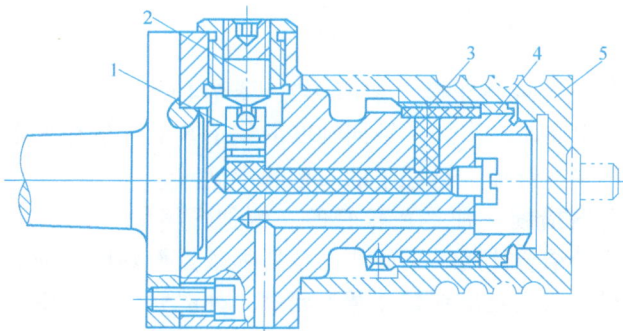

图 7-5　液性塑料定心夹紧夹具

1—滑柱　2—压紧螺钉　3—液性塑料　4—薄壁定位套　5—工件

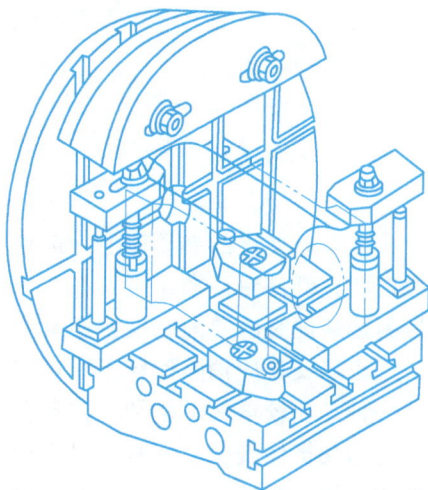

图 7-6　组合夹具

3. 车床夹具的结构特点

（1）定位装置　在车床上加工回转表面时，要求工件回转表面的轴线与车床主轴的旋转轴线重合，夹具上定位装置的结构和布置必须保证这一点。

（2）夹紧装置　由于车削时工件和夹具一起随主轴做旋转运动，故在加工过程中，工件除受切削转矩的作用外，整个夹具还受到离心力的作用，转速越高离心力越大，会影响夹紧机构产生的夹紧效果。此外，工件定位基准的位置相对于切削力和重力的方向来说是变化的。因此，夹紧机构所产生的夹紧力必须足够，自锁性能要好，以防止工件在加工过程中脱离定位元件的工作表面。

（3）车床夹具与机床主轴的连接　要求夹具的回转轴线与车床主轴轴线有尽可能高的同轴度精度。根据车床夹具径向尺寸的大小，与机床主轴上的连接一般有两种方式：

1）对于径向尺寸 $D<140$mm，或 $D<(2\sim3)d$ 的小型夹具，其连接结构如图 7-7a 所示，一般通过锥柄安装在车床主轴锥孔中，并用螺栓杆拉紧。这种连接方式定心精度较高。

2）对于径向尺寸较大的夹具，用过渡盘与车床主轴前端连接，过渡盘的结构如图 7-7b、c 所示。过渡盘的一端与机床主轴连接，其配合表面形状取决于机床主轴前端的结构形式，另一端通常具有凸缘，它与夹具体上的定位止口配合，从而实现夹具在主轴上的定心。

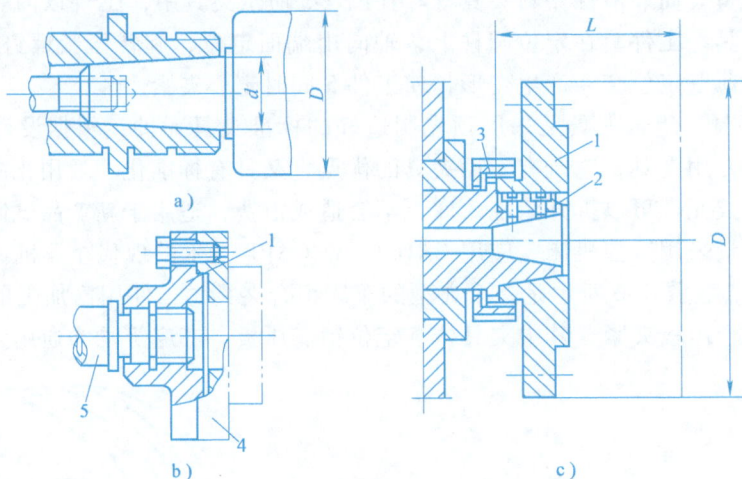

图 7-7 夹具与车床主轴的连接

1—过渡盘 2—平键 3—螺母 4—夹具 5—主轴

　　在车床夹具的夹具体上一般应设置找正孔或找正圆，如图 7-2、图 7-4 所示。找正孔或找正圆，既是保证车床夹具在车床主轴上安装时与车床主轴同轴度的找正基准，也是车床夹具制造装配时的装配基准，还常常是夹具体本身加工过程中的工艺基准。

　　车床夹具应消除回转不平衡问题。平衡措施一种是在较轻的一侧加平衡块（配重块），另一种是在较重的一侧加工减重孔，或两者结合使用。平衡块的位置和重量最好可以调节。

　　为使操作安全，夹具上尽可能避免有尖角或突出夹具体圆形轮廓之外的元件，必要时应加防护罩。此外，夹紧装置的自锁性能应可靠，以防止在回转过程中产生松动，致使工件有飞出的危险。

二、铣床夹具

1. 铣床夹具的类型与特点

　　根据进给方式不同，铣床夹具分为直线进给式、圆周进给式和靠模式三种。这里主要介绍前两种类型。

　　（1）直线进给式铣床夹具 这类夹具一般安装在铣床的工作台上，加工过程中夹具同工作台一起做直线进给运动。按一次装夹工件数目的多少，可分为单件铣床夹具和多件铣床夹具。在批量不太大的生产中使用单件夹具较多，而在大批量的中小型零件加工中，多件夹具则得到广泛应用。图 7-9 即为铣削图 7-8 所示顶尖套上双槽的双件铣床夹具。

　　（2）圆周进给式铣床夹具 圆周进给式铣床夹具多在有回转工作台的铣床上使用，在通用铣

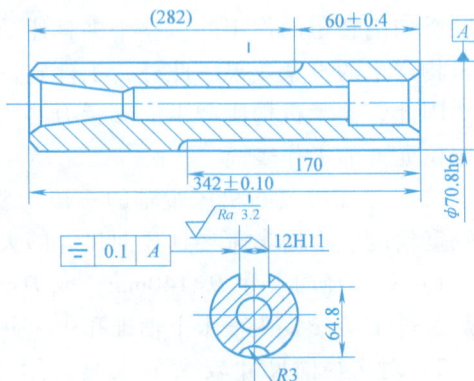

图 7-8 顶尖套铣双槽工序图

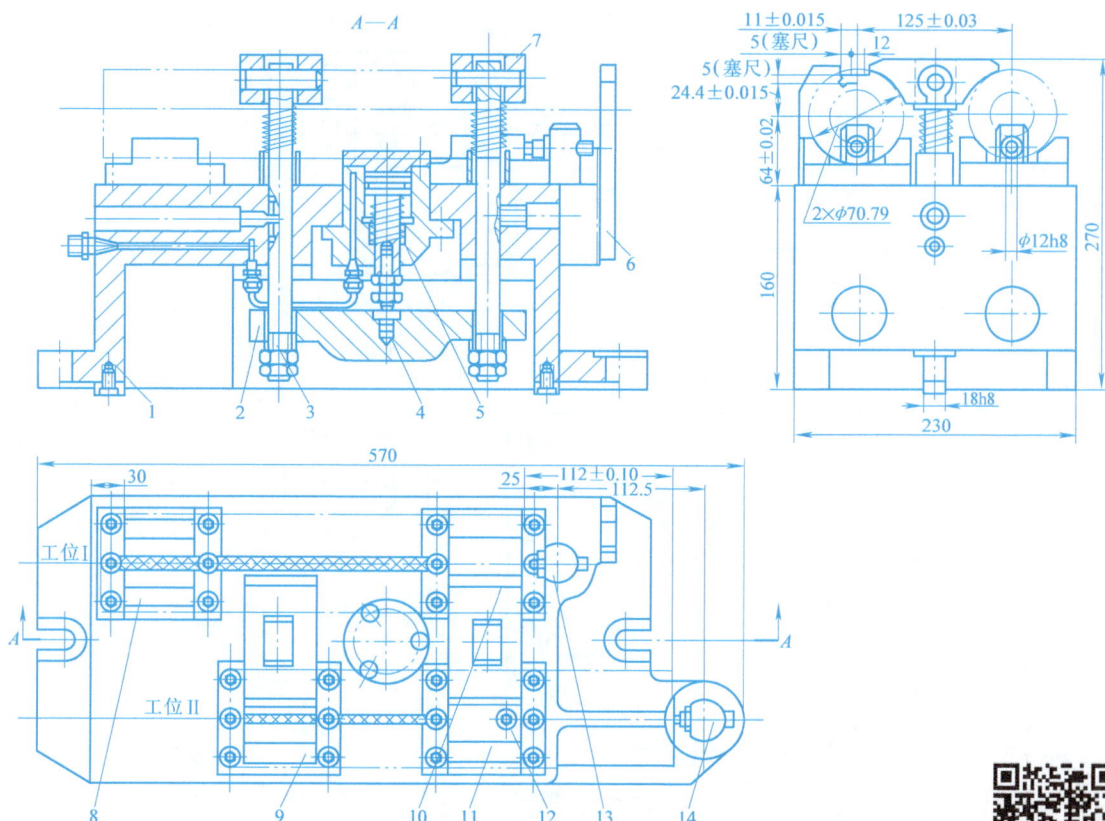

图 7-9 双件铣双槽夹具

1—夹具体 2—浮动杠杆 3—螺杆 4—支钉 5—液压缸 6—对刀块
7—压板 8、9、10、11—V形块 12—防转销 13、14—止推销

床上使用时，应在铣床上加装一个回转工作台，如图 7-10 所示。圆周进给运动是连续不断的，能在不停机的情况下装卸工件，因此生产率高，适用于大批大量生产中的中小型工件的加工，但应特别注意操作安全和操作者的劳动强度。

2. 铣床专用夹具典型实例

图 7-8 为车床尾座顶尖套筒铣键槽和油槽的工序图。工件内外圆及两端面均已加工，本工序加工键槽和油槽，采用两把铣刀同时进行加工，图 7-9 所示为用于大批生产中的夹具，这是典型的直线进给式铣床夹具。在工位 I 上用三面刃盘铣刀铣键槽，工件以外圆和端面在 V 形块 8、10 和止推销 13 上定位，限制了工件的五个自由度。在工位 II 上，用圆弧铣刀铣油槽，工件以外圆、已加工过的键槽和端面作为定位基准，在 V 形块 9、11，防转销 12 和止推销 14 上完全定位。由于键槽和油槽的长度不等，为了能同时加工完毕，可将两个止推销的位置前后错开，并设计成可调支承，以便于调整。夹紧采用液压驱动联动夹紧，当压力油从油路系统进入液压缸 5 的上腔时，推动活塞下移，通过支钉 4、浮动杠杆 2、螺杆 3 带动铰链压板 7 下移夹紧工件。为了使压板均匀地夹紧工件，联动夹紧机构的各环节采用浮动连接。

图 7-10 所示的圆周进给式铣床夹具用于在立式铣床上连续铣削拨叉上下两端面。工件以圆孔、端面及侧面在带凸台的定位销 2 和挡销 4 上定位，由液压缸 6 驱动拉杆 1 通过开口

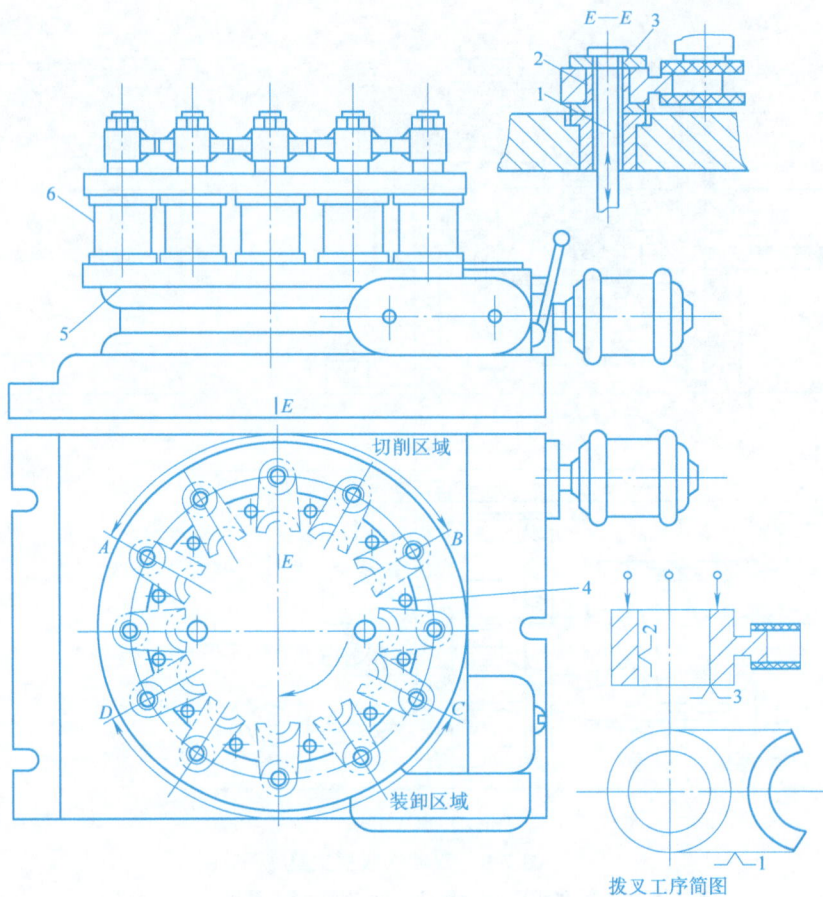

图 7-10　圆周进给式铣床夹具

1—拉杆　2—定位销　3—开口垫圈　4—挡销　5—转台　6—液压缸

垫圈 3 将工件夹紧。夹具上同时装夹 12 个工件,工作台由电动机通过蜗杆蜗轮机构带动回转。*AB* 扇形区是切削区域,*CD* 扇形区是装卸区域,当工件随同回转工作台转到 *AB* 区时,液压缸 6 驱动拉杆 1 下移,夹紧工件;当工件随同回转工作台转到 *CD* 区时,液压缸 6 驱动拉杆 1 上移,松开工件。在切削工件和装卸工件的过程中,工作台连续回转,并不停机,因此,切削加工的机动时间和装卸工件的辅助时间相重合,生产率很高。

3. 铣床夹具的结构特点

(1) 定位键　铣床夹具上一般都有定位键安装在夹具体底面的纵向槽中,一般使用两个,其距离尽可能布置得远些,小型夹具也可使用一个断面为矩形的长键。通过定位键与铣床工作台 T 形槽配合,其主要作用是使夹具相对铣床工作台具有正确的位置关系,同时还可以承受部分切削力矩,以减轻夹具体与工作台连接用螺栓的负荷,增强夹具在加工过程中的稳定性。

定位键有矩形和圆柱形两种,常用的矩形键有两种结构,如图 7-11a、b 所示,前者适于夹具的定向精度要求不高时采用。为提高夹具的定向精度,在安装夹具时使定位键的一侧和工作台 T 形槽一侧面贴紧。由于夹具体上键槽的精度保证较困难,因此近年来出现了圆柱形定位键,如图 7-11c 所示。使用这种定位键时,夹具上的两孔在坐标镗床上加工,能得到很高的位置精度,简化了夹具的制造过程。但圆柱形定位键较易磨损,生产中使用不多。

图 7-11d、e 所示为定位键在夹具体上安装及铣床夹具在工作台上安装的情况。

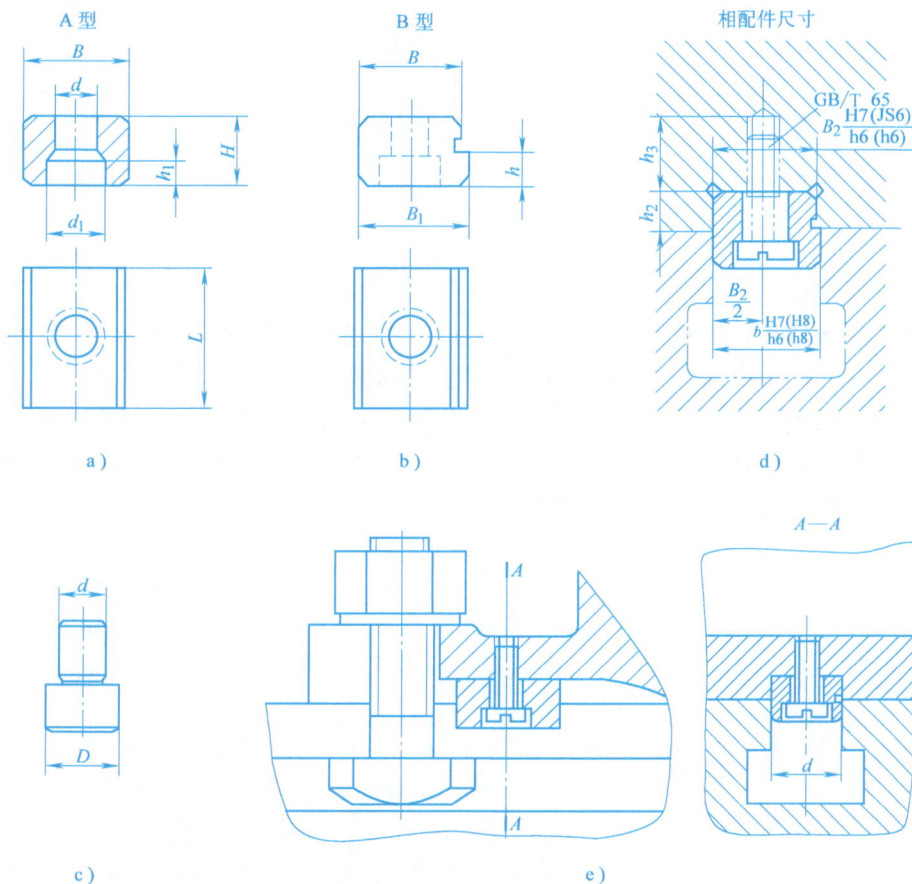

图 7-11 定位键的结构

对于大型夹具或定向精度要求很高时，不宜采用定位键，而是在夹具体上加工出一窄长平面作为找正基面，来校正夹具的安装位置，如图 7-12 所示。

（2）对刀装置 在铣床夹具上一般都设计有对刀装置，对刀装置由对刀块和塞尺组成。对刀块用来确定夹具和刀具的相对位置，塞尺是用来防止对刀时碰伤切削刃和对刀块，使用时，将其塞入刀具与对刀块之间，根据接触的松紧程度来确定刀具相对于夹具

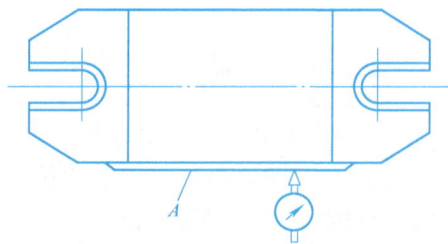

图 7-12 铣床夹具的找正基面

的最终位置。图 7-13 所示为几种常见的对刀块，其中图 7-13a 所示圆形对刀块用于加工单一平面时对刀，图 7-13b 所示直角对刀块用于加工两相互垂直面或槽时对刀，图 7-13c、d 所示对刀块用于成形铣刀加工成形面时对刀。

对刀块通常用两销钉和螺钉紧固在夹具体上，其位置应便于对刀和不妨碍工件的装卸及加工。采用对刀装置对刀调整加工时，精度不超过 IT8。当加工精度要求较高或不便于设置对刀块时，可采用试切法、标准件对刀法或者用百分表来找正刀具的位置。

（3）夹具体 夹具体的结构形式在很大程度上取决于定位元件、夹紧装置及其他元件

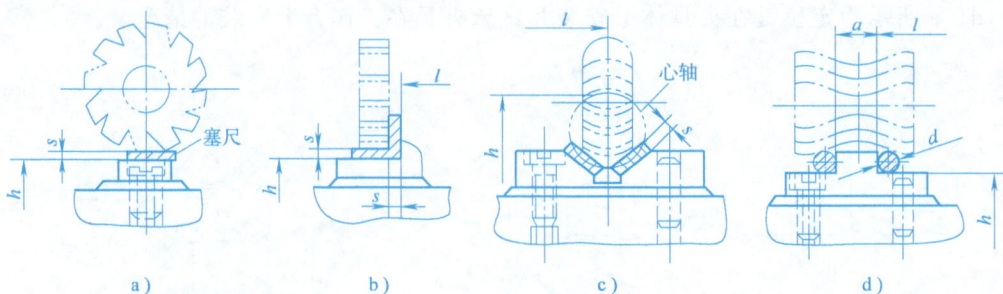

图 7-13　对刀装置

的结构和布置。为使夹具结构紧凑，保证夹具在机床上安装的稳定性，应使工件的加工表面尽可能靠近工作台面，以降低夹具的重心，如图 7-14a 所示。此外夹具体应有足够的强度和刚度，还应合理设置耳座。常见耳座结构如图 7-14b、c 所示。如果夹具体较宽时，可在同一侧设置两个耳座，两耳座的中心距要和铣床工作台两 T 形槽中心距一致。对于重型铣床夹具，应在夹具体上设置吊环等，以便搬运。

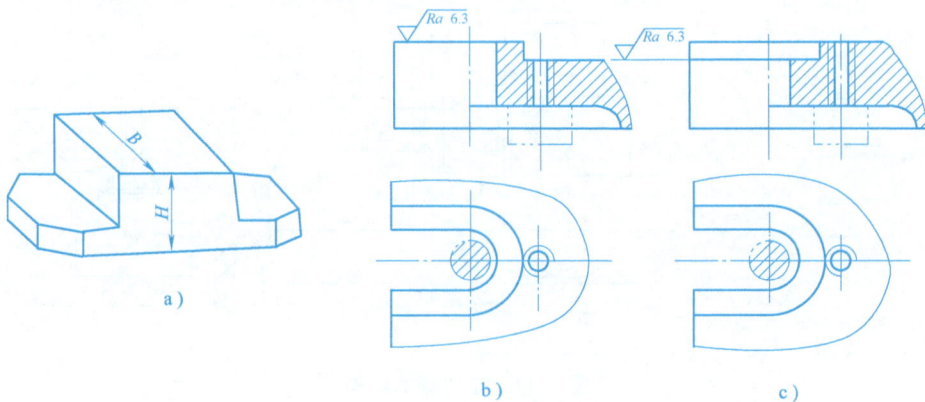

图 7-14　夹具体与耳座简图

三、钻床夹具

1. 钻床夹具的类型与特点

钻床夹具是在钻床上用来钻孔、扩孔、铰孔等的机床夹具。这类夹具上装有钻模板和钻套，通过钻套引导刀具进行加工，故习惯上称为钻模。由于使用上的要求不同，其结构形式可分为固定式、回转式、翻转式、盖板式以及滑柱式等。

（1）固定式钻模　固定式钻模的特点是在加工过程中钻模的位置固定不动，加工精度较高。通常钻模是用 T 形螺栓通过钻模夹具体上的耳座孔固定在钻床工作台上的，也可用螺栓和压板直接将钻模压紧在钻床工作台上。固定式钻模主要用于在立式钻床上加工较大的单孔或在摇臂钻床上加工平行孔系。如果在立式钻床上使用固定式钻模加工平行孔系，则需要在机床主轴上安装多轴传动头。在立式钻床上安装钻模时，一般应先将装在主轴上的定尺寸刀具（精度要求高时用心轴）伸入钻套中，以确定钻模的位置，然后将钻模紧固。图 7-15a 是加工杠杆上 $\phi10\text{mm}$ 孔的固定式钻模，该钻模可用螺栓和压板固定于钻床工作台上。工件以 $\phi30\text{H7}$ 孔及大端面在定位销 7 上定位，以 $\phi20\text{mm}$ 外圆通过活动 V 形块 4 限制工件的转动自由度，用螺旋夹紧机构及开口垫圈夹紧工件，$\phi 20\text{mm}$ 外圆下端面用辅助支承 8 支承，通过钻套 5 引导钻头，加工 $\phi 10\text{mm}$ 孔。

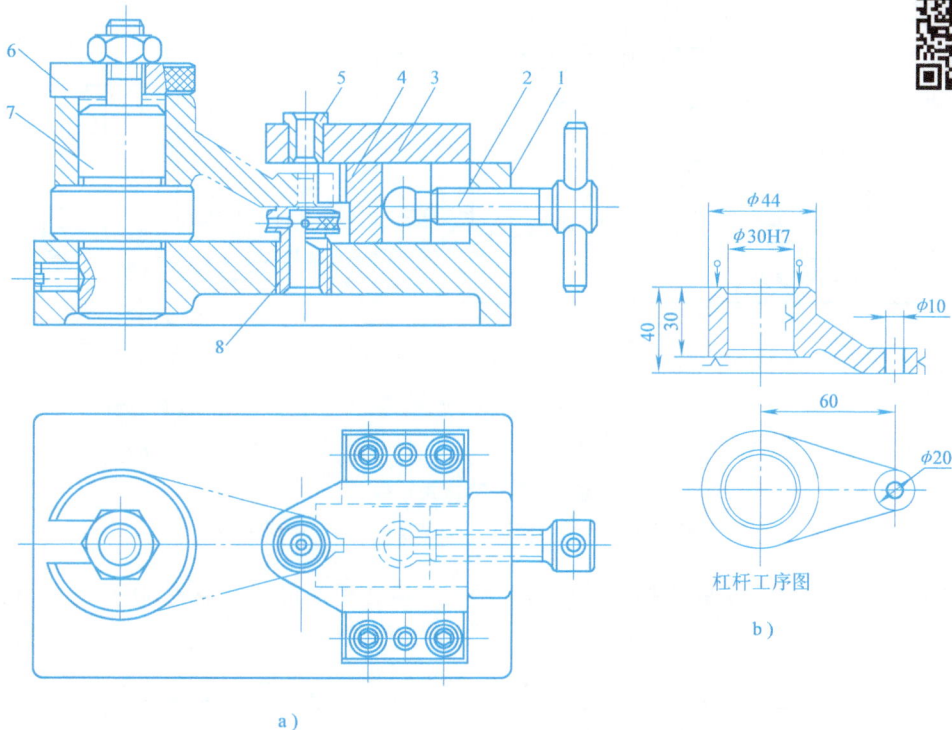

图 7-15 杠杆孔钻模

1—夹具体 2—固定手柄压紧螺钉 3—钻模板 4—活动 V 形架 5—钻套
6—开口垫圈 7—定位销 8—辅助支承

此类钻模如不固定在钻床工作台上，则成为移动式钻模，可用于在单轴立式钻床上，先后钻削工件同一表面上的多个轴线平行的小孔。

（2）回转式钻模 回转式钻模因设置回转分度装置或与通用回转台配套使用而得名，用于加工同一圆周上的平行孔系或分布在圆周上的径向孔系。因通用回转台的结构已标准化，故多数情况下只需设计专用的工作夹具与其配套后使用，特殊情况时才设计带有专门回转分度装置的回转式钻模。图 7-16a 所示是立轴回转式钻模，加工 $\phi 70\text{mm}$ 圆周上均布的 $6\times\phi 10\text{mm}$ 孔。工件以底面、$\phi 40\text{H7}$ 孔及键槽侧面为定位基准，在定位盘 4 和定位销 3 及键上定位，通过螺母、开口垫圈夹紧。夹具通过定位盘上的衬套孔，装在通用转台转盘中心的定位销上，然后用螺钉紧固。此外，在转台上安装一个铰链式钻模板，通过转盘的回转分度，依次完成 $6\times\phi 10\text{mm}$ 孔的加工。

（3）翻转式钻模 这类钻模主要用于加工小型工件分布在不同表面上的小孔。其结构简单，在使用过程中需人工进行翻转，即加工完一个面上的孔后，工件随同夹具翻转安放后，接着加工其他面上的孔。由于加工时夹具需经常翻转，又不固定在钻床工作台上，所以夹具连同工件的重量不能太重（一般限于 8～10kg），加工的孔一般不大于 $\phi 10\text{mm}$，并应注意钻模翻转后安放的平稳性及切屑的清除。

图 7-17 是用来加工套筒圆柱面上四个径向小孔的翻转式钻模。工件以端面和孔在定位销 1

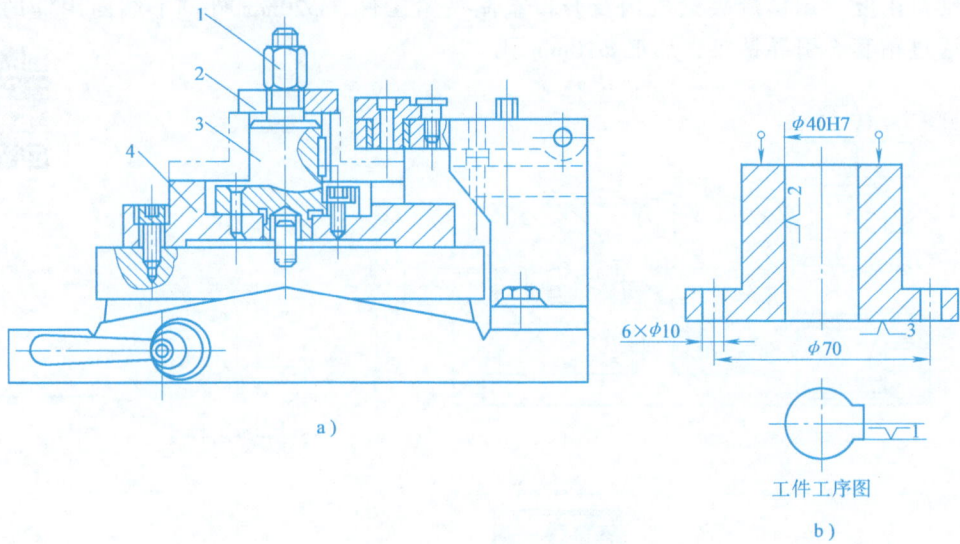

图 7-16　回转式钻模

1—夹紧螺母　2—开口垫圈　3—组合定位销　4—定位盘

上定位，用螺母 3 和开口垫圈 2 将工件夹紧，钻完一组孔后，将钻模翻转 60°钻另一组孔。

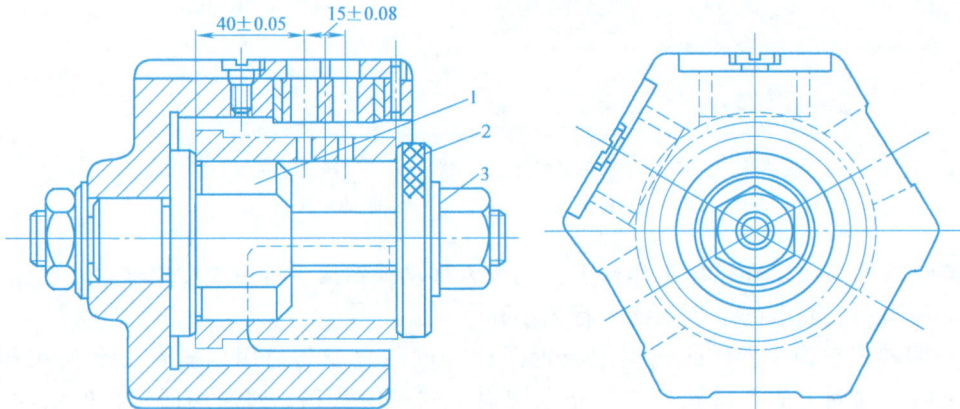

图 7-17　翻转式钻模

1—定位销　2—垫圈　3—螺母

　　（4）盖板式钻模　这类钻模没有夹具体，常用于大型工件上加工多个平行小孔。一般情况下，钻模板上除了钻套外，还装有定位元件和夹紧装置，加工时只要将它覆盖在工件上即可。图 7-18 所示为加工车床溜板箱上多个小孔的盖板式钻模，它以圆柱销 2、削边销 3 在工件两孔中定位，靠三个支承钉 4 支承在工件的上表面上。当钻模板较重，加工的孔又较小时，加工时可不进行夹紧。

　　（5）滑柱式钻模　滑柱式钻模一般由夹具体、滑柱、升降钻模板和锁紧机构等组成，其结构已通用化和规格化，通用部分主要是夹具体和钻模板。这类夹具在生产中使用较广，但钻孔的垂直度和孔距精度不太高。

　　图 7-19 所示为手动滑柱式钻模的通用底座。升降钻模板 1 通过两根导柱 7 与夹具体 5

的导孔相连。转动操纵手柄 6，经斜齿轮 4 带动斜齿条轴杆 3 移动，使钻模板实现升降。根据不同工件的形状和加工要求，配置相应的定位、夹紧元件和钻套，便可组成一个滑柱式钻模。

图 7-20 为手动的滑柱式钻模，它是用来钻、扩、铰拨叉工件上的 $\phi 20H7$ 孔。工件以外圆端面、底面及后侧面分别放在定位锥套 9 和两个可调支承 2 及圆柱挡销 3 上定位，这些定位元件都安装在底座 1 上。然后转动手柄通过齿轮齿条机构，使滑柱带动钻模板下降，两个压柱 4 把工件夹紧。刀具依次从快换钻套 7 中通过，就可以钻、扩、铰孔。

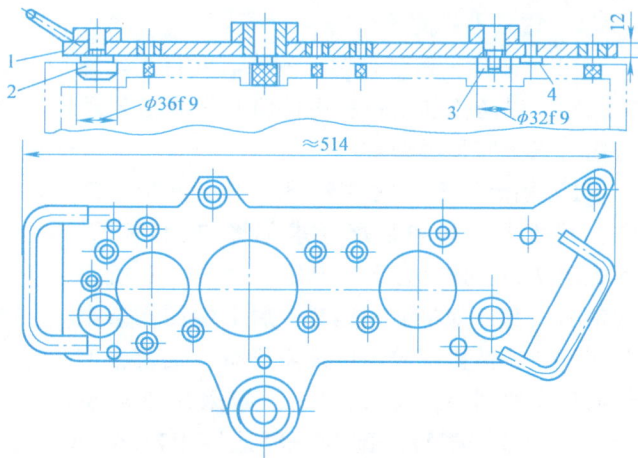

图 7-18　盖板式钻模

1—盖板　2—圆柱销　3—削边销　4—支承钉

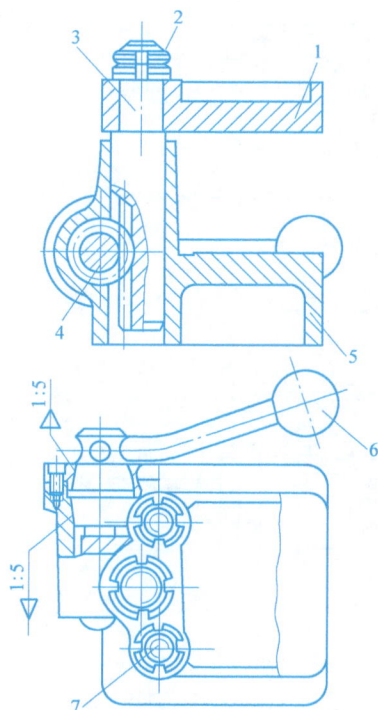

图 7-19　手动滑柱式钻模通用底座

1—升降钻模板　2—锁紧螺母　3—斜齿条轴杆　4—斜齿轮
5—夹具体　6—操纵手柄　7—导柱

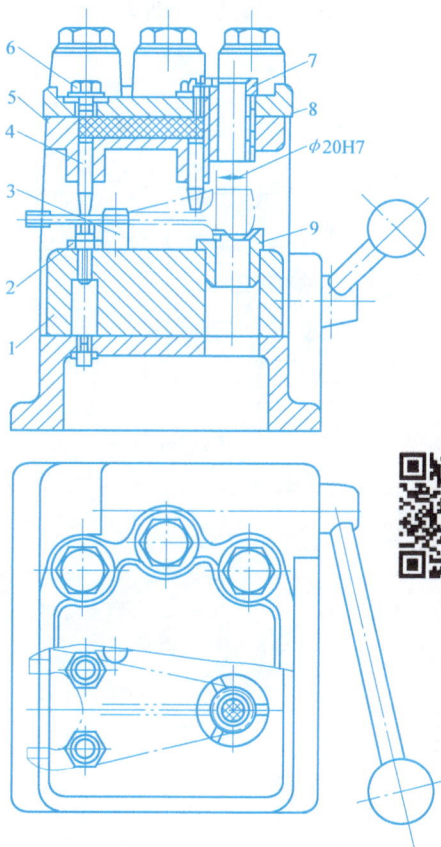

图 7-20　滑柱式钻模

1—底座　2—可调支承　3—圆柱挡销　4—压柱　5—压柱体
6—螺塞　7—快换钻套　8—衬套　9—定位锥套

2. 钻床夹具的结构特点

（1）钻套　钻套是钻模的特有元件，其作用是确定刀具与夹具的相互位置，引导钻头、扩孔钻，以防止加工过程中偏斜和提高工艺系统的刚度，从而保证被加工孔的位置精度。其结构有以下四种类型：

1）固定钻套。它主要用于中小批量生产中，其结构形状和装配要求如图 7-21 所示，其中图 7-21a 所示为无肩钻套，图 7-21b 所示为带肩钻套，如果需用钻套台肩下端面作装配基面，或者钻模板较薄以及需要防止钻模板上切屑等杂物进入钻套孔内时，常采用带肩钻套。钻套与钻模板的配合一般选用 H7/n6 或 H7/r6。这种钻套钻孔位置精度较高，结构简单，但磨损后不易更换。

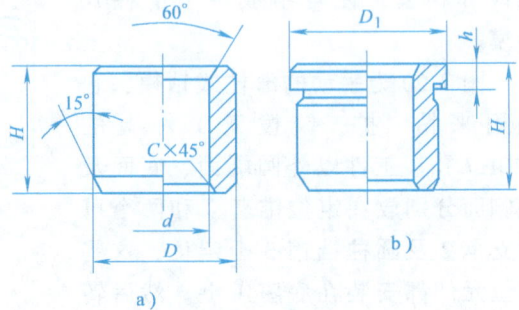

图 7-21　固定钻套

2）可换钻套。它主要用于大批量生产中。当钻套磨损后，为更换钻套方便，常采用结构形状和装配要求如图 7-22 所示的可换钻套。为避免更换钻套时钻模板磨损，钻套与钻模板之间加一衬套，并用螺钉固定钻套。

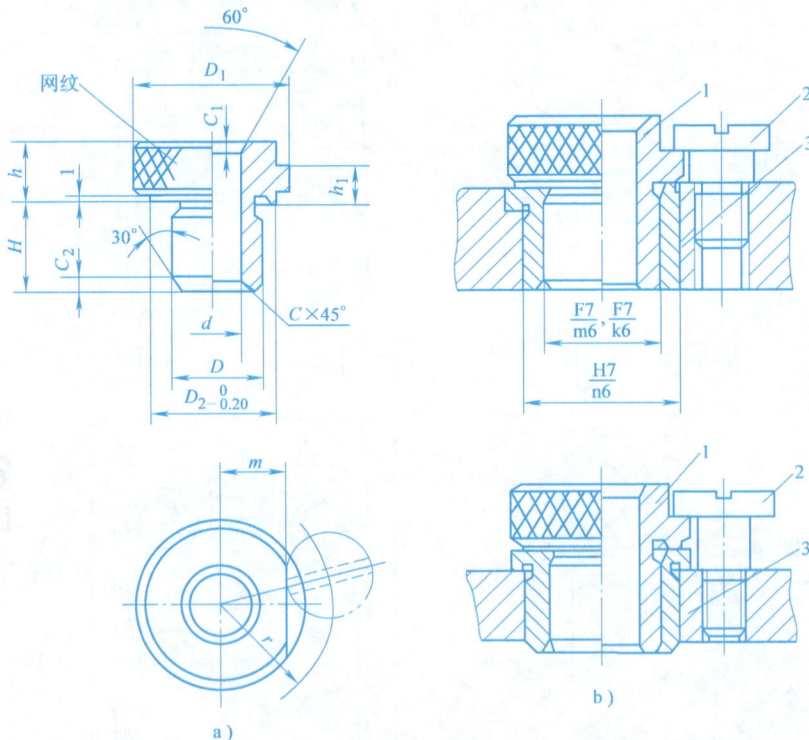

图 7-22　可换钻套

1—可换钻套　2—钻套用螺钉　3—钻套用衬套

3）快换钻套。当被加工孔需要依次进行钻、扩、铰孔或加工台阶孔、攻螺纹等多工步加工时，应采用快换钻套，以便迅速更换不同内径的钻套，其结构形状和装配要求如图 7-23

所示。更换钻套时，不需拧松螺钉，只要将钻套反转过一定角度，使削边（或缺口）对准螺钉头部即可取出。但削边（或缺口）的位置应考虑刀具与钻套内孔壁间摩擦力矩的方向，以免退刀时钻套随刀具自行拔出。

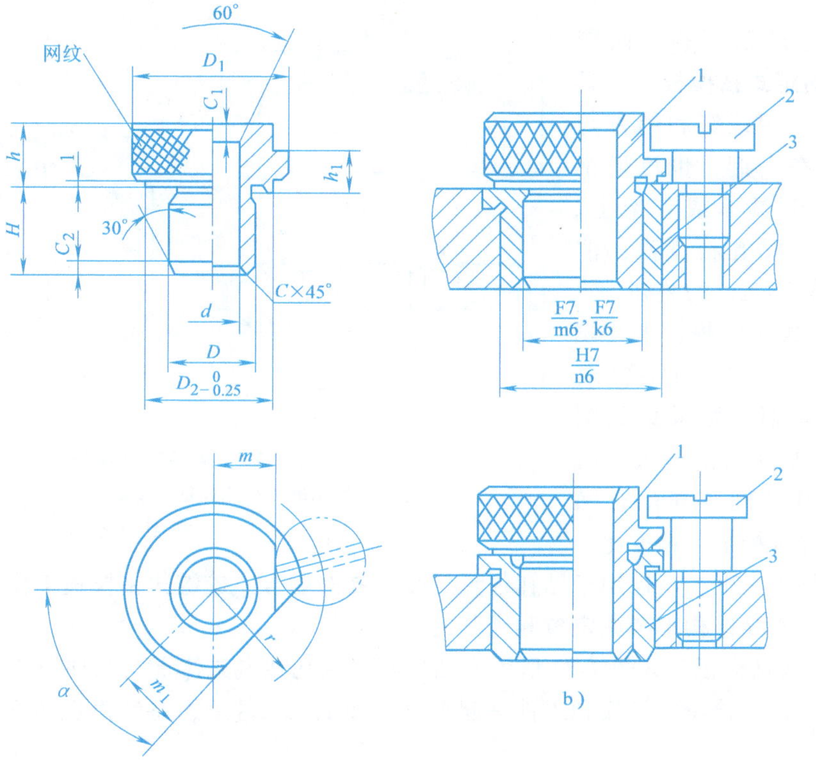

图 7-23　快换钻套

1—快换钻套　2—钻套用螺钉　3—钻套用衬套

4）特殊钻套。如果受工件的形状或加工孔位置的分布等限制不能采用上述标准钻套时，可根据需要设计特殊结构的钻套。图 7-24 所示为几种特殊钻套的结构形式，其中图 7-24a 为钻套用于加工沉孔或凹槽上的孔，图 7-24b 为钻套用于在斜面或圆弧面上钻孔，可防止钻头切入时引偏或折断，图 7-24c 为钻套用于加工多个近距离孔，图 7-24d 为在借助钻

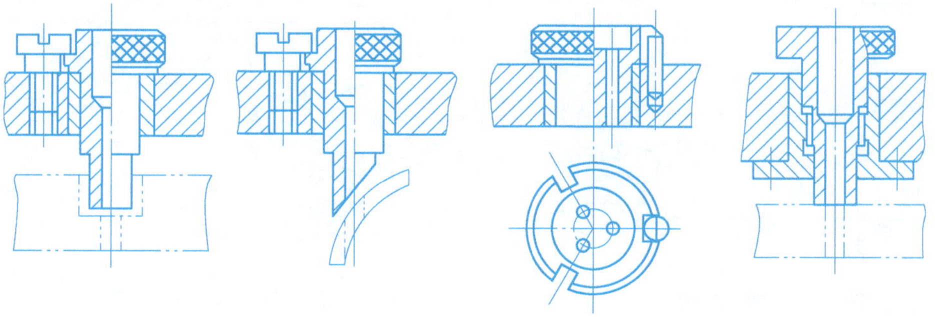

图 7-24　特殊钻套

套作为辅助夹紧时使用。由于要承受夹紧反力，钻套与衬套用螺纹连接，而且钻套与衬套还要有一段圆柱面配合，以保证引导孔的正确位置。

（2）钻模板　用于安装钻套的钻模板，按其与夹具体连接方式的不同，可分为以下几种类型：

1）固定式钻模板，如图7-25所示，固定式钻模板与夹具体铸成一体或用螺钉和销钉与夹具体连接在一起，也可把钻模板焊接在夹具体或支架上。其结构简单，钻孔精度高，但要注意不能妨碍工件的装卸。

2）铰链式钻模板，当钻模板妨碍工件装卸或钻孔后需攻螺纹、锪孔等时，可采用如图7-26所示的铰链式钻模板。由于铰链销、孔之间存在配合间隙，其所能保证的加工精度比

图7-25　固定式钻模板

a）铸成一体　b）用螺钉和销钉联接　c）焊接

1—钻套　2—钻模板

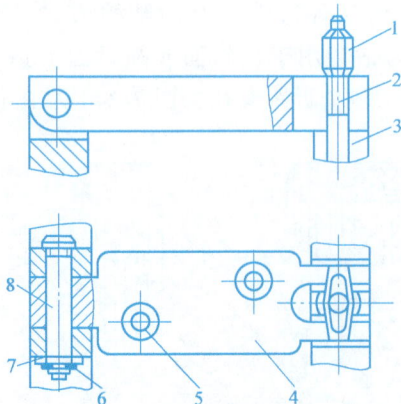

采用固定式钻模板低，所以用于钻孔位置精度不高的场合。铰链式钻模板工作时其位置是固定的，因此，需从结构上考虑定位和夹紧的要求。

3）可卸式钻模板，如图7-27所示，钻模板以两孔在夹具体上的圆柱销3和削边销4上定位，并用铰链螺栓将钻模板和工件一起夹紧。加工完一件后，将钻模板卸下，才能装卸工

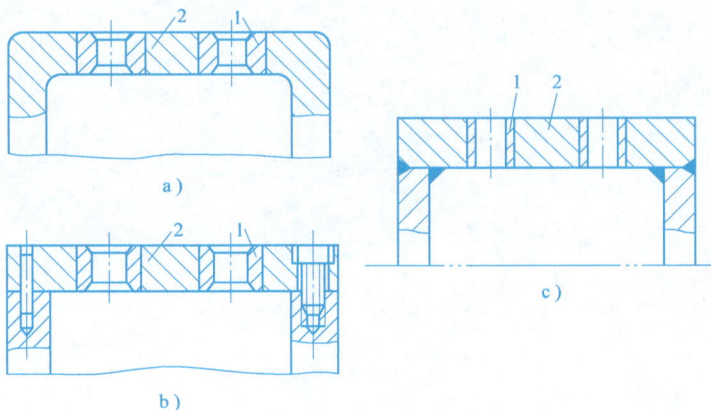

图7-26　铰链式钻模板

1—菱形螺母　2—活节螺栓　3—夹具体　4—钻模板

5—固定钻套　6—开口销　7—垫圈　8—铰链轴

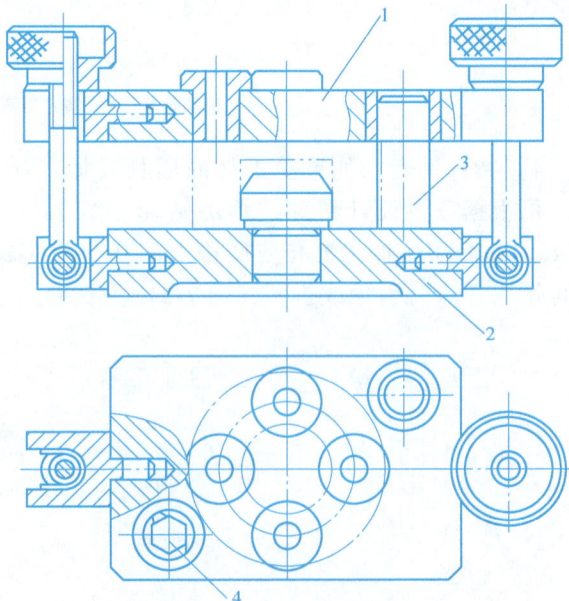

图7-27　可卸式钻模板

1—钻模板　2—夹具体　3—圆柱销　4—削边销

件。此类钻模板装卸费时费力，钻套的位置精度较低，故一般多在使用其他类型钻模板不便于装夹工件时才采用。

四、镗床夹具

1. 镗床夹具的主要类型与特点

镗床夹具也称镗模，主要用于加工箱体、支座等零件上的孔或孔系，工件上孔或孔系的位置精度主要由镗模保证。按镗套的布置方式不同镗模可分为单支承、双支承及无支承三类。

（1）单支承引导　镗杆在镗模中只用一个位于刀具前面或后面的镗套引导。镗杆与机床主轴采用刚性连接，并应保证镗套中心线与主轴轴线重合。此时，机床主轴的回转精度会影响镗孔精度。此种镗模适于加工短孔和小孔。

图 7-28a 所示为单支承前引导，主要用于 $D>60\text{mm}$，$l/D<1$ 的通孔。这种方式便于在加工过程中进行观察和测量，特别适合锪平面或攻螺纹的工序。缺点是切屑容易带入镗套之中，使镗杆和镗套易于磨损；装卸工件时，刀具引进和退出行程较长。图 7-28b 为单支承后引导，主要用于镗削 $D<60\text{mm}$ 的通孔或不通孔。

（2）双支承引导　镗杆与机床主轴采用浮动连接，镗孔的位置精度决定于镗套的位置精度。镗套有两种布置方式，如图 7-29 所示。图 7-29a 为两个镗套布置在工件的前后，用于加工孔径较大、$l/D>1.5$ 的孔，或一组同轴线的孔，而且孔本身和孔间距离精度要求很高的场合。

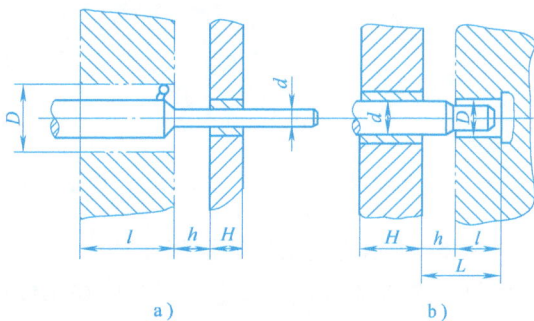

图 7-28　单支承引导
a）单支承前引导　b）单支承后引导

这种结构缺点是：镗杆过长，刀具装卸不便。当镗套间距 $L>10d$ 时，应增加中间引导支承，提高镗杆刚度。图 7-29b 为双支承后引导，受加工条件限制，不能使用前后双引导结构时，可在刀具后方布置两个镗套。

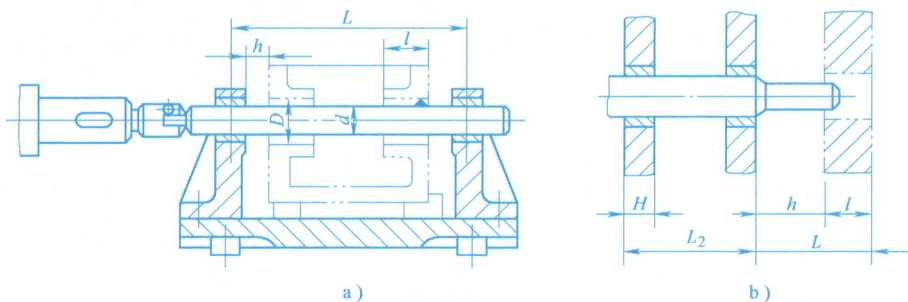

图 7-29　双支承引导结构

（3）无支承镗模　当工件在刚性好、精度高的坐标镗床、加工中心或金刚镗床上镗孔时，夹具不设置镗套，被加工孔的尺寸精度和位置精度由机床精度保证。

2. 镗床专用夹具典型实例

图 7-30 所示为支架壳体工序图，该工件要求加工 2×ϕ20H7 的同轴孔和 ϕ35H7、ϕ40H7 的同轴孔。工件的装配基准为底面 a 及侧面 b。本工序所加工孔都为 IT7 级精度，同时有一些几何公差要求。因此，使用专用镗床夹具，粗镗、精镗 ϕ40H7 和 ϕ35H7 孔，钻扩铰 2×ϕ20H7 孔。此时，孔距（82±0.2）mm 应由镗模的制造精度保证。根据基准重合原则，定位基准选为 a、b 两个平面。

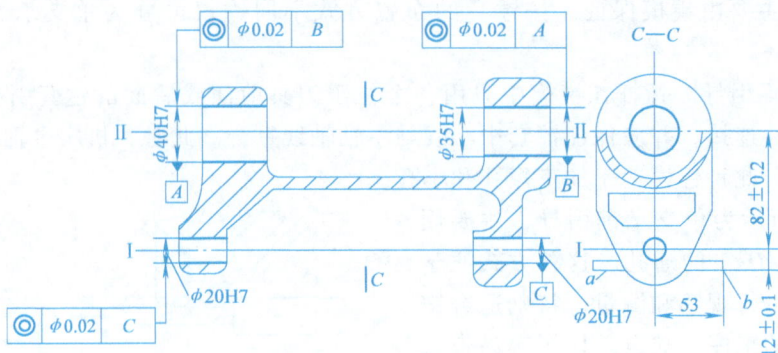

图 7-30　支架壳体工序图

图 7-31 所示为支架壳体镗床夹具，夹具上支承板 10（其中一块带侧立面）和一个挡销 9 为定位元件。夹紧时，利用压板 8 压在工件两侧板上，使工件重力与夹紧方向一致。加工 ϕ40H7 和 ϕ35H7 孔时，镗杆支承在镗套 4 和 5 上，加工孔 ϕ20H7 的镗杆支承在镗套 3 和 6 上，镗套安装在导向支架 2 和 7 上。支架用销钉和螺钉固定在夹具体 1 上。

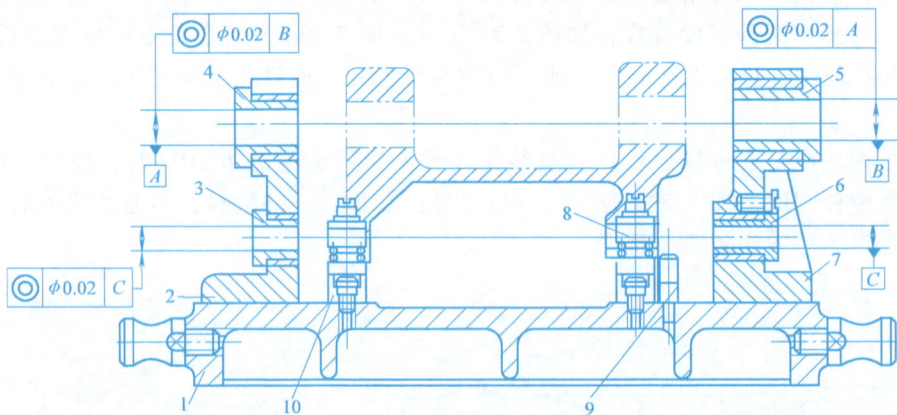

图 7-31　支架壳体镗床夹具

1—夹具体　2、7—导向支架　3、4、5、6—镗套　8—压板　9—挡销　10—支承板

3. 镗模的结构特点

（1）镗套　镗套结构分为固定式和回转式两种。

1）固定式镗套，在镗孔过程中不随镗杆转动的镗套，结构与快换钻套相同。图 7-32a 所示为带有压配式油杯的镗套，内孔开有油槽，加工时可适当提高切削速度。由于镗杆在镗套内回转和轴向移动，镗套容易磨损，故不带油杯的镗套只适用于低速切削。

2）回转式镗套，在镗孔过程中，镗套随镗杆一起转动，特别适用于高速镗削，如图 7-

32b、c、d 所示。其中图 7-32b 为滑动回转式镗套，内孔带键槽，镗杆上的键带动镗套回转，有较高的回转精度和较好的减振性，结构尺寸小，需充分润滑。图 7-32c、d 为滚动式回转镗套，分别用于立式和卧式镗孔，其转动灵活，允许的切削速度高，但其径向尺寸较大，回转精度低。如需减小径向尺寸，可采用滚针轴承。

（2）支架和底座 镗模支架和底座为铸铁，常分开制造，这样便于加工、装配和时效处理，它们要有足够的强度和刚度，以保证加工过程的稳定性。尽量避免采用焊接结构，宜采用螺钉和销钉刚性连接。支架在使用中不允许承受夹紧力。在底座面对操作者一侧应加工有一窄长平面，以便将镗模安装于工作台上时用于作为找正基面。底座上应设置适当数目的耳座，以保证镗模在机床工作台上安装牢固可靠，还应设置起吊环，以便于搬运。

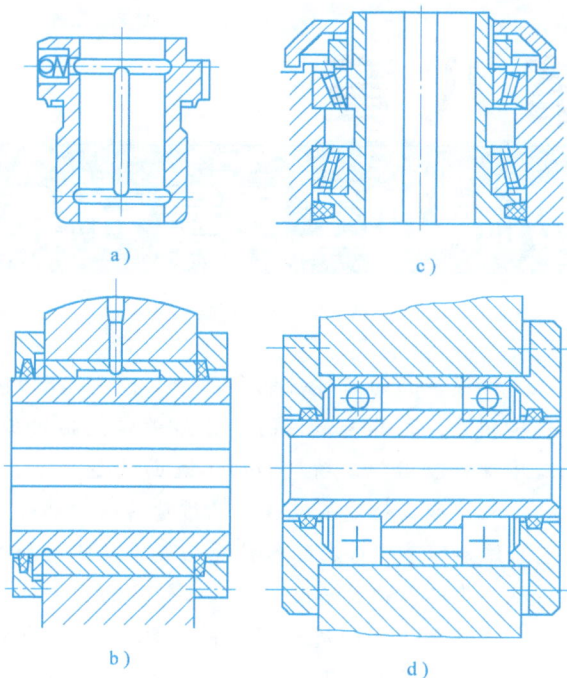

图 7-32 镗套的结构

习题与思考题

7-1 车床夹具与车床主轴的连接方式有哪几种？

7-2 在钻模板的结构中，哪种工作精度最高？

7-3 在铣床夹具中，对刀块和塞尺起什么作用？定位键起什么作用？

7-4 试述各种常用钻床夹具类型的应用范围。

7-5 镗杆与主轴的连接方式有几种，每种连接方式各自的特点是什么？

7-6 在实际中如何来确认各种专用夹具的类型？

第八章

机械加工质量分析

机械产品的工作性能和寿命，总是与组成产品的零件加工质量和产品的装配精度直接相关，尤其是零件的加工质量对产品的工作性能和使用寿命影响更大。零件的加工质量一般用加工精度和加工表面质量两个指标衡量。

机械加工精度是机械加工质量的核心部分。本章机械加工精度的内容主要是讨论工艺系统各环节中存在的各种原始误差及其对加工精度的影响，以及保证零件加工精度的措施，其中各种原始误差对加工精度的影响以及保证零件加工精度的措施是重点内容。

机械加工表面质量涉及的内容有：表面质量的基本概念、影响表面粗糙度的因素、零件表面变形层物理力学性能及其影响因素，其中影响表面质量的工艺因素及提高表面质量的措施是重点内容。

学习本章时，应注重理论联系实际，在实践中逐步加深对理论的理解，并掌握分析、解决问题的方法，分析问题时应特别注意抓住主要矛盾。

第一节　机械加工精度

一、原始误差及其分类

在机械加工时，由机床、夹具、刀具和工件构成的系统称为工艺系统，工艺系统各环节中所存在的误差称为原始误差。正是由于工艺系统各环节中存在有各种原始误差，使得工件加工表面的尺寸、形状和相互位置关系达不到理想要求，而造成加工误差。为了保证和提高零件的加工精度，必须采取措施消除或减少原始误差对加工精度的影响，将加工误差控制在允许的变动范围（公差）内。影响原始误差的因素很多，一部分与工艺系统本身的初始状态有关，一部分与切削过程有关，还有一部分与工件加工后的情况有关（见图 8-1）。

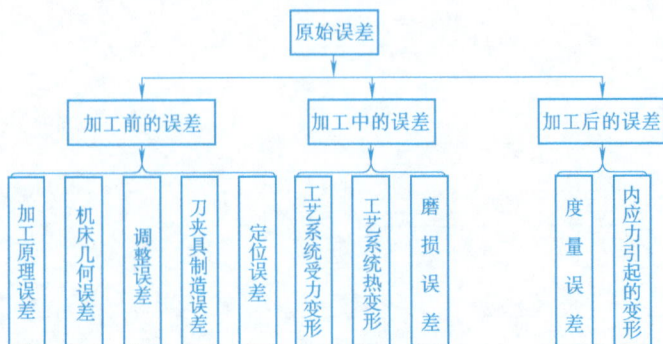

图 8-1　原始误差

二、加工原理误差及其对加工精度的影响

加工原理误差是由于采用了近似的成形运动或近似的切削刃轮廓所产生的误差。因为它是在加工原理上存在的误差，故称加工原理误差。

一般情况下，为了获得规定的加工表面，刀具和工件之间必须做相对准确的成形运动。如车削螺纹时，必须使刀具和工件间完成准确的螺旋运动（即成形运动）；滚切齿轮时必须使滚刀和工件之间具有准确的展成运动。机械加工中这种相对的成形运动称为加工原理。在生产实践中，由于采用理论上完全精确的成形运动，有时会使机床或刀具在结构上极为复杂，造成制造上的困难；或由于结构环节多，机床传动中的误差增加，反而得不到高的加工精度。所以在这种情况下常常采用近似的成形运动，以获得较高的加工精度。采用近似的成形运动还可以提高加工效率，使加工更为经济。

用成形刀具加工复杂的曲面时，要使刀具刃口作得完全符合理论曲线的轮廓，有时非常困难，所以常采用圆弧、直线等简单的线型替代刀具刃口实际形状。例如，常用的齿轮滚刀就有两种误差：一是滚刀切削刃的近似造型误差，即由于制造上的困难，采用阿基米德基本蜗杆或法向直廓基本蜗杆代替渐开线基本蜗杆；二是由于滚刀切削刃数有限，所切成的齿轮齿形是一条折线，并非理论上的光滑曲线，所以滚切齿轮是一种近似的加工方法。

再如车削模数蜗杆时，由于蜗杆的螺距等于蜗轮的齿距，即 πm，其中 m 是模数，π 是一个无理数，而车床配备的交换齿轮的齿数是有限的，因此在选择交换齿轮时，只能将 π 化为近似的数值计算，这样就会引起刀具相对工件的成形运动不准确，造成螺距误差，但是这种螺距误差可以通过配换合适的交换齿轮而减小。

上述这些因素均会产生加工原理误差。

三、工艺系统几何误差及其对加工精度的影响

工艺系统的几何误差主要是指机床、夹具、刀具本身在制造时所产生的误差、使用中的调整误差、磨损误差以及工件的定位误差等，这些原始误差将不同程度地反映到被加工零件表面上，形成零件的加工误差。

（一）机床的几何误差

加工中刀具相对工件的各种成形运动，一般由机床来完成，机床的几何误差会通过成形运动反映到工件的加工表面上。机床的几何误差来源于机床的制造误差、磨损误差和安装误差三个方面。这里着重分析主轴回转误差、导轨的导向误差和传动链传动误差对工件加工精度的影响。

1. 机床主轴回转误差

（1）主轴回转运动误差的概念及其影响因素　加工时要求机床主轴具有一定的回转运动精度，以保证主轴回转中心相对刀具或工件的位置精度。当主轴回转时，理论上其回转轴线在空间的位置应当稳定不变，但实际上其位置总是变动的，也就是说，存在着回转误差。所谓主轴回转误差，就是主轴的实际回转轴线相对于平均回转轴线（实际回转轴线的对称中心线）的最大变动量。

主轴回转误差可分为三种基本形式：轴向窜动、径向圆跳动和角度摆动，如图 8-2 所示。

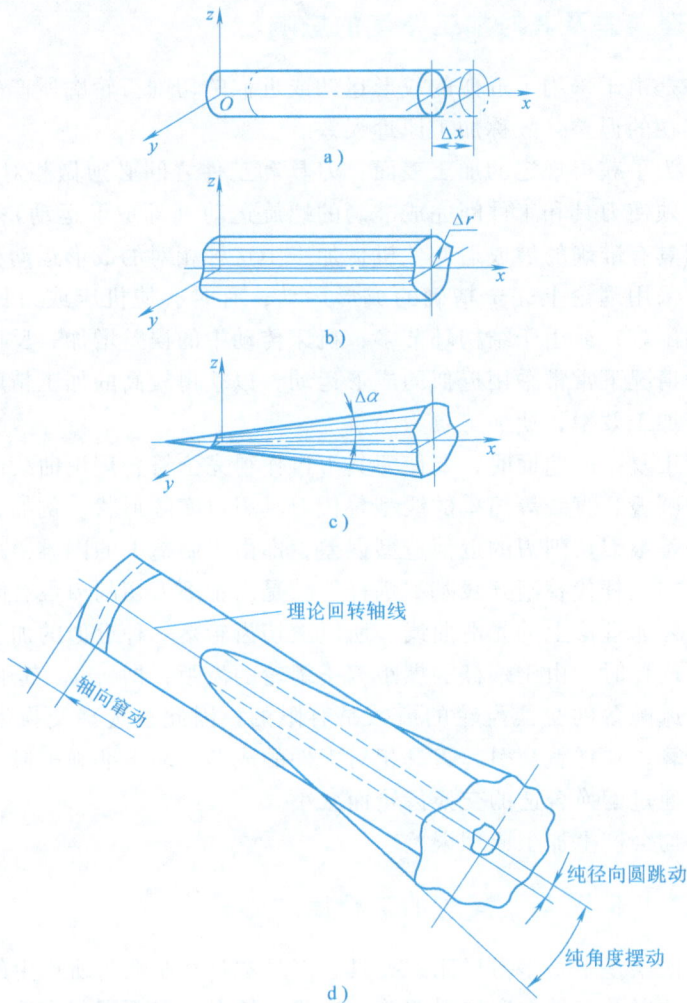

图 8-2　主轴回转误差的基本形式及其综合

a）轴向窜动　b）纯径向圆跳动　c）纯角度摆动　d）综合

　　轴向窜动——任一瞬时主轴回转轴线沿平均回转轴线的轴向运动，如图 8-2a 所示。

　　纯径向圆跳动——任一瞬时主轴回转轴线始终平行于平均回转轴线方向的径向运动，如图 8-2b 所示。

　　纯角度摆动——任一瞬时主轴回转轴线与平均回转轴线成一倾斜角度，但其交点位置固定不变的运动，如图 8-2c 所示。

　　在主轴回转过程中，上述三种基本形式往往同时存在，并以一种综合结果体现出来，如图 8-2d 所示。在任一瞬间，主轴回转中心的实际位置是难以预测的，因此，这种现象也称为主轴轴心漂移。

　　理论和实践分析表明，主轴的回转误差不但与主轴部件的加工和装配误差有关，而且还与主轴部件受力、受热后的变形以及磨损有关。影响主轴回转精度的主要因素有：支承主轴轴颈的滑动轴承内孔或滚动轴承滚道的圆度误差，滚动轴承内环孔与滚道的同轴度误差，滑动轴承的内孔或滚动轴承滚道的波度，滚动轴承滚子的形状误差和尺寸误差，轴承间隙以及切削中的受力变形等。此外，轴承定位端面和轴心线的垂直度误差、轴承端面之间的平行度误差及锁紧螺母的端面圆跳动误差也影响主轴的回转精度。

（2）主轴回转误差对加工精度的影响　切削加工过程中，机床主轴的回转误差使得刀具和工件间的相对位置不断改变，影响着成形运动的准确性，在工件上引起加工误差。然而，刀具相对于加工表面的位移方向不同时，对加工精度的影响程度是不一样的。

图 8-3 所示为车削外圆表面时发生在不同方向上的相对位移对工序尺寸所产生的影响。图 8-3b 中刀具在加工表面法线方向上发生了大小为 ΔY 的相对位移。这时，工件半径上出现的加工误差 $\Delta R = \Delta Y$，即法向位移 ΔY 按 1∶1 的比例转化为加工误差 ΔR。可见，这个方向上的相对位移对加工精度影响很大。所以，将这个法向方向称为误差敏感方向。图 8-3a 表示在切向发生了大小为 ΔZ 的相对位移。可以看出，下面的关系式成立：

$$(R+\Delta R)^2 = R^2 + \Delta Z^2$$

展开并整理，得：$\Delta R = \Delta Z^2/2R - \Delta R^2/2R$

因为 $\Delta R^2/2R$ 是 ΔR 的高阶无穷小量，故可舍去不计，则

$$\Delta R \approx \Delta Z^2/2R$$

由于 ΔZ 也是一个微小量，所以 ΔR 非常小。也就是说，发生在切向的相对位移对加工精度几乎没有影响，可以忽略不计，该切向方向称为误差非敏感方向。

由以上讨论可以知道，分析主轴回转误差对加工精度的影响时，应将误差敏感方向的影响作为主要对象。在分析其他原始误差对加工精度的影响时，也应主要在误差敏感方向上进行分析。

主轴回转误差对加工精度的影响，随加工方法的不同而不同。例如，车削和磨削内外圆表面时，主轴的纯径向圆跳动误差对内外圆表面加工精度的影响与图 8-3 所示的情况类似，一般情况下对内外圆表面的圆度精度影响不是很大，但对套类零件的内外圆柱面的同轴度影响较大。

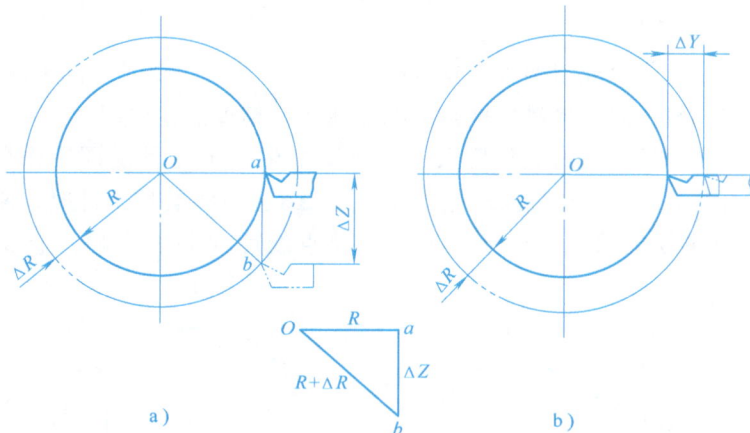

图 8-3　回转误差对加工精度的影响

主轴的纯轴向窜动对内外圆的加工精度没有影响，但所车削的端面与内外圆轴线不垂直。车削时主轴每转一周，就要沿轴向窜动一次，向前窜动的半周中形成右旋面，向后窜动的半周中形成左旋面，最后切出如同端面凸轮的形状，并在端面中心出现一个凸台，如图 8-4 所示。当加工螺纹时必然会产生螺距的小周期误差。

主轴纯角度摆动对车削外圆表面时圆度精度的影响不大，即外圆表面的每个横截面仍然是一个圆，但整个工件成锥形，即产生了圆柱度误差。镗孔时，由于主轴的纯角度摆动形成主轴回转轴线与工作台导轨不平行，镗出的孔将成椭圆形，如图8-5所示。

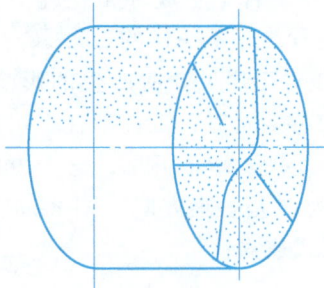

图8-4 主轴轴向窜动对
端面加工的影响

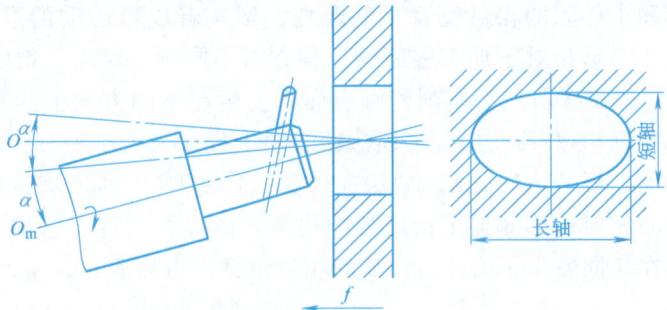

图8-5 纯角度摆动对镗孔的影响

O—工件孔轴心线 O_m—主轴回转轴心线

（3）提高主轴回转精度的措施 为了提高主轴的回转精度，需提高主轴部件的制造精度，其中轴承是影响主轴回转精度的关键部件，因此对于精密机床宜采用精密滚动轴承、多油楔动压和静压滑动轴承。还可通过提高主轴支承轴颈、箱体支承孔的加工精度来提高主轴的回转精度。在使用过程中，对主轴部件进行良好的维护保养以及定期维修，也是保证主轴回转精度的措施。

另外，还可采取措施减小机床主轴回转误差对加工精度的影响。例如，在外圆磨床上采用固定顶尖磨削外圆，由于顶尖不随主轴回转，因此，主轴回转误差对工件回转精度无影响。这是磨削外圆时消除主轴回转误差对加工精度影响的主要方法，并被广泛地应用于检验仪器和其他精密加工机床上。当用固定顶尖时，两顶尖或两中心孔的同轴度误差、顶尖和中心孔的形状误差、接触精度等，都会不同程度地影响工件的回转精度，故应严格控制。

2. 机床导轨导向误差

机床导轨是机床工作台或刀架等实现直线运动的主要部件，因此机床导轨的制造误差、工作台或刀架等与导轨之间的接触精度是影响直线运动精度的主要因素。

外圆磨床导轨在水平面内的直线度误差（见图8-6），使工件随同工作台在 x 方向产生位移 Δ，引起被加工工件在半径方向产生加工误差 ΔR。当磨削长工件时，刚性较差的工作台贴合在导轨上做往复运动，其运动轨迹受导轨直线度误差的影响，造成工件的圆柱度误差。

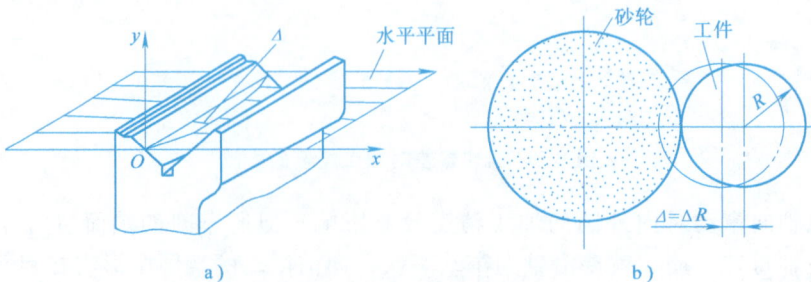

a) b)

图8-6 磨床导轨在水平面内的直线度误差

a）水平面内的误差 b）工件产生的误差

外圆磨床导轨在垂直面内的直线度误差（见图8-7），将引起工件相对砂轮的切向位移 $\Delta = h$，由于该方向对于磨削外圆来说是误差的非敏感方向，因此对工件的加工精度影响甚小。但对平面磨床、龙门刨床、铣床等，导轨在垂直面内的直线度误差，会引起工件相对砂轮（刀具）的法向位移，由于该方向对于磨、铣平面来说是误差的敏感方向，因此对工件垂直方向的尺寸精度、平行度精度和平面度精度等的影响较大。

机床两导轨的平行度误差（扭曲）使工作台移动时产生横向倾斜（摆动），刀具相对于工件的成形运动将变成一条空间曲线，因而引起工件的形状误差。如图8-8所示，车削或磨削外圆时，机床导轨的扭曲会使工件产生圆柱度误差。

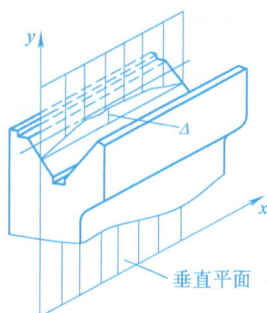

图8-7 磨床导轨在垂直面内的直线度误差

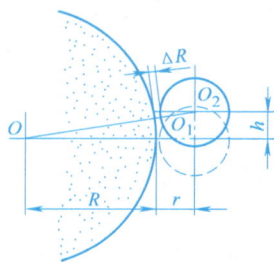

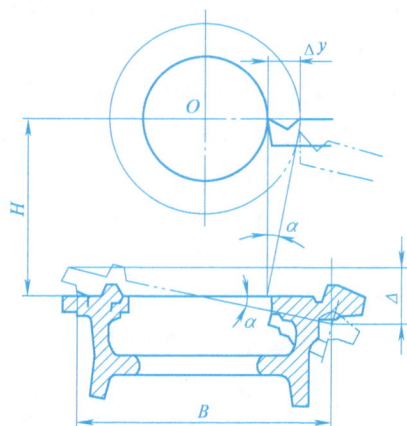

图8-8 车床导轨的扭曲

机床导轨与主轴回转轴线的平行度误差，也会使工件产生加工误差。例如，车削或磨削外圆时，会使工件产生圆柱度误差，即形成了锥度。

机床的安装对导轨的原有精度影响很大，尤其对床身较长的龙门刨床、导轨磨床等，因床身较长，刚性差，在本身自重作用下容易产生变形，如果安装得不正确或地基不坚实，都会使床身产生较大的变形，从而影响工件的加工精度。

3. 传动链误差

在机械加工中，对于某些表面的加工，要求工件和刀具之间必须有准确的速比关系，如车螺纹时，要求工件转一转，刀具必须走一个导程；滚齿和插齿时，要求工件转速与刀具转速之比保持恒定不变。这种速比关系的获得取决于机床传动系统中工件与刀具之间的内联系传动链的传动精度，而传动精度又取决于传动链中各传动零件的制造和装配精度，以及各传动零件的磨损程度。另外，各传动零件在传动链中的位置不同，对传动精度的影响程度也不同。传动链中末端传动元件的转角误差对传动链传动精度的影响最大，将直接反映到工件的加工精度上。比如，在车削螺纹中，直接固定在传动丝杠上齿轮的精度对车削螺纹精度影响最大，而其他中间各传动元件的误差对加工精度影响则较小。传动机构越多，传动路线越长，则总的传动误差越大。因此，应尽量减少传动元件，缩短传动路线，注意保证传动机构尤其是末端传动件的制造和装配精度，必要时可采用附加的校正机构以减小传动误差。此外，在使用过程中进行良好的维护保养以及定期维修，也是保证传动链传动精度的必要措施。

（二）调整误差

在零件加工的每一道工序中，为了获得加工表面的尺寸和几何精度，总得对机床、夹具和刀具进行调整，任何调整工作都必然会带来一定的误差。

机械加工中零件的生产批量和加工精度往往要求不同，所采用的调整方法也不同，如大批量生产时，一般采用样板、样件、挡块及靠模等调整工艺系统；在单件小批生产中，通常利用机床上的刻度或利用量块进行调整。调整工作的内容也因被加工零件的复杂程度而异，对简单表面（如内、外圆柱面），一般只调整各成形运动的位置关系，而复杂表面（如螺旋面、渐开面），则还要调整成形运动的速度关系。因此，调整误差是由多种因素引起的。

1. 试切法加工

在单件小批生产中，常采用试切法调整进行加工，即对被加工零件进行试切—测量—调整—再试切，直至达到所要求的精度，它的误差来源主要有：

（1）测量误差　测量工具的制造误差、读数的估计误差以及测量温度和测量力等引起的误差都将掺入到测量所得的读数中，这无形中扩大了加工误差。

（2）微进给机构的位移误差　在试切中，总是要微量调整刀具的进给量，以便最后达到零件的尺寸精度。但是在低速微量进给中，进给机构常会出现"爬行"现象，即由于传动链的弹性变形和摩擦，摇动手轮或手柄进行微量进给时，执行件并不运动，当微量进给量累积到一定值时，执行件又突然运动。结果使刀具的实际进给量比手轮或手柄刻度盘上显示的数值总要偏大或偏小些，以至难于控制尺寸精度，造成加工误差。

消除"爬行"现象的措施如下：

1）改善润滑条件。在机床进给机构的滑移面（如工作台和导轨）间施加适当的润滑油，使得在滑移面间形成一层油膜，这样就可以在滑移面相对运动时把金属之间的干摩擦变成为油膜之间的黏性摩擦，这样就不会出现"爬行"现象。

2）用较快的速度做间断性的微量进给也可避免"爬行"现象的影响。在微量进给之前先将手柄反转，使刀架（或工作台）后退一段距离，然后以较快的速度不停顿的正转到所需位置上，这样就不易出现手柄微动而刀架（或工作台）不动的情形，从而提高位移精度。

3）改进机床设计。选用适当的导轨材料或以滚动导轨、静压导轨来替代滑动导轨，以及减少传动件、提高传动件的刚度，也可避免"爬行"现象。

（3）最小切削厚度极限　在切削加工中，刀具所能切削的最小厚度是有一定限度的。锋利的切削刃可切下 $5\mu m$ 金属，已钝的切削刃只能切下 $20\sim50\mu m$ 金属，切削厚度再小时切削刃就切不下金属，而在金属表面上打滑，只起挤压作用。精加工时试切的金属层总是很薄的，由于打滑和挤压，试切的金属实际上可能没有切下来，这时如果认为试切尺寸已合格，就开动机床切削下去，则新切削部分的切削厚度比已试切的部分要大，因此最后所得的工件尺寸就会有误差。

2. 调整法加工

在中批以上生产中，常采用调整法加工，所产生的调整误差与所用的调整方法有关。

（1）用定程机构调整　在半自动机床、自动机床和自动线上，广泛应用行程挡块、靠模及凸轮等机构来调整。这些机构的制造精度及刚度，以及与其配合使用的离合器、控制阀等的灵敏度，就成了产生调整误差的主要因素。

（2）用样板或样件调整　在各种仿形机床、多刀机床及专用机床中，常采用专门的样件或样板来调整刀具与刀具、工件与刀具的相对位置，以保证工件的加工精度。在这种情况下，样件或样板本身的制造误差、安装误差和对刀误差，就成了产生调整误差的主要因素。

（3）用对刀装置或导引元件调整　在采用铣床或钻床专用夹具装夹工件时，对刀块、塞尺和钻套的制造误差、对刀块和钻套相对定位元件的位置误差，以及钻套和刀具的配合间隙是产生调整误差的主要因素。

（三）刀具、夹具的制造误差及工件的定位误差

机械加工中常用的刀具有：一般刀具、定尺寸刀具及成形刀具。

一般刀具（如普通车刀、单刃镗刀及平面铣刀等）的制造误差，对加工精度没有直接影响。

定尺寸刀具（如钻头、铰刀、拉刀及槽铣刀等）的尺寸误差，直接影响被加工工件的尺寸精度。另外，刀具的工作条件，如机床主轴的跳动或因刀具安装不当引起的径向或轴向圆跳动等误差，都会使工件产生加工误差。

成形刀具（如成形车刀、成形铣刀以及齿轮滚刀等）的制造误差，主要影响被加工面的形状精度。

夹具的制造误差一般指定位元件、导向元件及夹具体等零件的制造和装配误差。这些误差对被加工工件的精度影响较大，所以在设计和制造夹具时，凡影响工件加工精度的尺寸和几何误差都应严格控制。

工件在定位时产生的定位误差也会影响加工精度。

（四）工艺系统的磨损误差

1. 工艺系统的磨损对加工精度的影响

工艺系统在长期的使用中，会产生各种不同程度的磨损，这些磨损必将扩大工艺系统的几何误差，影响工件的各项加工精度。

工艺系统中机床、夹具、刀具以及量具虽然都会磨损，但其磨损速度和程度对加工精度的影响不同。其中以刀具的磨损速度最快，甚至有时在加工一个工件过程中，就可能出现不能允许的磨损量。而机床、量具、夹具的磨损比较缓慢，对加工精度的影响也不明显，故对它们一般只需进行定期鉴定和维修。

2. 减少工艺系统磨损的主要措施

（1）对机床的主要表面采用防护装置　如精密机床的导轨面、传动丝杠或蜗杆副采用密封防护装置，防止灰尘或切屑进入，或将其浸入油中以减少磨损，延长其使用寿命。

（2）采取有效的润滑措施　对机床相对运动表面经常润滑，防止和减小磨损，以尽量保持其零部件的原有精度。

（3）提高零部件的耐磨性　机床、夹具或量具等工作表面采用耐磨材料（如耐磨铸铁、硬质合金等）制造或镶贴，或通过热处理（表面淬硬）提高其耐磨性。

（4）选用新型耐磨刀具材料　选用新型耐磨刀具材料不仅可高速切削，而且刀具寿命长。

四、工艺系统受力变形对加工精度的影响

在切削力、传动力、惯性力、夹紧力以及重力等的作用下，工艺系统将产生相应的变形（弹性变形和塑性变形）和振动，它们会破坏刀具与工件之间的成形运动的位置关系和速度关系，还影响切削运动的稳定性，从而形成各种加工误差和影响表面粗糙度。

例如车削细长轴时，在切削力作用下工件因弹性变形而出现"让刀"现象。随着刀具

的进给，在工件全长上背吃刀量由大变小，然后再由小变大，即工件两端切去的金属多，中间切去的金属少，结果使工件产生腰鼓形圆柱度误差。再如精磨外圆时，一般到磨削后期需进行无进给磨削（或称"光磨"），此时砂轮无进给，但磨削时火花继续存在，且先多后少，直至消失，这就是用多次无进给磨削消除工艺系统的受力变形，以保证零件的加工精度和表面粗糙度。

由此可见，工艺系统的受力变形是加工中一项很重要的原始误差，它不仅严重地影响加工精度，而且还影响表面质量，也限制了切削用量和生产率的提高。因此，需采取措施提高工艺系统刚度，以减少工艺系统受力变形对加工质量的影响。

（一）工艺系统刚度分析

切削加工中，工艺系统各部分在各种外力的作用下，将在各个受力方向产生相应的变形。其中，对加工精度影响最大的误差敏感方向（即法向方向）上的力和变形的分析计算更有意义。工艺系统抵抗在外力作用下使其变形的能力用工艺系统刚度 k_{xt} 表示，工艺系统刚度 k_{xt} 定义为：工件加工表面法向分力 F_p 与刀具相对工件在该力方向上的位移 y_n 的比值，即 $k_{xt} = F_p/y_n$。

工艺系统刚度与工艺系统各组成部分的刚度和各组成部分之间的接触刚度有关。

1. 工件、刀具的刚度

当工件和刀具（包括刀杆）的刚度较差时，对加工精度的影响较大。如图 8-9 所示，在内圆磨床上以切入法磨内孔时，由于内圆磨头轴的刚度较差，磨内孔时会使工件产生带有锥度的圆柱度误差。

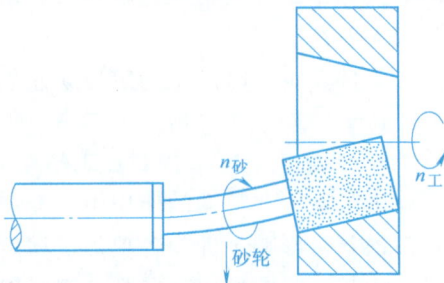
图 8-9 内圆磨头轴的受力变形

2. 接触刚度

由于机床和夹具以及整个工艺系统是由许多零部件组成，故其受力与变形之间的关系比较复杂，尤其是零部件接触面之间的接触刚度不是一个常数，即其变形量与外力之间不是线性关系，外力越大其接触刚度越大。

接触刚度不是常数的原因，主要是当外力不断增加时，零部件之间实际接触面积的增加速度大于外力的增加速度。另外，在外力增加过程中，接触面局部产生塑性变形，而外力去掉时，一般不按原来的关系曲线恢复，产生了相应的残余变形。

影响接触刚度的因素主要有：

（1）相互接触表面的几何误差和表面粗糙度 零件表面总是存在着宏观的表面几何误差和微观的表面粗糙度。所以零件间的实际接触面积只是名义接触面积的一部分，且真正处于接触状态的，仅仅是这一部分的个别凸峰。在外力作用下，这些接触点处将产生较大的接触应力，引起接触变形。接触变形中不仅有弹性变形，而且有局部的塑性变形，这是零部件接触刚度低的主要原因。

（2）材料和硬度 当表面粗糙度值一定时，接触刚度与材料有密切的关系，如铸铁与塑料的接触变形比铸铁与铸铁的接触变形大。材料硬度增加时，其屈服强度增加，因而减少了塑性变形，增加了接触刚度。

3. 机床部件的刚度

（1）机床部件刚度的特性 任何机床部件在外力作用下产生的变形，必然与组成该部件的有关零件本身变形和它们之间的接触状况有关。其中各接触变形的总量在整个部件变形中占很大的比重。

从图 8-10a 所示的机床部件受力变形过程看，首先是消除各有关配合零件之间的间隙，挤掉其间油膜层的变形，接着是部件中薄弱零件的变形，最后才是其他组成零件本身的弹性变形和相应接触面的弹性变形及其局部塑性变形。当去掉外力时，由于局部塑性变形和摩擦阻力，最后尚留有一定程度的残余变形。

图 8-10b 所示的车床刀架部件，当切削力从切削刃传到刀架时，经小滑板、中滑板和床鞍等，最后在车床床身上完成了封闭。这时在力的作用下，切削刃相对于床身的总位移量 y 是上述各有关部分之间位移量叠加的结果。

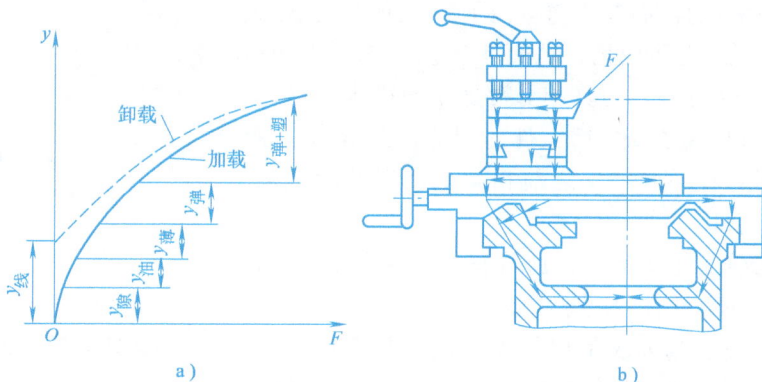

图 8-10　部件受力变形和各组成零件受力变形间的关系

（2）影响机床部件刚度的主要因素　主要因素有以下三方面：

1）各接触面的接触变形。

2）各薄弱环节零件的变形。机床部件中薄弱零件的受力变形对部件刚度影响最大。例如图 8-11 所示的机床导轨镶条，由于其结构细长，刚性差，又不易加工平直，装配后常常与导轨接触不良，在外力作用下很容易变形，并紧贴导轨，变得平直，使机床工作台产生很大的位移，大大降低了机床部件的刚度。

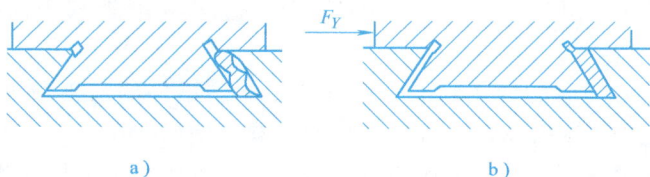

图 8-11　薄弱零件的变形对机床部件刚度的影响

3）间隙和摩擦的影响。零件接触面间的间隙对机床部件刚度的影响，主要表现在加工中载荷方向经常变化的镗床上和铣床上。当载荷方向不断正反交替改变时，间隙引起的位移，对机床部件刚度影响较大，会改变刀具和工件间的准确位置，从而使工件产生加工误差。在加工过程中如载荷方向不变，则间隙对加工精度的影响较小。

零件接触面间的摩擦力对机床部件刚度具有影响，当载荷变动时较为显著。加载时，摩擦力阻止变形增加；卸荷时，摩擦力又阻止变形恢复。这样，由于变形不均匀增减，进而影响加工精度。

4. 夹具的刚度

夹具的刚度与机床部件刚度类似，主要受其中各有关配合零件之间的间隙、薄弱零件的变形和接触变形，以及各组成零件本身的弹性变形和局部塑性变形的影响。

（二）工艺系统受力变形对加工精度的影响

1. 切削力对加工精度的影响

（1）切削力大小的变化对加工精度的影响 在切削加工中，往往由于被加工表面的几何形状误差或材料的硬度不均匀引起切削力大小的变化，从而造成工件加工误差。如图 8-12 所示，由于毛坯的圆度误差 Δ_m，车削时刀具的背吃刀量在 a_{p1} 和 a_{p2} 之间变化。因此，切削分力 F_p 也随背吃刀量 a_p 的变化而变化，在最大 F_{pmax} 和最小 F_{pmin} 之间变化，从而使工艺系统产生相应的变形，即由 y_1 变到 y_2（刀具相对被加工面产生 y_1 和 y_2 的位移）。这样就形成了加工后工件的圆度误差 Δ_w。这种加工之后工件所具有的与加工之前相类似的误差的现象，就称为"误差复映"。

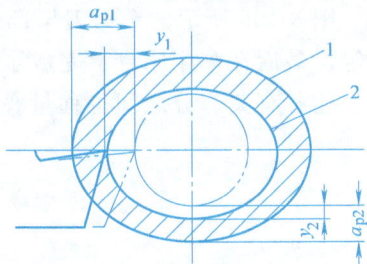

图 8-12　毛坯形状误差的复映
1—毛坯表面　2—工件表面

假设加工之前工件（毛坯）所具有的误差为 $\Delta_m = a_{p1} - a_{p2}$

加工之后工件所具有的误差为 $\Delta_w = y_1 - y_2$

令　$\varepsilon = \Delta_w / \Delta_m$，则 ε 表示出了加工误差与毛坯误差之间的比例关系，即"误差复映"的规律，故称 ε 为"误差复映系数"。由于工艺系统总具有一定的刚度，因此工件加工后的误差 Δ_w 总小于毛坯误差 Δ_m，即误差复映系数总是小于 1，ε 定量地反映了工件经加工后毛坯误差减小的程度。正常情况下，工艺系统刚度 k_{xt} 越大，ε 越小，加工后工件的误差 Δ_w 越小，即复映到工件上的误差越小。

当工件经一次走刀不能满足加工精度要求时，需进行多次走刀，逐步消除由 Δ_m 复映到工件上的误差。多次走刀后总的 ε 值为：

$$\varepsilon = \varepsilon_1 \varepsilon_2 \varepsilon_3 \cdots\cdots \varepsilon_n$$

"误差复映"规律是普遍存在的，加工之前工件（毛坯）所具有的各种误差，总是以一定程度复映到加工后的工件上，因此，在加工时，应采取措施减小误差复映，保证加工精度。

（2）切削力作用点位置的变化对加工精度的影响 工件的加工精度不仅受切削力大小变化的影响，而且也受切削力作用点位置变化的影响。例如，在车床上以两顶尖支承工件车光轴，当车刀做纵向进给时，切削力作用点不断移动，机床、工件在这些点处的刚度是不相同的，因此，车出的工件各纵向断面内直径尺寸也就不同，因而形成几何形状误差。为了分析问题方便，可先假设在加工过程中切削力大小不变化，即只考虑工艺系统刚度变化对加工精度的影响。下面分两种情况予以说明。

1）在两顶尖间车削短而粗的光轴。此时工件和刀具的刚度相对很大，即认为工件和刀具的变形可忽略不计，工艺系统的总变形完全取决于机床主轴前端头架（包括顶尖）、尾座（包括顶尖）和刀架的变形。如图 8-13a 所示，工艺系统刚度随着切削力作用点位置的变化而变化，当切削力作用点的位置靠近工件的两端时，工艺系统刚度相对较小，变形较大，刀具相对工件产生的让刀量较大，切去的金属层厚度较小；当切削力作用点位置处于工件的中间位置附近时，工艺系统刚度相对较大，变形较小，刀具相对工件产生的让刀量较小，切去的金属层厚度较大，因此，工件加工后产生马鞍形圆柱度误差。

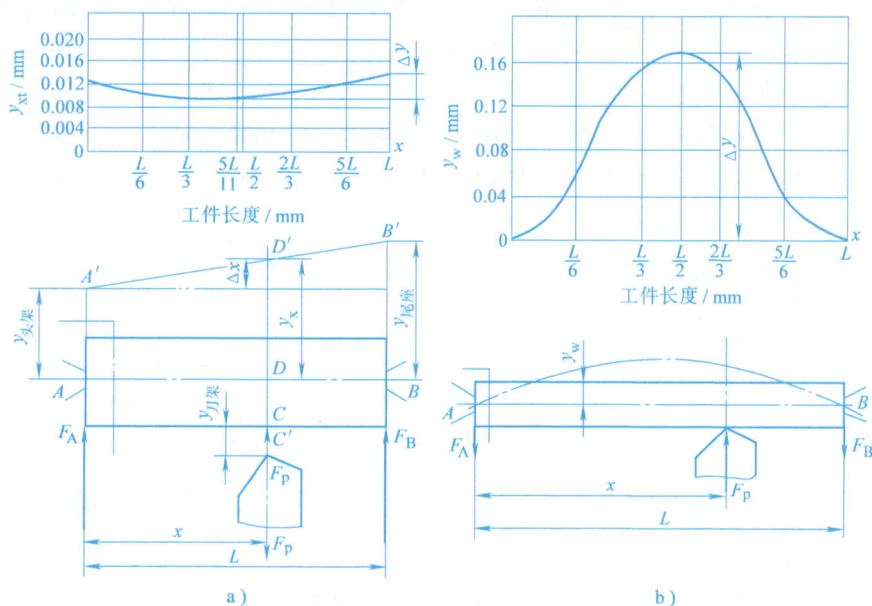

图 8-13 切削力作用点位置的变化对工艺系统变形的影响

a）车短粗轴 b）车细长轴

2）在两顶尖间车削细而长的光轴。由于工件细长刚度小，机床主轴前端头架、尾座和刀架的刚度相对很大，即认为机床头架、尾座和刀架的变形可忽略不计，工艺系统的总变形完全取决于工件的变形。如图 8-13b 所示，工艺系统刚度也是随着切削力作用点位置的变化而变化。当切削力作用点的位置靠近工件的两端时，工艺系统刚度相对较大，变形较小，刀具相对工件产生的让刀量较小，切去的金属层厚度较大；当切削力作用点位置处于工件的中间位置附近时，工艺系统刚度相对较小，变形较大，刀具相对工件产生的让刀量较大，切去的金属层厚度较小，因此，工件加工后产生腰鼓形圆柱度误差。

因为机床、夹具、工件等都不是绝对刚体，它们都会变形，故前述两种误差形式都会存在，且既有形状误差，又有尺寸误差，故对加工精度的影响为前述几种误差形式的综合。

通过分析可知，当工艺系统各处的刚度值不同时，产生的工件形状误差值也不同。工艺系统各处的刚度相差越大，产生的形状误差也越大。由此可以得到结论，从减少形状误差来看，工艺系统各部分刚度不要相差过大。在很多情况下，某一部分刚度过度高于其他部分刚度的意义不大。找出刚度薄弱环节加以提高，使其和其他部分的刚度大体接近的办法常称为刚度平衡，这是提高工艺系统刚度，减少加工误差的一个有效途径。

2. 惯性力、传动力和夹紧力对加工精度的影响

（1）惯性力和传动力对加工精度的影响　切削加工中，高速旋转的零部件（包括夹具、工件及刀具等）的不平衡将产生离心力。离心力在每一转中不断地变更方向。因此，它在工件加工表面法向方向的分力有时和法向切削分力同向，有时反向，从而破坏了工艺系统各成形运动的位置精度。图 8-14a 为车削一个不平衡工件，离心力 F_Q 和切削分力 F_p 方向相

反，将工件推向刀具，使刀具背吃刀量增加。图 8-14b 所示为离心力 F_Q 和切削分力 F_p 方向相同，工件被拉离使刀具背吃刀量减小，结果形成了工件的形状误差。从加工表面的每一个横截面上看，基本上类似一个圆（理论上为心脏线），但每一个横截面上的圆的圆心不在同一条直线上，即从整个工件上看，产生了圆柱度误差。

（2）夹紧力对加工精度的影响　工件在装夹时，由于工件刚度较低或夹紧力作用点或作用方向不当，都会引起工件的相应变形，造成加工误差。图 8-15 为加工发动机连杆大头时的装夹示意图，由于夹紧力作用点不当，造成加工后两孔中心线不平行以及与定位端面不垂直。

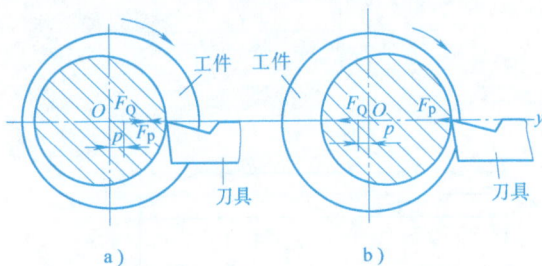

图 8-14　惯性力所引起的加工误差

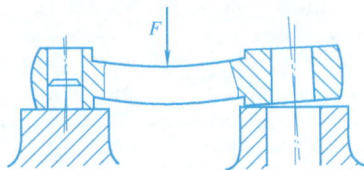

图 8-15　夹紧力作用点不当引起的加工误差

3. 减少工艺系统受力变形的主要工艺措施

减少工艺系统受力变形是机械加工中保证产品质量和提高生产率的主要途径之一。在生产实践中，可从下列几方面采取措施：

（1）提高接触刚度　一般接触刚度大大低于零件本身的刚度，所以提高接触刚度是提高工艺系统刚度的关键。常用的方法是改善工艺系统主要零件接触面的配合质量，如刮研机床导轨副，配研顶尖锥体同主轴和尾座套筒锥孔的配合面，多次研磨加工精密零件用的中心孔等，都是在实际生产中行之有效的工艺措施。

提高接触刚度的另一措施是预加载荷，这样可消除配合面间的间隙，而且还能使零部件之间有较大的实际接触面积，减少受力后的变形量。预加载荷法常用在各类轴承的调整中。

（2）提高工件刚度，减少受力变形　切削力引起的加工误差，往往是因为工件本身刚度不足或工件各部位刚度不均匀而产生。如车削细长轴时，随着走刀长度的变化，工件相应的变形也不一致。当工件材料和直径一定时，工件的长度 L 和切削分力 F_p 是影响工件受力变形的决定性因素。为了减少工件的受力变形，首先应减小支承长度（即增加支承），如安装跟刀架或中心架。减小切削分力 F_p 的有效措施是改变刀具的几何角度，如把主偏角磨成 $90°$，可大大降低切削分力。

（3）提高机床部件刚度，减少受力变形　机床部件刚度在工艺系统中往往占很大比重，所以加工时常采用一些辅助装置提高其刚度。图 8-16 所示为在转塔车床上采用的增强刀架刚度的装置。

（4）合理装夹工件，减少夹紧变形　对薄壁件，夹紧时要特别注意选择适当的夹紧方法，否则将引起很大的夹紧变形。如图 8-17 所示，当未夹紧时，薄壁套的内外圆是正圆形，由于夹紧不当，夹紧后套筒成三棱形（图 8-17a）。经镗孔后内孔成正圆形（图 8-17b），但当松开卡爪后，工件由于弹性恢复使已镗圆的孔成三棱形（图 8-17c）。为了减小加工误差，应使夹紧力均匀分布，采用开口过渡环（图 8-17d）或用专用卡爪（图 8-17e）是较好的措施。

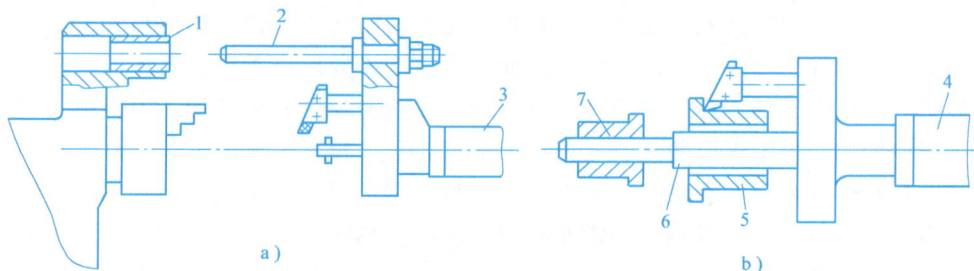

图 8-16　提高机床部件刚度的装置

a）采用固定导向支承套　b）采用转动导向支承套

1—固定导向支承套　2、6—加强杆　3、4—转塔刀架　5—工件　7—转动导向支承套

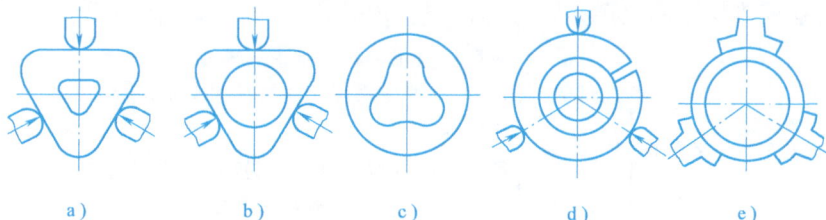

图 8-17　工件夹紧变形引起的加工误差

a）用普通三爪自定心卡盘直接夹紧套筒变形　b）将孔镗圆　c）松开套筒后，孔变形

d）采用开口夹具夹紧套筒，环变形　e）采用弧形三爪自定心卡盘夹紧，可避免变形

图 8-18a 所示的薄板工件，当磁力将工件吸向吸盘表面时，工件将产生弹性变形，如图 8-18b 所示。磨完后，由于弹性变形恢复，工件上已磨表面又产生翘曲。改进办法是在工件和磁力吸盘间垫橡胶垫（厚 0.5mm）。工件夹紧时，橡胶垫被压缩，减小工件变形，便于将工件的变形部分磨去。这样经过多次正反面交替磨削即可获得平面度精度较高的平面，如图 8-18d、e、f 所示。

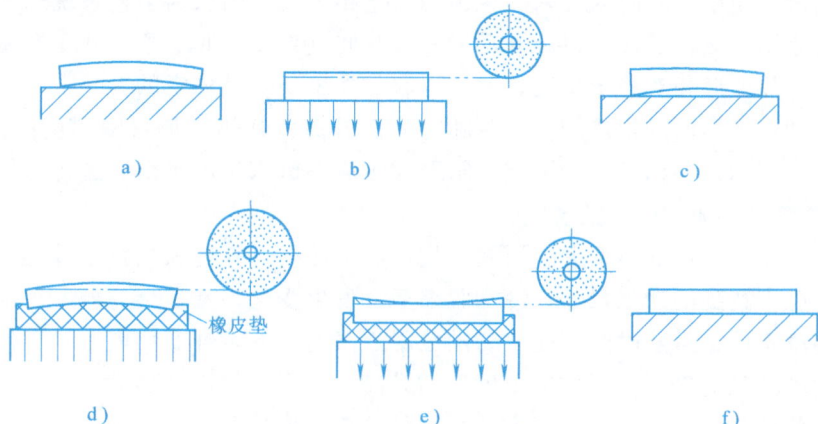

图 8-18　薄板工件磨削

a）毛坯翘曲　b）吸盘吸紧　c）磨后松开　d）磨削凸面　e）磨削凹面　f）磨后松开

五、工艺系统热变形对加工精度的影响

工艺系统在各种热源的作用下，发生热胀冷缩，从而破坏了工件和刀具间的相对位置或

相对运动关系，造成加工误差。在生产过程自动化和精密加工迅速发展的今天，对工件的加工精度和精度稳定性，提出了更高的要求。而加工精度主要取决于工艺系统的两个性能，即系统的静态—动态力学特性和热学特性。据统计，在精密加工和大件加工中，由于热变形引起的加工误差约占总加工误差的 40%~70%。因此，研究工艺系统热变形问题，对精密加工和大件加工具有十分重要的意义。热变形不仅降低了工件的加工精度，而且还影响加工效率的提高。为了减少热变形的影响，常需花费很多时间预热或调整机床。特别是实现数控加工自动化后，加工误差不能再由人工补偿，而全靠机床自动控制，因而，热变形的影响就显得更为严重。工艺系统热变形已成为加工技术进一步发展的重要研究课题。

1. 工艺系统的热源及热平衡

引起工艺系统热变形的热源，可分为两类：内部热源和外部热源。

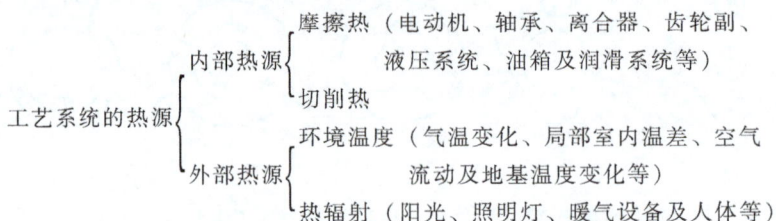

工艺系统的热源 ｛ 内部热源 ｛ 摩擦热（电动机、轴承、离合器、齿轮副、液压系统、油箱及润滑系统等）
切削热
外部热源 ｛ 环境温度（气温变化、局部室内温差、空气流动及地基温度变化等）
热辐射（阳光、照明灯、暖气设备及人体等）

切削加工时所产生的切削热将传给工件、刀具、切屑和周围介质，其分配情况将随切削速度和加工方法而定。

外部热源的影响不可忽视，如日照、地基温差及热辐射等，对精密加工时的影响也很突出。

如研磨等精密加工，其发热量虽少，但影响不可忽视。为了保证精密加工的精度要求，除注意外部热源的影响外，研磨速度往往由于热变形的限制而不能选得太高。

工艺系统受各种热源的影响，其温度会逐渐升高。与此同时，工艺系统也通过各种方式向周围散发热量。当单位时间内传入和传出的热量相等时，则认为工艺系统达到热平衡。一般情况下，机床温度变化缓慢，机床开动后一段时间（约 2~6h）里，温度才逐渐趋于稳定而达到平衡，其热变形相对趋于稳定，此时引起的加工误差是稳定的。

在机床达到热平衡前的预热期，温度随时间而升高，其热变形将随温度的升高而变化，故对加工精度的影响是不稳定的。因此，精密加工应在机床达热平衡后进行为好。

2. 工件热变形对加工精度的影响

在切削加工中，工件的热变形主要是由切削热引起的，有些大型精密件还受环境温度的影响。在热膨胀下达到的加工尺寸，冷却收缩后会发生变化，甚至会超差。工件受切削热影响，各部位温度不同，且随时间变化，切削区附近温度最高。开始切削时，工件温度低，变形小，随着切削加工的进行，工件的温度逐渐升高，变形也就逐渐加大。

对不同形状的工件和不同的加工方法，工件的热变形是不同的。一般来说，在轴类零件加工中，其直径尺寸要求较为严格。由于车削、磨削外圆时，工件受热比较均匀，在开始切削时工件的温升为零，随着切削的进行，工件温度逐渐升高，直径逐渐增大，增大部分被刀具切除，因此冷却后工件将出现锥度（尾座处直径最大，头架处直径最小）。若要工件外径达到较高的精度水平（特别是形状精度），粗加工后应再进行精加工，且精加工必须在工件冷却后进行，并需在加工时采用高速精车或用大量切削液充分冷却进行磨削等方法，以减少工件的发热和变形。即使如此，工件仍会有少量的温升和变形，形成形状误差和尺寸误差（特别是形状误差）。

工件热变形对工件长度尺寸也有一定影响，一般轴类零件对于长度尺寸精度要求不高，因而问题不突出。但当工件在顶尖间装夹加工，工件伸长会导致两顶尖间产生轴向压力，易使工件失稳而产生弯曲变形，这时对加工精度的影响就较大。有经验的车工在切削进行期间总是根据实际情况，不时放松尾座顶尖螺旋副，重新调整工件与顶尖间的压力。

细长轴在两顶尖间车削时，工件受热伸长，导致工件受压失稳，造成切削不稳定，此时必须采用中心架和类似于磨床的弹簧顶尖。

在某些情况下，工件的粗加工对精加工的影响也必须注意。例如，在工序集中的组合机床、流水线、自动生产线以及数控机床上进行加工时，就必须从热变形的角度来考虑工序顺序的安排。若粗加工工序以后，紧接着是精加工工序，必然引起工件的尺寸和形状误差。

减少工件热变形的措施主要是减少切削热、粗精加工工序分开、合理选择切削用量和刀具切削几何参数，以及进行充分的冷却等。必要时，还可采取室温控制措施。

3. 刀具的热变形对加工精度的影响

切削热虽然传给刀具的并不多，但由于刀体小，热容量有限，所以刀具仍有相当程度的温升，特别是从刀架悬伸出来的刀具工作部分温度急剧升高，可达1000℃以上。

连续切削时，刀具的热变形在切削初期增加得很快，随后变得很慢，经过不长的时间达到热平衡，此时热变形变化量就非常小。因此，一般刀具的热变形对工件加工精度影响不大。

间断切削时，由于有短暂的冷却时间，故其总的热变形量比连续切削时要小一些，对工件加工精度影响也不大。

4. 机床热变形对加工精度的影响

机床在加工过程中，在内外热源的影响下，各部分温度将发生变化。由于热源分布的不均匀和机床结构的复杂性，机床各部件将发生不同程度的热变形，破坏了机床的几何精度，从而影响工件的加工精度。

由于各类机床的结构和工作条件差别很大，所以引起机床热变形的热源及变形形式也各不相同。机床热变形中，最主要的是主轴部件、床身导轨以及两者相对位置等方面的热变形对加工精度的影响最大。

车床类机床的主要热源是主轴箱轴承的摩擦热和主轴箱油池的发热。这些热量使主轴箱和床身温度上升，从而造成机床主轴在垂直面内发生倾斜。这种热变形对于刀具呈水平位置安装的卧式车床影响甚微，但对于刀具垂直安装的自动车床和转塔车床来说，因倾斜方向为误差敏感方向，故对工件加工精度的影响就不容忽视。

对大型机床如导轨磨床、外圆磨床、龙门铣床等的长床身部件，其温差影响也是很显著的。一般由于温度分层变化，床身上表面比床身底面温度高，形成温差，因此床身将发生变形，上表面成中凸状。这样床身导轨的直线度精度明显地受到影响，破坏了机床原有的几何精度，因此会影响工件的加工精度。

5. 减少工艺系统热变形的工艺措施

（1）减少发热和隔热　切削过程中的内部热源是使机床产生热变形的主要因素。为了减少机床的热变形，应采取措施减少发热或隔离热源。

主轴部件是机床的关键部件，对加工精度影响很大。但主轴轴承又是一个很大的内部热源。改善主轴的结构和性能，是减少机床热变形的重要环节。一般采用静压轴承、空气轴承以及对滚动轴承采用油雾润滑等，都有利于降低轴承的温升。

切削过程中，切屑和切削液也是使工艺系统产生热变形不可忽视的因素。对切屑所传递的热，可采用及时消除、切削液冷却或在工作台上装隔热塑料板等来减少其影响。精密加工中可采用恒温切削液。

（2）加强散热能力　为了消除机床内部热源的影响，还可采取强制冷却的办法，吸收热源发出的能量，从而控制机床的温升和热变形，这是近年来使用较多的一种方法。例如，加工中心现在已普遍采用冷冻机对润滑油进行强制冷却，机床中的润滑油也可作为切削液使用。机床主轴和齿轮箱中产生的热量可用低温的切削液带走。有些机床用切削液流过围绕主轴部件的空腔，可使主轴温升不超过 1~2℃。

（3）控制温度变化　由热变形规律可知，大的热变形大都发生在机床开动后的一段时间内（预热期），当达到热平衡后，热变形逐渐趋于稳定。因此，缩短机床的预热期，既有利于保证加工精度，又有利于提高生产率。缩短机床预热期有两种方法：

1）加工工件前，让机床先高速空运转，当机床迅速达到热平衡后，再换成工作转速进行加工。

2）在机床的适当部位附设加热源，机床开动初期人为地给机床供热，促使其迅速达到热平衡。

对于精密机床（如精密磨床、坐标镗床、齿轮磨床等），一般要装在恒温车间，以此保持其环境温度的恒定。其恒温精度应严格地控制（一般精度级取±1℃，精密级取±0.5℃，超精密级取±0.01℃），但恒温基数可按季节适当加以调整（如春季、秋季为20℃，夏季为23℃，冬季为18℃）。按季节调温既不影响加工精度，又可节省投资，减少水电消耗，还有利于工人的健康。

近年来国外有采用喷油冷却整台机床的，它可使环境温度变化引起的加工误差减少到原来的 1/10，而成本却很低，如图 8-19 所示。其办法是将机床及周围的工作区域封闭在一个透明塑料罩内，喷嘴连续对机床的工作区域喷射温度为 20℃ 的恒温油，油液不仅带走热量，同时还带走了切屑和灰尘。肮脏的切削液经过过滤后被送到热交换器中，使油液冷却到20℃，再继续使用。这种控制温度的方法，可将温度控制在 (20±0.01)℃。

（4）均衡温度场　图 8-20 所示为平面磨床采用热空气加热温升较低的立柱后壁，以减

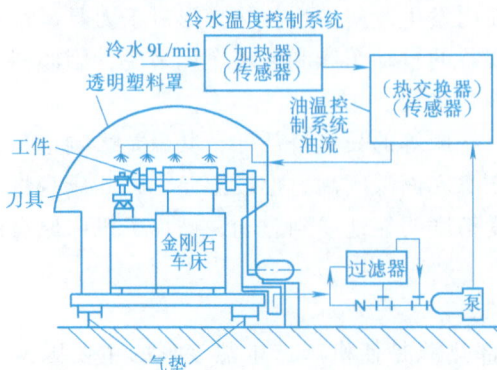

图 8-19　喷油冷却示意图

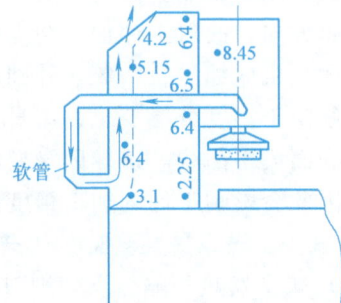

图 8-20　均衡立柱前后壁温度场

少立柱前后壁的温度差，减少立柱的弯曲变形。图中热空气从电动机风扇中排出，通过特设的管道引向防护罩和立柱的后壁空间。采用这种措施后，被加工零件端面平行度误差可以降低为原来的 1/3 ~ 1/4。

（5）采取补偿措施　切削加工中，切削热引起的热变形不可避免时，可采取补偿措施来消除。例如用砂轮端面磨削床身导轨时，因切削热不易排出，所加工的床身导轨因热变形而使中部被磨去较多的金属，冷却后导轨形成中凹形。为了减少其热变形影响，一般加工工件时，在机床床身中部用螺钉压板加压使床身受力变形（压成中凹），以便加工时工件中部磨去较少的金属，使热变形造成的误差得到补偿。

六、工件内应力对加工精度的影响

1. 内应力的概念

所谓内应力（残余应力）是指当外部的载荷除去以后，仍残存在工件内部的应力。内应力主要是由金属内部组织发生了不均匀的体积变化而产生的，其外界因素来自热加工和冷加工。

具有内应力的工件处于一种不稳定状态中，它内部的组织有强烈的倾向要恢复到一种没有应力的状态。即使在常温下，其内部组织也在不断地发生着变化，直到内应力消失为止。在内应力变化过程中，零件形状逐渐地变化，原有精度就会逐渐地丧失。用这些零件装配成机器后，在使用中也会产生变形，甚至可能影响整台机器的质量，给生产带来严重的损失。

2. 内应力产生的原因及所引起的加工误差

（1）毛坯制造中产生的内应力　在铸、锻、焊及热处理等热加工过程中，由于各部位热胀冷缩不均匀以及金相组织转变时的体积变化，使毛坯内部产生了相当大的内应力。毛坯的结构越复杂，各部位的厚度越不均匀，散热条件差别越大，毛坯内部产生的内应力也越大。具有内应力的毛坯的变形在短时间内还显示不出来，内应力暂时处于相对平衡的状态。但当切去一层金属后，就打破了这种平衡，内应力重新分布，工件就明显地出现了变形。

图 8-21a 所示为一个内外壁相差较大的铸件，在浇铸后的冷却过程中，由于壁 1 和 2 比较薄，散热较容易，壁 3 较厚，所以冷却较慢。当壁 1 和 2 由塑性状态冷却到弹性状态时（约在 620℃左右），壁 3 的温度还比较高，尚处于塑性状态。所以壁 1 和 2 收缩时，壁 3 不起阻挡作用，铸件内部不产生内应力。但当壁 3 冷却到弹性状态时，壁 1 和 2 的温度已降低很多，收缩速度变得很慢，而这时壁 3 收缩较快，就受到壁 1 和 2 的阻碍而产生了拉应力，壁 1 和 2 受到压应力，形成了相互平衡的状态。如果在该铸件壁 2 上开一个缺口（见图 8-21b），壁 2 压应力消失。铸件在壁 1 和壁 3 的内应力作用下，壁 3 缩短，壁 1 伸长，发生弯曲变形，直到内应力重新分布达到新的平衡为止。

推广到一般情况，各铸件都难免发生冷却不均匀而形成内应力。例如机床床身，为了提高导轨面的耐磨性，常采用局部激冷工艺，使它冷却更快一些，获得较高的硬度，这样在床身内部所产生的内应力就更大。当粗加工刨去一层金属后，就像图 8-21b 中的铸件壁 2 上开口一样，引起了内应力的重新分布，产生图 8-22 所示的弯曲变形。由于这个新的平衡过程需要一段较长的时间才能完成，因此尽管导轨经过精加工去除了这种变形的大部分，但床身内部组织还在继续转变，合格的导轨面渐渐地就丧失了原有的精度。因此，有内应力的毛坯或工件，在加工之前或加工过程中，应进行时效处理等热处理，以消除内应力，保证加工精度。

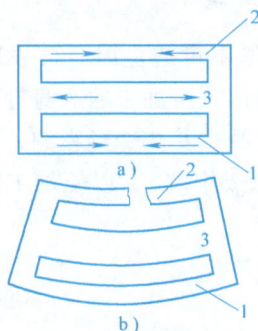

图 8-21　铸件因内应力引起的变形

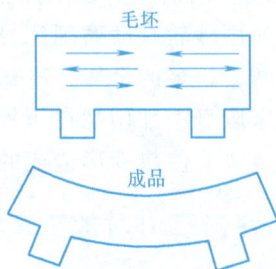

图 8-22　床身因内应力引起的变形

（2）冷校直带来的内应力　丝杠一类的细长轴车削以后，棒料在轧制中产生的内应力会重新分布，使轴产生弯曲变形。为了纠正这种弯曲变形，常采用冷校直。校直的方法是在弯曲的反方向加外力 F，如图 8-23a 所示，在外力 F 的作用下，工件内部的应力分布如图 8-23b 所示，在轴线以上产生压应力（用负号"−"表示），在轴线以下产生拉应力（用正号"+"表示）。在轴线和两条双点画线之间是弹性变形区域，在双点画线以外是塑性变形区域。当外力 F 去除以后，外层的塑性变形区域阻止内部弹性变形的恢复，使内应力重新分布，如图 8-23c 所示。因此，冷校直虽然减少了弯曲，但工件仍处于不稳定状态，如再次加工，又将产生新的弯曲变形。因此，高精度丝杠的加工，不宜采用冷校直，而是用多次人工时效或热校直、加大毛坯余量等措施，来避免冷校直带来的内应力对加工精度的影响。

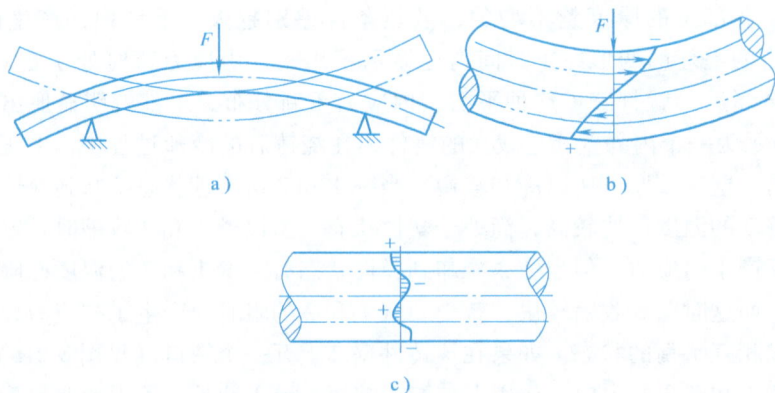

图 8-23　冷校直引起的内应力

（3）切削加工中产生的内应力　切削（磨削）时，在切削力和热的作用下，工件表面层会产生内应力，这部分内容在本章第二节中详细介绍。

3. 减少或消除内应力的措施

（1）合理设计零件结构　在零件结构设计中，应尽量缩小零件各部分厚度尺寸之间的差异，以减少铸、锻件毛坯在制造中产生的内应力。

（2）采取时效处理　自然时效处理主要是在毛坯制造之后，或粗、精加工之间，让工件在露天场合下放置一段时间，利用温度的自然变化，经过不断热胀冷缩，使工件的晶体内部或晶界之间产生微观滑移，从而达到减少或消除内应力的目的。这种过程对于大型精密件（如床身、箱体等）需要很长的时间，往往影响产品的制造周期，所以除了特别精密的零件和制造周期要求不严格的零件外，一般较少采用。

人工时效处理是目前使用最广的一种方法，它是将工件放在炉内加热到一定温度，并保温一段时间，再随炉冷却，以达到消除内应力的目的。这种方法对大型零件就需要一套很大的设备，其投资和能源消耗都比较大，因此，该方法常用于中小型零件。

（3）合理安排工艺过程 例如，粗、精加工分开在不同的工序中进行，使粗加工后有一定时间让残余应力重新分布，以减小对精加工的影响。在加工大型工件时，粗、精加工往往在一个工序中完成，这时应在粗加工后松开工件，让工件有自由变形的可能，然后再用较小的夹紧力夹紧工件后继续进行精加工。

七、保证加工精度的工艺措施

保证零件加工精度的最终目的是保证产品的精度和质量。因此，从毛坯制造到产品装配过程中，都应当注意保证加工精度的问题。

下面结合实例就减小加工误差，保证加工精度的方法予以讨论。

1. 直接减小误差法

这种方法是生产中应用较广的一种方法，它是在查明产生加工误差的原始误差之后，设法对其进行消除或减小。

例如采用"大主偏角反向切削法"车削细长轴，基本上消除了轴向切削力引起的弯曲变形。若辅之以弹簧顶尖，可进一步消除热变形引起的热伸长的危害。

2. 误差补偿法

误差补偿法是人为地造出一种新的误差，去抵消原来工艺系统中固有的原始误差。当原始误差是负值时，人为的误差取正值，反之，就取负值，尽量使两者大小相等方向相反。或者，利用一种原始误差去抵消另一种原始误差。也尽量使两者大小相等方向相反，从而达到减少加工误差，保证加工精度的目的。

例如，用预加载荷法精加工磨床床身导轨，借以补偿装配后受有关机床部件自重的影响而产生的受力变形，以及热变形造成的加工后床身导轨面中凹的加工误差。磨床床身是一种窄长结构，刚度比较差，虽然在加工时床身导轨的各项精度都能达到，但在装上进给机构、操纵箱、工作台和夹具及工件等后，往往发现床身导轨精度降低。这是因为这些部件的自重引起床身变形的缘故。为此，某些磨床厂在加工床身导轨时采取用"配重"代替部件重量，或者先将该部件装好再磨削的办法（见图 8-24），使加工、装配和使用条件一致。这样，可使导轨长期保持高的精度。

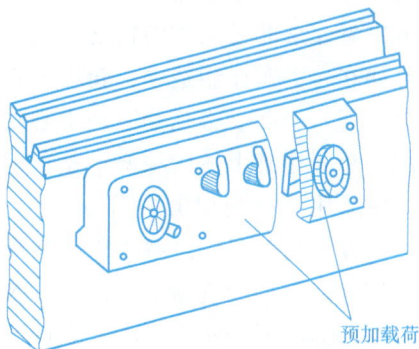

预加载荷

图 8-24 磨床床身导轨时预加载荷

3. 误差分组法

在加工中，上道工序毛坯或工件误差的存在，会造成本工序的加工误差。这种影响主要有两种情况：

1）误差复映引起本工序加工误差扩大。

2）定位误差引起本工序位置误差扩大。

批量较大时，解决这类问题最好是采用分组调整均分误差的办法。其实质就是把上道工序加工完后工件所存在的加工误差按大小分为 n 组，每组误差就缩小为原来的 $1/n$，然后按各组误差情况分别调整加工。

例如，某厂加工齿轮磨床的交换齿轮，剃齿时心轴与工件定位孔配合间隙大，剃后齿轮会产生较大的几何偏心，反映为齿圈径向圆跳动超差。同时，剃齿时也容易产生振动，引起齿面波纹度，使齿轮工作时噪声较大。因此，必须设法减小配合间隙，提高工件孔和心轴间的同轴度精度。由于工件孔的尺寸公差等级已是 IT6，不宜再提高。为此，采用了多档尺寸的心轴，对工件孔进行分组选配，减少由于间隙而产生的定位误差，从而提高了加工精度。具体分组选配情况如下（单位：mm）：

工件（孔 $\phi25^{+0.013}_{0}$）	心轴尺寸	配合精度
$\phi25.00 \sim \phi25.004$	第一组 $\phi25.002$	±0.002
$\phi25.004 \sim \phi25.008$	第二组 $\phi25.006$	±0.002
$\phi25.008 \sim \phi25.013$	第三组 $\phi25.011$	$^{+0.002}_{-0.003}$

4. 误差转移法

误差转移法的实质是转移工艺系统的几何误差、受力变形和热变形等，使其对加工精度不产生影响。如当机床精度达不到加工要求时，可在工艺上或夹具上想办法，创造条件，使机床的误差转移到不影响加工精度的方面去。这种"以粗干精"的方法在轴类零件加工和箱体零件加工中经常用到，如磨削主轴锥孔时，锥孔和轴颈的同轴度精度，不靠机床主轴的回转精度来保证，而是靠夹具来保证。当机床主轴与工件或镗刀杆之间采用浮动连接后，机床主轴的原始误差就不再影响加工精度。

5. 就地加工法

在加工和装配中有些精度问题涉及零部件间的相互关系，所以情况相当复杂，如果一味地提高零部件本身精度，有时不仅困难，甚至不可能。若采用"就地加工法"，就可以很快地解决看起来非常困难的精度问题。

如在转塔车床制造中，转塔上六个装夹刀架的大孔，其轴线必须保证和主轴旋转中心线重合，而六个面又必须和主轴中心线垂直。如果把转塔作为单独零件，加工出这些表面后再装配，想要达到上述两项要求是很困难的，因为这里包含了很复杂的尺寸链关系，因而实际生产中采用"就地加工法"。

具体做法就是，这些表面在装配前不进行精加工，等装配到机床上后，再在主轴上装上锥刀杆和能做径向进给的小刀架，镗车削六个大孔及端面，这样便能保证精度。

"就地加工"的要点就是分析部件间是什么样的位置关系，然后就在这样的位置关系上，利用一个部件装上刀具去加工另一个部件。

"就地加工"这个简便的方法不但应用于机床装配中，在零件的加工中也常常用来作为保证精度的有效措施。例如，常常看到机床上"就地"修正花盘和卡盘平面的平面度和卡爪的同轴度，在机床上"就地"修正夹具的定位面等。

6. 误差平均法

对配合精度要求很高的轴和孔，常采用研磨的方法来达到。研具本身并不要求具有很高精度，但它却能在和工件做相对运动中对工件进行微量切削，最终达到很高的精度。这种表面间相对研擦和摩擦的过程，也就是误差相互比较和转移的过程，此法称为"误差平均法"。

利用"误差平均法"制造精密零件，在机械行业由来已久。在没有精密机床的时代，利用这种方法已经可以制造出号称原始平面的精密平板，平面度误差达到几微米。这样高的精度，即使在今天也没有一台机床能够直接加工出来，还得靠"三块平板的合研"的"误差平均法"刮研出来。

第二节　机械加工表面质量

机械加工表面质量是指零件表面机械加工后的表面状态，其主要内容有：表面的几何形状特征（包括表面粗糙度和表面波度）和表面层物理力学性能（包括表面层加工硬化、表面层金相组织的变化和表面层残余应力等），它是评定机械零件质量优劣的重要依据之一。机械零件的失效，主要是由于零件的磨损、腐蚀和疲劳等所致。而这些破坏都是从零件表面开始的，由此可见零件表面质量将直接影响零件的工作性能，尤其是可靠性和寿命。因此探讨和研究机械加工表面质量，掌握改善表面质量的措施，对保证产品质量具有重要意义。

一、影响切削加工表面粗糙度的工艺因素及改善措施

（一）表面粗糙度的形成

用金属切削工具加工工件时，表面粗糙度形成的主要原因可归纳为以下三个方面：

1. 与刀具几何角度有关的因素——几何原因

在理想的切削条件下，刀具相对工件做进给运动时，在加工表面上遗留下来的切削层残留面积（见图 8-25），形成理论表面粗糙度。其值的大小受刀尖圆弧半径 r_ε、主偏角 κ_r、副偏角 κ'_r 和进给量 f 的影响。

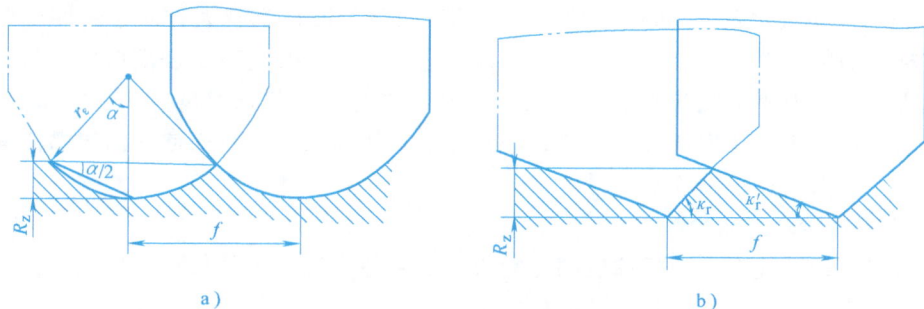

a)　　　　　　　　　　　　　b)

图 8-25　切削层残留面积

a）r_ε 和 f 对 R_z 的影响　b）κ_r、κ'_r 和 f 对 R_z 的影响

2. 与被加工材料性质和切削机理有关的因素——物理原因

切削加工后表面的实际粗糙度与理论粗糙度有较大差别，这是由于在实际切削时，刀具和工件之间产生的切削力和摩擦力使表面层金属产生塑性变形，以及积屑瘤和鳞刺都会使表面粗糙度值增大。

3. 其他原因

如切削加工条件的变化，工艺系统的振动等。

（二）减小表面粗糙度值的措施

1. 选择适当的刀具几何参数

1）减小刀具的主偏角 κ_r 和副偏角 κ'_r，以及增大刀尖圆弧半径 r_ε，均可减小切削层残留面积，使表面粗糙度值减小。

2）适当增大前角和后角，使刀具易于切入工件，金属塑性变形随之减小，同时切削力也明显减小，这会有效地减轻工艺系统的振动，从而使加工表面粗糙度值减小。

3）增大刃倾角 λ_s，实际工作前角也随之增大，对减小表面粗糙度值有利。

2. 合理选择切削用量

（1）选择较高的切削速度 v_c　切削速度越高，切屑和被加工表面的塑性变形就越小，因而表面粗糙度值就越小。一般情况下，积屑瘤和鳞刺都在较低的速度范围内产生，此速度范围随不同的工件材料、刀具材料、刀具前角等变化。采用较高的切削速度常能防止积屑瘤和鳞刺的产生，可有效地减小表面粗糙度值。图 8-26 表示了加工不同材料时切削速度对表面粗糙度的影响。

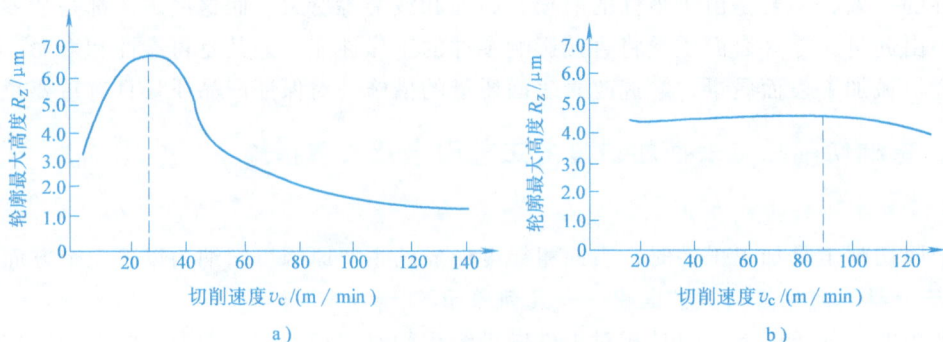

图 8-26　切削速度对表面粗糙度的影响
a）加工塑性材料　b）加工脆性材料

（2）适当减小进给量 f　进给量越大，加工表面残留面积就越大，而且塑性变形也随之增大，这样表面粗糙度值就会增大。因此，减小进给量会有效地减小表面粗糙度值。

背吃刀量对表面粗糙度的影响不明显，一般可忽略。但背吃刀量过小，如 $\alpha_p < 0.02\text{mm}$ 时，刀具对工件的正常切削就难以维持，经常出现挤压和摩擦，从而使表面粗糙值增大。因此，加工时不能选用过小的背吃刀量。

3. 改善工件材料组织性能

工件材料组织性能对表面粗糙度的影响很大。一般来说，工件材料塑性越大，加工后表面粗糙度值越大。加工脆性材料，表面粗糙度值比较接近理论值。对于同样的材料，金属组织的晶粒越粗大、不均匀，加工后表面粗糙度值也越大。因此，工件加工前采用合理的热处理工艺改善材料的组织性能，是减小表面粗糙度值的有效途径之一。

4. 合理选择刀具材料和提高刃磨质量

刀具材料与刃磨质量对产生积屑瘤、鳞刺等影响较大，因而影响着表面粗糙度。如金刚石车刀对切屑的摩擦因数较小，在切削时不会产生积屑瘤，在同样的切削条件下与其他刀具材料相比较，加工后表面粗糙度值较小。

此外，合理选择切削液，提高冷却润滑效果，常能抑制积屑瘤、鳞刺的生成，减小塑性变形，有利于减小表面粗糙度值。除了上述工艺措施外，还可以从加工方法上着手，如采用研磨、珩磨和超精磨等加工方法，都能得到表面粗糙度值很小的加工表面。

二、影响表面层物理力学性能的工艺因素及改善措施

机械加工过程中，工件在切削力、切削热的作用下，其表面层的物理力学性能会产生很大变化，主要表现在表面层的加工硬化、金相组织变化和残余应力等方面。

1. 表面层的加工硬化

机械加工时，工件加工表面层金属受到切削力的作用，产生塑性变形，使晶体产生剪切滑移，晶格被拉长、扭曲，甚至破碎而引起材料的强化，这时它的硬度和强度都有所提高，这种现象称为加工硬化（也称冷作硬化）。另一方面，机械加工中产生的切削热在一定条件下会使已产生硬化的金属回复到原来的状态，即软化。因此，表面层最后的加工硬化程度取决于硬化速度与软化速度的比率。

影响表面层加工硬化的因素可以从下面三个方面来分析：

（1）切削力 切削力越大，塑性变形越大，加工硬化越严重。因此，增大进给量 f、背吃刀量 a_p 及减小刀具前角 γ_o 和后角 α_o，都会增大切削力，使加工硬化严重。

（2）切削温度 切削温度越高，软化作用越大，使硬化程度降低。

（3）切削速度 当切削速度很高时，刀具与工件接触时间很短，被切金属变形速度很快，会使已加工表面金属塑性变形很不充分，因而产生的加工硬化也就相应较小。

以上三个方面的影响因素主要是刀具的几何参数、切削用量和被加工材料的力学性能。因此，减小表面加工硬化的措施可以从以下几个方面考虑：

1）合理选择刀具的几何参数，尽量采用较大的前角和后角，并在刃磨时尽可能减小刀尖圆弧半径。

2）使用刀具时，应合理限制其后刀面的磨损程度。

3）合理选择切削用量，采用较高的切削速度、较小的进给量和较小的背吃刀量。

4）合理使用切削液。

5）采用合理的热处理工艺，适当提高被加工材料的硬度。

2. 表面金相组织变化与磨削烧伤

切削加工过程中，在加工区由于切削热的作用，加工表面温度会升高。当温度升高到超过金相组织转变的临界点时，就会产生金相组织变化。磨削加工是一种典型的容易产生加工表面金相组织变化（磨削烧伤）的加工方法，这是由于磨削加工单位面积上产生的切削热比一般切削方法要大十几倍，而且约有70%以上的热量瞬时进入工件，使工件加工表面金属非常易于达到相变点。

影响磨削烧伤的因素有磨削用量、工件材料、砂轮性能及冷却条件等。当磨削淬火钢时，若磨削区温度超过了马氏体转变温度而未能超过其相变临界温度，表层马氏体转变为硬度较低的回火托氏体或索氏体，称之为回火烧伤；若磨削区温度超过了马氏体相变温度，马氏体转变为奥氏体，如果这时有充分的切削液，则表层速冷形成二次淬火马氏体，其下层因冷却速度较慢仍为硬度较低的回火组织，称为淬火烧伤。否则，如冷却条件不好，或不用切削液进行干磨时，表层会被退火，称之为退火烧伤。

无论是何种烧伤，如果比较严重都会使零件使用寿命成倍下降，甚至根本无法使用，所以磨削时要避免烧伤。产生磨削烧伤的根源是磨削区的温度过高，因此，要减少磨削热的产生和加速磨削热的传出，以避免磨削烧伤，具体措施如下：

（1）合理选择磨削用量　减小背吃刀量 a_p 可以降低工件表面温度，有利于避免或减轻烧伤，但会影响生产率。

增大工件纵向进给量和工件速度，会使加工表面与砂轮的接触时间相对减少，散热条件得到改善，因而能减轻烧伤，但会导致表面粗糙度值增大。为了减轻烧伤同时又能保持高的生产率和小的表面粗糙度值，应选择较高的工件速度，较小的背吃刀量和高的砂轮转速。

（2）合理选择砂轮并及时修整　砂轮硬度太高，自锐性不好，磨削温度就高。砂轮粒度越小，切屑越容易堵塞砂轮，工件也越容易出现烧伤，因此用大粒度且较软的砂轮较好。

砂轮磨钝后，大多数磨粒只在加工表面挤压和摩擦而不起切削作用，使磨削温度增高，所以应及时修整砂轮。

（3）改进冷却方法，提高冷却效果　使用切削液可提高冷却效果，避免烧伤。但目前常用的一般冷却方法效果较差，如图8-27所示，由于砂轮的线速度很高，实际上没有多少切削液能进入磨削区。比较有效的冷却方法是内冷却法，如图8-28所示，切削液进入砂轮中心腔，在离心力作用下，切削液由砂轮孔隙甩出，可直接进入磨削区，发挥有效的冷却作用。

3. 表面层的残余应力

切削和磨削加工中，加工表面层材料组织相对基体组织发生形状、体积变化或金相组织变化时，在加工后工件表面层及其与基体材料交界处就会产生相互平衡的应力，即表面层残余应力，残余应力有压应力和拉应力之分。引起残余应力有下面三个方面的原因：

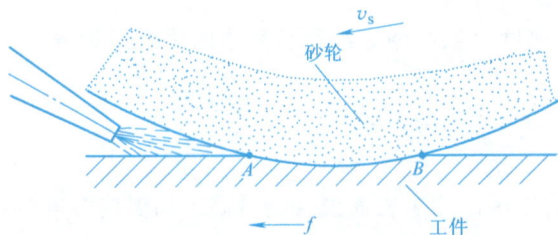

图8-27　一般冷却方法

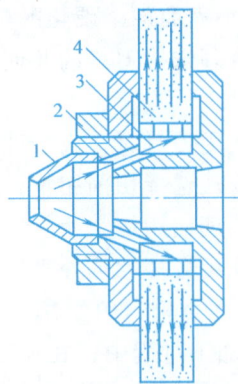

图8-28　内冷却砂轮结构
1—锥形盖　2—冷却液通孔
3—砂轮中心腔　4—有径向小孔的薄壁套

（1）冷态塑性变形引起的残余应力　在切削力作用下，已加工表面层金属会产生强烈的塑性伸长变形，此时基体金属层受到影响而处于弹性伸长变形状态。切削力除去后，基体金属趋向恢复，但受到已产生塑性伸长变形层金属的限制，恢复不到原状，因而在表面层产生了残余压应力。

（2）热态塑性变形引起的残余应力　工件加工表面在切削热作用下产生热膨胀，此时表层金属温度高于基体温度，因此表层产生热压应力。当表层温度超过材料的弹性变形允许的范围时，就会产生热塑性变形（在压应力作用下材料相对缩短）。当切削过程结束后，表面温度下降，由于表层已产生热塑性缩短变形，并受到基体的限制，故而在表面层产生残余拉应力。

（3）金相组织变化引起的残余应力　切削时产生的高温会引起表面层金属金相组织的变化。不同的金相组织有不同的密度，如马氏体密度 $\rho_{马} \approx 7.75 \text{g/cm}^3$，奥氏体密度 $\rho_{奥} \approx 7.96 \text{g/cm}^3$，珠光体密度 $\rho_{珠} \approx 7.78 \text{g/cm}^3$。以磨削淬火钢为例，淬火钢原来组织为马氏体，磨削加工后，表层可能产生回火，马氏体转变为密度接近珠光体的托氏体或索氏体，密度增大而体积减小，表面层产生残余拉应力。如果表面温度超过 Ac_3，冷却又充分，表面层的残余奥氏体转变为马氏体，体积膨胀，表面层产生残余压应力。

综上所述，表面层残余应力的产生归根结底是由于切削力和切削热作用的结果。在一定的加工条件下，其中某一种作用占主导地位。如切削加工中，当切削热不高时，表面层中以切削力引起的冷态塑性变形为主，此时，表面层中将产生残余压应力。而磨削时，一般因磨削温度较高，常产生残余拉应力，这也是磨削裂纹产生的根源。表面存在裂纹，会加速零件损坏，为此磨削时要严格控制磨削热的产生和改善散热条件，以避免磨削裂纹的产生。

习题与思考题

8-1　机床的几何误差指的是什么？试以车床为例说明机床几何误差对零件加工精度有何影响。

8-2　何谓调整误差？在单件小批生产或大批大量生产中各会产生哪些方面的调整误差？它们对零件加工精度会产生怎样的影响？

8-3　试举例说明在加工过程中，工艺系统受力变形和磨损怎样影响零件的加工精度，各应采取什么措施来克服这些影响。

8-4　车削细长轴时，工人经常在车削一刀后，将后顶尖松开后重新顶紧再车下一刀，试分析其原因何在？

8-5　试说明车削前工人经常在刀架上装上镗刀修正三爪的工作面或花盘的端面的目的是什么。试分析这样做能否提高机床主轴的回转精度。

8-6　在卧式铣床上铣削键槽，如图 8-29 所示，经测量发现靠工件两端比中间的深度尺寸大，且都比调整的深度尺寸小，分析产生这一现象的原因。

8-7　磨削外圆时（见图 8-30），若磨床前后顶尖不等高，工件将产生何种形状误差？

8-8　在车床上加工一批光轴的外圆，加工后经测量发现工件有下列几何误差（见图 8-31），试分别说明产生这几种误差的各种可能因素。

图 8-29　题 8-6 图

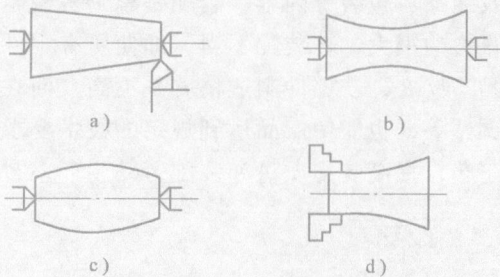

a)　　　　　　　　　　b)

c)　　　　　　　　　　d)

图 8-31　题 8-8 图

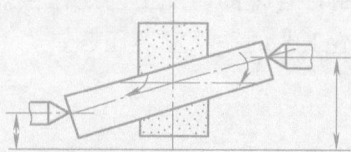

图 8-30　题 8-7 图

8-9　影响表面粗糙度值的因素是什么？

8-10　采用粒度为 F30 的砂轮磨削钢件外圆，其表面粗糙度值为 $Ra1.6\mu\text{m}$，在相同条件下，采用粒度为 F60 的砂轮可使表面粗糙度降低为 $Ra0.2\mu\text{m}$，这是为什么？

第九章

机械装配工艺基础

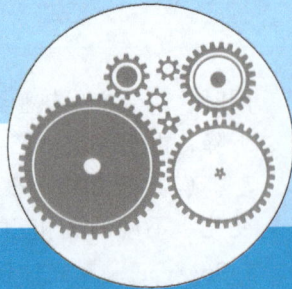

机械装配工艺过程是机械制造工艺过程的重要环节之一，也是学生应该掌握的重要章节。本章涉及的内容有：装配、装配精度、装配尺寸链等基本概念，以及保证装配精度的方法等。

第一节 概 述

一、装配的概念

任何机械产品都是由许多零件和部件组成的。根据规定的技术要求，将零件或部件进行配合和连接，使之成为半成品或成品的工艺过程称为装配。

零件是构成机械产品最基本的单元。由若干零件配合、连接在一起，成为机械产品的某一组成部分（即部件），这一装配工艺过程称为部装。把零件和部件进一步装配成最终产品的过程称为总装。

部件进入装配是有层次的，通常把直接进入产品总装配的部件称为组件；直接进入组件装配的部件称为第一级分组件；直接进入第一级分组件装配的部件称为第二级分组件，依此类推。机械产品结构越复杂，分组件的级数就越多。

装配不是将合格零件简单连接起来的过程，而是要通过一系列的装配工艺措施，才能保证达到产品质量的要求。常见的装配工作包括：清洗、连接、校正调整与配作、平衡、验收试验以及油漆、包装等内容。装配是整个机械制造工艺过程中的最后一个环节。装配工作对产品质量影响很大，若装配不当，即使所有零件都合格，也不一定生产出合格的、高质量的机械产品。反之，若零件制造精度并不高，而在装配中采用适当的工艺方法，如进行选配、修配、调整等，也能使产品达到规定的技术要求。因此，制订合理的装配工艺规程，采用新的装配工艺，提高装配质量和装配劳动生产率，是机械制造工艺的一项重要任务。

二、装配精度

1. 装配精度的概念

装配精度是产品设计时根据使用性能要求规定的、装配时必须保证的质量指标。产品的装配精度一般包括：零部件间的相互距离精度、位置精度和运动精度及接触精度等。

（1）距离精度 距离精度是指相关零部件间的距离尺寸精度，包括间隙、过盈等配合要求，例如卧式车床主轴中心线与尾座套筒中心线之间的等高度即属此项精度。

（2）位置精度　装配中的位置精度是指产品中相关零部件间的平行度、垂直度、同轴度及各种圆跳动等精度。

（3）运动精度　运动精度是指产品中相对运动的零部件间在运动方向和相对运动速度上的精度，主要表现为运动方向的直线度、平行度和垂直度等精度，相对运动速度的精度即传动精度。

（4）接触精度　接触精度是指相互配合表面、接触表面间接触面积的大小和接触点的分布情况，如齿轮啮合、锥体与锥孔配合及导轨副间均有接触精度要求。

2. 装配精度与零件精度的关系

机械产品是由众多零部件组成，显然装配精度首先取决于相关零部件精度，尤其是关键零部件的精度。例如卧式车床的尾座移动对床鞍移动的平行度精度，就主要取决于床身导轨 A 与 B 的平行度（见图 9-1），又如车床主轴中心线与尾座套筒中心线的等高度 A_0，就主要取决于主轴箱、尾座及底板的 A_1、A_2 及 A_3 的尺寸精度（见图 9-2）。

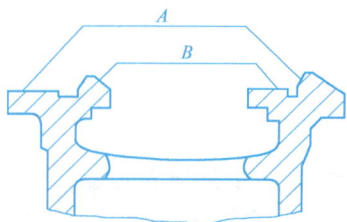

图 9-1　床身导轨简图
A—床鞍移动导轨　B—尾座移动导轨

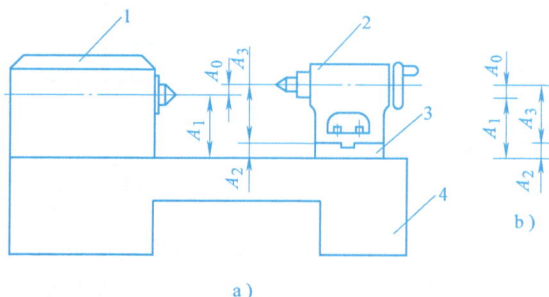

图 9-2　卧式车床主轴中心线与尾座套筒中心线等高示意图
a) 车床结构示意图　b) 装配尺寸链图
1—主轴箱 2—尾座 3—底板 4—床身

其次，装配精度的保证还取决于装配方法。图 9-2 所示的等高度 A_0 的精度要求是很高的，如果靠控制尺寸 A_1、A_2 及 A_3 的精度来达到 A_0 的精度要求是很不经济的。实际生产中常按经济精度来制造相关零部件尺寸 A_1、A_2 及 A_3，装配时则采用修配底板的工艺措施保证等高度 A_0 的精度。装配中采用不同的工艺措施，会形成各种不同的装配方法，则装配精度与零件精度具有不同的关系，装配尺寸链是定量分析这一关系的有效手段。

三、装配尺寸链简介

1. 装配尺寸链的概念

产品或部件在装配过程中，由相关零部件的有关尺寸（表面或中心线间距离）或相互位置关系（平行度、垂直度或同轴度）所组成的尺寸链称为装配尺寸链（见图 9-2b）。在装配尺寸链中，每一个尺寸都是尺寸链的组成环，如 A_1、A_2、A_3，它们是进入装配的零件或部件的有关尺寸，而装配精度指标常作为封闭环，如 A_0。显然，封闭环不是一个零件或一个部件上的尺寸，而是不同零件或部件的表面或中心线之间的相对位置尺寸，它是装配后形成的。

各组成环都有加工误差，所有组成环的误差累积就形成封闭环的误差。因此，应用装配尺寸链就便于揭示累积误差对装配精度的影响，并可列出计算公式，进行定量分析计算，据此来确定合理的装配方法和零件相关尺寸的公差。

装配尺寸链按照各组成环的几何特性和所处的空间位置，可分为线性尺寸链、角度尺寸链、平面尺寸链和空间尺寸链，其中最常见的是前两种。

线性尺寸链是由彼此平行的直线尺寸所组成的尺寸链（见图9-2b），它所涉及的都是距离尺寸的精度问题。角度尺寸链是由角度（含平行度和垂直度）尺寸所组成的尺寸链，其各环的几何特征多为平行度或垂直度（见图9-3），它所涉及的都是相互位置精度问题。

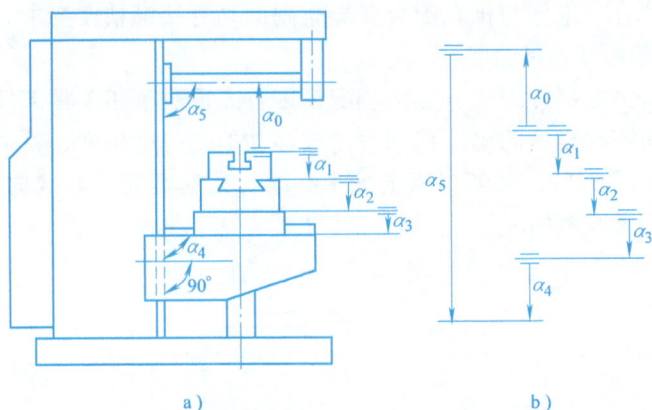

图9-3　角度尺寸链示例

应用装配尺寸链分析与解决装配精度问题关键步骤有三步：第一步是建立装配尺寸链，也就是根据封闭环查明组成环；第二步是确定达到装配精度的方法；第三步是做出必要的计算。最终目的是确定经济的、至少是可行的零件相关尺寸的公差。第二步和第三步往往是需要交叉进行的。例如对于某一装配尺寸链，开始时选用了完全互换法来解决，经过计算发现对组成环的精度要求太高，于是考虑采用其他装配方法，从而又要进行相应的计算。因此，这两个步骤可以合称为装配尺寸链的解算。

2. 装配尺寸链的建立

正确地建立装配尺寸链，是运用尺寸链原理分析和解决零件精度与装配精度关系问题的基础。

装配尺寸链的封闭环多为产品或部件的装配精度，找出对装配精度有直接影响的零部件尺寸和位置关系，即可查明装配尺寸链的各组成环。可见，正确查找组成环是建立装配尺寸链的关键。

一般查找装配尺寸链组成环的方法是：首先根据装配精度要求确定封闭环，然后取封闭环两端的那两个零部件为起点，沿着装配精度要求的位置方向，以零部件装配基准面为查找线索，分别找出影响装配精度要求的有关零部件，直至找到同一个基准零部件或同一基准表面为止。这样，各有关零部件上直接连接相邻零部件装配基准间的尺寸或位置关系，即为装配尺寸链中的组成环。

当然，查找装配尺寸链也可从封闭环的一端开始，依次查找相关零部件直到封闭环的另一端。还可从共同的基准面或零部件开始，分别查找到封闭环的两端。

不管采用哪一种查找方法，关键问题在于正确分析有关零部件的相应尺寸、技术要求对所分析的装配精度有直接影响。

3. 装配尺寸链的计算

装配尺寸链的计算有两种方法：极值法（极大极小法）和概率法。极值法计算装配尺寸链的方法与工艺尺寸链的解算方法相同。这种方法的特点是简单可靠，但当封闭环公差较小或组成环较多时，会使各组成环公差太小而加工困难，成本增加。根据概率论的基本原理，首先，在一个稳定的工艺系统中进行较大批量加工时，零件的加工误差出现极值的可能性是很小的。其次，装配时，各零件误差同时出现极值的"最坏组合"的可能性就更小。若组成环数较多，装配时零件出现"最坏组合"的机会就更加微小，实际上可忽略不计。显然极值法以缩小组成环公差为代价，换取装配中极少出现的极端情况下的产品合格是不经济的；而以概率论原理为基础建立的尺寸链计算方法，即概率法，在上述情况下将比极值法更合理，这部分可参考其他书籍学习。

第二节　保证装配精度的方法

机械产品的精度要求，最终是靠装配实现的。产品的装配精度、结构和生产类型不同，采用的装配方法也不同。生产中保证装配精度的方法有：互换法、选配法、修配法和调整法。

一、互换法

互换法是装配过程中，同种零部件互换后仍能达到装配精度要求的一种方法。产品采用互换装配法时，装配精度主要取决于零部件的加工精度。互换法的实质就是用控制零部件的加工误差来保证产品的装配精度。

采用互换法保证产品装配精度时，零部件公差的确定有两种方法：极值法和概率法。采用极值法时，如果各有关零部件（组成环）的公差之和小于或等于装配公差（封闭环公差），则装配中同种零部件可以完全互换，即装配时零部件不经任何选择、修配和调整，均能达到装配精度的要求，因此称为"完全互换法"。采用概率法时，如果各有关零部件（组成环）公差值合适，当生产条件比较稳定，从而使各组成环的尺寸分布也比较稳定时，也能达到完全互换的效果。否则，将有一部分产品达不到装配精度的要求，因此称为"不完全互换法"，也称为"大数互换法"。显然，概率法适用于较大批量生产。用不完全互换法比用完全互换法对各组成环加工要求放松了，可降低各组成环的加工成本。但装配后可能会有少量的产品达不到装配精度要求。这一问题一般可通过更换组成环中的 1~2 个零件加以解决。

采用完全互换法进行装配，装配过程简单，生产率高，易于组织流水作业及自动化装配，也便于采用协作方式组织专业化生产。因此，只要能满足零件加工的经济精度要求，无论何种生产类型都应首先考虑采用完全互换法装配。但是当装配精度要求较高，尤其是组成环数较多时，零件就难以按经济精度制造。这时在较大批量生产条件下，就可考虑采用不完全互换法装配。

二、选配法

在大量或成批生产条件下，当装配精度要求很高且组成环数较少时，如果采用完全互换法装配，因要求组成环公差较小，将给零件加工带来困难，甚至无法加工；由于组成环数少，因而采用不完全互换法装配的效果不明显。这时应考虑采用选配法装配。

选配法是将尺寸链中组成环的公差放大到经济可行的程度来加工，装配时选择适当的零件配套进行装配，以保证装配精度要求的一种装配方法。

选配法有三种不同的形式：直接选配法、分组装配法和复合选配法。

1. 直接选配法

装配时，由工人从许多待装的零件中，直接选取合适的零件进行装配，来保证装配精度的要求。这种方法的特点是：装配过程简单，但装配质量和时间很大程度上取决于工人的技术水平。由于装配时间不易准确控制，所以不宜用于生产节拍要求较严的大批大量生产中。

2. 分组装配法

分组装配法又称分组互换法，它是将组成环的公差相对完全互换法所求之值放大数倍，使其能按经济精度进行加工。装配时先测量尺寸，根据尺寸大小将零件分组，然后按对应组分别进行装配，来达到装配精度的要求，组内零件装配是完全互换的。

3. 复合选配法

复合选配法是直接选配法与分组装配法两种方法的组合，即零件公差可适当放大，加工后先测量分组，装配时再在各对应组内由工人进行直接选配。这种方法的特点是配合件的公差可以不等，且装配质量高，速度较快，能满足一定生产节拍要求，如发动机气缸与活塞的装配多采用这种方法。

三、修配法

在单件小批或成批生产中，当装配精度要求较高，装配尺寸链的组成环数较多时，如果采用互换法装配，会因要求组成环公差较小而加工困难，甚至无法加工；如果采用选配法装配，又会因批量相对较小，组成环数相对较多而难以进行。这时，生产中常采用修配法来保证装配精度要求。

所谓修配法，就是将装配尺寸链中组成环按经济加工精度制造，装配时按各组成环累积误差的实测结果，通过修配某一预先选定的组成环尺寸，或就地配制这个组成环，以减少各组成环由于按经济精度制造而产生的累积误差，使封闭环达到规定精度的一种装配工艺方法。

实际生产中，常见的修配方法有以下三种：

1. 单件修配法

在装配时，选定某一固定的零件作修配件进行修配，以保证装配精度的方法称为单件修配法。此法在生产中应用最广。

2. 合并加工修配法

这种方法是将两个或多个零件合并在一起当作一个零件进行修配。这样减少了组成环的数目，从而减少了修配量。例如，卧式车床尾座的装配，为了减少总装时对尾座底板的刮研量，一般先把尾座和底板的配合平面加工好，并配刮横向小导轨，然后再将两者装配为一体，以底板的底面为定位基准，镗尾座的套筒孔，直接控制尾座套筒孔至底板底面的尺寸，这样一来组成环 A_2、A_3（见图9-2）合并成一环，使加工精度容易保证，而且允许给底板底面留较小的刮研量。

合并加工修配法虽有上述优点，但是由于零件合并要对号入座，给加工、装配和生产组织工作带来不便。因此多用于单件小批生产中。

3. 自身加工修配法

在机床制造中，利用机床本身的切削加工能力，用自己加工自己的方法可以方便地保证某些装配精度要求，这就是自身加工修配法。这种方法在机床制造中应用极广，例如，牛头刨床、龙门刨床及龙门铣床总装时，自刨或自铣自己的工作台面，以保证工作台面和滑枕或导轨面的平行度精度；在车床上加工自身所用自定心卡盘的卡爪，保证主轴回转轴线和自定心卡盘三个爪的工作面的同轴度精度等。

修配法最大的优点就是各组成环均可按经济精度制造，而且可获得较高的装配精度。但由于产品需逐个修配，所以没有互换性，且装配劳动量大，生产率低，对装配工人技术水平要求高。因而修配法主要用于单件小批生产和中批生产中装配精度要求较高的情况下。

四、调整法

调整法是将尺寸链中各组成环按经济精度加工，装配时通过更换尺寸链中某一预先选定的组成环零件或调整其位置来保证装配精度的方法。装配时进行更换或调整的组成环零件叫调整件，该组成环称调整环。调整法和修配法在原理上是相似的，但具体方法不同。

根据调整方法的不同，调整法可分为可动调整法、固定调整法和误差抵消调整法三种。

1. 可动调整法

在装配时，通过调整改变调整件的位置来保证装配精度的方法称为可动调整法。

在产品装配中，可动调整法的应用较多。图 9-4a 所示为调整套筒的轴向位置以保证齿轮轴向间隙 Δ 的要求；图9-4b所示为调整镶条的位置以保证导轨副的配合间隙；图9-4c所示为调整楔块的上下位置以调整丝杠螺母副的轴向间隙。

可动调整法不仅能获得较理想的装配精度，而且在产品使用中，由于零件磨损使装配精度下降时，可重新调整调整件的位置使产品恢复原有精度，所以，该法在实际生产中应用较广。

2. 固定调整法

在装配时，通过更换尺寸链中某一预先选定的组成环零件来保证装配精度的方法称为固定调整法。预先选定的组成环零件即调整件，需要按一定尺寸间隔制成一组专用零件，以备装配时根据各组成环所形成累积误差的大小进行选

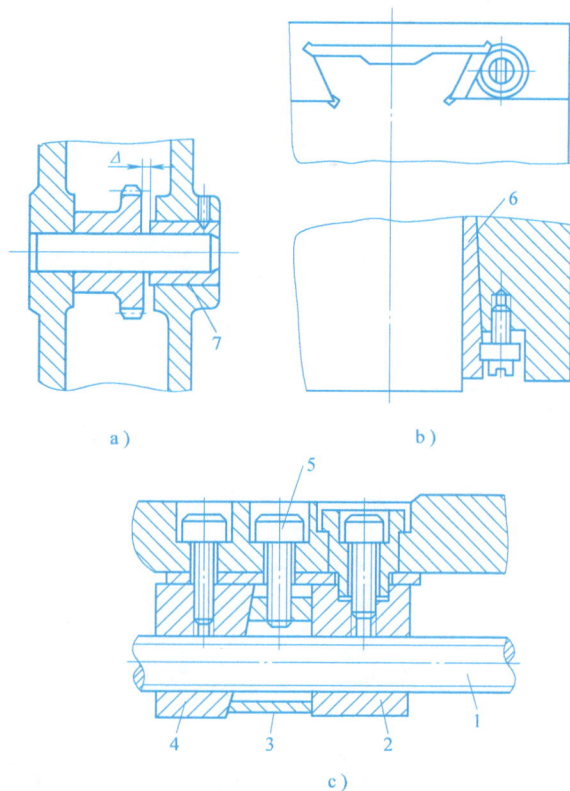

图 9-4 可动调整法应用实例

1—丝杠 2、4—螺母 3—楔块 5—螺钉 6—镶条 7—套筒

择。故选定的调整件应形状简单，制造容易，便于装拆。常用的调整件有垫片，套筒等。

固定调整法常用于大批大量生产和中批生产中装配精度要求较高的多环尺寸链。

3. 误差抵消调整法

在产品或部件装配时，通过调整有关零件的相互位置，使其加工误差相互抵消一部分，以提高装配精度，这种方法叫作误差抵消调整法。该方法在机床装配时应用较多，如在机床主轴装配时，通过调整前后轴承的径向圆跳动方向来控制主轴的径向圆跳动。

综上所述，在机械产品装配时，应根据产品的结构、装配精度要求、装配尺寸链环数的多少、生产类型及具体生产条件等因素合理选择装配方法。一般情况下，只要组成环的加工比较经济可行时，就应优先采用完全互换法。若生产批量较大，组成环又较多时应考虑采用不完全互换法。当采用互换法装配使组成环加工比较困难或不经济时，可考虑采用其他方法：大批大量生产，组成环数较少时可以考虑采用分组装配法，组成环数较多时应采用调整法；单件小批生产常用修配法，成批生产也可酌情采用修配法。

习题与思考题

9-1　什么是装配？包括哪些内容？

9-2　什么是装配精度？包括哪些内容？装配精度与零件精度有何关系？

9-3　保证装配精度的方法有哪几种？各有何特点？适用怎样的场合？

参 考 文 献

[1] 王茂元 . 机械制造技术 [M]. 北京：机械工业出版社，2002.

[2] 王靖东 . 金属切削与加工 [M]. 北京：高等教育出版社，2014.

[3] 郑修本 . 机械制造工艺学 [M]. 3 版 . 北京：机械工业出版社，2012.

[4] 韩丽华 . 公差配合与测量技术 [M]. 北京：电子工业出版社，2014.

[5] 何七荣 . 机械制造方法与设备 [M]. 北京：中国人民大学出版社，2000.

[6] 陆剑中，孙家宁 . 金属切削原理与刀具 [M]. 4 版 . 北京：机械工业出版社，2005.

[7] 陆剑中，周志明 . 金属切削原理与刀具 [M]. 2 版 . 北京：机械工业出版社，2016.

[8] 姚荣庆 . 箱体制造 [M]. 北京：机械工业出版社，2011.

[9] 王明耀，李海涛 . 机械制造技术 [M]. 2 版 . 北京：机械工业出版社，2015.

[10] 兰建设 . 机械制造工艺与夹具 [M]. 北京：机械工业出版社，2004.

[11] 候旭明 . 工程材料与成形工艺 [M]. 北京：化学工业出版社，2003.

[12] 吴慧媛，韩邦华 . 零件的制造工艺与装备——机械制造技术 [M]. 北京：电子工业出版社，2010.